浙江省普通本科高校"十四五"重点立项建设教材

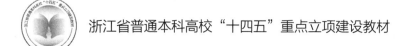

Waste Biomass
RECYCLING
ENGINEERING

废弃生物质循环利用工程

主　编　单胜道
副主编　方　婧　郭大亮

ZHEJIANG UNIVERSITY PRESS
浙江大学出版社
·杭州·

图书在版编目（CIP）数据

废弃生物质循环利用工程 / 单胜道主编. --杭州：
浙江大学出版社，2024.1
ISBN 978-7-308-24527-2

Ⅰ. ①废… Ⅱ. ①单… Ⅲ. ①废弃物—生物能源—能
源利用—研究—中国 Ⅳ. ①TK6

中国国家版本馆 CIP 数据核字(2024)第 001072 号

废弃生物质循环利用工程

单胜道　主编

责任编辑	秦　瑕	
责任校对	徐　霞	
封面设计	春天书装	
出版发行	浙江大学出版社	
	（杭州市天目山路 148 号　邮政编码 310007）	
	（网址：http://www.zjupress.com）	
排　　版	杭州青翊图文设计有限公司	
印　　刷	杭州杭新印务有限公司	
开　　本	787mm×1092mm　1/16	
印　　张	24	
字　　数	614 千	
版 印 次	2024 年 1 月第 1 版　2024 年 1 月第 1 次印刷	
书　　号	ISBN 978-7-308-24527-2	
定　　价	72.00 元	

编 委 会

主　编　单胜道
副主编　方　婧　郭大亮
编　委　（按姓氏笔画排序）
　　　　平立凤　刘赫扬　李景明　沙力争
　　　　宋照亮　张　进　张昌爱　陆赵情
　　　　盖希坤　潘根兴

前　言

　　生物质是基于光合作用的各种有机体,包括植物、动物以及微生物,它们组成了人们赖以生存的生态系统,是人类社会存在与发展的物质基础之一。在人类获取生物质生产资料的同时,大量废弃生物质也随之产生。人们通常把"废弃生物质"定义为植物、动物和微生物在其生产、加工、贮藏和利用过程中产生的剩余残体、残留成分和排泄物等,但不包括很久前生物残体形成的化石能源。在能源短缺和环境污染的双重压力下,作为唯一的可再生碳源,生物质循环利用是解决能源与环境问题的纽带。各国对废弃物无害化处理和产业化循环利用都十分重视,美国、日本、欧盟各国在废弃生物质循环利用方面开展了诸多实践,积累了许多有价值的经验,值得我国借鉴。

　　我国废弃生物质具有分布广、产量大和环境风险不易控制等特点。根据《第二次全国污染源普查公报》,全国农作物秸秆年产生量 8.05 亿 t,畜禽粪污年产生量约 38 亿 t。由于废弃生物质,特别是农业废弃生物质存在分布零散、难以收集、产业化程度低且利用成本高等问题,在全国范围内普遍表现出地区性、季节性、结构性过剩的问题,严重制约了生态循环农业的发展。因此,如何对废弃生物质进行科学合理、生态高效的处理利用已成为我国现代农业发展中的一大难题。

　　开展农业农村环境污染防治,实现乡村振兴,已成为当前我国环境保护的重点工作。我国"十四五"规划和"2035 年远景目标纲要"进一步提出推动绿色发展、促进人与自然和谐共生,到 2035 年实现生态环境根本好转和美丽中国建设的宏大目标。为达到这一目标,首要任务之一就是要节能减排。党的二十大报告明确要求,坚持精准治污、科学治污、依法治污,持续深入打好蓝天、碧水、净土保卫战,并要求积极稳妥推进碳达峰碳中和。废弃生物质既是环境污染物,需要对其开展污染综合整治,也是可再生资源。废弃生物质循环利用是节能减排、实现碳达峰碳中和的有效措施。加快废弃生物质资源的开发利用,是推进能源生产和消费革命的重要内容,是改善环境质量、发展循环经济的重要任务。

　　废弃生物质的能源化、原料化、肥料化、饲料化和基质化利用是目前废弃生物质循环利用的主要方式。本教材围绕废弃生物质能源化、原料化、肥料化、饲料化和基质化利用理论、产品和生产应用等方面,进行了详尽的阐述。

　　本教材由浙江科技大学环境与资源学院单胜道教授定纲定稿,由单胜道、方婧和郭大亮统稿。全书共分为 14 章,第一章"绪论"由单胜道、方婧、郭大亮执笔,第二章"废弃生物质厌氧发酵"由谢作甫执笔,第三章"沼渣沼液的综合利用与农业环境健康"由张昌爱、李子川执笔,第四章"废弃生物质炭化与清洁生产"由施赟执笔,第五章"废弃生物质炭化物利用与环境修复"由方婧、靳泽文、孟俊、李章涛、沈晓凤、徐向瑞、单胜道执笔,第六章"废弃生物质压缩成型燃料化利用"由郭大亮、孙倩玉、陆赵情执笔,第七章"废弃生物质发电利用"由张欣执笔,第八章"废弃生物质液体燃料乙醇利用"由张妍执笔,第九章"废弃生物质制氢利用"由童欣执笔,第十章"废弃木质生物质纸浆化利用与清洁生产"由李静、游艳芝、沙力争执笔,第十一章"废弃木质生物质组分高值化利用"由许银超、常紫阳、马庆志、付亘愆、童欣执笔,第十二章"废弃生物质好氧堆肥"由刘文波执笔,第十三章"废弃生物质饲料化利用"由蔡成岗执笔,第十四章"废弃生物质基质化利用"由张敏执笔。

本教材的写作和出版得到了浙江大学出版社的大力支持和帮助。本教材的出版得到国家重点研发计划项目(项目编号:2022YFE0196000)和浙江省普通本科高校新工科重点教材建设项目等的资助。天津大学宋照亮教授、南京农业大学潘根兴教授、农业农村部农业生态与资源保护总站李景明研究员、浙江科技大学教务处盖希坤副处长、浙江科技大学环境与资源学院刘赫扬院长和张进副院长及生态环境研究院平立凤研究员在本书编写过程中给予了很多具体指导和大力支持。在此,作者向对本书的编写、出版给予关心和支持的所有专家、领导、同行和朋友表示衷心的感谢!此外,作者在书稿的编写过程中参考借鉴了大量国内高校教材及专业科技文献资料,在此谨向有关专家及参考文献的原作者表示由衷的谢意!

本书兼具理论性、资料性、时代性和应用性,既是普通高校本科生和研究生的通用教材,同时也可作为从事废弃生物质循环利用、生态环境修复等领域相关工作的研究人员、政府部门管理决策人员和企业工程技术人员的参考读物。由于编者学识和水平有限,书中错误与不妥之处在所难免,敬请各位同行专家学者和广大读者批评指正。

单胜道

2023 年 10 月

目　　录

第一章 绪 论

第一节 废弃生物质概述

一、废弃生物质的定义

废弃物是当前环境污染的重要来源之一,各国对废弃物无害化处理的研究和产业化循环利用都十分重视。生物质是基于光合作用形成的各种有机体,包括植物、动物以及微生物,它们组成了人们赖以生存的生态系统,是人类社会存在与发展的物质基础之一。在人类获取生物质生产资料的同时,大量废弃生物质随之产生。人们通常把"废弃生物质"定义为植物、动物和微生物在其生产、加工、贮藏和利用过程中产生的剩余残体、残留成分和排泄物等废弃物,但不包括很久前生物残体形成的化石能源。目前,可用于表述生物质原料的废弃物还有各种其他术语,如废弃物、有机废弃物、生物质废物、生物质固废等。

二、废弃生物质的分类

根据来源行业不同,废弃生物质可划分为作物秸秆、林业剩余物、食用菌菌渣、畜禽和水产废弃物、工业有机废物、生活垃圾等六大类,每一大类又可进一步细分成若干个小类(图1.1)。作物秸秆是指收获作物主产品之后的大田剩余物及主产品初加工过程中产生的剩余物,主要包括田间秸秆和加工剩余物。林业剩余物是指在林业育苗、管理、采伐、造材以及加工和利用的整个过程中产生的废弃物,主要包括木材剩余物、竹材剩余物和草本果树剩余物。食用菌菌渣是指人们栽培食用菌时,鲜菇采收后遗留的培养基,主要包括废弃培养料(如菌棒)和残余菌体。畜禽和水产废弃物是指畜禽和水产动物养殖及加工过程中产生的废弃物,主要包括畜禽粪便和圈舍废弃物、废弃动物尸体和屠宰废弃物。工业有机废物是指工业生产过程中产生的有机废渣、废液等废弃物,主要包括工业有机废渣和工业有机废水。生活垃圾是指居民生活和各类办公环境产生的餐厨垃圾、污水污泥和其他有机废弃物,表1.1给出了各类废弃生物质的种类和定义。

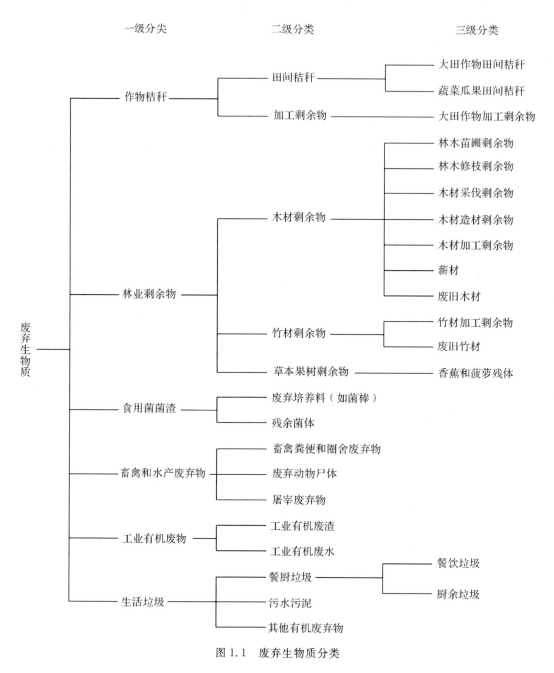

图 1.1 废弃生物质分类

表 1.1 各种类废弃生物质的定义

废弃生物质种类	定义
作物秸秆 　田间秸秆 　加工剩余物	收获作物主产品之后的大田剩余物及主产品初加工过程中产生的剩余物 收获作物主产品之后在田间的剩余物,主要包括作物的茎和叶 大田作物和蔬菜粗加工过程中产生的剩余物,如玉米芯、稻壳、花生壳、棉籽皮、甘蔗渣、甜菜渣和木薯渣等,但不包括麦麸和谷糠等其他精细加工的副产物

续表

废弃生物质种类	定义
林业剩余物 　木材剩余物 　竹材剩余物 　草本果树剩余物	在林业育苗、管理、采伐、造材以及加工和利用的整个过程中产生的废弃物 在木本植物育苗、管理、采伐、造材以及加工和利用的整个过程中产生的废弃物 在竹子采伐、造材以及加工和利用的整个过程中产生的废弃物 在草本果树主产品收获后产生的废弃物，主要是地上部分剩余的植株残体
食用菌菌渣	培养菌类产生的废弃培养料（如菌棒）和残余菌体
畜禽和水产废弃物 　畜禽粪便和圈舍 　废弃物 　废弃动物尸体 　屠宰废弃物	畜禽和水产动物养殖及加工过程中产生的各类废弃物 以畜禽粪和尿为主，也包括混合在其中的圈舍垫料、散落的饲料和羽毛等废弃物 动物养殖、运输和屠宰场的各类非正常屠宰死亡的废弃动物尸体 动物在屠宰过程中产生废弃物
工业有机废物 　工业有机废渣 　工业有机废水	工业生产过程中产生的有机废渣、废液和污泥等废弃物 工业生产过程中排放出的各类有机废渣，如废弃油脂、残渣和下脚料等 工业生产过程中产生的有机废液，如造纸产生的黑液
生活垃圾 　餐厨垃圾 　污水污泥 　其他有机废弃物	居民生活和各类办公环境产生的餐厨垃圾、污水污泥和其他有机废弃物 餐饮垃圾和厨余垃圾的总称 生活污水和工业有机废水处理过程产生的各类固体沉淀物质 在家庭和办公过程中产生的废纸、废弃纺织物及城乡市场废弃农产品等

三、废弃生物质资源的特点

开展农业农村环境污染防治，实现乡村振兴，已成为当前我国环境保护的重点工作。我《中华人民共和国国民经济和社会发展第十四个五年规划和 2035 年远景目标纲要》进一步提出，推动绿色发展，促进人与自然和谐共生，到 2035 年实现生态环境根本好转和美丽中国建设的目标。为完成这一目标，首要任务之一就是节能减排。废弃生物质既是环境污染物，需要对其开展污染综合整治，也是可再生资源，废弃生物质的资源化利用是节能减排的有效措施。加快废弃生物质资源的开发利用，是推进能源生产和消费革命的重要内容，是改善环境质量、发展循环经济的重要任务。

以废弃生物质为原料，通过生物工程、工业化生产，将废弃生物质转化为燃料、能源、饲料等，在资源、能源日益短缺的今天，更显得意义重大。利用废弃生物质生产各种清洁燃料，替代煤炭、石油和天然气等燃料，生产电力，减少温室气体排放，缓解非生物能源消耗带来的环境问题，这样既优化了能源供应结构，也减轻了石油资源的对外依存度。目前"三农"、能源和环境是我国全社会关注的三大主题，资源和环境又是我国经济社会发展面临的两大瓶颈问题。废弃生物质能够得到合理、循环利用，资源与环境问题就会得到缓解，有利于解决"三农"问题和促进新农村建设。

废弃生物质资源具有如下特点：

(1)资源丰富

废弃生物质资源种类众多、数量巨大、分布广泛。第二次全国污染源普查结果显示,我国农作物秸秆年产生量约 8.05 亿 t,畜禽粪污年产生量约 38 亿 t,易腐垃圾年产生量约 1.2 亿 t。《中国农业展望报告》分析显示,2020 年我国废弃油脂产生量约 1055.1 万 t,预计 2030 年将达到 1131.3 万 t。2020 年我国生活污水污泥产生量约为 1433.57 万 t,预计 2030 年污水污泥产生干重将达到 3094.96 万 t。根据 2022 年中国产业发展促进会生物质能产业分会发布的《3060 零碳生物质能潜力蓝皮书》,我国主要生物质资源利用潜力约等于 4.6 亿 t 标准煤,未来发展潜力巨大。

(2)用途广泛

经过物理和化学转换技术,废弃生物质资源可以高效地转化成常规的固态、液态和气态燃料以及其他化工原料或者产品,替代化石燃料,缓解资源短缺。用废弃生物质可以生产出清洁的燃料,如沼气、氢气、生物酒精和生物柴油等,还可以开发出适应未来市场且环境友好的石油和天然气的替代品,如生物质基高分子材料、生物质源精细化学品等。废弃生物质在无氧或缺氧的条件下,经过热化学转化,可以生成一种高度芳香化、富碳、孔隙丰富的生物质炭材料。生物质炭被认为是"21 世纪的环境友好材料",广泛应用于农业、环保、能源、固碳减排等领域。生物质精炼是将生物质炼油和纸浆生产联系在一起,在生产纸浆的过程中提炼原油,制作生物质燃料。废弃生物质(如易腐垃圾)在好氧微生物与空气的作用下,所含有机物发生一系列放热分解反应,最终转化为简单而稳定的腐殖质,形成堆肥产品。好氧堆肥产品富含腐殖质和一定的氮(N)、磷(P)、钾(K),可作为良好的土壤调理剂和有机肥料。可以利用废弃生物质进行发电,包括废弃生物质直接燃烧发电、废弃生物质气化发电、垃圾焚烧发电、垃圾填埋气发电、沼气发电等。运用发酵和腐殖化技术,废弃生物质可以生产出各种食用菌栽培基质、园艺栽培基质和水稻育秧栽培基质等。某些废弃生物质(如秸秆、畜禽和水产废弃物)中含一定量的粗纤维、粗灰分、蛋白质、维生素和矿物质等,这些都能被牛羊等反刍动物利用。利用生物技术手段,可以将废弃生物质(如废弃植物纤维和动物性废弃物等)加工成生物饲料或微生物蛋白产品。

(3)综合效益显著

废弃生物质本身是一类环境污染物,通过废弃生物质的资源化利用,既可以直接改善当地环境,又可以发展循环经济。废弃生物质能源化产业具备显著的环境效益。目前,生物质能源化利用已实现碳减排量约 2.18 亿 t。预计到 2030 年,结合碳捕获和储存技术,生物质能各类途径的利用将为全社会减碳超过 9 亿 t,到 2060 年将实现碳减排超过 20 亿 t。生物质燃料乙醇和生物柴油是清洁能源。从现在到 2030 年左右,生物质燃料乙醇和生物柴油将是公路运输的重要减排方式之一,生物航空燃油也会逐渐在航空领域使用,预计生物液体燃料使用量将超过 2500 万 t,为交通领域减排约 1.8 亿 t。在未来,废弃生物质利用重点产业将实现规模化发展,成为带动新型城镇化建设、农村经济发展的新型产业。预计生物质能产业年销售收入将达到 1200 亿元,提供就业岗位约 400 万个,农民收入增加约 200 亿元。

（4）分布零散

废弃生物质虽然产量巨大，但是分布十分分散，不利于规模化利用。特别是农业废弃生物质如秸秆普遍表现出地区性、季节性、结构性过剩问题，严重制约了生态循环农业的发展。秸秆资源的地区间分布严重不均，如吉林、河南、黑龙江等农业发达的地区，秸秆资源量十分丰富，而西藏等地区的秸秆资源量相对较少。此外，一般的废弃生物质比容较大，能量密度较低，不利于运输；有些废弃生物质含水量较大，易腐烂，储藏困难。例如，畜禽粪便收集缺乏专用设备，能源化、无害化处理难度较大。如何将极为分散的废弃生物质集中起来，是亟须解决的问题。

当前，我国废弃生物质循环利用尚存在诸多不足，如商业化开发经验尚不足，专业化、市场化程度较低，技术水平不高，标准体系不健全，政策不完善等。受制于农业生产方式，我国农林生物质原料难以实现大规模收集。生物天然气和生物质成型燃料仍处于发展初期，农村市场专业化程度不高，大型企业主体较少，市场体系不完善，尚未成功开拓高价值商业化市场。生物质能检测认证体系建设滞后，制约了产业专业化、规范化发展，缺乏对产品和质量的技术监督。尚未建立生物质能产品优先利用机制，缺乏对生物天然气和成型燃料的终端补贴政策支持。

第二节　废弃生物质循环利用与污染防控进展

一、发达国家废弃生物质循环利用与污染防控的发展历程

在能源短缺和环境污染的双重压力下，作为唯一的可再生碳源，生物质循环利用是解决能源与环境问题的纽带。生物质燃料以清洁、低碳、可再生性等优势逐渐成为重要的替代能源之一。根据《2021 可再生能源分析与预测》，2026 年全球对生物质燃料的年需求量将增长 28％，2060 年生物质燃料的需求将近 17 EJ·年$^{-1}$（17×10^{18} J·年$^{-1}$）。开发利用可再生能源、改善能源消费结构、促进绿色经济可持续发展的实践，是减缓生态环境污染和应对气候变化的重要途径。美国、日本、欧盟各国在废弃生物质循环利用方面开展了诸多实践，积累了许多有价值的经验，值得我们借鉴。

1. 美国废弃生物质循环利用与污染防控的发展历程

（1）美国废弃生物质利用相关法律法规及政策

1970 年，美国出台了《清洁空气法》，该法是第一个有关生物质能源发展的法案。1990 年，美国国会通过了《清洁空气法修正案》，强制二氧化碳排放超标地区机动车添加生物燃料乙醇，该法案给乙醇汽油推广使用提供了重要的政策支持。1992 年颁布的《能源政策法》，通过政府采购和提供补贴的方式来促进（林业）生物质能源发展，并给予可再生能源发电企业及清洁能源生产者优惠补助和奖励。1999 年，美国总统克林顿签署了《开发和推进生物基产品和生物能源》第 131314 号总统执行令，其中生物柴油被列为重点发展的清洁能源之一。进入 21 世纪之后，美国出台了一系列林业生物质能源相关的发展规划类政策（表 1.2）。例如，2004 年，国会通过《美国就业机会创造法》，提出生物质燃料享受税费减免优惠政策。2005 年，国会通过《美国能源政策法》，制定了可再生燃料标准，重点鼓励生物质能的研

发、示范和商业应用。2008 年 5 月,新《农业法案》将纤维素乙醇的补贴增至 0.22 美元·L^{-1}（每 4.55 升纤维素乙醇补贴 1.01 美元）。2009 年,《经济复苏和再投资法案》提出以税收抵免、投资补贴等资金和融资支持等方式促进可再生能源发展。2014 年出台的《2014 年农业法案》规定联邦政府每年为"生物质援助计划"提供 2500 万美元的资金支持。2017 年,时任美国总统特朗普宣布美国将退出《巴黎气候协定》,同时结束对生物柴油的税收抵免,但 2019 年,《可再生能源和效力持续增长法案》恢复了对生物柴油的税收抵免,追溯至 2018 年年初,有效期延长至 2021 年。

表 1.2　美国近年在生物质能源研发方面的发展规划类政策

发布时间	部门	举措	政策要点
2002 年 12 月	能源部和农业部	发布《生物质技术路线图》	提高美国开发生物质能的能力
2006 年 2 月	国会	提出"先进能源计划"	加大投资发展生物燃料,2012 年前完成纤维素乙醇的商业化开发
2006 年 6 月	能源部	发布《纤维素乙醇研究路线图》	以锯末、废弃枝叶和草类等农林废弃物提取纤维素乙醇燃料作为可替代能源的研发方向
2007 年 2 月	能源部	提出"10 年 20% 计划"	要求加大生物燃料的生产量和使用量
2007 年 10 月	能源部	发布《2007—2017 年生物质发展规划》	规划了未来 10 年内美国生物质资源的生产、转化与应用等
2008 年 9 月	能源部和农业部	发布《国家生物燃料行动计划》	降低纤维素生物燃料成本,促进生物燃料产业及其供应链的发展
2009 年 5 月	能源部	发布《生物质多年项目计划》	实现生物燃料在全国范围内的生产和使用
2010 年 10 月	农业部	发布《生物质作物援助计划》	鼓励大面积种植非粮作物,并为生物质原料生产者提供补贴
2020 年 8 月	能源部生物能源技术办公室	发布《实现低成本生物燃料的综合战略》报告	提出降低生物燃料成本的 5 个关键战略

(2)美国废弃生物质循环利用概况

为解决能源安全及粮食产能过剩问题,美国于 20 世纪 80 年代开始大力发展燃料乙醇。近年来,为保障国家能源安全和粮食安全,美国积极发展林业生物质能源,纤维素乙醇得到更多重视,美国每年约有 3.7 亿 t 林业生物质用于生产燃料乙醇,美国燃料乙醇的年产量位列世界首位(表 1.3)。根据美国可再生燃料协会(RFA)的统计,2020 年美国燃料乙醇年产量为 527.16 亿 L,约占世界总产量的 53%;而中国燃料乙醇 2020 年产量仅为 33.31 亿 L。2020 年,美国燃料乙醇出口量达到 49.21 亿 L,价值约 23 亿美元。根据美国能源信息署(EIA)的数据,截至 2021 年 1 月 1 日,美国有 197 家燃料乙醇工厂,产能达到 662.45 亿 L·$年^{-1}$。在燃料乙醇产量最多的 13 个州中，12 个位于中西部。艾奥瓦州、内布拉斯加州和伊利诺伊州是燃料乙醇产量最多的 3 个州，占美国燃料乙醇总产量的一半。

表 1.3　2015—2020 年燃料乙醇产量统计

地区	不同年份产量/亿 L						2020 年产量占全球产量的百分比/%
	2015 年	2016 年	2017 年	2018 年	2019 年	2020 年	
美国	560.50	583.44	603.24	609.11	597.26	527.16	53
中国	29.15	25.36	30.28	29.15	37.86	33.31	3
全球	972.85	984.21	1006.92	1075.06	1097.77	986.44	100

美国生物柴油的商业应用始于 20 世纪 90 年代初，主要以大豆油为原料发展生物柴油产业。1999 年，美国第 13134 号总统执行令将生物柴油列为重点发展的清洁能源之一，推动了生物柴油的使用。美国能源信息署（EIA）的数据显示，2020 年，美国生物柴油生产量约 118.4 千桶·d^{-1}，消费量约 122.4 千桶·d^{-1}；进口量约 12.8 千桶·d^{-1}，出口量达到 9.5 千桶·d^{-1}。截至 2021 年 1 月 1 日，美国有 75 家生物柴油工厂，总产能达到 90.85 亿 L·年$^{-1}$。美国一半以上的生物柴油产能位于中西部（主要在艾奥瓦州、密苏里州和伊利诺伊州），其余大部分位于墨西哥湾沿岸和西海岸；此外，还有 6 家可再生柴油和其他生物燃料工厂，生产能力达到了 29.90 亿 L·年$^{-1}$。此外，美国在生物质发电方面也快速发展，主要表现在木材废弃物颗粒燃料的制作。截至 2021 年 7 月，美国有 79 家生物质颗粒制造商，产能达到 1286 万 t·年$^{-1}$。2021 年 7 月，美国生产林业生物质颗粒燃料 79.5 万 t，销售 68.9 万 t。

2.欧盟废弃生物质循环利用与污染防控的发展历程

（1）欧盟有关废弃生物质利用的法律法规类政策

欧盟在发展中也面临着如何在原材料和能源的使用中逐步淘汰不可再生的化石能源，以可再生资源取而代之的问题。2005 年欧盟首次提出了生物经济的概念，并将可循环生物经济视为取代不可再生化石能源经济的新发展模式；2012 年欧盟委员会通过了首个《欧洲生物经济战略》和相应的行动计划，标志着生物经济战略在欧盟的确立。

随着生物质能源的国家战略的确立，欧盟各国纷纷制定生物质能源的发展目标和具体路线（表 1.4）。最新能源与气候政策《欧洲清洁能源一揽子计划》提出"人人平等享受可再生能源"和"能源效率第一"等原则，旨在提高可再生能源的利用率，拓展可再生能源的利用方式，以增加可再生能源（RES）的比例和能源效率，消除各国贸易壁垒。欧盟将发展目标设为 2020 年、2030 年等时段，其中 2020 年 RES 达到 20% 的目标是具有约束性的（瑞典、芬兰和丹麦的 2020 年 RES 目标分别为 50%、37.5%、30%），而 2030 年的目标不具有约束性，但随着时间的推进，目标数据逐渐增加，如 RES 目标从实现 27% 增加到 32%，并要求信息公开（表 1.4）。2021 年欧盟颁布了《2030 欧盟新森林战略》，再次强调了林业生物经济的发展。

表 1.4 欧盟各国可再生能源发展政策及内容

发布时间	政策名称	内容要点
2007	欧盟《20-20-20 战略》	2020 年温室气体排放量在 1990 年基础上减少 20%，RES 占 20%，其中生物液体燃料在交通能源消费中的比例达到 10%，能源利用效率将提高 20%
2009	《可再生能源法》（EEG2009）	1. 目标：到 2020 年可再生能源（RES）在总能源消耗中占比到 20%（具有约束性）； 2. 制定各国转让数量、与第三国合作项目、电力入网等规则； 3. 建立燃料可持续性标准和温室气体排放计算体系
2014	《气候与能源发展战略》	1. 2030 年碳排放量比 1999 年削减 40%； 2. RES 目标增加到 27%
2014	《关于国家环境保护和能源援助的新准则（2014—2020）》	1. 引入竞争性招标程序； 2. 促进从上网电价向价格补贴政策转变； 3. 能源密集型产业可以部分免除 RES 支持的附加费
2015	新《战略能源技术计划》	可再生能源作为研究和创新的优先领域被提升至战略地位
2016	《欧洲清洁能源一揽子计划》	1. RES 到 2030 年实现 27%； 2. 促进各成员国有效执行欧盟法规、融资、转让以及与第三国合作项目； 3. 提议延长欧盟现有的可持续性标准涵盖所有类型的生物质能源
2018	《可再生能源法》（EEG2018）	1. 2030 年 RES 目标提升至 32%； 2. 优先处理可再生能源相关提议； 3. 加强能源和气候立法，促进投资，创造就业机会

　　欧盟林业生物经济投资渠道包括政府财政资金支持基础研发，公私合营伙伴关系拉动私营部门投资，以及政府与金融机构合作建立基金支持具体林业生物经济商业项目。从财政资金支持看，欧盟在林业生物经济研究领域重点支持森林可持续经营管理，以及以木质纤维为基础的可再生、可循环生物能源的研发。从吸引私营部门资金看，欧盟积极推进公私合营伙伴关系模式（PPP），加强与私营部门合作，鼓励私营部门投入资金。欧盟与生物基工业联合理事会共同搭建了为企业提供资金支持的联盟，拥有 200 多个公司成员，涵盖农业、食品、林业/纸浆和造纸、化学品和能源，在可持续和高效利用森林生物资源（包括林业废弃物）的基础上开发新的林业生物基产品和市场。

　　欧盟委员会也积极推动金融机构投资林业生物经济。欧洲投资银行集团（EIB）和欧共体联合启动了欧洲战略投资基金（EFSI），旨在利用结构性基金为生物经济战略投资调动金融资本，帮助克服欧盟目前的投资缺口。2015 年，欧洲战略投资基金提供了 7500 万欧元贷款在芬兰建造投资 12 亿欧元的新节能纸浆厂，成为 EIB 在 EFSI 担保下用于支持林业生物经济发展的首批案例之一。为支持中小企业，EIB 在欧盟"地平线 2020"计划下与欧盟委员会合作建立 InnovFin 基金,为包括中小企业在内的生物经济项目提供融资工具和咨询服务。此外,2020 年,EIB 与欧盟委员会合作在欧盟建立了第一个专门致力于生物经济和循环生物经济的股票基金——欧洲循环生物经济基金(ECBF),目标规模为 2.5 亿欧元。ECBF 旨在通过动员公共和金融投资支持具有发展潜力的创新型生物基公司,填补该领域的融资缺口。

（2）欧盟废弃生物质循环利用概况

随着欧盟一系列环保政策的出台,欧洲诸多行业都开始关注生物质资源的利用,其中,生物质精炼作为生物质经济的重要组成部分具有很大的潜力。欧洲众多能源、化工和林浆纸企业都早早布局,希望在生物质经济的版图上占据一席之地。截至 2020 年,欧洲共有 803 家生物质精炼厂,其中 507 家侧重生产生物质化学品,363 家生产生物质燃料,141 家生产复合材料和纤维。

欧盟生物质精炼原材料主要来自农业、林浆纸行业、海洋业,其中农业占比最大,其次是林浆纸行业(表 1.5)。当然许多生物质精炼厂并非只用单一材料,而是采用多种原材料生产。欧盟大多数国家生物质精炼所需原料来自农业。而芬兰和瑞典则因其境内林业资源丰富、制浆造纸行业发展水平高,生物质精炼所需原料大都来自造纸行业的中间产品、副产品或废弃物残渣等,这也是芬兰和瑞典制浆造纸企业首先向生物质精炼转型的原因。现代生物质直燃发电技术起源于丹麦 BWE 公司。目前,丹麦的生物质利用依然是以秸秆发电为主,秸秆发电厂已建成多达 130 家。英国引入 BWE 的生物质直燃发电技术,在东部构建了 38 MW 的秸秆发电厂,每年消耗的秸秆足有 40 万捆,满足了当地 8 万户家庭的日常用电需求。早在 2008 年,英国就在威尔士南部塔尔波特港废弃的海港上建造了 350 MW 的生物质能发电厂,来实现 CO_2 减排目标。

表 1.5 欧洲生物质精炼原材料来源及工厂数量

原料来源	主要原料	工厂数量/家
农业	糖类、淀粉类原料	216
农业	油/脂肪类原料	275
农业	农作物残余	76
农业	农业副产品	111
农业	农业中间产品	23
农业	植物纤维	67
农业	其他农业产品	13
林浆纸行业	木材	77
林浆纸行业	制浆造纸厂副产品、废弃物、残余物等	124
垃圾	各种垃圾	136
海洋业	海洋业中油/脂肪类原料	34
其他		59

3.日本废弃生物质循环利用与污染防控的发展历程

日本将废弃生物质利用定位为战略性产业,先后出台了《生物质产业化发展战略》和《日本生物质综合战略》等政策,以及《废弃物处理法和公共清洁法》《生物质利用促进法》等法律法规,基本覆盖了完整的产业链,包括原料供应、生产加工及产品鼓励使用等,体系比较完善,值得借鉴。

日本政府制定的目标政策主要包括发展战略、技术路线图、行动计划等,其中较具代表性的有《日本生物质综合战略》《生物质产业化发展战略》《生物质利用技术现状和路线图》。在这些目标政策中,秸秆被当作生物质资源的重要目标对象。2002年,日本内阁府通过的《日本生物质综合战略》将生物质能定义为新能源,提出重点发展生物质能源,并计划从2004年开始生物质城镇的建设。2006年,日本政府对该战略进行了第二次修订,提出到2010年建设300个生物质城镇的目标,生物质城镇构想由市町村(相当于中国县、镇(乡))制定,要求在地区内广泛与当地居民协作,构建从生物质产生到利用的高效、综合性循环系统,达到合理利用生物质的目标。2016年,日本政府在综合战略的基础上,制定了《促进生物质利用基本计划概要》,提出到2025年,每年将利用2600万t碳当量生物质,600个市町村制定生物质利用推进计划。此外,为更好地促进生物质能源利用,日本政府还出台了78项具体行动计划,主要内容包括:创立生物质综合战略推进委员会、生物质咨询总部基地,以促进相关部门的合作;构筑"大范围、低密度"生物质收集、输送系统,开发和革新实用化生物质利用技术;建立生物质资源开发利用设施示范点;促进生物塑料、生物乙醇、生物柴油等生物质产品的利用。

2012年,日本农林水产省等7个部门出台了《生物质产业化发展战略》,计划到2020年建设94个生物质产业城市,生物质利用产业产值达到5000亿日元。为此,日本开始创建以生物质业务为中心,具有绿色产业和区域循环能源系统的生物质产业共同体,并制定了一系列发展战略。其主要内容包括3个方面:一是注重研发实用性较高生物质利用技术,加快甲烷发酵、直接燃烧、固体燃料、液体燃料等重点技术的推广;二是利用可再生能源电力固定价格购买制度、相关税收信贷优惠等政策鼓励投资者和企业进入相关行业;三是通过加强农业生产者、地方政府和企业之间的合作,利用秸秆打捆技术,建立有效的水稻、小麦秸秆等收集和分配系统。

与此同时,日本内阁府、总务省等相关部门联合在2012年规划实施了《生物质利用技术现状和路线图》,根据生物质利用技术水平、技术问题和应用前景,制定了生物质商业化运营的"技术路线图",明确了生物质利用发展方向,选择甲烷发酵、直接燃烧、固体燃料、液体燃料等实用性较强的技术开展实验示范,并遵循先研究、后示范、再商业化推广的发展步骤,促进了生物质相关产业的发展。2019年,日本对技术路线图进行了第二次修订,修订版技术路线图根据技术水平将秸秆利用技术分为实用化、示范和研究验证三个阶段,在原有技术更新基础上,新增了生物塑料材料、液体燃料、氢气发酵、资源作物开发、直接燃烧热电利用、纤维素发酵、高速水解生产饲料和肥料等7项技术条目,并分别从技术类别、技术名称、技术水平、技术现状、技术产品、适应原料、技术实施和商业化推广时的注意事项等7个部分逐一进行论述,让应用者更好地利用每项技术。

此外,2005—2020年,日本还相继制定了一系列促进生物质资源利用计划。2005年制定了《京都协定目标实现计划》,提出到2010年生物质热利用308亿L(原油换算),包括利用 50 亿 L 生物质燃料。2008 年制定了《生物燃料创新计划》,提出全面推广生物质利用技术,制定国家、县、市生物质利用促进计划。2014 年制定了《战略能源计划》,2018 年对其战略目标进行调整,提出到 2030 年,可再生能源占总能源供应比重达到 44%,主要通过秸秆发电等技术来实现。2015 年制定了《长期能源供需展望》,提出到 2030 年,生物质发电等可再生能源电力份额达到 22%～24%。2019 年制定了《农林渔业部面向脱碳社会的基本概念》,提出高效回收利用秸秆等生物质资源,到 2050 年实现碳中和。

二、我国废弃生物质循环利用与污染防控的发展历程

开发和利用废弃生物质资源已经成为优化我国能源结构和应对全球气候变化的重要举措之一。我国在废弃生物质产业利用的发展过程中始终坚持"不与粮争地、不与人争粮"的基本原则,并根据国家发展需求对政策目标进行适时调整。

1.我国废弃生物质循环利用相关法律法规及政策支持

1980—1996 年,我国出台的生物质资源化利用政策文件以发展规划类政策为主,各项政策中所包含与生物质能源发展相关的内容都是鼓励开发生物质燃料,鼓励发展能源作物,缺乏具体的实施细则。20 世纪 80 年代初期,我国农村每年消耗薪材量达 2.5 亿 t,但当时能够提供合理利用的薪材量仅有 1.6 亿 t,这导致大量森林资源被当作薪材砍伐。自 1997 年开始,我国政府颁布了《中华人民共和国节约能源法》《中华人民共和国可再生能源法》《中华人民共和国循环经济促进法》3 项基本法律以保障生物质产业的发展。各项法律中所包含的与生物质发展相关的内容均以鼓励开发生物质燃料、鼓励发展能源作物为主。

1997—2019 年,我国出台的生物质资源化利用政策文件强调生物质能源替代化石燃料以实现能源供需稳定为目标。其中,1997 年颁布的《中华人民共和国节约能源法》提出了我国要鼓励开发可再生能源,从而替代化石燃料消耗。2005 年颁布的《中华人民共和国可再生能源法》是我国第一部可再生能源法律,其中提出了鼓励开发和高效利用生物质燃料,结合地区资源禀赋和经济发展状况适时发展能源作物,为鼓励发展能源作物、开发生物质能源提供了法律保障。此法令的颁布,弥补了我国生物质能源产业发展的法律空缺,为地方政府发展林业生物质能源产业提供了法律依据,同时也增加了地方政府制定相应配套政策的灵活性。2006 年 9 月,财政部、国家发展改革委、农业部、国家税务总局、国家林业局印发的《关于发展生物能源和生物化工财税扶持政策的实施意见》是我国最早的废弃生物质经济激励类政策,其中明确规定对生物能源与生物化工行业实施弹性亏损补贴、原料基地补助、示范补助,以及税收扶持四大财税优惠政策。该实施意见为生物质能源发展提供了有力的政策保障。同年《可再生能源发展专项资金管理暂行办法》发布伊始,财政部牵头,联合其他部委和局级机构,出台了一批激励可再生能源发展的专项资金和补贴措施,其中重点扶持以生物乙醇燃料和生物柴油为代表的重大项目。与美国、巴西等国利用丰富的农业资源生产生物乙醇不同,我国受农田规划红线和基本国情的限制,不适合利用传统粮油类原料发展生物燃料。因此,始终秉承"不与粮争地、不与人争粮"的基本原则,利用非粮原料是我国发展生物燃料的根本方向。

2006 年《可再生能源发电价格和费用分摊管理试行办法》规定了生物质能补贴电价的标准为 0.25 元·kW^{-1}·h^{-1}。2007 年 9 月,财政部出台《生物能源和生物化工农业原料基

地补助资金管理暂行办法》,规定对生物质原料基地给予 200 元·亩$^{-1}$ 补助。2007 年,《可再生能源发展"十一五"规划》进一步确立了非粮原料能源(生物质乙醇和生物柴油)的产量,如,到 2010 年燃料乙醇的利用量达到 200 万 t,以林业油料植物为原料的生物柴油产量达到 20 万 t。后来的《生物质能发展"十二五"规划》《生物质能发展"十三五"规划》进一步推进从生物质直燃发电全面转向热电联产,提升生物燃料乙醇、生物柴油和生物质成型燃料的利用规模。2008 年颁布的《中华人民共和国企业所得税法》规定,给予生物质发电厂 10% 的税收减免。同年颁布的《中华人民共和国循环经济促进法》提出将废物直接作为产品或者经修复、翻新、再制造后继续作为产品使用,或者将废物的全部或者部分作为其他产品的部件予以使用,鼓励提高资源利用效率,保护和改善环境,实现可持续发展。2010 年 7 月,《关于完善农林生物质发电价格政策的通知》出台了全国统一的农林生物质发电优惠电价 0.75 元·kW^{-1}·h^{-1}。2011 年 4 月,财政部、国家能源局、农业部印发的《绿色能源示范县建设补助资金管理暂行办法》提出,对能在 3 年内建成的生物质能源相关项目,将结合地方政府的财力分期分批下达示范补助资金。依据《财政部国家税务总局关于印发〈资源综合利用产品和劳务增值税优惠目录〉的通知》规定,以废弃生物质为原料生产的生物质压块、沼气等燃料及电力、热力,实行增值税即征即退 100% 的政策。2013 年,国家林业局在《可再生能源发展"十二五"规划》的基础上制定了《全国林业生物质能源发展规划(2011—2020)年》,这是我国第一部专门针对林业生物质能源系统发展的规划性文件。首先,该规划主要从能源林开发、重点示范工程建设、保障措施实施以及效益分析等方面进行布局;其次,该规划在立足我国当时能源技术水平和不同地区资源禀赋的基础上,分地区、林种和树种,对 2015 年和 2020 年两个时间节点上能源林的建设任务进行了具体量化,为地方政府提供了确切、可操作性强的建设参考。

2020 年以来,我国出台的生物质资源化利用政策,鼓励生物质能源发展实现"双碳"目标。2020 年修订的《中华人民共和国森林法》提出,国家鼓励发展以生产燃料和其他生物质能源为主要目的的森林。在此基础上,国家发展改革委、国家能源局、农业农村部和生态环境部等各部委发布了多项利好生物质发电项目的相关政策文件,这促使生物质发电厂得到了快速发展,各项税收、补贴政策不断推动生物质能发电在全国的发展。

2022 年由国家发展改革委、国家能源局等 9 部门联合印发的《"十四五"可再生能源发展规划》明确要稳步推进生物质能多元化开发,指出:①稳步发展生物质发电。优化生物质发电开发布局,稳步发展城镇生活垃圾焚烧发电,有序发展农林生物质发电和沼气发电,探索生物质发电与碳捕集、利用与封存相结合的发展潜力与示范研究。②积极发展生物质能清洁供暖。合理发展以农林生物质、生物质成型燃料等为主的生物质锅炉供暖。③加快发展生物天然气。在粮食主产区、林业三剩物富集区、畜禽养殖集中区等种植养殖大县,以县域为单元建立产业体系,积极开展生物天然气示范。④大力发展非粮生物质液体燃料。积极发展纤维素等非粮燃料乙醇,鼓励开展醇、电、气、肥等多联产示范。支持生物柴油、生物喷气燃料等领域先进技术装备研发和推广使用。

2.我国废弃生物质循环利用概况

我国废弃生物质来源广泛,资源化利用发展潜力巨大。废弃生物质可以通过热化学转化、生物转化及物理转化等方式将其高效转化为液体燃料、成型燃料、生物燃气、生物基材料化学品、生物质炭材料、造纸原料等。废弃生物质特别是农作物秸秆还可以开发成肥料、饲料、基质等,保障农业经济的可持续发展,具有良好的经济效益、生态效益和社会效益。

我国燃料乙醇产业发展相对较晚,主要以玉米等粮食作物为原料生产。现该行业正在投入大量资源向先进的生物燃料(如纤维素生物乙醇等)过渡。2021年,中国燃料乙醇产量的80%以上以谷物为原料,10%以木薯或甘蔗为原料,存在"与人争粮"现象,这也是当前我国严格控制燃料乙醇的原因。在我国,燃料乙醇行业属于政策驱动型行业,国家相关能源与农产品政策的变化对燃料乙醇行业影响较大。目前,我国燃料乙醇为国家指令性计划产品,其生产及销售应满足国家专项产业规划发展要求。国家实施的与燃料乙醇相关的产业政策可以概括为"核准生产、定向流通、封闭运行、有序发展"。为了突破制约需要大力发展纤维素燃料乙醇技术,而制约纤维素燃料乙醇技术发展的瓶颈是纤维素预处理,以及酶制剂费用过高导致的纤维素燃料乙醇生产成本过高。纤维素乙醇的生产技术比较复杂,即使小试、中试成功,不通过长周期示范性装置试验,也很难保证工业生产成功。纤维素乙醇工业示范化是让纤维素乙醇走向商业化的必经之路。

废弃油脂是我国生物柴油产业重要的原料来源。国内木本油料能源由于规模化供应以及成本等因素限制,尚未实现大规模生产。目前我国生物柴油行业仍处于试点阶段,国内生物柴油市场的消费量较少,上海是国内唯一实行生物柴油添加的地区。据统计,2020年,我国生物柴油产量达到约14.6亿L,消费量5.2亿L,进口量约9.5亿L,而出口量因欧盟需求的快速增长将达到10.4亿L。2021年我国生物柴油生产企业有44家,其产能规模达到28亿L。

国内的生物质直燃发电发展较晚但发展速度极快。我国在2006年于单县投产了第一个大型生物质直燃发电的示范项目,搭建了2.5万kW的生物质电厂,每年的发电量相当于10万吨标准煤。在南方地区,我国直燃发电机组数量多,如广东、广西两地已有超过300台机组,单体规模不大但总装机容量达到80万kW。截至2020年底,全国以农林业废弃物为燃料,总投资规模约为人民币1330亿元,建成投产直燃式生物质发电厂452座,总装机容量约为1330万kW,年发电约为510亿kWh,年上网电量约为446.2亿kWh,年利用原料约为7000万t,年为农民增收约人民币200亿元。截至2020年底,我国以城镇居民生活垃圾为燃料,总投资规模约为人民币3250亿元,建成投产直燃式生活垃圾发电厂631座,总装机容量为1533万kW,年发电量为778.3亿kWh,年上网电量约为642.9亿kWh,年处理垃圾量约为1.4亿t。截至2020年底,我国可再生能源发电装机总规模达到9.3亿kW,占总装机量的42.4%。其中生物质能发电量为2952万kW,占比达到2%,连续3年稳居全球首位。中国建材工程集团与印尼签订了6个1万kW的生物质发电厂项目,以木材木屑为原料进行燃烧发电,拓展了海外市场。生物质气化技术发展前景广阔,气化产品用途广泛,但尚存在很多问题,这些问题阻碍了我国生物质气化技术的大规模发展。我国生物质直燃发电存在的问题是:生物质燃气质量不稳定、热值低、CO含量高等;已建成的生物质气化系统存在焦油净化效率低,焦油含量高,且缺乏成套气化装置长期运行的实践经验;气化炉(如集中供气、发电、家用气化炉等)规模和容量较小且没有相关的标准体系做支撑等。以生物质气化标准为例,我国关于生物质气化目前没有国家标准,现行标准为行业标准和地方标准。因此,我国的生物质气化技术在解决以上问题的同时不仅要走扎实的基础研究和开发路径,也要考虑该技术的总体需求以及与其他技术的竞争。

我国是农业大国,秸秆资源丰富,位居世界首位。近年来,我国农作物秸秆综合利用率稳步提升,2021年,全国农作物秸秆利用量为6.47亿t,综合利用率达88.1%;农作物秸秆肥料化、饲料化、燃料化、基料化、原料化利用率分别为60%、18%、8.5%、0.7%和0.9%(图1.2),"农用为主、五化并举"的格局已基本形成。2021年,秸秆饲料化利用量达1.32亿t。燃料化利用量稳定在6000多万t,可替代标准煤3000多万t,减排二氧化碳7000多万t。秸秆基料化、原料化利用量达1208万t,秸秆食用菌基质、清洁制浆造纸、零甲醛板材等一系列新技术、新业态不断涌现,成为乡村产业发展新的增长点。秸秆"变废为宝",市场化利用是关键。2021年,全国秸秆利用市场主体为3.4万家,其中年利用量万吨以上的有0.17万家。

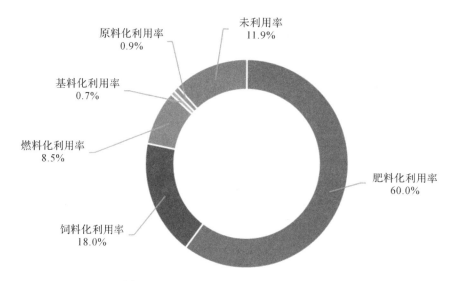

图1.2 我国农作物秸秆资源化利用现状

三、废弃生物质循环利用中的污染防控

废弃生物质的能源化、原料化、肥料化、饲料化和基质化利用是目前废弃生物质资源化利用的主要方式。随着废弃生物质资源化利用的工程化推广和应用,其利用过程中的二次污染及污染防控问题日益突出。废弃生物质资源化利用工程中的污染物识别、污染物监测、污染物控制方法和技术、污染物的终端处理等二次污染防治措施显得尤为重要。

1. 能源化利用过程中的污染防控

生物质能源化利用方式主要包括沼气工程、燃料发电工程、燃料乙醇制备工程和制氢工程等。生物质能工程在有效处理和消纳废弃生物质的同时又能产生清洁能源,在国内外均得到了大力的推广应用。然而,在生物质能工程朝着大型化、产业化方向发展的同时也暴露出一些二次污染问题,值得重视。

沼气工程中最突出的问题是沼液和沼渣的消纳。沼液中含有大量的N、P、K元素,数量庞大的微生物菌群,以及其他无机离子和极微量的重金属成分等。沼液、沼渣在农田施用时,若没有规范的技术指导,一旦施用量过大,超过土地承载能力和作物利用能力,就会造成二次污染。生物质气化发电工程中主要的污染防控问题是焦油对水的二次污染和发电机组尾气的净化。就目前的技术而言,生物质气化发电工程中的主要污染物有焦油、二氧化硫、氮氧化物、挥发性有机物、一氧化碳、粉尘、恶臭等。生物质焚烧发电带来的二次污染物,如二噁英、细颗粒、重金属、HCl 以及 SO_x、NO_x 等,已经引起了广泛关注。利用生物发酵法制燃料乙醇的生产工艺,会产生含硫废气,其中含有 H_2S 等气体,不仅能够引起管道腐蚀、催化剂的中毒、设备腐蚀,而且会造成严重的环境污染。此外,工厂中设备在线清洗之后会产生大量的废液,包括膜清洗、发酵罐清洗、蒸馏塔清洗后的无法再次循环利用的废碱液。因此,有效处理生物发酵法制燃料乙醇工艺中的废气和废液已成为急需解决的问题。

2. 原料化利用过程中的污染防控

废弃生物质在无氧或缺氧条件下经过热化学转化生成的生物质炭,具有丰富的孔隙结构、较大的比表面积和较多的表面活性官能团,经过改性和加工,能够生产具备高附加值的多功能炭材料。生物质热解炭化过程中的主要污染有生物质干燥工艺产生的废水,以及热解气中有害物质,如 CH_4、CO、焦油、灰分和 CO_2 等。生物质炭化生产工厂均需配置污水处理设施和热解气回用及净化系统,以降低生物质炭化过程中的二次污染问题。

纸浆化利用过程中的污染物防控从制浆造纸废液、废水的处理,到固体废物的资源化利用,再到废气、噪声的处理、用水的控制及能量的回收,大量的新技术不断涌现,且相当一部分已陆续进入产业化应用阶段。制浆造纸过程产生的废水包括除黑液、红液等制浆废液以外的备料废水、洗选漂废水、蒸发站污冷凝水、造纸白水以及机械浆、化学机械浆、半化学浆、废纸制浆废水等。制浆造纸废水排放量大,主要污染物为各种木质素、纤维素、半纤维素降解产物和含氯漂白过程中产生的有毒物质,是目前造纸企业污染治理的重点。对制浆造纸企业来说,废气中的污染物主要是悬浮粒子和恶臭气体。制浆造纸厂的悬浮粒子主要为备料时的粉尘,碱回收炉、石灰窑的烟尘。备料时的粉尘主要用机械法进行去除。用得较多的是旋风除尘器,除尘效率为 90% 左右。碱回收炉和石灰窑一般用电除尘器进行除尘。电除尘器是除尘效率最好的除尘器,除尘效率在 99% 以上。粗大的悬浮粒子,主要来自燃煤锅炉,石灰窑和熔融物熔解槽排气也是其重要来源。恶臭主要产生于硫酸盐法制浆的企业,包括蒸煮放气、多效蒸发器不凝气和碱回收炉排气。我国现在还没有制浆造纸企业臭气等有害气体排放的国家标准。一般的处理措施是将高浓臭气和低浓臭气分别收集并处理。随着低臭型碱回收炉的出现,碱回收炉成为处理各种臭气的集中地。高浓臭气和汽提塔排气在碱回收炉二次风位置用臭气燃烧器烧掉,并在碱回收炉顶部设独立的燃烧火炬以备用;低浓臭气送碱回收炉二次风位置,作为碱回收炉的供风。

制浆造纸行业的固体废弃物包括原生浆生产中的原料备料废渣、碱回收车间白泥、废水处理污泥以及二次纤维利用过程中产生的脱墨污泥等。原料备料中产生的废渣主要是树皮、草屑和尘土、砂砾等,一般用定点焚烧、草屑锅炉和树皮锅炉进行处理。生产过程中产生的浆渣有些可用于生产低档纸,有些进行焚烧处理。随着排放标准的不断提高,采用碱回收处理黑液的制浆厂越来越多,绿泥和白泥的量也随之大大增加。尤其是非木浆厂的白泥无法厂内循环,所以绿泥和白泥如何处理是近十年来越来越受到制浆厂重视的问题。废水处理过程的污泥分为一级处理污泥、二级处理污泥、三级处理污泥及脱墨污泥。这些污泥经过脱水后,必须加以处理。对污泥的处理技术经历了填埋、堆肥、焚烧和深加工再利用等发展阶段。生产肥料是目前应用最广泛的技术之一。污泥生产肥料的方式有几种,最简单的是直接堆肥处理,但这种方法处理周期长、占地面积大,使用起来有一定困难。现已有企业开发出高温好氧堆肥技术,缩短了生产周期。但脱墨污泥中含有重金属,在土壤中不断积累也会造成污染。所以脱墨污泥焚烧还是目前最好的方法。

3. 肥料化利用过程中的污染防控

Cu、Zn、As等微量重金属元素作为饲料添加剂以及抗生素在规模化畜禽养殖中广泛使用，但大部分重金属和抗生素无法被动物体有效吸收而通过粪便排出体外。因此，畜禽粪便中往往存在一定量的重金属和抗生素。同时，重金属和抗生素会对畜禽粪便中的细菌产生选择压力，诱导形成大量的抗性细菌和抗性基因。人们通常在堆肥过程中加入重金属钝化剂，以降低有机肥中重金属的生物有效性。在堆肥过程中引入生物炭和不同种类的秸秆，可对堆肥中的抗生素、重金属和抗性基因污染有一定的缓解作用。相较于自然堆肥，高温堆肥可有效杀灭抗生素抗性细菌，也能降解抗生素抗性基因，阻止抗生素抗性基因的基因水平转移，从而降低抗生素抗性细菌和抗生素抗性基因在环境中的传播，降低生态环境风险。然而，堆肥并不能完全去除畜禽粪便中的重金属、抗生素及抗生素抗性细菌等有害物质，有机肥中的有害物质仍然值得关注。

近年来，人们发现堆肥中新型污染物——微塑料污染严重。在肥料场堆肥产品、城市生物垃圾新鲜堆肥产品和城市绿化垃圾成品堆肥产品中检测到的微塑料含量可达 $43.8 \sim 1357 \ mg \cdot kg^{-1}$。有机肥的施用是微塑料进入土壤环境的主要路径之一。微塑料不只是机械地混杂在堆肥产品中，还随着堆肥的进行，不断与堆体发生相互作用。有机肥中微塑料的主要来源是堆肥原料中的微塑料和堆肥环境产生的微塑料。堆肥产品中的微塑料与原料中塑料垃圾的数量和类型密切相关，原料是影响堆肥微塑料浓度的主要原因之一。原料中微塑料的来源可分为两类，一类用于堆肥的生物质本身含有的微塑料（如污水处理厂污泥、畜禽粪便等），这类微塑料由于颗粒微小且与有机废弃物完全混合，很难通过预处理的手段去除；另一类微塑料是预处理过程中未能完全分离的宏观塑料在堆肥过程中释放的。此外，我国北方冬季天气寒冷，堆肥易因温度不达标而出现腐熟不完全、无法达到无害化标准等一系列问题，因此，常采用覆膜发酵的方法。覆膜有提高堆肥温度、缩短堆肥时间、减少恶臭气体挥发、防止氮素流失、保持肥效等作用。然而，在堆肥过程中，堆体与塑料薄膜接触，石油基塑料成为微生物生长的潜在碳源。在长期风化、磨损、光解和生物降解的共同作用下，塑料薄膜会逐渐碎片化并向堆肥中释放微塑料、增塑剂等污染物质。堆肥箱、堆肥袋等常见塑料制堆肥容器的使用也是微塑料进入堆肥的途径之一。微塑料污染日益严峻，如果不及时采取有效的防范措施，微塑料不仅会降低堆肥的品质，更有可能在堆肥中形成复合污染源进而污染土壤，值得重视。

4. 饲料化和基质化利用过程中的污染防控

废弃生物质饲料化利用处理的主要技术有物理处理、化学处理和生物处理，其中化学处理和生物处理技术中的二次污染问题值得关注。碱化处理技术需要用氢氧化钠、氢氧化钾、氢氧化钙、液氨等溶液浸泡或喷洒废弃生物质。酸化处理技术则需要用到酸性物质、芒硝、含硫化合物等有害物质。因此，化学处理技术中的碱性废液、酸性废液的污染治理以及氨气的挥发污染防控不容忽视。在生物处理技术中，人们常加入多种微生物对废弃生物质进行发酵以提高营养成分，然而，复合微生物对人类和动物的健康风险值得关注。

在废弃生物质基质化利用的过程中，原料供应差异以及外界环境影响，常常导致不同批次腐熟的废弃生物质制备基质产品不稳定，需要调节配比、pH 及 EC 值等。因此，基质化生产工艺中的酸碱调节剂的使用可能有一定的水污染风险。此外，废弃生物质中可能存在有毒酚类物质,若脱毒不完全,制备的基质可能对栽培作物产生毒害风险。

❖ 生态之窗

　　深入推进环境污染防治。坚持精准治污、科学治污、依法治污,持续深入打好蓝天、碧水、净土保卫战。加强污染物协同控制,基本消除重污染天气。统筹水资源、水环境、水生态治理,推动重要江河湖库生态保护治理,基本消除城市黑臭水体。加强土壤污染源头防控,开展新污染物治理。提升环境基础设施建设水平,推进城乡人居环境整治。全面实行排污许可制,健全现代环境治理体系。严密防控环境风险。深入推进中央生态环境保护督察。

　　积极稳妥推进碳达峰碳中和。实现碳达峰碳中和是一场广泛而深刻的经济社会系统性变革。立足我国能源资源禀赋,坚持先立后破,有计划分步骤实施碳达峰行动。完善能源消耗总量和强度调控,重点控制化石能源消费,逐步转向碳排放总量和强度"双控"制度。推动能源清洁低碳高效利用,推进工业、建筑、交通等领域清洁低碳转型。深入推进能源革命,加强煤炭清洁高效利用,加大油气资源勘探开发和增储上产力度,加快规划建设新型能源体系,统筹水电开发和生态保护,积极安全有序发展核电,加强能源产供储销体系建设,确保能源安全。完善碳排放统计核算制度,健全碳排放权市场交易制度。提升生态系统碳汇能力。积极参与应对气候变化全球治理。

——党的二十大报告

二维码1.1　党的二十大报告全文

❖ 复习思考题

　　(1)请简述废弃生物质的定义和种类。

　　(2)废弃生物质资源的特点有哪些?

　　(3)我国废弃生物质的主要利用途径有哪些?

　　(4)美国和欧盟在废弃生物质循环利用方面有哪些成功经验?

　　(5)当前我国废弃生物质循环利用有哪些相关法律法规?

　　(6)废弃生物质能源化利用过程中可能会产生哪些污染物?

第二章 废弃生物质厌氧发酵

第一节 废弃生物质厌氧发酵概述

一、厌氧发酵概念

厌氧发酵又称厌氧消化、沼气发酵,指废弃生物质在一定的水分、温度和厌氧条件下,通过厌氧微生物以生理群为单位组成的食物网进行协同代谢,最终形成富含CH_4和CO_2的可燃性混合气体的过程(图2.1)。厌氧发酵系统基于沼气发酵原理,以能源生产为目标,最终实现沼气、沼液、沼渣的综合利用。

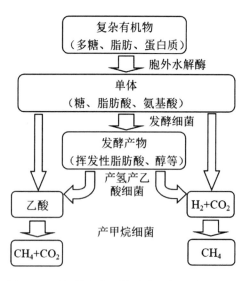

图 2.1 厌氧微生物群落对有机物的代谢过程

二、厌氧发酵原理

20 世纪 70 年代以来,科学界对厌氧微生物及其代谢过程的研究取得了长足的进步,推动了厌氧生物处理技术的发展。废弃生物质的厌氧发酵过程包括水解作用、发酵作用、产氢产乙酸作用、产甲烷作用和同型产乙酸作用。有些文献将水解、发酵、产氢产乙酸作用合并统称为酸性发酵阶段,将产甲烷作用称为甲烷发酵阶段。

1. 水解作用

废弃生物质的主要成分包括碳水化合物、蛋白质和脂肪等有机物。能够分解这些有机物的微生物种类很多,主要有淀粉分解菌、纤维素分解菌、脂肪分解菌、蛋白质分解菌、丙酸产生菌、丁酸产生菌、乳酸产生菌、酒精产生菌等。这些微生物可产生胞外水解酶,其中主要的有淀粉酶、纤维素酶、蛋白酶和脂肪酶等。它们可以在体外将这些复杂的大分子水解为可被微生物同化的单体。

水解过程一般较为缓慢,容易成为高分子有机质厌氧发酵的限速步骤。影响水解速度与水解程度的因素很多,包括:①水解温度;②有机质在反应器内的停留时间;③有机质的组成(如木质素、碳水化合物、蛋白质与脂肪的质量分数等);④有机质颗粒的大小;⑤pH;⑥氨浓度;⑦水解产物(如挥发性脂肪酸)的浓度等。

在水解过程中,胞外水解酶能否有效接触底物是水解速率的关键影响因素。因此,对于固体有机质,比表面积差异较大,大颗粒底物的水解速率比小颗粒要小得多。植物性底物同时含有纤维素、半纤维素和木质素,半纤维素是可生物降解的,但纤维素较难降解,木质素最难降解。当木质素和纤维素包裹在半纤维素表面时,水解酶无法有效接触半纤维素,导致降解缓慢。因此,其可生物降解性取决于半纤维素被纤维素和木质素包裹的程度。

2. 发酵作用

发酵是指有机物既是电子供体又是电子受体的生物降解过程。在此过程中,水解作用产生的小分子化合物在水解发酵细菌的细胞内转化为更为简单的、以挥发性脂肪酸(volatile fatty acid, VFA)为主的末端产物,并分泌到细胞外。因此,这一转化过程也称为酸化作用。发酵作用产物除了VFA,还有醇类、乳酸、CO_2、H_2、NH_3、H_2S等。与此同时,发酵细菌也会将部分有机物同化为新的细胞物质,因此未经酸化的废物厌氧处理时会产生更高的生物量。

在发酵过程中,小分子化合物(如葡萄糖)先被水解发酵细菌摄入细胞,并经糖酵解途径分解为丙酮酸($CH_3COCOOH$),即:

$$C_6H_{12}O_6 + 2NAD^+ \longrightarrow 2CH_3COCOOH + 2NADH + 2H^+ \tag{2.1}$$

由于细胞内NAD^+(烟酰胺腺嘌呤二核苷酸,简称为辅酶Ⅰ)含量有限,要使反应(2.1)持续进行,必须使NADH重新氧化成NAD^+,即:

$$NADH + H^+ \longrightarrow NAD^+ + H_2$$

$$\Delta G'_0 = +18.0 \text{ kJ} \cdot \text{mol}^{-1} \tag{2.2}$$

在标准状态(氢分压为1 atm)下,反应(2-2)为吸能反应,不能自发进行,因此发酵细菌需要以$CH_3COCOOH$作为电子受体来再生NAD^+,例如:

$$CH_3COCOOH + NADH + H^+ \longrightarrow CH_3CH_2OH + CO_2 + NAD^+$$

$$\Delta G'_0 = -38.9 \text{ kJ} \cdot \text{mol}^{-1} \tag{2.3}$$

$$CH_3COCOOH + 2NADH + 2H^+ \longrightarrow CH_3CH_2COOH + H_2O + 2NAD^+$$

$$\Delta G'_0 = -87.0 \text{ kJ} \cdot \text{mol}^{-1} \tag{2.4}$$

$$CH_3COCOOH + CH_3COOH + NADH + H^+ \longrightarrow CH_3CH_2CH_2COOH + CO_2 + H_2O + NAD^+$$
$$\Delta G'_0 = -77.4 \ kJ \cdot mol^{-1} \tag{2.5}$$

由式(2.3)~式(2.5)可知,在氢分压较高的条件下,葡萄糖经 $CH_3COCOOH$ 转化为 CH_3CH_2OH、CH_3CH_2COOH、$CH_3CH_2CH_2COOH$ 等;当氢分压降低时,式 2.2 成为主导反应,葡萄糖经 $CH_3COCOOH$ 继续氧化。由此可见,氢分压对葡萄糖(原始基质)的厌氧转化具有导向作用。这种针对原始基质的氢调节,称为第一位点氢调节。

3. 产氢产乙酸作用

在复杂有机物厌氧发酵的产甲烷前体中,CH_3COOH 约占 72%,其余为 H_2(图 2.2)。这些 CH_3COOH 和 H_2 除了来自水解发酵细菌对复杂有机物的水解发酵外,还来自产氢产乙酸细菌对各种水解发酵产物的继续分解(式 2.6~式 2.8)。在标准状态(氢分压为 1 atm)下,式 2.6~式 2.8 为吸能反应,不能自发进行,只有当氢分压降低时,这些产氢产乙酸反应才能进行,这种针对中间产物的氢调节,称为第二位点的氢调节。

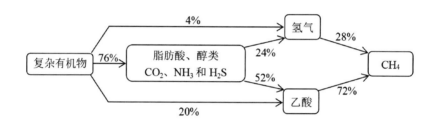

图 2.2 厌氧发酵过程的电子流(以 COD 计)

产氢产乙酸细菌可把含偶数个碳的脂肪酸降解为 CH_3COOH 和 H_2,把含奇数个碳的脂肪酸降解为 CH_3COOH、CH_3CH_2COOH 和 H_2。沃氏互营杆菌(*Syntrophobacter wolinii*)则可把 CH_3CH_2COOH 进一步降解为 CH_3COOH。在厌氧发酵过程中,由产氢产乙酸细菌代谢产生的 CH_3COOH 和 H_2 约占总产甲烷基质的 54%。由于产氢产乙酸细菌对 pH 值波动的耐受能力较差,所以在厌氧发酵过程中应该将 pH 值稳定在 7;此外,产氢产乙酸细菌的倍增时间长达 2~6 d,生长慢于产甲烷细菌。一旦产氢产乙酸细菌受到抑制,反应液中就会积累高浓度的 CH_3CH_2COOH 和 $CH_3CH_2CH_2COOH$,其中 CH_3CH_2COOH 对细菌具有很强的毒害作用。在厌氧发酵中,产氢产乙酸反应容易成为整个过程的限速步骤。

$$CH_3CH_2OH + H_2O \longrightarrow CH_3COOH + 2H_2$$
$$\Delta G'_0 = +19.2 \ kJ \cdot mol^{-1} \tag{2.6}$$

$$CH_3CH_2COOH + 2H_2O \longrightarrow CH_3COOH + CO_2 + 3H_2$$
$$\Delta G'_0 = +76.1 \ kJ \cdot mol^{-1} \tag{2.7}$$

$$CH_3CH_2CH_2COOH + 2H_2O \longrightarrow 2CH_3COOH + 2H_2$$
$$\Delta G'_0 = +48.1 \ kJ \cdot mol^{-1} \tag{2.8}$$

4. 产甲烷作用

据报道,已发现的产甲烷细菌有 200 多种,分别被归入 4 纲 7 目 16 科 41 属。产甲烷细菌位于食物网末端,在厌氧发酵中起关键作用。经过产甲烷作用,各基质上脱下的氢被汇入

CH_4 中(图 2.2),为发酵细菌和产氢产乙酸细菌解除了氢抑制,从而保证了上游反应的顺利进行。产甲烷作用的产物为沼气,容易从水中分离和收集,可实现对有机污染物的彻底去除。

常见的产甲烷基质有 H_2/CO_2、$HCOO^-$、CH_3OH、$(CH_3)_3NH^+$ 和 CH_3COO^-,相应的反应为:

$$CO_2 + 4H_2 \longrightarrow CH_4 + 2H_2O$$
$$\Delta G'_0 = -135.6 \ kJ \cdot mol^{-1} \tag{2.9}$$

$$4HCOO^- + 4H^+ \longrightarrow CH_4 + 3CO_2 + 2H_2O$$
$$\Delta G'_0 = -134.0 \ kJ \cdot mol^{-1} \tag{2.10}$$

$$4CH_3OH \longrightarrow 3CH_4 + CO_2 + 2H_2O$$
$$\Delta G'_0 = -106.0 \ kJ \cdot mol^{-1} \tag{2.11}$$

$$4(CH_3)_3NH^+ + 6H_2O \longrightarrow 9CH_4 + 3CO_2 + 4NH_4^+$$
$$\Delta G'_0 = -76.0 \ kJ \cdot mol^{-1} \tag{2.12}$$

$$CH_3COO^- + H^+ \longrightarrow CH_4 + CO_2$$
$$\Delta G'_0 = -32.0 \ kJ \cdot mol^{-1} \tag{2.13}$$

产甲烷反应对产氢产乙酸反应具有很好的拉动作用。例如,在标准状态下,CH_3CH_2OH 转化为 CH_3COOH(2-6)是一个吸能反应,不能自发进行;而 H_2/CO_2 转化为 CH_4(2.9)是一个释能反应,能够自发进行;若产氢产乙酸细菌与产甲烷细菌互生,则产甲烷反应可拉动 CH_3CH_2OH 转化为 CH_3COOH。

$$CH_3CH_2OH + \frac{1}{2}CO_2 \longrightarrow \frac{1}{2}CH_4 + CH_3COOH$$
$$\Delta G'_0 = +116.4 \ kJ \cdot mol^{-1} \tag{2.14}$$

5.同型产乙酸作用

研究发现,一些同型产乙酸细菌可将 H_2/CO_2 合成 CH_3COOH。理论上,同型产乙酸作用也是厌氧发酵过程的一个环节。

三、厌氧发酵特点

厌氧发酵与好氧生物处理相比,具有如下优缺点,见图 2.3。

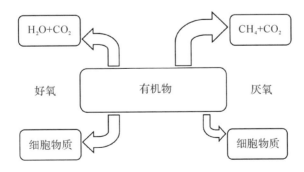

图 2.3　厌氧发酵与好氧生物处理的比较

厌氧发酵的主要优点:①无须供氧,可以节省供氧设备和动力消耗;②产生沼气,可以高效回收有机物中贮存的能量,回收率大于90%;③产生污泥少,只有好氧生物处理的1/20～1/10,可以降低污泥处置费用;④所需的营养物质少,可以降低运行费用;⑤可以转化好氧生物处理不能转化的有机物质(如氯仿、三氯乙烯和三氯乙烷等)。

厌氧发酵的主要缺点:①由多个微生物生理群协同完成,彼此间的平衡比较脆弱,运行稳定性相对较差;②厌氧微生物生长缓慢,反应器启动时间较长;③出水水质较差,不易达到排放标准;④会产生H_2S等臭气。

第二节　废弃生物质厌氧发酵工艺

一、厌氧发酵原料

1.厌氧发酵原料的主要类别

农作物秸秆、畜禽粪污、林木和森林工业残余物等废弃生物质通常都可作为厌氧发酵的原料。另外一些废弃生物质,如江河湖泊底泥、农副产品加工业有机废物及废水、城市污水及污水处理厂污泥和有机垃圾等也可通过厌氧发酵进行资源化利用。

根据来源的不同,可将厌氧发酵原料分为种植生物质、养殖废弃物、林业生物质、城市污废水、城市固体有机废弃物等几类。不同生物质厌氧发酵时间各有长短,产气潜力也不尽相同(见表2.1)。

表 2.1　不同废弃生物质厌氧发酵时间及产气潜力

组别	种类	发酵原料	发酵时间/d	产气潜力/$(mL \cdot g^{-1} TS)$
种植生物质	种植废弃物	麦秆	70	207
		豆秆	70	269
		葵盘	70	138
		水稻秸秆	27	402
		玉米秸秆	27	290
		棉花秸秆	31	442
	能源植物	早熟禾	75	457
		白三叶	31	106
		聚合草	45	240
		紫花苜蓿	34	936
		水葫芦	32	634
		水花生	34	334

组别	种类	发酵原料	发酵时间/d	产气潜力/ (mL·g⁻¹ TS)
养殖废弃物	畜禽粪便	牛粪	60	219
		猪粪	81	495
		鸡粪	73	324
		羊粪	113	215
林业生物质	林业废弃物	三角枫	56	54
		紫叶李	50	67
		法国梧桐	76	69
	林业副产品 废弃物	菠萝皮	23	557
		红毛丹果皮	37	258
		西番莲果皮	28	867
		香蕉皮	31	752
		葡萄皮	35	1510
		红心红皮火龙果果皮	29	490
		白心红皮火龙果果皮	29	383

$$产气潜力/(mL·g⁻¹ TS)$$

另外,也可按原料的形态,将厌氧发酵原料分为固体原料、浆液态原料和液态原料。固体原料有作物秸秆类、农产品加工及轻工业生产所产生的有机废渣等,其干物质含量比较高。浆液态原料主要包括人和畜禽粪便以及餐厨垃圾等,其干物质含量有所降低,一般鲜粪干物质含量为 20% 左右,与水混合后的浆液干物质含量约为 10%。液态原料包括酒精蒸馏废液、酵母厂废水、抗生素厂废水、豆制品厂废水、制酱厂废水和纸浆废水等,因其含有一定浓度的碳水化合物、蛋白质和脂肪,比天然有机物更易于降解,是厌氧发酵的良好原料,一般可用高效厌氧反应器进行处理。

2. 厌氧发酵原料特征表征参数

为了准确表示厌氧发酵原料的固体或营养物质含量,通常采用以下参数对其进行评价和计量:

①干物质含量或总固体(total solid,TS):指将一定量的原料在 $103\sim105$ ℃的烘箱内烘至恒重,计算所得的固体物质(其中包括可溶性固体和非可溶性固体)在样品中的比重。固体样品常用干物质含量进行表示,其计算方法如下:

$$干物质含量(\%)=\frac{m_d}{m_s}\times100\% \qquad(2.15)$$

式中:m_d——烘干至恒重样品的质量,即干物质质量,g;

m_s——烘干前样品的质量,g。

液体样品常用 TS 进行表示,其计算方法如下:

$$TS=\frac{m_d}{V} \qquad(2.16)$$

式中:V——液体样品体积,L。

②悬浮固体(suspended solid,SS):指液体样品通过孔径为 $0.45\ \mu\text{m}$ 的滤膜并于 $103\sim$ $105\ ℃$烘干至恒重的固体物质。悬浮固体的测定可以探明液体样品中的不溶性固体的含量,通常用 $\text{mg}\cdot\text{L}^{-1}$ 或 $\text{g}\cdot\text{L}^{-1}$ 来表示。

③挥发性固体(volatile solid,VS)及挥发性悬浮固体(volatile suspended solid,VSS):为了准确表征原料中的有机物含量,可将测完的 TS 或 SS 样品置于蒸发皿内,在马弗炉中以 $550\pm50\ ℃$灼烧 $1\ \text{h}$,使样品中所含的有机物全部分解挥发。这部分挥发掉的固体,称为 VS 或 VSS,常用百分率进行表示:

$$\text{VS}=\frac{m'_d-m_a}{\text{TS}}\times100\%\qquad(2.17)$$

式中:m'_d——蒸发皿和总固体的质量,g;

    m_a——蒸发皿和灼烧后的灰分质量,g。

$$\text{VSS}=\frac{m''_d-m_a}{\text{TS}}\times100\%\qquad(2.18)$$

式中:m''_d——蒸发皿和悬浮固体的质量,g;

    m_a——蒸发皿和灼烧后的灰分质量,g。

④总有机碳(total organic carbon,TOC):碳素是构成有机物的主要元素,也是微生物生长和产沼气的主要物质。测定厌氧发酵原料 TOC 值,不仅可以考查原料中有机物含量,也能为调整原料碳氮比(C:N)提供根据。

⑤化学需氧量(chemical oxygen demand,COD):指在一定条件下,氧化 $1\ \text{L}$ 水样中还原性物质所消耗的氧化剂的量为指标,折算成每升水样全部被氧化后,需要的氧的毫克数,以 $\text{mg}\cdot\text{L}^{-1}$ 表示。当以重铬酸钾作为氧化剂时,液体样品中的有机物几乎完全被氧化,这时所得到的耗氧量,称为重铬酸钾耗氧量(简称 COD_{Cr})。该参数可用来表征发酵料液中有机物的总量。

⑥生化需氧量(biochemical oxygen demand,BOD):指在一定条件下,微生物氧化分解 $1\ \text{L}$ 水中的可生物降解有机物所消耗的溶解氧的毫克数,以 $\text{mg}\cdot\text{L}^{-1}$ 表示。如果进行生物氧化的时间为五天就称为五日生化需氧量(BOD_5),相应地,还有 BOD_{10}、BOD_{20}、BOD_{u}(最终生化需氧量)。该参数可用来表征发酵料液中可生化降解的有机物量。

⑦碳氮比(C:N):指厌氧发酵原料中碳的总含量与氮的总含量的比。其计算方法如下:

$$\text{C}:\text{N}=\frac{m_1C_1+m_2C_2+\cdots+m_nC_n}{m_1N_1+m_2N_2+\cdots+m_nN_n}=\frac{\sum\limits_{i=1}^{n}m_iC_i}{\sum\limits_{i=1}^{n}m_iN_i}\qquad(2.19)$$

式中:C_i——某种原料的碳素百分含量,%;

    N_i——某种原料的氮素百分含量,%;

    m_i——某种原料的质量,g。

常见废弃生物质的碳氮比见表 2.2。

表 2.2　常见废弃生物质碳氮比

原料	碳素含量/%	氮素含量/%	C：N 比例
干麦草	46	0.53	87：1
干稻草	42	0.63	67：1
玉米秸秆	40	0.75	53：1
落叶	41	1.00	41：1
大豆茎	41	1.30	32：1
野草	14	0.54	26：1
花生茎叶	11	0.59	19：1
鲜羊粪	16	0.55	29：1
鲜牛粪	7.3	0.29	25：1
鲜马粪	10	0.42	24：1
鲜猪粪	7.8	0.60	13：1
鲜人粪	2.5	0.85	2.9：1
鸡粪	35.7	3.7	9.65：1

二、废弃生物质厌氧发酵潜力

废弃生物质中含有大量可生物降解的有机物,如碳水化合物、蛋白质、脂肪、核酸等,在厌氧微生物胞外酶和胞内酶的催化下,这些有机物很容易被水解为单体(如单糖、氨基酸、甘油、脂肪酸等),再进一步分解为 CO_2、NH_3、CH_4。同时,在废弃生物质中,也含有较多木质素、纤维素等难以被厌氧微生物转化的有机物。因此,有必要对废弃生物质厌氧发酵潜力进行评价。

1. BOD_5/COD

BOD_5/COD 可用于表征液态废弃生物质的可生物降解性。具体评定参数见表 2.3。

表 2.3　液态废弃生物质可生物降解性评定参考值

$(BOD_5/COD)/\%$	>45	30～45	20～30	<20
可生物降解性	很好	较好	较难	很难

在以 BOD_5/COD 评定可生物降解性时,需要注意如下问题:①BOD 是一个与时间有关的测定值,常用的指标有 BOD_5、BOD_{20} 和 BOD_u。显然 $BOD_5 < BOD_{20} < BOD_u$。它所反映的是废弃生物质被生物降解的速率,BOD/COD 越大,表明有机物被生物降解的速率越快,可生物降解性越好。②BOD_u 不可能与 COD 等值。在生物氧化中,一部分有机物被同化为细胞物质,BOD_u 必然小于 COD。③COD 中通常包含一些还原性无机物(如硫化物、亚铁盐等)的需氧量,由于测定技术的缺陷,目前还不能区分有机物和还原性无机物的耗氧量。④受客观条件(如温度、pH、接种物活性等)的影响,一般测得的 BOD 变幅较大。综上可知,BOD_5/COD 不可能等同于可生物降解的有机物占全部有机物的比例,但作为评定可生物降解性的指标不失其实用价值。

2. VS/TS

在固态废弃生物质或固体含量较高的废弃生物质浆液中,测定 BOD 和 COD 比较困难,通常以 VS 和 TS 取而代之。一般认为,VS 代表发酵中可生物降解的部分有机物,TS 代表总有机物,用 VS/TS 可以判断发酵原料的可生物降解性,该指标值越大,表示可生物降解性越好。常见废弃生物质的 VS/TS 如表 2.4 所示。

表 2.4　常见废弃生物质的 VS/TS

原料	TS/%	VS/%	(VS/TS)/%
餐厨废弃物	19.6	17.2	87.8
蔬菜废弃物	14.5	13.7	94.5
牛粪	33.6	24.6	73.2
猪粪	26.0	20.3	78.1
鸡粪	43.3	28.4	65.6
玉米秸秆	92.8	83.9	90.4
水稻秸秆	89.6	75.1	83.8
小麦秸秆	92.9	81.4	87.6
剩余污泥	3.99	2.46	61.7

3.产气量

通过测定产沼气量或者产气速率可以判断废弃生物质厌氧发酵的潜力。取一系列样瓶(厌氧反应器),投加定量的驯化菌种(厌氧活性污泥),将混合液挥发性悬浮固体(mixed liquid volatile suspended solids,MLVSS)浓度控制在 20000 mg·L^{-1},每个样瓶中加入不同浓度的发酵原料,然后密封产气,定时记录装置的产气量。根据单位原料的产气总量和产气速率,评定原料厌氧发酵潜力的大小(表 2.5)。单位原料产气总量越大,产气速率越快,厌氧发酵的潜力越高。

表 2.5　不同废弃生物质厌氧发酵时间及产气潜力

原料	产气量 /(mL·g^{-1} TS)	产气速率(占总产气量的比例)/%					
		10 d	20 d	30 d	40 d	50 d	60 d
人粪	426	40.7	81.5	94.1	98.2	98.7	100
猪粪	425	46.0	78.1	93.9	97.5	99.1	100
马粪	297	63.7	80.2	89.0	94.5	—	100
牛粪	205	34.4	74.6	86.2	92.7	97.3	100
青草	455	75.0	93.5	97.8	98.9	—	100
干麦草	425	8.8	30.8	53.7	78.3	88.7	93.2

三、厌氧发酵的工艺条件

1.基本工艺条件

微生物生长和代谢受制于特定的营养条件和环境条件。由德国农业化学家 Liebig 于 1840 年提出的最小因子定律和美国生态学家 Shelford 于 1913 年提出的耐受性定律可知,不管是营养因子还是环境因子,某一个因子不能满足微生物要求,微生物都不能生存,代谢作用也将随生命的结束而终止。营养物质(能源、碳源、氮源、无机盐、生长因子等)和环境条件(温度、pH、氧化还原电位、抑制剂等)组成了废弃生物质厌氧发酵的基本工艺条件。

(1)营养需要

细胞的化学组成是了解微生物营养需要的基础。细菌细胞常用通式$C_5H_7O_2N$来表示。这个通式一方面说明在细胞组成上 C、H、O、N 具有主导地位,另一方面也说明这四种化学元素之间存在特定的比例关系。在厌氧微生物生长和代谢所需的各种化学元素中,N、P 相对容易成为限制性营养元素。对于废弃生物质厌氧发酵,适宜的 C：N 一般为(15：1)～(25：1)。值得注意的是,上述 C：N 明显高于细胞通式$C_5H_7O_2N$中的比值。这是因为氮源的生理功能比较单一,主要用于组成细胞(磷源也类似)。而碳源除了用于组成细胞外,还用于提供能量。此外,厌氧发酵对硫的需求量较大,应予以重视。如果将磷和硫考虑在内,厌氧微生物细胞的通式为$C_5H_7O_2NP_{0.06}S_{0.1}$。对于未酸化的发酵原料,C：N：P 可取130：5：1;对于完全酸化的发酵原料,C：N：P 可取 330：5：1;对于部分酸化的发酵原料,一般介于两者之间。当发酵液中的硫(以 S 计)为 $0.001～1.0$ mg·L^{-1}时,产甲烷细菌生长最佳。最后,厌氧微生物(特别是产甲烷细菌)对 Fe、Ni、Co 等微量元素有较高需求量,也应予以关注。

(2)养分有效性

厌氧发酵原料中的营养物质以多种形态存在,有的呈水溶态,有的呈固态。水溶态有机物易与微生物接触而被利用,而固态有机物只能通过表面与微生物接触,故其利用速率与颗粒大小有关。粒径越小,与微生物接触的表面积越大,被利用的速率也越快。厌氧发酵原料若以单糖、淀粉、氨基酸和蛋白质为主,则易被生物利用;若以纤维素、半纤维素、果胶和脂类为主,则虽然能被生物利用,但利用速率较慢;微生物利用木质素、蜡质和单宁等成分的能力较弱,在厌氧发酵系统中,它们通常残留于沼渣或者剩余污泥中。

每种微生物所能利用的碳源各不相同,同种微生物对不同碳源的利用速率也不相同。通常将微生物能够快速利用的碳源称为速效碳源,反之称为迟效碳源。在厌氧发酵中,不仅要考虑碳源总量,还要考虑碳源的可利用性和利用速率。

氮源与碳源的利用紧密连锁。例如,细菌对葡萄糖的利用速率较高,对氨氮的利用速率也较高,对纤维素的利用速率较低,对氨氮的利用速率也低。这是因为糖代谢的许多中间产物都是氨基酸合成的前体。糖代谢快,中间产物积累多,为氨基酸合成提供了丰富的前体,促使氨基酸合成速率加快,氮源消耗增大。

从长期运行的角度看,厌氧发酵系统中必须有足量营养物质以维持微生物生存。当营养物质浓度低于下限时,微生物会丧失代谢功能;但当营养物质浓度超过上限时,生物反应也会受到抑制甚至毒害微生物(图 2.4)。在厌氧发酵中,物料碳氮比过高会引起氮源不足,使微生物的生长速率和代谢速率下降;而碳氮比低则会释放大量氨氮,导致氨毒。对于碳氮比较小的蛋白质类原料,输入厌氧发酵系统的物料浓度不宜高于 $1\%～2\%$。因为蛋白质($C_{16}H_{24}O_5N_4$)含氮量为 15.91%,在物料浓度为 $1\%～2\%$的情况下,若氨氮全部释放,浓度可达$1591～3182$ mg·L^{-1}。在蛋白质厌氧分解中,细胞产率为 8%,根据细胞含氮量,只有 6%的氮素被同化为细胞物质。扣除细胞中的氮素,发酵液中的氨氮浓度仍高达 $1496～2991$ mg·L^{-1},如果发酵液 pH 偏大,这么高的氨氮浓度很可能造成氨毒。另外,厌氧发酵是一个序列生物反应,VFA 是这个序列反应的中间产物。若初始基质浓度提高,VFA 浓度也会随之提高,极易超过抑制浓度而导致厌氧发酵系统酸化。

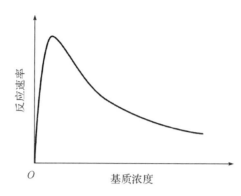

图 2.4 基质浓度对生物反应速率的影响

（3）营养元素平衡

废弃生物质的厌氧发酵不同于工业发酵。在工业发酵中，原料通过培养基提供，培养基的成分可以根据需要随时调整；而在废弃生物质的厌氧发酵中，单一原料成分不可能大幅度改变，对此，可采用不同原料，科学配比后进行混合，以达到营养元素平衡。氮素是微生物生长所需的大量元素，调控碳氮比可促进或抑制厌氧微生物的生长和代谢。某些物料中的磷、硫以及其他营养元素可能较难满足生物处理的要求，需要预先检测，及时补加。此外，还应特别注意产甲烷细菌对某些稀有元素的需要。缺少一种微量元素就会使产甲烷过程受到抑制甚至完全停止。

表 2.6 废弃生物质厌氧发酵的原料配比

原料	配比	1 m³ 发酵容积所需质量比
鲜猪粪∶干麦草	4.55∶1	250 kg∶55 kg
鲜人粪∶干麦草	1.75∶1	146 kg∶83.5 kg
鲜猪粪∶干谷草	3.65∶1	223 kg∶61 kg
鲜人粪∶干谷草	1.40∶1	121 kg∶86.5 kg
鲜猪粪∶玉米秸秆	2.95∶1	221 kg∶75 kg
鲜人粪∶玉米秸秆	1.13∶1	107.4 kg∶95 kg
鲜猪粪∶落叶	2.22∶1	—
鲜人粪∶落叶	0.85∶1	—
鲜猪粪∶青杂草	1∶10	—
鲜人粪∶青杂草	1∶25	—
鲜人粪∶鲜猪粪∶干麦草	0.5∶1∶0.5	70 kg∶140 kg∶70 kg
鲜人粪∶鲜猪粪∶干谷草	1∶1∶1	75 kg∶75 kg∶75 kg
鲜人粪∶鲜猪粪∶玉米秸秆	0.75∶1∶1	63.8 kg∶85 kg∶85 kg
鲜人粪∶鲜猪粪∶青杂草	0.1∶1∶18	2.1 kg∶21.3 kg∶382.5 kg

注：此表按 C∶N=（20∶1）～（30∶1）和干物质浓度 7%～10% 来配比。

（4）温度

温度是影响生物处理效率的重要工艺条件。温度的影响是多方面的，可以直接影响微生物的生长和代谢，也可以通过影响其他工艺条件间接影响微生物的生长和代谢。

a. 温度对厌氧微生物生长的影响。对任何一种生物或微生物，在其适宜的温度范围内，从最低生长温度开始,随着温度的上升,其生长速率逐渐上升,并在最适温度区达到最大值,随后生长速率随着温度的上升迅速下降。微生物的温度-生长速率曲线是不对称的,最佳温度到最高生长温度的范围很小。也就是说,在达到最适温度后,温度如果继续上升,则很快就会达到极限温度,而超过极限温度时往往会造成十分严重的不可逆后果,例如细胞的死亡(图2.5)。

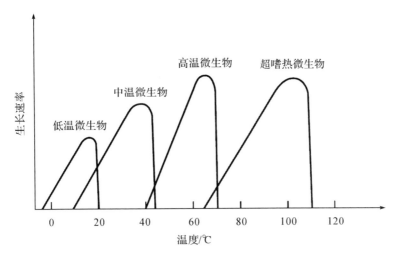

图 2.5 温度对不同微生物生长速率的影响

厌氧微生物的温度适应范围比好氧生物宽得多,但是就某一具体的厌氧微生物而言,其温度适应范围仍然较窄。各类产甲烷细菌的最适生长温度明显分布于两个不同区间。例如,布氏产甲烷杆菌(*Methanobacterium bryantii*)的最适生长温度范围为37~39 ℃,范氏产甲烷球菌(*Methanococcus vannielii*)为 36~40 ℃,巴氏产甲烷八叠球菌(*Methanosarcina barkeri*)为35~40 ℃,而嗜热自养产甲烷杆菌(*Methanobacterium thermoautotrophicum*)则高达65~70 ℃。在厌氧发酵过程中,产甲烷作用常常是整个序列反应的限速步骤,如果发酵温度控制在32~40 ℃,由于中温产甲烷细菌的作用,厌氧发酵会出现一个产气高峰;同理,如果发酵温度控制在65~70 ℃,由于高温产甲烷细菌的作用,厌氧发酵也会出现一个产气高峰。虽然高温产甲烷细菌(如嗜热自养产甲烷杆菌)的最适生长温度为60~70 ℃,甚至高达80 ℃,但一般产酸细菌却难于在此高温下正常生长。因此,一般认为,厌氧发酵的两个最适反应温度范围分别为30~40 ℃和50~55 ℃。

b.温度对产物形成的影响。当厌氧反应器运行在低温区(10~30 ℃)、中温区(30~40 ℃)和高温区(50~55 ℃)时,不是三种情况都能达到同样的代谢速率。在低温厌氧反应器中,即使嗜冷微生物处于其最适的生长温度,它的代谢速率也会低于中温厌氧反应器。在大多数厌氧反应器中,都基本符合温度每增加10 ℃反应速率增加1倍的规律。

由图2.6可以看出,对于中温下培育的厌氧活性污泥,在培养温度由20 ℃逐渐提升至48 ℃的过程中,当温度低于30 ℃时,容积去除率随着温度的升高而增大;温度高于30 ℃后,增幅更大;温度为38~40 ℃时,容积去除率达到最大值;温度超过39 ℃后,升温会导致容积去除率迅速降低。容积产气率的变化曲线也有类似规律,但不完全同步。对于高温下培育的厌氧活性污泥,当培养温度由40 ℃逐渐提升至50 ℃时,容积去除率逐渐增大;温度为50～53℃时,达到最大值;温度超过53℃后,容积去除率迅速下降。高温下容积产气率也有类似的变化趋势,并且基本同步。在中温和高温两组试验曲线的交会处(温度为43～45℃),出现一个容积去除率和容积产气量的低谷,即低效厌氧发酵区;其两侧出现高效中温厌氧发酵区和高效高温厌氧发酵区。

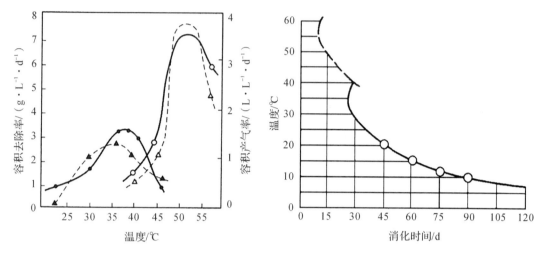

图2.6　温度对厌氧发酵的影响

根据最适反应温度范围,厌氧发酵可分为高温厌氧发酵(thermophilic anaerobic digestion,温度控制在55℃左右)、中温厌氧发酵(mesophilic anaerobic digestion,温度控制在35℃左右)和常温厌氧发酵(ambient anaerobic digestion,不严格控制温度,温度自然波动于15～35℃)。由图2.6可知,过低的温度(<20℃)会大大延长厌氧发酵的时间,因此不宜采用。而中温菌(特别是产甲烷菌)种类多,易于培养驯化、活性高,因此厌氧发酵常采用中温。但因中温发酵的温度与人体温接近,难以杀灭寄生虫卵及大肠菌。高温更有利于纤维素分解及病毒、病菌灭活,可使寄生虫卵的杀灭率达99%,使粪大肠菌达10～100个·L^{-1},能满足畜禽粪便无害化处理技术规范(GB/T 36195—2018)卫生要求(蛔虫卵的杀灭率≥95%,粪大肠菌≤100个·L^{-1})。但高温厌氧发酵需要维持厌氧反应器温度,除非物料本身温度较高,否则加热能耗很大,在实际工程中较少采用。

需要注意的是,产甲烷速率远高于产酸速率,升高温度有利于强化产甲烷反应,但温度波动对产甲烷反应的影响显著大于产酸反应。因此,在温度较低的情况下,要特别注意控制温度波动,否则易出现反应器酸化。

c.温度突变对厌氧发酵的影响。有研究显示,对于中温厌氧发酵,当发酵温度从35℃突降至20℃后,容积产气速率会随之迅速降至0,30 min后产气量虽然稍有回升,但在重新升温前一直处于较低的水平(约为降温前1/6)。当发酵温度从35℃突降至15℃后,产气量会随之迅速降至0,且在重新升温前几乎不再回升;若低温持续时间只有15 min,恢复原来温度后,产气量能迅速恢复,仅略低于降温前;若低温持续时间延长至2 h,恢复原来温度后,产气量虽然也能恢复,但所需时间则大大增加。可见在厌氧发酵过程中,温度变化幅度和持续时间都会对厌氧发酵速率产生巨大影响。温度下降幅度越大,产气量下降越厉害;低温状态持续时间越长,升温后恢复越困难。

对于高温厌氧发酵,若温度从 50 ℃突降至 10 ℃,产气量迅速降为 0;持续 2 h 后再恢复至原来温度,产气量仅能恢复至原有水平的 50%。可见高温发酵对温度波动的敏感性高于中温发酵。

另外,厌氧发酵对温度变化的敏感程度也与容积负荷有关。当反应器容积负荷接近最大容积去除率时,对温度变化较为敏感,须严加控制;当反应器在较低的容积负荷下时,温度变化对反应器效能的影响不大。

对于一个厌氧发酵反应器来说,其操作温度应尽可能保持稳定。一般昼夜波动范围不宜超过 ±(2.0~3.0)℃。若为中温或高温厌氧发酵,温度变动范围应控制为 ±(1.5~2.0)℃。当有 ±3 ℃以上的温度变化时,发酵速率会明显降低。若有 ±5 ℃以上的急剧温度变化时,就可能完全抑制产气能力,致使有机酸大量积累,对厌氧发酵造成不可逆伤害。

d. 最适温度的选择与控制。在选择厌氧发酵的温度时,要根据原料本身的温度及环境条件(气温、有无废热可供利用等),以及发酵能产生的沼气量与发酵过程中的能耗平衡(比如,当废水 COD 浓度为 1000 mg·L^{-1} 时,所产 CH_4 燃烧后的热量大约可使进水升温 3 ℃)等因素来选择最经济的厌氧发酵温度。随着各种新型高效厌氧反应器的研发和应用,厌氧微生物浓度大大增加(比如在废水厌氧发酵系统内可持留大量厌氧颗粒污泥),温度对厌氧发酵的影响变得不再异常显著,因此厌氧发酵通常在常温(20~25 ℃)下进行,以节省能量的消耗和运行费用。

(5)酸碱度(pH)

a. pH 对厌氧微生物生长和代谢的影响。厌氧发酵过程由几个菌群协同完成。在复杂有机物的厌氧发酵中,产酸反应可积累 VFA,使发酵液酸化。随着产甲烷反应的进行,VFA 被转化成 CH_4、CO_2 和水,可使发酵液重新碱化。产酸细菌能适应较宽的 pH 范围,最适生长 pH 为 6.5~7.5,一些产酸菌可以在 pH5.5~8.5 中生长良好,有时甚至可以在 pH5.0 以下的环境中生长。产甲烷菌的最适 pH 随产甲烷菌种类的不同略有差异,但 pH 范围普遍较窄,最适生长 pH 为 6.6~7.5,此时产甲烷活性较高。pH 的变化将直接影响产甲烷菌的生存与活动,一般来说,反应器的 pH 应维持在 6.6~7.5,可接受 pH 为 6.4~7.8。若对微生物进行驯化,则厌氧发酵甚至可在 pH=5.1 的条件下进行,但处理效率较低,经过 15 d 发酵,CH_4 产量只有正常水平的 26%。若 pH 降到 5.0 以下,则厌氧发酵基本上停止。将 pH 由 5.1 调至中性并维持 6 d,产气量只能恢复到正常值的 50%,恢复所需的时间是 pH 失常持续时间的函数。

b. 影响发酵液 pH 的因素。在厌氧发酵系统中,碱度主要由 HS^-、S^{2-}、HCO_3^-、CO_3^{2-}、NH_3、CH_3COO^-、OH^- 等离子的浓度所决定。由于 OH^- 和 S^{2-} 浓度较低,可以忽略不计,所以发酵液碱度主要受 VFA 的产生与消耗、NH_3 的产生与消耗、CO_2 的溶解与释放以及硫酸盐还原等因素的影响。

在单相厌氧发酵中(水解产酸反应与产甲烷反应在同一个反应器内进行),产酸细菌生成的 VFA 可被产甲烷细菌消耗,出水中残留的 VFA 浓度不高,对发酵液缓冲体系的影响不大。但是,当厌氧反应器超负荷运行或受不良条件冲击时,由于产酸细菌对环境条件变化的反应相对迟钝,而产甲烷细菌非常敏感,会造成 VFA 积累。此时,发酵液中必须保持足够的碱度(主要是碳酸盐碱度),以中和产生的 VFA,否则会导致发酵液 pH 下降。碳酸盐碱度可与 VFA 反应,转变成乙酸盐碱度。一旦 VFA 被产甲烷细菌利用并被转化成 CH_4 和 CO_2,

碳酸盐碱度便可得到恢复。HCO_3^-浓度对 pH 的影响可用式(2.20)表示：

$$pH = -lgK' + lg\frac{[HCO_3^-]}{[H_2CO_3]} \tag{2.20}$$

式中：K'——碳酸电离常数。

在厌氧发酵中，氨主要来自含氮有机物(主要是蛋白质和氨基酸)的降解，释放的氨氮主要以分子态氨(NH_3)的形态存在。NH_3是一种致碱物质，可使发酵液的碱度增加。在厌氧发酵系统中，氨氮的消耗主要是被同化为细胞物质，由于厌氧微生物产率较低，用于细胞合成的氨氮可以忽略不计。

中性有机物转化为CH_4和CO_2时，不会产生和消耗碱度，但产生的CO_2可提高气相中的CO_2分压，增大CO_2在水中的溶解度，通过影响碳酸盐缓冲体系而降低发酵液 pH。

厌氧微生物以有机物为电子供体，将硫酸盐还原为HS^-和S^{2-}，而有机物被转化为HCO_3^-，从而增加发酵液的碱度。

c. 发酵液 pH 的调控。酸碱中和是调控发酵液 pH 的基本手段。产酸过多，可采用碱液中和；产碱过多，则可采用酸液中和。在调控中，所用的酸碱浓度不宜太高，否则易对局部微生物产生伤害；酸碱溶液的投加速度也不宜太快，否则微生物跟不上 pH 变化的节奏。常用的碱性物质有Na_2CO_3、$NaHCO_3$、$NaOH$ 和 $Ca(OH)_2$。操作合理的厌氧反应器的碱度一般保持在 2500～5000 mg·L^{-1}(以 $CaCO_3$ 计)之间，正常水平为 1500～2500 mg·L^{-1}，下限为 1000 mg·L^{-1}。通过试验可测得某种废弃生物质厌氧发酵产生的最高 VFA 浓度，据此可算出需要消耗的碱度，再加上所需的剩余碱度，两者之和即为控制指标。

需要注意的是，酸碱中和并不是调控发酵液 pH 的根本手段。这是因为虽然酸碱中和能迅速中和发酵液中存在的过量酸碱，但不能阻止代谢过程继续产生酸碱。调控发酵液 pH 的根本措施是调节发酵原料中生理酸性物质与生理碱性物质的配比。例如，在厌氧发酵中，碳水化合物含量高的原料易产生较多的 VFA，而蛋白质含量高的易释放出较多的氨氮，若将两者混合处理，则可节省可观的酸碱中和费用。

厌氧反应器的出水有一定的碱度，将出水回流至反应器内，不但可以回收其中的碱度，调控发酵液的 pH，也可以稀释基质和产物，缓解抑制作用。

在发酵液中，CO_2是主要的致酸物质。吹脱CO_2可以提升发酵液 pH。在厌氧发酵中，要吹脱发酵液中的CO_2，实施上有一定的难度，但可吹脱出水中的CO_2，再将出水回流。

(6)氧化还原电位

氧化还原电位(oxidation-reduction potential，ORP)，能反映溶液中所有物质表现出来的宏观氧化还原性。电位为正表示溶液显示出一定的氧化性，为负则表示溶液显示出一定的还原性。氧化还原电位越高，氧化性越强；氧化还原电位越低，还原性越强。在厌氧发酵中，可以用氧化还原电位表示发酵液中氧化性物质(主要为氧气)的浓度。研究表明，厌氧发酵菌群适宜的氧化还原电位为-400～100 mV。相比之下，产甲烷细菌对氧气更加敏感，严格的厌氧环境是产甲烷菌进行正常活动的基本条件，因此培养产甲烷菌的初期，氧化还原电位不能高于-320 mV。

(7)抑制剂

抑制剂也称毒物，是指可以减弱、抑制甚至消除微生物活性的物质。由毒物引起的代谢活性降低称为抑制作用，简称抑制。毒物是生物处理效能下降甚至失效的重要原因。与其他生物处理系统一样,厌氧发酵系统也应当避免有毒物质进入。一些含有特殊基团或者活性键的化合物对某些未经驯化的微生物常常是有毒的,但这些有毒的有机化合物本身也是可以厌氧生物降解的,如三氯甲烷、三氯乙烯等。由于微生物对各种基质的适应能力是有一定限度的,一些化学物质超过一定浓度,对厌氧发酵就产生抑制作用,甚至完全破坏厌氧发酵过程。

a. 硫酸盐和硫化物。若废水中含有高浓度硫酸盐,可对厌氧发酵过程产生不利影响。存在硫酸盐时,硫酸盐还原细菌会与产甲烷细菌竞争基质(主要是 H_2 和 CH_3COO^-);硫酸盐还原产物(硫化物)则会毒害厌氧发酵细菌。

在发酵液中,硫元素以硫酸盐、硫化物及其中间产物(如亚硫酸盐、硫代硫酸盐)的形态存在,它们的毒性依次为:硫化物＞亚硫酸盐＞硫代硫酸盐＞硫酸盐。硫化物的毒性主要来自游离的 H_2S,因为只有 H_2S 能够透过细胞膜进入细胞而产生毒害。在硫化物中,H_2S 所占的比例与 pH 有关,正常厌氧发酵液的 pH 为 6.5～8.0,H_2S 占硫化物的 0.06(pH＝8.0)～0.68(pH＝6.5)。

硫酸盐和硫化物的控制方法包括投加化学药剂(如 MoO_4^{2-}、铁盐等)和气体吹脱法等。投加化学药剂法由于成本较高,且容易产生二次污染,较难付诸工程应用。吹脱法用惰性气体或沼气吹脱发酵液中的 H_2S,再由净化塔净化吹脱气体,成本低,操作简单,具有较好的应用前景。

b. 氨氮。氨是含氮有机物生物降解的产物,若释放量适当,既可用作微生物的氮源,又可调节发酵液的 pH,但若浓度过高,则成为毒物。氨可以呈分子态(NH_3)或离子态(NH_4^+),氨毒主要为 NH_3 所致。反应器内的 pH 决定了水中 NH_3 和 NH_4^+ 的比例。当 pH 较高时,对产甲烷菌有毒性的 NH_3 的比例也会相应提高。McCarty 等归纳了氨浓度对厌氧发酵的影响。氨氮浓度为 50～200 $mg \cdot L^{-1}$ 时,对厌氧微生物有刺激作用。氨氮浓度为 1500～3000 $mg \cdot L^{-1}$ 时,若 pH 高于 7.4～7.6,则具有抑制作用。这种抑制的特征是发酵液中 VFA 浓度升高。随着 VFA 的积累,发酵液 pH 下降,氨抑制暂时缓解。但同时,发酵液中 VFA 浓度较高,对厌氧发酵不利。当发酵液中氨氮浓度高于 3000 $mg \cdot L^{-1}$ 时,无论 pH 如何,氨都会产生毒害,导致厌氧发酵失效。在此情况下,调控方法主要有稀释发酵液和调节 pH,以降低氨氮浓度和 pH;或添加其他含氮量低的发酵原料,调节发酵液的碳氮比。

c. VFA。在有机物的厌氧发酵中,VFA（HCOOH、CH_3COOH、CH_3CH_2COOH、$CH_3CH_2CH_2COOH$等)是常见的中间产物。能被微生物利用的 VFA 是其未解离的形态。乙酸盐是产甲烷的主要前体(约占 72%)。在正常运行的厌氧反应器中,乙酸盐的产生和转化基本平衡,乙酸盐浓度处于较低的水平。丙酸盐是产甲烷的间接前体,由丙酸盐(经乙酸盐)产生的 CH_4 约占 20%。若发酵液中的丙酸盐浓度低,说明厌氧发酵过程正常;丙酸盐浓度升高,则说明厌氧发酵过程在某一个或某几个环节(例如,$CH_3CH_2COO^- \longrightarrow CH_3COO^- + H_2$;$H_2 + CO_2 \longrightarrow CH_4$;$CH_3COO^- \longrightarrow CH_4$)出了问题。

在浓度较高的情况下,VFA 自身具有抑制作用。据 McCarty 等人报道,厌氧发酵细菌能够耐受的丙酸盐浓度高达 8000 $mg \cdot L^{-1}$。但 Harjarnis 等人研究发现,厌氧发酵细菌能够耐受的丙酸盐浓度低于 5000 $mg \cdot L^{-1}$,且与发酵液的 pH 有关。发酵液 pH 为 7.0 时,浓度为 5000 $mg \cdot L^{-1}$ 的丙酸盐可抑制 22%～38% 的产甲烷率;pH 低于 7.0 时,抑制作用更强。

　　d.碱或碱土盐。适量的碱或碱土盐有利于厌氧微生物的生命活动,可刺激微生物的活性。但含量过多,则会抑制微生物的生长。表 2.7 是 McCarty 收集的部分常见碱或碱土盐对厌氧发酵速率的影响。

表 2.7　几种碱或碱土盐对厌氧发酵的影响

离子	浓度/(mg·L^{-1})		
	促进作用	中度抑制	强烈抑制
Na$^+$	100～200	3500～5500	8000
K$^+$	200～400	2500～4500	12000
Ca^{2+}	100～200	2500～4500	8000
Mg^{2+}	75～150	1000～1500	3000

　　e.重金属。可溶性铜、锌、镍、铬等重金属盐类对厌氧发酵细菌的毒性较大,表 2.8 列出了一些重金属的半抑制浓度。在厌氧发酵系统中,重金属可与硫化物结合而形成不溶性盐类。可溶性硫化物浓度是决定重金属毒性的重要因素。如果硫化物不足,添加硫酸盐是控制重金属毒性的有效措施。使 1 mg·L^{-1} 的重金属沉淀所需要的硫化物大约为 0.5 mg·L^{-1}。

表 2.8　几种重金属的半抑制浓度

重金属离子	半抑制浓度/(mg·L^{-1})	重金属离子	半抑制浓度/(mg·L^{-1})
Cu^{2+}	15	Hg$^+$	＜760
Cr^{6+}	30	Pb^{3+}	300
Cr^{3+}	＞224	Zn^{2+}	90
Ni^{2+}	200	Cd^{2+}	80

2.其他工艺条件

　　除了基本工艺条件,搅拌、污泥负荷、容积负荷等也是厌氧发酵的重要工艺条件。

　　(1)搅拌

　　在传统厌氧反应器中,由于没有搅拌装置,发酵液会发生分层,从上至下依次形成浮渣层、清液层、活性层和污泥层。浮渣层可阻碍沼气逸出液面,堵塞输气管路,减少反应器有效容积。污泥层由老化污泥和物料沉渣组成,污泥层积累也会减少反应器有效容积。此外,由于可溶性基质集中于清液层,而微生物集中于活性层,基质与微生物缺乏有效的接触。

　　在高速厌氧反应器中,由于增设了搅拌装置,反应能力大大提高。常用的厌氧反应器的搅拌方式有机械搅拌、气流搅拌和液流搅拌。机械搅拌是电动机驱动搅拌器进行的搅拌,一般采用简单的桨式搅拌器或螺旋桨式搅拌器,转速较低。气流搅拌是将气体充入反应器底部所产生的搅拌,为了避免带入空气,需从厌氧反应器气室中抽出沼气,再将其充入反应器底部,通过气体回流进行搅拌。沼气回流可使其中的 CO_2 用作产甲烷的基质,提高 CH_4 产量。液流搅拌是将发酵液从反应器中抽出,再注回反应器,通过液体回流进行的搅拌,兼有回收碱度和稀释进料的作用。

搅拌可使一个 17 m³ 的厌氧反应器的产气量翻一番。某些高效厌氧反应器虽然没有专门的搅拌装置，但它们以上流式连续投料，通过发酵液流动和对流、沼气气泡的产生和逸出、活性污泥的浮升和沉降，也具有良好的搅拌作用。

（2）污泥负荷和比污泥活性

污泥负荷（sludge loading, L_S）是指单位时间内单位微生物承受的有机物数量，其定义为：

$$L_S = \frac{F}{M} = \frac{QS_0}{VX} \tag{2.21}$$

式中：L_S——污泥负荷，$kg \cdot kg^{-1} \cdot d^{-1}$；

F——进入反应器的有机物总量，$kg \cdot d^{-1}$；

M——反应器内的微生物总量，kg；

S_0——进料有机物浓度，$kg \cdot m^{-3}$；

Q——进料量，$m^3 \cdot d^{-1}$；

V——反应器体积，m^3；

X——微生物浓度，$kg \cdot m^{-3}$。

污泥负荷反映食物与微生物之间的定量关系，工程上将其称为食菌比，相当于人均食品配给量，可用于评判微生物养分的丰歉情况。需要注意的是，对于液态原料厌氧发酵，微生物浓度（X）易于测定，但是对于固态和浆液态原料，则相对较难。考虑到厌氧发酵过程污泥产量较小（约为基质转化量的 5%），其固态和浆液态原料发酵系统的微生物量可根据接种物量和基质转化量进行估算。

比基质利用率（q）即比污泥活性（specific sludge activity, L_{SR}），指单位时间内单位微生物转化的有机物数量，其定义为：

$$L_{SR} = \frac{\eta F}{M} = \frac{\eta QS_0}{VX} = \frac{Q(S_0 - S_e)}{VX} \tag{2.22}$$

式中：L_{SR}——比基质利用率，$kg \cdot kg^{-1} \cdot d^{-1}$；

η——基质转化率，%；

S_e——出料基质浓度，$kg \cdot m^{-3}$。

比污泥活性反映了微生物消耗食物的能力，相当于人均食品消费量。比较式（2.21）和式（2.22）可知：

$$\eta = \frac{L_{SR}}{L_S} \tag{2.23}$$

对于特定的微生物菌群，在特定条件下，最大污泥活性 L_{SR} 为常数。当 $L_S \leqslant L_{SRmax}$ 时，理论基质转化率为 100%；当 $L_S > L_{SRmax}$ 时，理论基质转化率逐渐下降。η 的大小可以评价微生物养分的供给速率是否合适。需要指出的是，在厌氧发酵系统启动初期，微生物生长处于延滞期，此时污泥活性较低，$L_S \gg L_{SRmax}$，导致 η 值偏小，应采用较低的污泥负荷，一般为 $0.1 \sim 0.2$ kgCOD $\cdot$ kg VSS$^{-1} \cdot d^{-1}$；随着微生物生长速度加快，活性增强，η 值逐渐增大，可逐步提高污泥负荷。

（3）容积负荷和容积去除率

容积负荷（volumetric loading, L_V）是指单位时间内、单位反应器容积承受的有机物数

量,其定义为:

$$L_V = \frac{F}{V} = \frac{QS_0}{V} \tag{2.24}$$

式中:L_V——反应器容积负荷,$kg \cdot m^{-3} \cdot d^{-1}$。

容积负荷相当于户均食品配给量,可以度量生物反应器内养分的丰歉情况。厌氧发酵系统的 COD 容积负荷率可以达到 $5\sim10\ kg \cdot m^{-3} \cdot d^{-1}$,有的甚至高达 $50\ kg \cdot m^{-3} \cdot d^{-1}$(表 2.9)。

表 2.9 各种原料和装置的容积负荷和产气情况

发酵原料	工艺类型	温度/℃	容积负荷/ ($kgCOD \cdot m^{-3} \cdot d^{-1}$)	容积产气率/ ($m^3 \cdot m^{-3} \cdot d^{-1}$)
秸秆+猪粪	水压式池	20~25	1.42(TS)	0.430
豆制品废水	厌氧滤器(AF)	30~32	11.1	5.11
豆制品废水	UASB	35	8.00~10.0	4.00~5.00
屠宰废水	AF	常温	1.60	0.330
酒精槽液	厌氧接触法	52~54	9.00~11.7	4.00~5.00
白酒废水	UASB	34	5.20~6.70	2.00~2.70
丙丁醇废水	UASB	38	8.00~10.0	4.00~5.00
奶牛粪	厌氧生物转盘	35	8.20~28.0	0.45~1.79
土豆加工废水	IC	—	48.0	—

容积去除率(volumetric removal rate,L_{VR})指单位时间内单位反应器容积转化的有机物数量,其定义为:

$$L_{VR} = \frac{\eta F}{V} = \frac{\eta Q S_0}{V} = \frac{Q(S_0 - S_e)}{V} \tag{2.25}$$

式中:L_{VR}——反应器容积去除率,$kg \cdot m^{-3} \cdot d^{-1}$。

容积去除率相当于户均食品消费量,反映反应器对基质的转化能力。比较式(2.24)和式(2.25)可知:

$$\eta = \frac{L_{VR}}{L_V} \tag{2.26}$$

η 的大小可以评判反应器的养分供给速率是否合适。由于 $L_{VR} = L_{SR} X$,当比污泥活性(L_{SR})稳定时,容积去除率(L_{VR})与反应器内的微生物浓度(X)成正比,菌体浓度越高,容积去除率越大。在生物反应器处于稳态时,最大容积去除率(L_{SRmax})为常数,通过调控进料量(Q)或进料有机物浓度(S_0),可以升降容积有机负荷(L_V),使基质转化率(η)达到预期水平。

第三节 厌氧发酵微生物

微生物是废弃生物质处理的根本。只有拥有优质菌种,才能通过匹配相应的工艺和设备,集成高效生物处理系统。迄今为止,应用于厌氧发酵的优质菌种都是从自然界筛选、驯化和培养获得的。除少数场合外,它们都是多种微生物的富集(混合)培养物。

一、厌氧发酵菌的种类

厌氧发酵过程包括水解作用、发酵作用、产氢产乙酸作用、产甲烷作用和同型产乙酸作用。过去，研究者们曾将厌氧发酵过程分为酸性发酵阶段和甲烷发酵阶段，或者分为非产甲烷阶段和产甲烷阶段。随着厌氧发酵微生物研究的不断深入，非产甲烷细菌和产甲烷细菌之间的相互关系得到进一步揭示。1979 年，Bryant 等人根据厌氧发酵微生物不同的生理类别和作用，提出了厌氧发酵三阶段理论，得到了广泛的认可。三个阶段分别为水解发酵阶段、产氢产乙酸阶段和产甲烷阶段。与两阶段理论相比，该理论突出了产氢产乙酸细菌的作用，并把其独立地划分为一个阶段。

1. 水解发酵菌

参与厌氧发酵第一阶段的微生物称为水解发酵菌，大多数为专性厌氧菌，也有不少兼性厌氧菌。水解发酵菌包括细菌、放线菌和真菌，其中，关于细菌的研究较为深入。根据水解发酵菌的代谢功能可分为以下几类。

(1)纤维素分解菌

纤维素分解菌是具有天然纤维素降解能力的细菌、真菌和放线菌的统称，迄今已发现 200 多种。在细菌域，纤维素分解菌分布于热袍菌门(Thermotogae)、变形菌门(Proteobacteria)、厚壁菌门(Firmicutes)、放线菌门(Actinobacteria)、螺旋体门(Spirochaetes)、纤维杆菌门(Fibrobacteres)和拟杆菌门(Bacteroidetes)等 7 个门。

厌氧纤维素分解菌是纤维素分解菌中的一大类别，包括厌氧真菌和厌氧细菌。厌氧纤维素分解真菌种类丰富，主要分布于新美鞭菌属(*Neocallimastix*)、瘤胃壶菌属(*Piromyces*)、根囊鞭菌属(*Orpinomyces*)、瘤胃菌属(*Ruminomyces*)、盲肠菌属(*Caecomyces*) 和 厌氧菌属(*Anaeromyces*)等 6 个属中。而厌氧纤维素分解细菌有 12 个属。一些厌氧纤维素分解细菌能将 3 种纤维素酶联合组装成一个大复合体——纤维小体。纤维小体附着于细菌细胞表面，当细菌吸附于纤维素表面时，纤维小体会作用于纤维素，使之发生膨胀和破坏，并进一步水解发酵为末端产物，如CH_3COOH、CH_3CH_2OH、琥珀酸盐等。

裂解纤维乙酸弧菌(*Acetivibrio cellulolyticus*)分离自城市污水污泥中，专性厌氧，生长 pH 为 6.5～7.7，生长温度 20～40 ℃。该菌能发酵纤维素、纤维二糖等，生成 H_2、CO_2、CH_3COOH以及少量CH_3CH_2OH、$CH_3CH_2CH_2OH$ 和$CH_3CH_2CH_2CH_2OH$。当生长于纤维素上时，这种细菌可产生黄色色素而使纤维颗粒着色。

(2)碳水化合物分解菌

这类微生物的作用是将碳水化合物水解成葡萄糖。以具有内生孢子的杆状菌为优势菌。如丙酮丁醇梭状芽孢杆菌(*Clostridium acetobutylicum*)能将碳水化合物分解为 CH_3COCH_3、CH_3CH_2OH、CH_3COOH 和 H_2等。

(3)蛋白质分解菌

这类微生物的作用是水解蛋白质形成氨基酸，并进一步转化氨基酸成为硫醇、氨和H_2S，也能分解一些非蛋白质的含氮化合物，如嘌呤、嘧啶等。有梭菌属(*Clostridium*)和拟杆菌属(*Bacteroides*)，以梭菌占优势。

(4)脂肪分解菌

以弧菌占优势。这类微生物的功能是将脂肪分解成简易脂肪酸。

除了以上微生物，水解发酵菌还包括毛霉属（*Mucor*）、根霉属（*Rhizopus*）、共头霉属（*Syncephalastrum*）、曲霉属（*Aspergillus*）等真菌以及部分放线菌。真菌可以参与厌氧发酵过程，并从中获取所需能量，但丝状真菌不能分解糖类和纤维素。

2. 产氢产乙酸菌和同型产乙酸菌

参与厌氧发酵第二阶段的微生物是产氢产乙酸菌和同型产乙酸菌。

产氢产乙酸菌能够在厌氧条件下，将 $CH_3COCOOH$ 及其他脂肪酸转化为 CH_3COOH 和 CO_2，同时释放 H_2。国内外一些学者已从消化污泥中分离出产氢产乙酸菌的菌株，其中有专性厌氧菌和兼性厌氧菌。目前已经发现的产氢产乙酸菌有 23 个属 100 多种，其中大多数为革兰氏阳性菌。主要的产氢产乙酸菌为互营单胞菌属（*Syntrophomonas*）和互营杆菌属（*Syntrophobacter*）。

同型产乙酸菌能够将 CO_2、H_2 转化成 CH_3COOH，也能够将 $HCOOH$、CH_3OH 转化为 CH_3COOH，可促进 CH_3COOH 的甲烷化过程。目前已知的同型产乙酸菌较少，有 *Clostridium aceticum* 和 *Acetobacterium woodii* 等。

3. 产甲烷菌

参与厌氧发酵第三阶段的微生物是产甲烷菌（methanogens）。产甲烷菌是一群极端厌氧的化能自养型或化能异养型微生物。由于它们能够产生 CH_4 而得名。多数产甲烷菌进行异养生长，利用 $HCOOH$、CH_3OH、CH_3COOH 和其他一碳有机物用作碳源和能源；少数产甲烷菌进行自养生长，以 H_2 和 CO_2 为基质产生 CH_4，从中获得能量。产甲烷菌被归入古生菌广古菌门，为该门的主要生理类群。1998 年之前，科学界普遍认为产甲烷菌有甲烷杆菌纲（Methanobacteria）、甲烷球菌纲（Methanococci）、甲烷微菌纲（Methanomicrobia）和甲烷火菌纲（Methanopyri）等 4 个纲，分布于甲烷杆菌目（Methanobacteriales）、甲烷球菌目（Methanococcales）、甲烷八叠球菌目（Methanosarcinales）、甲烷微菌目（Methanomicrobiales）、甲烷火菌目（Methanopyrales）等 5 个目。近年来，随着厌氧分离技术的改进，结合先进的鉴定手段和分析方法，更多种类的产甲烷菌菌株得以鉴定，又新增了甲烷胞菌目（Methanocellales）和马赛球菌目（Methanomassiliicoccales）2 个新目。目前，产甲烷菌共有 7 个目，16 科，41 属，200 多种（表 2.10）。一些产甲烷菌的形态如图 2.7 所示。

甲烷火菌目、甲烷球菌目、甲烷杆菌目、甲烷微菌目和甲烷胞菌目这 5 个目皆为氢营养型产甲烷菌，而马赛球菌目被认为是专性甲基营养型产甲烷菌。甲烷八叠球菌目成员最多，其中许多菌种拥有一个以上 CH_4 生成途径。一些代表属的特性见表 2.11。

表 2.10　产甲烷菌的分类

目	科	属
甲烷杆菌目 （*Methanobacteriales*）	甲烷杆菌科 （*Methanobacteriaceae*）	甲烷芽孢杆菌属（*Methanobacillus*） 甲烷杆菌属（*Methanobacterium*） 甲烷短杆菌属（*Methanobrevibacter*） 甲烷球形菌属（*Methanosphaera*） 甲烷嗜热杆菌属（*Methanothermobacter*）
	甲烷嗜热菌科 （*Methanothermaceae*）	甲烷嗜热菌属（*Methanothermus*）

续表

目	科	属
甲烷球菌目 （*Methanococcales*）	甲烷球菌科 （*Methanococcaceae*）	甲烷球菌属（*Methanococcus*） 甲烷嗜热球菌属（*Methanothermococcus*） *Methanofervidicoccus*
	甲烷热球菌科 （*Methanocaldococcaceae*）	甲烷热球菌属（*Methanocaldococcus*） 甲烷干热菌属（*Methanotorris*）
甲烷微菌目 （*Methanomicrobiales*）	甲烷微菌科 （*Methanomicrobiaceae*）	甲烷微菌属（*Methanomicrobium*） 甲烷袋状菌属（*Methanoculleus*） 产甲烷袋菌属（*Methanofollis*） 产甲烷菌属（*Methanogenium*） 叶形甲烷菌属（*Methanolacinia*） 甲烷盘菌属（*Methanoplanus*）
	甲烷螺菌科 （*Methanospirillaceae*）	甲烷螺菌属（*Methanospirillum*）
	甲烷粒菌科 （*Methanocorpusculaceae*）	甲烷粒菌属（*Methanocorpusculum*）
	甲烷石状菌科 （*Methanocalculaceae*）	甲烷石状菌属（*Methanocalculus*）
	甲烷规则菌科 （*Methanoregulaceae*）	甲烷规则菌属（*Methanoregula*） 沼泽甲烷杆菌（*Methanosphaerula*） 甲烷绳菌属（*Methanolinea*）
甲烷八叠球菌目 （*Methanosarcinales*）	甲烷八叠球菌科 （*Methanosarcinaceae*）	盐甲烷球菌属（*Halomethanococcus*） 甲烷八叠球菌属（*Methanosarcina*） 甲烷拟球菌属（*Methanococcoides*） 甲烷喜盐菌属（*Methanohalobium*） 甲烷嗜盐菌属（*Methanohalophilus*） 甲烷叶菌属（*Methanolobus*） 甲烷食甲基菌属（*Methanomethylovorans*） 甲烷微球菌属（*Methanomicrococcus*） 甲烷盐菌属（*Methanosalsum*）
	鬃毛甲烷菌科 （*Methanosaetaceae*）	鬃毛甲烷菌属（*Methanosaeta*） 甲烷丝菌属（*Methanothrix*）
	甲热球菌科 （*Methermicoccaceae*）	甲热球菌属（*Methermicoccus*）

续表

目	科	属
甲烷火菌目（*Methanopyrales*）	甲烷火菌科（*Methanopyraceae*）	甲烷火菌属（*Methanopyrus*）
甲烷胞菌目（*Methanocellales*）	甲烷胞菌科（*Methanocellaceae*）	甲烷胞菌属（*Methanocella*）
马赛球菌目（*Methanomassiliicoccales*）	马赛球菌科（*Methanomassiliicoccaceae*）	马赛球菌属（*Methanomassiliicoccus*） *Candidatus Methanogranum*
	Candidatus Methanomethylophilaceae	*Candidatus Methanomethylophilus* *Candidatus Methanospyradousia*

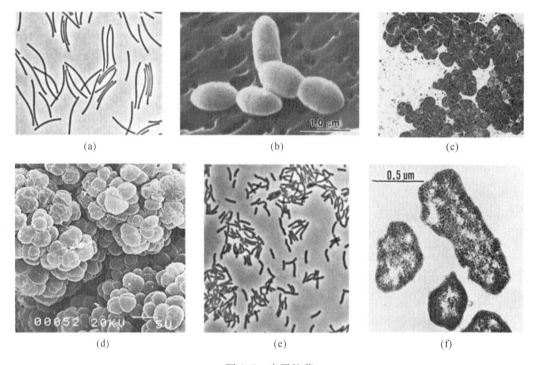

图 2.7　产甲烷菌

（a）亨氏甲烷螺菌（*Methanospirillum hungatei*）；（b）史氏甲烷短杆菌（*Methanobrevibacter smithii*）

（c）巴氏甲烷八叠球菌（*Methanosarcina barkeri*）；（d）马氏甲烷八叠球菌（*Methanosarcina mazei*）

（e）布氏甲烷杆菌（*Methanobacterium bryantii*）；（f）黑海产甲烷菌（*Methanogenium marishigri*）

表 2.11 产甲烷菌代表属的特性

目	属	形态学	G+C/%	细胞壁组成	革兰氏反应	运动性	产甲烷基质
甲烷杆菌目	甲烷杆菌属	长杆状或丝状	32~61	假胞壁质	+或可变	—	H_2+CO_2,HCOOH
	甲烷嗜热菌属	直或轻微弯曲杆状	33	假胞壁质	+	+	H_2+CO_2
甲烷球菌目	甲烷球菌属	不规则球形	29~34	蛋白质	—	—	H_2+CO_2,HCOOH
甲烷微菌目	甲烷微菌属	短的弯曲杆状	45~49	蛋白质	—	+	H_2+CO_2,HCOOH
	产甲烷菌属	不规则球形	52~61	蛋白质或糖蛋白	—	—	H_2+CO_2,HCOOH
	甲烷螺菌属	弯杆状或螺旋体	45~50	蛋白质	—	+	H_2+CO_2,HCOOH
甲烷八叠球菌目	甲烷八叠球菌属	不规则球形或片状	36~43	异聚多糖或蛋白质	+或可变	—	H_2+CO_2,HCOOH,$(CH_3)_3N$,CH_3COOH
产甲烷火菌目	产甲烷火菌属	直或轻微弯曲杆状	59~60	假胞壁质	+	+	H_2+CO_2

二、厌氧发酵菌的筛选

厌氧发酵系统的潜力主要取决于厌氧微生物的活性和数量。不同的接种物含有不同的菌群,直接影响厌氧发酵产沼气的效果,所以接种物的选用在厌氧发酵中有重要的作用。

1. 接种物类型

接种物的有效成分是活的厌氧发酵微生物菌群。不同来源的接种物,微生物活性也有所差异。一般来讲,同类原料的厌氧发酵工程污泥是比较理想的接种物,因为其功能微生物含量高,无需烦琐的菌群富集培养过程,有利于反应器的快速启动。若没有此类接种物,以下几种污泥因富含厌氧微生物,产甲烷活性较强,可作为厌氧发酵工程的接种物:①天然的河流、湖泊、沼泽、池塘底泥;②积水粪坑污泥、畜禽粪便;③屠宰场、酿造厂、豆制品厂、副食品加工厂排水沟渠淤泥;④厌氧发酵装置厌氧活性污泥;⑤城市污水消化污泥。

目前,国内外研究者在厌氧发酵接种物选用方面的研究重点是城市污水消化污泥,主要有以下几个原因。首先,这种接种物的数量充足并且在大多数国家很容易获得,甚至大至几千立方米生产规模的厌氧反应器也可以完全用消化污泥接种。其次,城市污水消化污泥具有相对较高的产甲烷活性(一般为 $0.05 \sim 0.25 \text{ kgCOD} \cdot \text{kg}^{-1} \text{VSS} \cdot \text{d}^{-1}$)。最后,城市污水消化污泥进行脱水后,仍具有较高的污泥活性,但是体积大大减小,运输更为方便。

根据城市污水处理厂的消化污泥的特点,可将其分为两种类型:

①消化污泥具有相对均匀的沉降性能,沉淀污泥的 SVI 相对高,为 $100 \text{ mL} \cdot \text{g}^{-1} \text{VSS}$,浓度在 $30 \text{ g} \cdot \text{L}^{-1}$ 左右或者更低。这种污泥的沉降性能差,而产甲烷活性相对高。

②消化污泥沉降性能非常差甚至根本不沉淀,接种后,大约 50% 的原始污泥将从系统中

迅速流失,而保留下来的污泥则具有很好的沉降性能,SVI 大约为 40 mL·g^{-1}VSS,浓度为 75 g·L^{-1}VSS 左右或更高,但污泥浓度很不均匀,产甲烷活性也较低。

鉴于不同类型消化污泥的特点,在厌氧发酵中,应根据处理对象类型不同而采用不同的污泥作为接种物(表 2.12)。

表 2.12　厌氧发酵原料类型和接种污泥类型

原料类型		接种污泥类型	
类型	VFA 浓度/(g·L^{-1})	范围	VSS 浓度/(g·L^{-1})
低浓度	≤1.0	稀	30
中浓度	3~6	—	—
高浓度	≥10	浓	75

在市政有机固体废弃物的厌氧发酵中,由于城市污水消化污泥具有较强的适应性,以其为接种物的反应器,产气效果要明显优于其他类型的接种物。而在种养废弃物的厌氧发酵中,若采用不同来源接种物(如城市污水消化污泥、鱼塘污泥、厌氧污泥、猪粪、牛粪以及原料前期培养物等)的混合物进行接种,则能丰富接种的菌群,提高厌氧发酵的废物转化率和产气效果。

2. 接种量

要保证厌氧发酵系统的正常运行,不仅需要高活性的接种物,也需要一定的接种量。特别是在厌氧发酵系统运行初期,接种量能决定系统内的生物量和系统的转化能力。适当增加接种量,更能增强反应器抵抗冲击负荷的能力,提高容积效能和运行稳定性。由于原料特性、反应条件等因素的差异,研究者对接种量的选择与表征方式也不尽相同,目前主要用接种物与底物(发酵物料)的 VS 比、质量比、体积比等来表示接种物与底物的量之比(inoculum-substrate ratio,ISR)。

一般在启动初期,需要投加占投料量 20%~30%的高活性接种物。实践证明,一座厌氧发酵装置在大换料时,若保留原装置中约 1/5 的老渣液作为接种物,可大大缩短微生物生长的停滞期,促进装置正常启动。

三、厌氧发酵菌的驯化与强化

1. 驯化

微生物的驯化对其降解能力及活性有重要影响。通过驯化,可使微生物对一些原本较难生物降解的物质,具备一定的降解能力。其途径主要有:①诱导微生物合成相应的降解酶;②使微生物发生基因突变而建立新的酶系;③不改变微生物的基因型,但显著改变其表现型,通过生理活动的自我调节来降解底物。

与工业发酵相比,废弃生物质厌氧发酵的复杂性较高,主要表现为:①系统中的厌氧微生物存在复杂的间、种内互营互利和代谢协同关系;②原料组成和成分更为复杂多变。因此,在处理废弃生物质时,利用原有厌氧发酵系统中筛选获得的微生物菌群进行定向驯化和富集培养,能够解决其他外源菌的存活力较弱、与土著微生物之间可能存在竞争关系等一系列问题,因而具有较广阔的应用前景。

Weiss 等以木聚糖为唯一底物,对青贮原料预处理反应器中的半纤维素分解菌进行定向驯化和培养,使厌氧发酵系统的产甲烷量增加了 53%。Nielsen 等在一个由 0.9 L 和 4.5 L 连续搅拌釜反应器(CSTR)组成的两相厌氧消化系统中,通过驯化产乳酸乙酸热解纤维素菌(*Caldicellulosiruptor lactoaceticus*)来提高富含纤维素牛粪的水解效率,进而使产甲烷量增加了 9%~10%。

2. 生物强化

生物强化指向厌氧发酵系统中投加特定功能的微生物来提高 CH_4 产率。特定功能微生物是生物强化的基础资源,也是强化效果的保证,它可以来源于原有的厌氧发酵系统,也可以是外源微生物;可以是纯培养菌株,也可以是混合菌群(表 2.13)。例如,Peng 等利用解纤梭菌(*Clostridium cellulolyticum*)制成的单一菌剂来提高小麦秸秆的水解效率,从而使 CH_4 产率提高了 13%。

表 2.13 废弃生物质厌氧发酵中的生物强化方法

生物强化类型	厌氧消化系统	菌剂	底物	产气量增长/%
水解	序批式反应器	*Saccharomyces cerevisiae*, *Coccidioidesimmitis*, *Hansenulaanomala*, *Bacillus licheniformis*, *Pseudomonas sp.*, *Bacillus subtilis.*,*Pleurotusflorida*, *Lactobacillus deiliehii*	经好氧生物预处理的秸秆	76
	两相 CSTR	*Caldicellulosiruptor lactoaceticus*	纤维素	9~10
	自动产甲烷潜力测定系统	*Clostridium cellulolyticum*	预处理麦秸秆	8~13
	序批式反应器	(1)*Pseudobutyrivibrio xylanivorans* Mz5T (2)*Fibrobacter succinogenes* S85 (3)*Clostridium cellulovorans* (4)*Ruminococcus flaveyaciens* 007C	啤酒厂用谷物	(1)17.8 (3)3.9 (1+2)6.9 (2+3)4.9
产氢	CSTR	*Enterobacter cloaca*	玉米秸秆、猪场污泥和甜高粱	59
	序批式反应器	*Caldicellulosiruptor saccharolyticus*	干绿色生物质和朝鲜蓟干块茎	60
	CSTR	*Enterobacter cloaca*	玉米青贮饲料	21

续表

生物强化类型	厌氧消化系统	菌剂	底物	产气量增长/%
产甲烷	CSTR	*Methanoculleus bourgens*	猪粪、牛粪	31
	序批式反应器	(1)*Clostridium* sp. PXYL1 (2)*Methanosarcina* sp. PMET1	木糖	70 140
	序批式反应器	含产甲烷菌的植物废料堆肥	甜菜青贮	6

另外,应用基因工程技术,可以直接定向改变生物性能,所构建的厌氧发酵生物强化菌剂,可以有效提高生物质的厌氧生物转化效率。Tian 等通过基因改造,使酿酒酵母菌株具备了直接水解纤维素的能力,并将其作为复合强化菌剂的组成成分,应用于木质纤维素原料的水解强化过程。

第四节　废弃生物质厌氧发酵装置

20 世纪 50 年代初至今,从不同的角度进行回顾,厌氧发酵工艺大致经历了以下几个发展过程。①在传统沼气池(如水压式沼气池)基础上发展出了全混合反应器、厌氧接触式反应器、厌氧滤池和上流式厌氧污泥床等高效厌氧消化工艺,现在,以膨胀颗粒污泥床和内循环厌氧反应器为核心的第三代高效厌氧消化工艺也已得到了广泛应用;②反应器从全地下池发展到半地上和全地上池,单池容积也从几立方米、十几立方米发展到几十、几百甚至上千立方米;③从单相厌氧消化工艺发展到两相(水解产酸相和产甲烷相)厌氧消化工艺;④从常温厌氧消化发展到近中温、中温和高温厌氧消化工艺;⑤从简单厌氧装置发展成具备完善配套系统的厌氧发酵工程;⑥从单一厌氧发酵技术系统发展到目前的集能源、环境、生态和经济效益兼收并蓄的综合技术系统。

一、户用式厌氧发酵设备及参数

1. 水压式沼气池

水压式沼气池是我国推广最早、数量最多的池形,是在总结"三结合""圆、小、浅""活动盖""直管进料""中层出料"等群众建池的基础上,加以综合提高而形成的沼气池(图 2.8)。

水压式沼气池的"三结合"指的是厕所、猪圈和沼气池连成一体,人畜粪便可以直接扫到沼气池里进行发酵。"圆、小、浅"指的是池体圆、体积小、埋深浅。"活动盖"就是沼气池顶加活动盖板。池体上部气室完全封闭,随着沼气的不断产生,沼气池内压力升高,迫使发酵间内的一部分料液进入水压间,使得水压间内的液面升高,与发酵间液面产生水位差(水压差)。用气时,打开沼气开关,沼气在水压差作用下排出,贮气间气量减少,水压间中的发酵液又返回发酵间,使得水位差不断下降,沼气压力也随之降低。

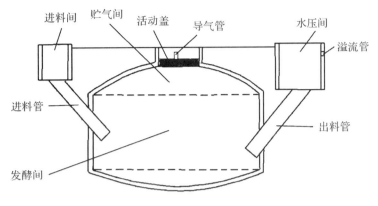

图 2.8　某水压式沼气池

其优点有：

①结构简单，建造成本低廉；

②适用于装填多种发酵原料，特别是大量作物秸秆；

③厕所、猪圈可以直接建于沼气池之上，产生的人畜粪便可随时移入池中；

④沼气池埋于地中，具有一定的保温作用。

其缺点为：

①沼气的蓄放过程导致气压变化较大（4～16 kPa），对池体强度及灯具、灶具燃烧效率的稳定与提高都有不利影响；

②由于没有搅拌装置，池内浮渣容易结壳，难以破碎，所以发酵原料的利用率不高，池容产气率也偏低，仅约为 0.15 $m^3 \cdot m^{-3} \cdot d^{-1}$；

③由于活动盖直径不能太大，当发酵原料为作物秸秆时，大出料操作比较困难。

2.浮动气罩式沼气池

浮动气罩式沼气池简称浮罩式沼气池，又称哥巴式沼气池（图 2.9）。浮罩式沼气池在印度较为常见，主要用于处理种养废弃物。与水压式沼气池不同，该类沼气池用贮气罩代替贮气间。基础池底用混凝土浇筑，池体呈圆柱状，两侧为进、出料管，可以一次性投料，也可半连续投料。贮气罩大多数用钢材制成，也可用薄壳水泥构件，浮动于发酵液之上或水封池中。当沼气压力大于气罩重量时，气罩便随之上升；当用气时，罩内气压下降，气罩也随之下降。

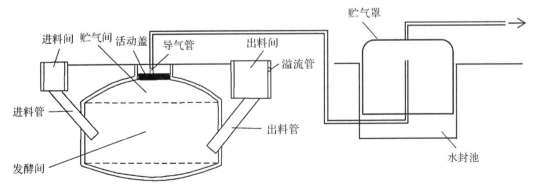

图 2.9　浮动气罩式沼气池

其优点有：

①沼气压力一般稳定在较低数值（2～2.5 kPa），有利于沼气灶、燃烧灯具的稳定使用，并能有效避免水压表冲水、活动盖漏气和出料间发酵液流失等故障的发生；

②避免发酵液频繁出入出料间，保温效果较好，利于厌氧发酵菌生长代谢，产气效率高；

③由于发酵池与贮气浮罩分离，沼气池可以更多装填发酵原料，有效发酵容积比同容积的水压式池增加10％以上；

④浮渣大部分被池顶拱形内壁压入发酵液中，可以使发酵原料更好地发酵产气。而且装满料后，池壁浸入水中，气密性大为提高，更有利于产气。其容积产气率一般比水压式沼气池高30％左右。

其缺点为：占地面积大、建造成本高（比同容积的水压式沼气池增加30％左右）、施工难度大、出料困难。

近年来，我国也有许多将水压式沼气池改造为分离式浮罩沼气池的工程实践。做法通常为沿用原有的发酵间，尽可能缩小贮气间体积，另做一个浮罩气室，然后用管道将两部分相连。

二、户用式厌氧发酵产沼气应用案例

在我国，户用式厌氧发酵池已有近百年的发展历史，但目前大部分还是传统的老池型，普遍存在着产气效率偏低、进出料难度大、使用寿命短、料液搅拌难等问题。为解决这些问题，相关机构研发了某高效户用水压式沼气池并进行了推广，取得了不错的应用效果。

1. 沼气池设计

某高效户用水压式沼气池结构见图2.10，其特点为：①采用了嵌墙直管进料和6°斜底，将料液由原来的静态沉积变为动态向前挪动，实现了顺序渐进和先进先出，保证料液有充足的停留时间，提高了转化率；②采用八字形分流板，解决了传统沼气池的"短路"和"死角"问题，使料液入池后分布均匀；③采用一字形塞流固菌板，使料液适度滞留，延长发酵时间，实现高效产气；④采用池外、底层、垂直抽渣，解决排渣难问题，同时促进料液搅拌混合。

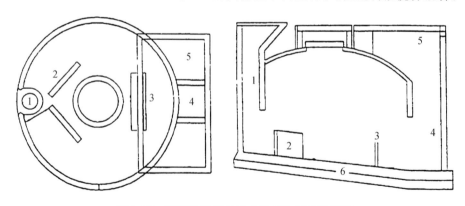

图2.10　某高效户用水压式沼气池平面和剖面
1.嵌墙直管进料；2.八字形分流布料器；3.一字形塞流固菌板；
4.池外、底层垂直抽渣；5.水压间；6.6°斜底

2.运行效果

(1)稳定而高效的产气能力

多次测试和多年实地调查表明,在原料相对稳定情况下,该类型沼气池夏季平均产气率可达 $0.45\ m^3 \cdot m^{-3} \cdot d^{-1}$,在南方温暖地区冬季平均产气率仍可保持 $0.25\ m^3 \cdot m^{-3} \cdot d^{-1}$,年均产气率约 $0.35\ m^3 \cdot m^{-3} \cdot d^{-1}$,较其他池型平均提高 117.65%。一口 $8\ m^3$ 沼气池年产气量为 $900\ m^3$,可满足 5~6 口之家常年的生活用气。

(2)较好的废物处理效果

根据顺昌县环境监测站的监测数据,在进料 COD 为 9800 mg · L^{-1}、氨氮为 3600 mg · L^{-1}、BOD_5 为 3400 mg · L^{-1} 的情况下,经过沼气池厌氧发酵处理后,COD、氨氮和 BOD_5 分别降至 800 mg · L^{-1}、250 mg · L^{-1} 和 130 mg · L^{-1},去除率分别为 92%、93% 和 96%。可以看出,该类型沼气池对畜禽粪便中的主要污染物去除率高达 90% 以上,极大削减了农村畜禽散养污染物的排放总量。

(3)较宽的负荷范围

某村一口 $8\ m^3$ 户用高效沼气池,多年来一直用于消纳家庭饲养的 2 头猪的粪污,虽然有机负荷较低,但依然保持着相对稳定的产气量,基本能满足 4 口之家生活用气需求。另一村一口 $8\ m^3$ 沼气池,由于运行管理到位,能长期消纳 20 头左右生猪的粪污,尽管有机负荷较高,但运行效果不错,产生的沼渣和沼液还被用于栽培花卉。

(4)方便的运行管理

相较于普通沼气池,该类型沼气池可大大降低管理难度,实现不积渣、无死角、少结壳、多产气。根据 10 多年的实践和用户调查经验,该池型只需日常适度抽渣,就能彻底解决积渣问题。由于发酵液在池中经常处于运动状态,有利于沼气自主破壳,所以只有在产气受到严重影响时,才需要开天窗破壳,一般无须大清池。

三、大中型工程厌氧发酵设备及参数

沼气工程技术,是一项以废物为处理对象,以获取能源和治理环境污染为目的,实现良好生态环境的能源环境工程技术。

大中型沼气工程是指用厌氧消化工艺,处理农业有机废弃物、工业高浓度有机废水、工业有机废渣、污泥,沼气产量不小于 $500\ m^3 \cdot d^{-1}$,可用于民用、发电和提纯压缩的沼气工程,包括沼气站、输配管网和用户工程。厌氧反应器是沼气工程的主体和核心。除此之外,大中型沼气工程还需要匹配完整的发酵原料预处理系统,进出料系统,增温保温、搅拌系统,沼气净化、储存、输配和利用系统,计量设备,安全保护系统,监控系统和沼渣沼液综合利用或后处理系统。

目前,大中型沼气工程所采用的厌氧反应器类型很多,但从技术成熟度、投资建设成本、管理方便程度等方面看,连续搅拌釜反应器(CSTR)、升流式固体消化池(USR)、塞流式反应器(PFR)、上流式厌氧污泥床(UASB)和厌氧滤器(AF)具有较大的优势,应用也更为广泛。

1.连续搅拌釜反应器

连续搅拌釜反应器(continual stir tank reactor,CSTR),即完全混合厌氧反应器,即在常规厌氧反应器内安装机械搅拌装置及加温装置(图2.11),使微生物和发酵物料充分接触并保持温度恒定,可大大增加发酵速率和产气率,是沼气发酵工艺的一项重要的技术突破。该反应器可进行连续或半连续投料,不仅可用于低浓度发酵(干物质含量<3%),更能用于高浓度固体原料(干物质含量>8%)及高悬浮固体有机废水的发酵,是大中型沼气工程最常用的反应器。

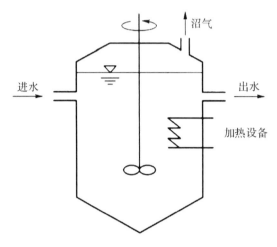

图2.11　CSTR反应器

CSTR的特点有不受发酵浓度限制,启动快,管理方便,运行费用低,非常适合以产沼气为主要目的,且能大量消纳沼渣、沼液的地区。CSTR工艺已在全国广泛应用,产气效果好、运行稳定,是我国沼气工程建设的首选工艺。

2. 升流式固体反应器

升流式固体反应器(upflow solid reactor,USR)结构较为简单(图2.12),反应器内不需要安装三相分离器,无需污泥回流,也不用搅拌装置。原料从底部进入反应器,上清液从反应器上部排出,厌氧微生物和未被消化的生物质固体颗粒靠被动沉降滞留于反应器内,使污泥停留时间(sludge retention time,SRT)远高于水力停留时间(hydraulic retention time,HRT),反应器能保持较高的微生物浓度,有利于提高固体有机物的降解率和容积产气率。

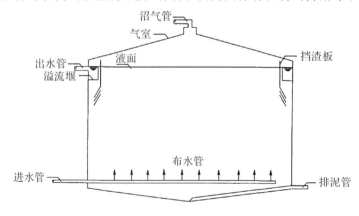

图2.12　USR反应器

由于 USR 工艺处理效率高,运行管理方便,在全球已广泛应用于高 SS 废水(如畜禽养殖废水、食品加工废水)的沼气发酵工程。目前我国采用该工艺的沼气工程有北京房山区琉璃河猪粪废水沼气发酵工程、留民营鸡粪污水中温沼气发酵工程等。

3.塞流式反应器

塞流式反应器(plug flow reactor,PFR)也称推流式反应器,是一种长方形的非完全混合式反应器(图 2.13)。高浓度悬浮固体原料从一端进入,在桨叶的推动下,在反应器中呈活塞式推移,最后从另一端排出。在进料端,主要进行水解酸化作用,随着原料向出料方向推移,产甲烷作用逐渐增强。

PFR 的特点是:①无需搅拌,结构简单,能耗低;②运行方便,故障少,稳定性高;③进料口处微生物不足,需要回流部分出料作为接种物;④适用于干物质含量较高或颗粒性有机废弃物的厌氧发酵(如畜禽养殖废物)。

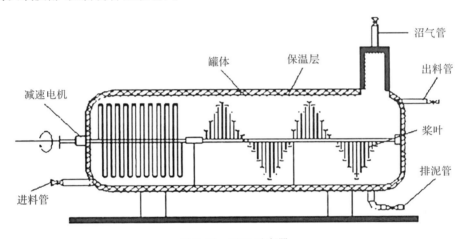

图 2.13　PFR 反应器

4.上流式厌氧污泥床

上流式厌氧污泥床(upflow anaerobic sludge blanket,UASB)如图 2.14 所示。主体是一个无填料的空容器,内装一定数量的厌氧污泥,设有一个专用的气-液-固三相分离器。三相分离器上面为沉淀区,下面为反应区(或发酵区)。根据污泥性状,反应区可分为污泥床(sludge bed)和悬浮污泥层(sludge blanket)。运行时,废水以一定流速从底部布水系统进入反应器,通过污泥床和悬浮污泥层向上流动。发酵液与污泥充分接触,其中的有机物被转化为沼气。沼气以气泡的形式上逸,将污泥托起,导致污泥床膨胀。沼气产量越大,搅拌作用越强。在气流的驱动下,沉降性能较差的颗粒污泥或絮体污泥浮升至反应区上部,形成悬浮污泥层;沉降性能较好的颗粒污

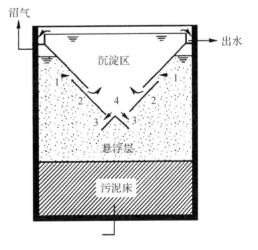

图 2.14　UASB 反应器

泥则沉降至反应区底部形成污泥床。当发酵液(含沼气、污水和污泥的混合液)上升至三相分离器底面时,气体被反射板折向气室而与发酵液分离。污水和污泥进入三相分离器内的沉淀区,在重力作用下实现泥水分离。上清液从沉淀区顶部排出,污泥滞留于沉淀区底部,并通过斜壁返回反应区。三相分离器可使发酵液中的污泥沉淀分离并重新絮凝,有利于提高反应器内的污泥浓度。高浓度、高活性的污泥是 UASB 反应器稳定运行的重要保障。

UASB 的特点是可维持较高的发酵污泥浓度、污泥泥龄(25 d 以上)和进水容积负荷率,提高了反应器内单位体积的处理能力,同时将污泥的沉降与回流置于一个装置内,降低了造价。但进水中只能含有低浓度的悬浮固体,需要有效的布水器使进料能均匀分布于反应器的底部,当冲击负荷或进料中悬浮固体含量升高,或有毒物质过量时,会引起污泥流失,要求较高的管理水平。

UASB 是已建立的沼气发酵工程中应用较多的工艺,但多用于工业废水和生活污水的厌氧消化。经过固液分离后的畜禽粪便污水也可以用 UASB 进行厌氧发酵。

5. 厌氧滤器

厌氧滤器(anaerobic filter, AF)的反应器如图 2.15 所示。厌氧滤器内装有填料,构型类似于好氧生物滤池,所不同的是废水由底部进入,整个填料浸没于发酵液中。污泥部分附着在填料表面,但多数被滞留于填料间的孔隙中。废水上升流过填料层时,可与污泥充分接触,其中的有机污染物被微生物转化为 CH_4 和 CO_2。受气泡作用,填料孔隙内的厌氧污泥随气泡上浮,待与上层填料表面碰撞后,污泥被分离而落回原处,气泡继续上升到气室。气泡的剪切作用使絮体污泥不断滚动,可变成颗粒污泥,粒径可达到 3.2 mm,具有良好的沉降性能。

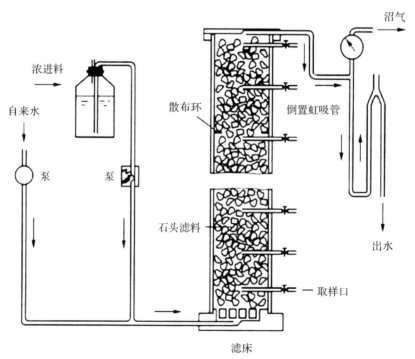

图 2.15 AF 反应器

厌氧滤器的特点是:①依靠填料的作用,反应器内可持留大量菌体,SRT 较高(超过 100 d),污泥不易流失,无须进行污泥沉淀和回流;②各种微生物自然分层固定于滤器的不同部位,其微环境得到自然优化,污泥活性较高;③装置结构简单,易于建造;④工艺运行稳定,易于操作;⑤因承载水力负荷的能力较强,与其他工艺相比,厌氧滤器工艺更适用于处理浓度较低的有机废水;⑥因装有填料,造价相对较高,且容易堵塞,对废水悬浮固体含量有一定的限制(宜低于 200 mg·L^{-1})。

四、某大型厌氧发酵工程的设计与应用

江苏省东台市某养殖场商品猪年出栏量 30 万头,沼气工程于 2011 年 1 月开工建设,2011 年 10 月投入运行。该养殖场采用水泡粪的清粪工艺,沼气工程设计处理粪污 1284 t·d^{-1}(TS 浓度 5.5%),日产生沼气 17000 m³·d^{-1},发电 34000 kWh·d^{-1},减排温室气体(CO_2 当量) $6×10^4$ t·d^{-1},相当于节约标准煤 4700 t·a^{-1}。

1. 工程流程及技术参数

(1)发酵工艺

该项目的工艺流程如图 2.16 所示。养殖场粪污先经明渠进入匀浆池,再经螺杆进料泵进入厌氧发酵罐,在 38 ℃下进行恒温发酵;发酵产生的沼气通过生物脱硫系统去除 H_2S 后进入双膜干式储气柜,物料发酵完后进入固液分离机处理,最终产生的沼渣用作固体有机肥,沼液用于周边农业灌溉。沼气主要用于沼气发电,多余沼气用作锅炉燃料,发电机产生的余热和沼气锅炉产生的热水收集于热水储罐,用于对匀浆池和厌氧发酵物料的增温。

(2)匀浆池

匀浆池 2 座(总容积 1800 m³),用于收集猪粪污水,均质均量。每座池设有 4 台潜水搅拌机,2 座池串联使用,并通过螺杆泵将物料泵入发酵罐。

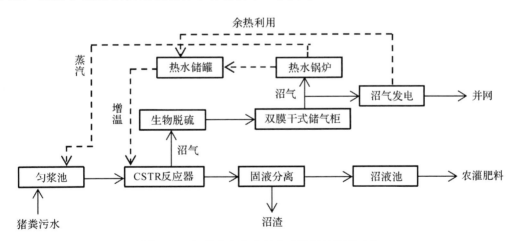

图 2.16　江苏省东台市某养殖场厌氧发酵工艺

(3)反应器

厌氧罐为 CSTR 反应器(图 2.17,摘自杭州能源环境工程有限公司网站),用碳钢焊接技术制成,为地上构筑物,共有 4 座(总容积 $2×10^4$ m³),物料停留时间 16 d;反应器外壁设

置增温盘管,利用发电机余热产生的热水对罐体进行增温,并在增温盘管外采用 150 mm 厚的聚苯乙烯保温材料进行保温,以实现常年 38 ℃中温厌氧发酵。

厌氧罐采用低转速节能中心搅拌机,单位物料耗能 3.7 W·m⁻³,较传统搅拌机节能50%以上。同时还专门安装了破壳搅拌器,加强顶层物料的局部搅拌,以防止厌氧罐内结壳问题。

厌氧罐顶安装有正负压保护器,正常承压为 2.0 kPa,最大承压为 3.0 kPa,以确保厌氧罐的安全。

图 2.17　CSTR 反应器

(4)生物脱硫系统

采用生物脱硫工艺去除沼气中的 H_2S。通过控制温度、pH、溶氧量、空气量和营养物,使脱硫细菌将 H_2S 转化为单质硫或者亚硫酸。该单元设有两座脱硫塔,并联运行,单塔处理能力 500 m³·h⁻¹。处理前猪粪原料发酵产生的沼气中 H_2S 含量为 0.30%～0.45%,脱硫后沼气中的 H_2S 含量可降至 0.005%～0.010%,H_2S 去除率大于 96%。该方法的运行成本较传统的干法化学脱硫低 70%左右。

(5)双膜干式储气柜

储气柜容积为 2150 m³。采用低压双膜干式储气柜对净化后的沼气进行储存。双膜分为外膜和内膜,内膜收集并储存沼气,外膜起保护和维持储气柜结构的作用。通过支撑鼓风机向内外膜之间的夹层进行鼓气,维持一定压力(1.2～1.5 kPa),使其能够承受设计范围内的风、雨、雪等荷载,同时将内膜内的沼气送入输气管道;外膜的顶端安装了红外探测器,通过电脑程序可以实时监测储气柜内的气体量。

(6)发电机组及余热锅炉

发电机采用 GE Jenbacher 发电机,装机容量 1800 kW,发电效率 42%,热效率 40%,总效率达到 82%。发电机燃烧沼气产生的烟气通过余热回收锅炉换热,以蒸汽的形式回收,供给热水储罐和匀浆池物料用于增温。发电机缸套冷却水余热通过换热器以热水的形式储存在热水罐内,并通过管道泵送入厌氧罐外壁的盘管循环以进行增温。

2. 工程的实际运行状况

(1)厌氧发酵系统运行状况

该工程厌氧发酵系统于 2011 年 10 月开始调试并运行。在调试初期,系统的容积负荷较低,进料量、进料 TS 均低于设计值,故日产气量低于设计值,但从单位固体物质的产气量来说,达到了设计要求值(TS 产气率 370 $m^3 \cdot t^{-1}$ TS)。经过 2 个月的调试,产气量逐步提升至 1300 $m^3 \cdot t^{-1}$ TS 以上,工艺运行稳定。

(2)生物脱硫系统运行状况

生物脱硫系统于 2011 年 11 月中旬全部开启运行。猪粪沼气中初始 H_2S 浓度约为 0.30%～0.45%。调试初期,脱硫塔出口沼气的 H_2S 浓度约为 0.035%;经过调整通空气量,循环液的溶解氧、pH 值、温度,添加营养物以及加强操作管理等方法后,H_2S 浓度逐渐降至 0.010% 以下;后续稳定运行时 H_2S 浓度低于 0.005%。该系统的脱硫效率高达 96% 以上,达到了设计要求。

❖ 生态之窗

发展生物天然气产业,变废为宝、一举多得
(《人民日报》2020 年 01 月 14 日 14 版节选)

吃进去有机废弃物,产出天然气和有机肥,生物天然气能够变废为宝,兼具经济价值和生态价值。生物天然气由沼气净化提纯而成,与常规天然气成分、热值等基本一致,可用作车用燃气,也可并入天然气管网。

按照相关规划,到 2030 年,我国生物天然气年产量要超过 200 亿立方米。要实现目标,生物天然气产业还有很长的路要走:通过提升技术工艺、降低生产成本等,不断完善产业体系。不久前,国家发展改革委、生态环境部、农业农村部等多部门印发《关于促进生物天然气产业化发展的指导意见》(以下简称《指导意见》)提出,到 2025 年,生物天然气年产量超过 100 亿立方米;到 2030 年年产量超过 200 亿立方米,规模位居世界前列。

二维码 2.1　节选文献全文

❖ 复习思考题

(1)氢分压对产氢产乙酸作用有什么影响？

(2)和好氧生物处理相比,废弃物厌氧发酵有什么特点？

(3)可用哪些指标评价废弃生物质厌氧发酵的潜力？

(4)厌氧发酵合适的碳氮磷比(C∶N∶P)是多少？调控方法有哪些？

(5)厌氧发酵适宜的温度和 pH 值是多少？

(6)哪些毒物会明显抑制厌氧发酵微生物的活性？

(7)产甲烷菌可分成哪几个目,其典型特性是什么？

(8)大中型沼气工程所采用的厌氧反应器类型有哪些？各有什么特点？

第三章 沼渣沼液的综合利用与农业环境健康

第一节 沼渣沼液的概念、成分及特点

一、沼渣沼液的概念

在厌氧环境下,产甲烷菌可把从废弃的畜禽排泄物或作物秸秆中分解出的乙酸、含甲基化合物或二氧化碳转化为生物天然气(沼气),达到放大有机物质燃烧值的目的。基于这一原理建造沼气发酵装置的农村能源工程即为沼气工程。无论是中小型、大型或是超大型沼气工程设施,其沼气产生过程都伴随着大量废弃发酵液的产生,即沼渣液。一般地,以畜禽粪污为来料产生的沼渣液具有泥沙含量高、液体黏稠、沉降性显著的特点,通常需要经干湿分离和重力沉降分离后由管网或槽罐车输运消纳。而以秸秆为原料的沼渣液具有颗粒物细小均匀、液体黏稠、溶液属性显著的特点,可不经干湿分离直接经由管网或槽罐车输运消纳。截至 2019 年,我国已建成的中小型沼气工程设施超过 10 万个,大型和特大型沼气工程设施达 6700 多个,年产生沼渣液约 11.2 亿 t。

1. 沼渣的概念

沼渣是发酵原料(主要指有机物)经厌氧发酵后剩余的固形物质。它是原料经厌氧消化而去掉部分有机碳和有机氮后,以粗纤维、半纤维为主的有机物。沼渣富含有机质、腐殖酸、微量元素、多种氨基酸、酶类和有益微生物等,也含有氮、磷、钾等营养元素。

2. 沼液的概念

沼液是指沼渣液经干湿分离后产生的亮褐色高浓度有机废水,约占沼渣液总质量的 95%,它截留了沼渣液中 50%～60% 的氮、钾元素,以及不到 10% 的磷元素和有机物质。沼液具有产生量大,富含水溶性氮、磷、钾和腐殖酸等营养物质,化学需氧量高的特点,直接排放到环境中易造成原位土壤和下游水体二次污染。沼液中含有大量易分解的生物大分子和厌氧发酵后留存的水溶性有机小分子,以及铵态氮、钾、钠、镁等碱基阳离子、细微颗粒悬浮物和少量重金属、抗生素、维生素。由于沼渣液中的铵态氮和水溶性碱基阳离子在干湿分离过程中主要分配到沼液中,沼液的 pH 值一般呈微碱性或弱碱性。

3. 沼渣与沼液的关系

在实际生产中,沼渣和沼液始终是混在一起的,尤其纤维素含量较少的有机物在厌氧发酵后呈浓稠的流体状,其中的固形物大部分以可溶性有机物的形态存在,能得到的固形物并不多,有些沼渣已经融入了沼液。同理,在固液分离得到的沼渣中也含有部分液体,这些液体其实也属于沼液。因此沼渣和沼液虽然是两种物质,但二者往往是融合在一起的。

关于沼渣和沼液之间的关系,应知道沼渣和沼液是生产概念,这种概念不能满足科学研究的需要。生产中沼渣和沼液是混合在一起的,沼渣中含有的水分是沼液,而沼液中的可溶性固体或未分离出的固体又是沼渣,这是受分离方式影响的,也会影响对沼渣/沼液相关指标的定性和定量。

二、沼渣沼液的特性

(一)沼渣的特性

1. 沼渣的特点

沼渣是生物质材料经厌氧发酵后剩余的固体物质,沼渣主要有以下几个特点:

(1)沼渣组分主要受初始发酵原料的制约。发酵原料的组分及其含量是决定沼渣组分的主要因素,厌氧发酵过程会部分消耗原料中的糖分从而将碳素转化为 CH_4 和 CO_2。另外,发酵原料中的组分及含量也会发生一定的变化,具体表现为纤维素及蛋白质类物质由大分子转化为小分子,或转化为其他营养元素。

(2)发酵原料发酵前后的成分变化主要受原料固形物含量和厌氧发酵程度的影响。水分是重要的溶剂,因此发酵初始原料浓度及生物质固形物含量会对发酵过程起重要调节作用,也影响到沼渣的成分。厌氧发酵程度不同,物质能量的转化也有差异,这是影响发酵原料发酵前后成分变化的重要因素。

(3)沼渣是厌氧发酵后得到的、含有一定沼液的固体物质,其本身也是一个富含厌氧发酵微生物的载体。新鲜沼渣中有大量兼性微生物,这些微生物会制约虫卵繁衍也会阻碍其腐解,因此沼渣是一类相对洁净、安全的有机肥。但是沼渣好氧堆肥时要注意晾晒或关注其还原性较强的特点,以免延误发酵腐熟进程。

2. 沼渣的物理指标

每种物质都有自己的外部特征和物理特性,具体的指示指标也都有差异。沼渣是一类新物质,了解其物理组成对认知和掌握沼渣的特性具有重要意义。常用的沼渣物理指标主要有以下几个。

(1)物理组成

沼渣的物理组成受发酵原料及添加物的影响。目前,沼渣的原料主要为餐厨垃圾、畜禽粪便、农业废弃物、污泥等,也包含水分、启动菌剂、添加物、灰尘等。因此,沼渣的物理组成要根据实际情况予以分析。一般地,沼渣的物理组成以有机物为主,无机物较少,具体组分受发酵原料制约。

(2)容重

容重是单位体积的沼渣所具有的质量,通常以 $kg \cdot L^{-1}$ 或 $t \cdot m^{-3}$ 来表示。沼渣的物理组成、压实程度及水分含量是决定沼渣容重的重要因素。

（3）孔隙率

孔隙率是指沼渣内部孔隙体积所占的比例，通常用％来表示。孔隙率与容重成反比，即容重越大，孔隙率越低。一般的计算公式为：

$$孔隙率＝（颗粒密度－堆体密度）/颗粒密度 \tag{3.1}$$

（4）粒径

粒径的大小，通常以不同粒径的分布情况来表示，大小程度以能通过筛网的直径大小来表示。通常以"目"为颗粒大小和孔径的直径单位。

3. 沼渣的化学性质指标

沼渣中的元素组成、消化能、热值等指标是沼渣化学性质的重要指标，一般将其水分、灰分、挥发分和固定碳称为四成分。

（1）水分

沼渣的水分含量用水分的百分比来表示，包括外在水分和内在水分。外在水分是指附着在物料表面的水分，内在水分是指结合水。沼渣是以纤维为主的物料，其结合水占据比例较高，例如，在肉眼不见水分的条件下，其水分含量仍能高达90％以上；在人为手攥不见水分的条件下，其水分含量也在60％～70％。沼渣水分含量可采用烘干失重的方法测定，分析沼渣的物理化学指标都必须关注沼渣的水分含量，因为水分含量的差异可直接决定或影响测定结果。

（2）灰分

灰分是指干沼渣燃烧后残余的灰烬，由不可燃物和燃烧残渣组成。灰分可用燃烧后灰烬的质量占测定物的百分比来表示。灰分高，则其燃烧性能差、热值低，且其可生化性能也较低。

（3）挥发分

干沼渣在隔绝空气的条件下加热至一定温度后挥发出的物质称为挥发分。挥发分主要由碳水化合物、氢、一氧化碳、硫化氢等组成，是发酵处理能够转化的成分，也是可生化性能的体现。

（4）固定碳

固定碳是干沼渣作为燃料时以固体形态燃烧的那一部分碳。沼渣中固定碳含量较低，其测定和计算公式为：

$$固定碳（\%）＝（1－含水率－灰分－挥发分）\times100\% \tag{3.2}$$

【例题3.1】　以牛粪及牛粪床垫料为原料的沼气工程产生的沼渣，自然晾干后经标准采样，分别测定得到以下参数。①自然晾干后样品的质量为50.00 g；②在105 ℃条件下烘干至恒重，质量为36.25 g；③经步骤②烘干后样品取10.00 g在600 ℃，隔绝氧气热解，得到剩余物7.65 g；④经步骤②烘干后样品取10.00 g在煅烧炉内煅烧，得到剩余物2.20 g。试求沼渣中的水分、灰分、挥发分与固定碳的含量。

解：　水分＝（初重－烘干重）/初重

　　　　＝[（50.00－36.25）/50.00]×100％＝27.50％

　　　挥发分＝（烘干重－热解重）/烘干重

　　　　＝[（10.00－7.65）/10.00] ×100％＝23.50％

　　灰分＝煅烧后重量/烘干重

$$＝2.20/10.00×100\%＝22.00\%$$

　　固定碳＝（1－含水率－灰分－挥发分）×100%

$$＝100\%－27.50\%－23.50\%－22.00\%＝27.00\%$$

　　注：以上指标中挥发分和灰分的含量是基于沼渣干基计算的，如果以自然晾干的沼渣为基准则需要转化计算。由于自然晾晒的标准难以掌握，通常会以沼渣干基作为计算的依据。

　　（5）热值

　　热值是分析沼渣等可燃烧固体废物燃烧性能、选用焚烧处理工艺的重要参数。发热值是指单位质量的物质完全燃烧后，冷却到原来的温度所放出的热量，也称物质的发热量。根据燃烧产物中水分存在状态的不同又分为高位发热值与低位发热值。高位发热值（简称高热值）是指单位质量固体废物完全燃烧后，燃烧产物中的水分冷凝为 0 ℃的液态水时所放出的热量。低位发热值（简称低热值）是指单位质量固体废物完全燃烧后，燃烧产物中的水分冷却至 20 ℃时所放出的热量。高热值与低热值的换算关系见式（3.3）。一般地，当城市固体废物的低热值大于 800 kcal·kg^{-1}时，燃烧过程无须加助燃剂，即可实现自燃烧。

$$Q_L＝Q_H－600\ W \tag{3.3}$$

式中：Q_L——低热值，kJ·kg^{-1}

　　Q_H——高热值，kJ·kg^{-1}；

　　W——每 kg 物料燃烧时产生的水量，kg

　　（6）灼烧损失量

　　灼烧损失量是衡量沼渣焚烧后灰渣品质的重要参数，与灰分性质、焚烧炉的燃烧性能有关。灼烧损失量测定是将灰渣样品置于 800 ℃±25 ℃高温下加热 3 h，称其前后质量，按照公式（3.4）计算。

$$灼烧损失量（\%）＝（加热前质量－加热后质量）/加热前质量×100\% \tag{3.4}$$

　　（7）元素组成

　　沼渣的元素组成分析有多方面的作用，如其化学性质判断，废物的处理工艺确定，焚烧后二次污染物的预测，或作为有害成分的判断依据等。一般地，沼渣主要构成元素可分为三大类：①营养元素，包括碳、氢、氧、氮、磷、钾、钠、镁、钙等；②微量元素，包括硅、锰、铁、钴、镍、铜、锌、铝、铍等；③有毒元素，包括铅、汞、镉、砷等。沼渣中硫和氯元素在处理的过程中会转化为硫化氢和氯化氢，因此把硫和氯也作为有毒元素。

　　4.沼渣的生物化学指标

　　沼渣的生物化学指标包括两个方面：①沼渣及其原料本身所具有的生物性质及对环境的影响。如人畜粪便、生活污水处理后的污泥中含有的多种病原微生物、病毒、原生动物、后生动物，尤其是肠道病原生物体，还可能含有草籽、昆虫和昆虫卵等，这些易造成生物污染。②对于沼渣进行生物处理的性能，即可生化性。判断可生化性的指标有 BOD/COD（生物需氧量/化学需氧量）、微生物的呼吸耗氧量和耗氧速率等。

（二）沼液的特性

　　1.沼液的特点

　　与一般的溶液和污水相比，沼液具有以下 3 个方面的特点。

①沼液中的物质组成和养分含量主要受进料类型、发酵条件、存放方式和取用时间等因素的影响,存在较大的时空变异性。沼气发酵原料与发酵工艺是造成沼液养分较大变异性的关键因素。比如,以农作物秸秆为厌氧发酵原料产生的沼液含有氮、磷、钾、钙、镁等营养元素和氨基酸、有机酸、腐殖酸、生长素、纤维素、糖类、赤霉素、B族维生素、细胞分裂素等活性物质;而以畜禽粪污为原料产生的沼液,除养分物质外,通常还含有可能超出国家水质和农业生态环境安全标准的重金属、抗生素、抗性基因片段等多种有害物质。

②发酵工艺和发酵充分度能够显著影响沼液中溶解性有机小分子和养分的含量与组成,同时这些物质也会通过影响产甲烷菌的生长和代谢过程来影响发酵原料的物质转化效率。沼气池的产甲烷效率是调控这一过程的主要因素,并最终决定沼液中有机物质和养分的组成和浓度。

③由于沼气发酵是在极端厌氧环境中发生的,这种极端厌氧发酵环境决定了沼液本身具有较高的化学需氧量。大量沼液进入自然水体会导致鱼虾等水生生物发生窒息性死亡。同时,未充分发酵的沼液偏碱性且含有较高的氨氮,导致其在存储、储运和浇施/喷施过程中具有非常高的潜在的甲烷排放和氨挥发风险,因此需要慎重考虑沼液流转过程中甲烷和氨氮扩散对大气环境质量的不利影响。

2.沼液的物理指标

(1)物质组成

沼液以水分为主,水占总质量的95%以上;其次是溶解在沼液中的各类有机分子和无机盐,占沼液总质量的1%左右;最后是悬浮在沼液中的细微颗粒物,占沼液总质量的0.5%以下。此外还有少量的 H_2S、CH_4、挥发性有机物和 NH_3 等溶解性气体。

(2)电导率

沼液的电导率主要取决于溶解在沼液中盐基离子的总和。沼液的电导率一般为0.36～24.9 mS cm^{-1},通常餐厨垃圾与鸡粪混合发酵的沼液电导率较高。植物生长最适宜电导率一般在0.2～0.6 mS cm^{-1},最高不宜超过2.5 mS cm^{-1}。因此,考虑到植物的蒸腾作用和田间水分蒸发,不宜对旱田作物浇灌电导率超过0.8 mS cm^{-1} 的沼液,而对水田作物可适当放宽5～10倍。

(3)悬浮颗粒物

沼液中的悬浮颗粒物主要是在沼渣液干湿分离后残留在沼液中的、低密度颗粒态生物质,因能够吸附沼液中残留的微气泡,是一种三相态混合物,体积能够随着交联吸附从最初的微米级增扩至毫米级。同时,悬浮颗粒物可以聚集大量微生物,易导致输运管道和滴灌管道发生物理、化学和生物堵塞。

(4)溶解固形物

沼液中的溶解固形物主要由溶解在沼液中的低分子量有机酸、单/双糖、维生素、氨基糖、生物激素、富啡酸、矿物质等组成。沼液中溶解固形物的高低是决定沼液的黏滞系数、密度、电导率的关键因子。

3.沼液的化学指标

(1)pH值

沼液pH值一般在6.0～9.5,但也有极少数沼液的pH值低于5.0。沼液pH值主要受溶解在沼液中的 NH_4^+、K^+、Na^+、Ca^{2+}、Mg^{2+} 等碱基阳离子,以及低分子量有机酸、氨基酸、富啡酸、痕量 Al^{3+} 等酸性物质的共同影响。

（2）盐度

沼液的盐度是指溶解盐类质量与沼液质量的比值，即通过 $0.45~\mu m$ 滤膜的 $1~kg$ 沼液中，完全脱水并氧化有机物后所含固体质量。沼液盐度一般在 $2\sim22~g$，其数值主要取决于沼液中的 NH_4^+、K^+、Na^+、Ca^{2+}、Mg^{2+} 和 SO_4^{2-}、Cl^-、PO_4^{3-}、NO_3^- 等营养盐的浓度总和。此外，沼液中溶解的 Fe^{2+}、Mn^{2+}、Cu^{2+}、Zn^{2+}、Ni^{2+} 等金属离子也对沼液的盐度有一定的贡献。

（3）化学需氧量（COD）

沼液的化学需氧量是衡量沼液中有机物质多寡的指标，通常是指单位体积沼液中还原物质被完全氧化所需氧的克数。沼液化学需氧量一般在 $0.5\sim10~g\cdot L^{-1}$，其大小主要取决于沼液中有机质、硫化物、亚硝酸盐和亚铁盐等还原性物质的含量。

（4）元素组成

沼液的元素组成及含量特征除了有助于判断其养分水平外，还可作为其有害物质组成和发酵工艺改进的判别依据。沼液中含量最高的元素主要是来自水中的氧、氢两种元素，其次是有机物质中的碳。沼液含有氮、磷、钾、硫、钙、镁、铁、锰、铜、锌、氯、镍、钼、硼等几乎所有植物必需的营养元素，以及钠、硅等有益元素。此外，沼液中还含有铬、砷、铅、镉、汞等有毒重金属元素。沼液中重金属的测定方法可参照农业农村部相关行业标准（NY/T 4313—2023）。沼气发酵原料类型、发酵工艺、存放方式和取用时间是决定沼液元素组成及含量水平的主要因素。

二维码 3.1 《沼液中砷、镉、铅、铬、铜、锌元素
含量的测定 微波消解—电感耦合等离子
体质谱法》（NY/T 4313—2023）

4. 沼液的生物化学特性

沼液的生物学特性包括随沼气发酵原料带进来的厚壁菌门、拟杆菌门、变形菌门、互养菌门、疣微菌门、病毒等微生物以及原生动物、昆虫卵等。它们的基因丰度和数量与沼液原料类型、发酵工艺以及沼液 pH 值、养分组成、存取条件等因素密切相关。畜禽粪污来源的沼气发酵液中还含有大量的大肠杆菌等肠道病原微生物，这些微生物虽然都会在沼气厌氧消化后大幅减少，但并不能完全清除。沼液中通常还含有浓度不等的氨基酸、氨基糖、赤霉素、B 族维生素、细胞分裂素等生物活性物质。同时，沼液中还可能含有大量来自甲烷微菌纲（Methanomicrobia）、甲烷杆菌纲（Methanobacteria）、甲烷球菌纲（Methanococci）和甲烷火菌纲（Methanopyri）等产甲烷菌的残体，以及抗生素诱导的抗性基因。

三、沼渣沼液的利用与农业环境健康

1. 沼渣沼液的利用对农业环境健康的意义

（1）沼渣沼液的利用是沼气工程正常运行的保障

在沼气工程的运行中，原料经厌氧发酵后基本上都要排出发酵罐而进入沼液储池，因此有多少原料参与厌氧发酵过程就会有几乎同样量的沼渣沼液产生。对于大多数沼气工程而言，其沼渣沼液的产生具有连续、量大、集中的特点。如果沼渣沼液不能得到有效的处置，必然会出现沼液的泛滥，以至直接阻碍沼气发酵设备的正常运行。因此，沼渣沼液的利用是沼气工程正常运行的保障。

沼气工程在收集、储存、消化处理农业生产废物方面起到了重要作用，尤其针对养猪场、养牛场等的畜禽粪便，既使养殖区及农村视觉美化、臭味消减，也消除了虫卵等病害滋生的风险。尽管目前的经济效益不很理想，但其社会效益和生态效益巨大。解决沼渣沼液的利用问题，才能保障沼气发酵设备的正常运行，推进农村环境治理工作的顺利进行。

（2）沼渣沼液的利用是现代农业中重要的技术环节

多数养殖企业为了满足环保的要求，一般都会建设沼气工程，作为养殖废弃物处理设施，但由此产生的沼渣沼液却因为没有大面积的自主农田而无法进行还田施用。在这种背景下，利用好沼渣沼液不仅可保障沼气工程的正常运行，也能保障养殖业的生产，改善养殖区农村环境，减少养殖粪污的面源污染，是实现农业生态工程可持续发展的重要技术环节。

（3）沼渣沼液的利用是种养循环的重要纽带

随着社会发展，规模化、专业化生产成为生产力提高的优选途径。我国也已经出现了种植业和养殖业的分离。一方面，养殖业粪污处理后产生的沼渣沼液无处消纳；另一方面，多数的农田由于缺乏有机肥而出现土壤有机质含量降低、土壤质量变差的趋势。在这种背景下，以沼渣沼液的还田利用作为种养循环的纽带，既解决了养殖业发展的瓶颈，也减缓了种植业土壤质量下降趋势，同时也消除了畜禽粪污的环境危害，对于农业资源循环利用及农业的健康发展均具有重要意义。

（4）沼渣沼液的利用是解决环境污染的重要工作

气候变暖已经成为世界瞩目的环境问题。2020年9月22日，国家主席习近平在第七十五届联合国大会上宣布，中国力争2030年前二氧化碳排放达到峰值，努力争取2060年前实现碳中和目标。推进沼气工程的良性运转不仅可以解决农业生产废弃物的污染问题，还可以有效替代煤炭、"三气"等化石能源的消耗，降低农村地区二氧化碳的排放量，减轻大气污染。另外，通过沼渣沼液还田培肥地力，可以减少化肥施用量，进而减少化肥生产对煤炭、石油、天然气等化石能源的消耗，促进国家"碳达峰、碳中和"目标的顺利实现。

（5）沼渣沼液的利用惠及广大农民

沼渣沼液还田可以培肥地力，节约化肥、农药投入，改善农产品质量。据测算，每吨沼渣液的养分价值约为100元，而沼渣烘干后用作养殖床垫料每吨价值300~400元，每吨沼渣用作有机肥或有机肥生产原料的售价为200~300元，因此沼渣沼液的利用具有实际的应用价值和经济效益。

此外，沼渣沼液的资源化利用是养殖业规模化发展的前提，也是有机农业、绿色农业、生态农业发展的有力支撑,就沼渣沼液资源化利用本身而言,也具有创造就业、形成新业态的前景。

2.沼渣沼液利用的经济与生态效益

沼渣沼液的合理利用具有以下有益效果。

(1)增加作物产量

沼渣沼液除了富含有机质、腐殖酸外,也含有氮、磷、钾三大元素,还含有铜、铁、锰、锌等微量元素,可为植物生长提供必需的营养成分。沼渣作为优质固体肥料,营养成分较全面,养分含量较为丰富,其中有机质36%～49%,腐殖酸10.1%～24.6%,粗蛋白5%～9%,氮0.4%～0.6%,钾0.6%～1.2%,还含有一些其他矿质养分。沼渣是在厌氧条件下形成的,与通常的堆肥相比,营养成分保留情况较好,速效与缓效兼备。正是由于沼渣沼液具有丰富的营养物质,作为肥料施用能起到显著的增产效果。

(2)改善作物品质

沼渣沼液的施用可有效改善作物品质,主要体现在以下几个方面。①由于沼渣沼液是厌氧环境的产物,大部分的硝酸盐转化为氨和铵盐,因此沼渣沼液的施用可降低作物中的硝酸盐含量;②沼渣沼液的施用可显著提高农产品的维生素C含量;③沼渣沼液施用可显著提高植物的可溶性糖和还原性糖含量,改善果实的糖酸比,生食类瓜果蔬菜的口感有较好的改善;④沼渣沼液的施用可显著提高植物的氨基酸含量,叶菜类蔬菜的纤维素含量有所降低;⑤沼渣沼液的施用可显著提高经济作物的经济性指标,比如秋马铃薯块茎的形成、膨大、色泽都有显著改善,茶叶中多酚类化合物含量、氨基酸及咖啡碱含量增加,菇类的品质和经济性得到提升。

(3)抑病抗虫

据检测,经过沼气池厌氧发酵处理的沼液不含病原杂菌(如沙门氏杆菌、巴氏杆菌、丹毒杆菌、魏氏梭菌等)和虫卵,且其所含有的多种微生物、有益菌群、各种水解酶、某些植物激素及其分泌的活性物质对植物的许多有害病菌和虫卵具有一定的抑制和杀灭作用。沼液中的丁酸、赤霉素、吲哚乙酸、维生素 B_{12} 可抑制病菌生长;沼渣沼液的厌氧性可直接恶化病虫卵的生存条件。

沼液喷施果树,对红(黄)蜘蛛、蚜虫有明显的杀灭作用,沼液对大多数植物病原真菌(烟草赤星病菌、稻瘟病菌、甘薯黑斑病菌、香石竹镰刀菌、百合镰刀菌、瓜果腐霉、西芹细菌、石榴病菌等)有抑制作用。经灭菌处理的沼液对病原菌的抑制效果明显减弱,抑菌率不足20%。

(4)改善土壤微生物区系,提高土壤质量

沼渣沼液富含腐殖酸及植物生长调节剂,并且含有多种兼性微生物,能调节土壤酸碱度,促进土壤大分子腐殖质的矿化,提高土壤中碱性磷酸酶、蛋白酶、脲酶和蔗糖酶的活性,对于调剂土壤的微生物区系具有显著作用。沼渣沼液的施用能提高土壤有机质含量和土壤的氮磷钾等养分含量,并且也能显著改善土壤营养元素的有效性,因此可以提高土壤肥力,维系土壤质量。

3.沼渣沼液利用潜在的环境问题

沼渣沼液的还田利用尽管是生态富民的好事情,但如果利用不当也会有一定的安全隐患,尤其在重金属、抗生素、盐分及酸碱度方面,其潜在环境影响不容忽视。

（1）重金属及其影响

沼渣有增加土壤、动植物中重金属的风险。相关研究发现,长期大量施用沼渣存在重金属积累导致土壤污染的风险,且在有机肥用量为 22500 kg·ha^{-1} 时,与猪粪相比,沼渣作为有机肥的肥效低且污染风险性高。沼渣堆肥处理后 As、Cr、Cu、Pb、Zn 总量均有不同程度的增加,As、Cr、Pb 生物富集性降低,Cu、Zn 的生物富集性增加。

（2）抗生素及其影响

在饲料中添加适量的抗生素可以提高畜禽的生产性能、维护机体的健康,但一般情况下,畜禽的肠道对抗生素的吸收最高仅为 15%,其余均以尿液、粪便形式排出。据统计,2012年,市面上用于畜禽养殖的抗生素占抗生素使用总量的近 80%,而抗生素作为生长促进剂已经 60 余年,仅作为促进生长的添加剂就有 33 种,在养殖业中应用广泛。因此,养殖废水中的重金属及抗生素对环境的影响不容忽视。研究发现,养殖废水经厌氧消化后其抗生素的降解率较低,一般不高于 20%。因此沼渣沼液中抗生素含量是需要着重关注的指标。

抗生素进入环境后会被微生物吸收转化,使微生物获得抗性基因,进而使某些致病菌对药物产生抗性。进入土壤的抗生素可以被植物吸收和富集,会影响植物对氮、钾等元素的吸收。进入植物体内的抗生素会与植物机体发生抗衡,干扰植物正常的细胞分裂。这也可能给植物的抗病带来一定困难,从而引发一系列农业危机。

（3）盐分及其影响

在畜禽养殖中,为了促进动物进食,一般会在饲料中加入较高含量的食盐,尤其在牛、羊、猪、马等大型动物养殖中。这导致畜禽粪便中盐离子含量较高,进而使以畜禽粪便为原料生产的沼液沼渣中盐离子含量较高。研究发现,沼液长期施用的土壤中,盐离子含量及其迁移量都比施用化肥增加明显。

（4）酸碱度及其影响

一般而言,由于沼液多呈现中性及微碱性,pH 值一般在 7.5～8.5,因此沼液的施用会给土壤的酸碱度带来一定的影响。对于酸性土壤而言,沼液会缓解土壤的酸化,使土壤 pH值有所升高;而对于碱性土壤而言,尤其土壤 pH 值高于沼液 pH 值时,沼液的施用则会使土壤 pH 值下降。沼液的施用对于维系土壤酸碱平衡具有促进作用。

第二节　沼渣沼液分离技术

通常,沼渣沼液自发酵罐排出后,会进行沼渣沼液的固液分离,主要包括沉降分离法和机械分离法两种。沼渣沼液完成干湿分离后,沼液会被导入露天曝气沉降池中存放,沉淀池底部的沼渣通过水压梯度势进行排出。沼渣会被转至有机肥堆制生产区进行好氧发酵堆肥。经干湿分离和重力沉降后的沼液通过槽罐车或输运管网运至田间地头进行农田消纳,或通过多级粗滤和膜前预处理进行沼液膜浓缩技术(图 3.1)。

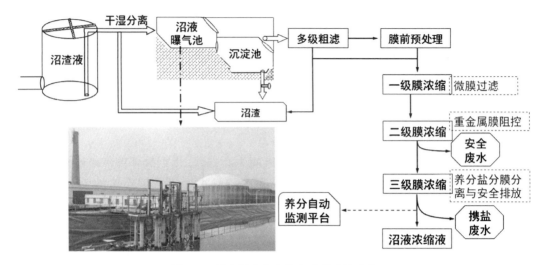

图 3.1　沼渣沼液分离技术及膜浓缩流程

一、沼渣沼液沉降分离法

沉降分离法是利用非均相混合的沼渣沼液在重力场或离心场中所受重力或离心力的差异,将不同沼渣沼液进行分离的操作。沼液产量巨大而附加值低,离心沉降分离因成本过高而不适合沼液沼渣的分离,工程上通常选择重力沉降法作为沼渣沼液分离的主要技术手段。此外,工程上通常还会通过添加絮凝剂(如甲壳素),使许多不稳定的微粒如蛋白质、腐殖酸、纤维素、氨基糖等连接成絮聚物后发生沉降,再通过虹吸法抽离沼液,余下即为经重力沉降后获得的沼渣。

二、沼渣沼液机械分离法

沼渣沼液机械分离法是通过离心压滤、螺旋挤压、带式压滤、隔膜压滤等脱水设备将沼渣沼液分离成干物质含量高的固体物质(沼渣)和含少量干物质的液体部分(沼液)。工程上通常根据沼渣沼液固液分离指标要求,通过单一分离方法或通过"离心—辅助搅拌—旋转压料—压榨"等程序串联进行沼渣沼液分离。沼渣液中的磷、钙、镁和金属硫化物等溶解性较低的物质大部分被分配到沼渣中,而氮、钠、钾以及可溶性氨基酸和低分子量有机酸等溶解性较高的物质大多被分配到沼液中。其中,沼渣可进一步通过好氧堆肥、干燥造粒、热解炭化等附加工艺制作成土壤改良剂;沼液可直接替代化肥消纳,或制成沼液浓缩液配合液体肥料施用。

三、沼液浓缩技术

沼液生产量巨大会导致存储池占地面积大、储运建设成本和环境管理成本高等问题,且沼液养分含量受进料类型、发酵工艺、存放方式和取用时间等因素影响,存在较大的时空变异性,极大地制约了沼液农田替代化肥消纳的施用。低成本、高效率的沼液浓缩技术可将沼液体积缩减至原体积的 4%～50%，不仅极大地减少了沼液的储存空间和输运成本，还可大幅增加沼液的养分含量与稳定性，为沼液农田替代化肥精准施用提供了技术支撑。目前常用的沼液浓缩模式主要包括膜过滤、蒸发、冷冻和萃取等浓缩方法。

沼液膜浓缩技术是通过压力势使水分子透过膜的另一侧流出，而养分物质截留在膜内侧的物理分离模式。膜技术主要包括微滤、纳滤、超滤、反渗透、正渗透、膜蒸馏等单一膜过滤模式或多级联用膜过滤模式。沼液微滤膜浓缩技术是指沼液原液流经多孔膜（微孔滤膜）并在 0.1～0.3 MPa 的低压推动下，截留粒径 0.1～50 μm 及以上的大颗粒杂质，同时水分子携带粒径低于 0.1～50 μm 细颗粒杂质透过滤膜的过滤模式。沼液纳滤膜浓缩技术是指在 0.5～0.7 MPa 低压的驱动下，沼液原液或经过微滤膜的沼液流经膜管，通过"错流过滤"，小分子组分（<1 nm）随水分透过膜，大分子组分被膜截留的方式，实现对流体中纳米物质的截留。沼液纳滤膜浓缩法的优点是可截留小分子量无机盐，缺点是运行所需压力较高、膜易被污染。沼液超滤膜浓缩技术是以压力差为推动力，即以物理截留的方式筛分水中粒径 10～100 nm 杂质颗粒的膜过滤方法，优点是可截留大分子有机物，缺点是对小分子物质截留效果差，易造成膜污染。沼液反渗透膜浓缩技术是一种通过人工半透膜将沼液中有机物（>100 Da）和 90% 的无机盐截留的技术模式，其优点是出水水质高、可回用或直接排放，缺点是运行压力大、能耗高、膜易被污染。当前，通过串联"膜前脱气、微滤、超滤＋纳滤或超滤＋反渗透的膜过滤"程序实现 4～25 倍的膜浓缩效果。

综合而言，沼液膜浓缩主要通过单一膜技术或多种膜技术组合实现以下目标：①将化学需氧量（COD）贡献最大的颗粒态有机物拦截在沼液浓缩液外进行循环回流发酵；②最大限度地将营养物质（尤其是 NH_4^+、溶解氨基酸、PO_4^{3-}、K^+、Ca^{2+}、Mg^{2+}、SO_4^{2-} 等养分）截留在沼液浓缩液中；③确保透过液排放能满足畜禽养殖业水污染物排放标准（GB 18596—2001），不会对下游水系的水质和生态系统产生不良影响。同时，未来还可构建规模化、便于线上或线下养分浓度监测的沼液膜浓缩集成系统，通过调节沼液膜浓缩串联模块和循环频次，结合重金属和抗生素的膜阻控及钝化技术、养分盐分膜分离技术，提升膜浓缩沼液的安全性和养分稳定性。

此外，沼液浓缩方法还有正渗透膜浓缩技术、沼液膜蒸馏浓缩技术、负压蒸发浓缩技术、多效蒸发浓缩技术、冷冻浓缩技术和萃取浓缩技术等。正渗透膜浓缩技术需要在膜外侧持续投入高渗透压的盐以实现沼液中水分由低渗透压向高渗透压扩散。该法虽然具有操作简单和溶质截留率高等优点，但存在透过液含盐量高而无法回用或直接排放的缺点。由于水的比热容是 $4.2×10^3$ J·kg^{-1}·K^{-1}，沼液负压蒸发或冷冻浓缩具有能耗高、氨挥发伴随效应、工程实现条件苛刻等缺点。沼液萃取浓缩技术需要额外的化学品做萃取剂，因而存在化学品消耗大、萃取物质单一、方法复杂和难以规模化等缺点。因此，上述方法在沼液浓缩基础理论、技术开发和工程实现上复杂度较高，具有能耗高、化学品投入量大和浓缩效率低等缺点，现阶段很少被用在沼液浓缩工艺设计和工程施工中。

第三节 沼渣沼液资源化利用技术

一、沼渣资源化利用技术

(一)沼渣资源化利用技术

目前,国内的沼渣主要分为餐厨垃圾沼渣、污泥沼渣、农林固废沼渣、食品工业沼渣等4类。针对沼渣的资源化利用,也有各种利用方式的探索,可归结为"五化"利用,即肥料化、饲料化、基质化、原料化和燃料化。

1.沼渣肥料化利用技术

(1)沼渣土壤消纳

沼渣的消纳是破解末端"梗阻"问题的关键。作为主要的消纳模式,土地利用是沼渣肥料化利用的方式之一。我国 2020 年沼肥产量约 9700 万 t,以每公顷可消纳 30 t 沼肥计算,年产的沼肥可占用约 320 万 ha 土地。简单概算,若全年生产的沼肥用于土地利用,仅占耕地面积的 2.3%,占园地的 22.2%,占林地的 1.3%。可见我国的土地容量完全可以消纳沼渣,只需要建立合适的应用机制或第三方服务模式。

沼渣还田利用方式可参照相关的技术规范,如 DB62/T 2278—2012《沼液沼渣利用技术规程》等,根据实际生产经验确定用量作为基肥施用,或掺混化肥后作为追肥施用。一般每亩推荐用量 1~2 t,同时可减少化肥施用量的 20%~40%。

(2)沼渣堆肥或生产有机肥

沼渣可以通过堆肥或造粒等方式减少体积、提高价值,降低运输成本,破解长距离运输问题。然而考虑到产品的规模化效应,这种有机肥生产模式不适合处理量<50 t·d^{-1} 的厌氧处理厂。就政策规范而言,国家农业行业标准《有机肥料》(NY/T 525—2021)正式实施,禁止将粉煤灰、钢渣、污泥、生活垃圾(经分类陈化后的厨余废弃物除外)作为商品(有机肥)在市场交易。《"十四五"城镇生活垃圾分类和处理设施发展规划》中提出了对沼渣出路的规划:"园林绿化肥料、土壤调理剂等需求较大的地区,沼渣可与园林垃圾等一起堆肥处理","堆肥处理设施能力不足、具备焚烧处理条件的地区,可将沼渣预处理脱水干化后焚烧处理"。

从技术层面而言,沼渣尽管是厌氧发酵的产物,但也可以作为好氧堆肥的生产原料。目前好氧堆肥工艺是成熟的,可根据具体项目需求选择不同的堆肥生产工艺,但要注意,辅料添加后的物料碳氮比、含水率、曝气强度等。

二维码 3.2 《有机肥料》(NY/T 525—2021)

2.沼渣基质化利用技术

(1)育苗基质

沼渣养分高且微量元素丰富,经过适当的处理后可以完全或部分替代草炭土,作为育苗栽培基质的主要成分。沼渣制备的基质在营养需求较高的西瓜育苗、水稻育秧和蔬菜无土栽培方面,具有明显的优势,可以减少化肥和农药施用,提高作物产量和品质。特别是在国产泥炭储量持续下降、泥炭进口逐年递增的背景下,具有巨大的市场潜力,在降低无土栽培成本、提高农业生产效益方面必将发挥更大的作用。

沼渣经过干燥粉碎,通过脱碱、脱盐、改性等措施,改善沼渣的基质特性,再与菌渣、稻壳、蛭石、珍珠岩等物料复配,就可得到性质优良的育苗栽培基质。将菌渣、稻壳和沼渣以不同比例复配育苗基质,可以提高复合基质的通气孔隙功能,出苗率优于现有育苗基质,能达到工厂化育苗的出苗率要求。

(2)蘑菇栽培基质

蘑菇即食用菌,是子实体硕大、可供食用的蕈菌(大型真菌)的统称,中国已知的食用菌有350多种,其中多属担子菌亚门,常见的有香菇、草菇、蘑菇、木耳、银耳、猴头、竹荪、松口蘑(松茸)、口蘑、红菇、灵芝、虫草、松露、白灵菇和牛肝菌等;少数属于子囊菌亚门,有羊肚菌、马鞍菌、块菌等。蘑菇生长在不同的地区、不同的生态环境中,但基本是腐生生物,即依靠生物质的腐解产物提供营养物质。

经厌氧发酵,沼渣基本保留了原来的纤维成分以及部分营养成分,但主要性状和厌氧发酵前的原料类似。这类原料仍然可以发生进一步的腐解而释放出糖、氨基酸、腐殖酸及矿质养分,因此沼渣也可以作为蘑菇栽培基质,或作为蘑菇复合栽培基质的主要原料。

(3)养殖床垫料

奶牛养殖中,奶牛福利很重要的一个方面就是让奶牛多休息。奶牛卧床是奶牛日常生活和休息的最主要场所,是奶牛趴卧直接接触的环境。奶牛每天躺卧时间至少为12 h。舒服的卧床能有效减少临床型乳腺炎和隐性乳腺炎的发病,显著提高奶牛上床率,使奶牛得到充分休息进行反刍,从而提升奶产量;使肢蹄得到充分休息,从而降低肢蹄病;同时给其他未躺卧的奶牛提供更多的自由活动空间。因此,保证奶牛卧床干净、舒适十分重要。

卧床垫料的主要作用是吸收水分、提供缓冲、散热,趴卧舒适,提高趴卧率。卧床垫料大致有几种类型:沙、稻壳、垫草、锯末、橡胶垫、干牛粪。沙的优势是凉爽,更适合温度较高的季节和地区,但废弃垫料的处理是一个难题,粪污里含沙对固液分离设备损害极大。稻壳、垫草、锯末有一定的保温作用,比较适合温度较低的季节或地区,但同样需要经常更换。疏于打理的垫料容易滋生细菌,且随着国家环保的要求的提高,处理起来越来越困难。用经过厌氧发酵、杀菌干燥的沼渣作卧床垫料较为舒适,不仅能解决沼渣的利用,也能让垫料收集后多次进入厌氧发酵环节,整个养殖循环得到丰富,更能节约养殖成本。除了养牛场卧床外,在生猪垫床养殖中的沼渣也可以作为生态养殖床的垫料来使用,因此沼渣的养殖床垫料利用是一条不容忽视的资源化利用途径。

3.沼渣原料化利用技术

(1)制备生物质炭

沼渣是制备生物质炭的原料,沼渣生物质炭通常结构稳定,孔隙发达。傅里叶变换红外光谱(FTIR)数据表明,生物质炭表面存在许多芳香族结构,这是沼渣中脂肪族碳氢化合物热分解的结果。这些芳香化合物撑起了生物炭的骨架,保证了结构的稳定性。扫描电子显微镜(SEM)图像显示,沼渣生物质炭表面凹凸不平,布满了大小不一的孔洞,而在生物炭内部则形成了蜂窝状的结构排布。

沼渣制备的生物质炭能应用于土壤修复,吸附废水中氨氮、重金属等污染物,在印染废水、工业废水等污水处理领域也能发挥重要作用。

(2)制备建筑材料

在生产黏土烧结砖的泥坯中掺入一定量的沼渣,泥坯烧制时沼渣发生内燃,其原占体积会形成孔隙,沼渣的添加不仅可以节省黏土原料和化石燃料,而且可以降低砖块的密度,提高隔热保温性能。因此用沼渣作为造孔剂制备建筑材料,可提高产品的性能。以沼渣为造孔剂、风积沙为骨料、废玻璃粉为烧结黏结剂、黏土为助黏结剂,经高温烧结制备的烧结多孔材料具有良好的抗压强度和透水性,可用于透水材料。

基于沼渣质轻、多孔、抗拉与抗弯强度较高的特性,可作为轻骨料或增强纤维,用于生产各种轻质建筑墙板、装饰板、保温板、吸声板等新型建筑材料。例如,将干化沼渣作为造孔剂,加入烧结墙体材料原料体系中,控制沼渣掺量在 10%、烧结温度在 1000 ℃,并保温 3 h,制备出的烧结墙体材料能满足国家相应标准各项性能指标条件,并符合环境保护要求。又如,以湖泊底泥和沼渣为主要原料,添加 1% Fe_2O_3 粉末,烧结温度为 1175 ℃、保温时间为 30 min 时,可制得轻质多孔的高性能陶粒。

(3)纤维素原料化

沼渣是一种以纤维素为主要成分的物质,可用于造纸、纤维板、包装容器、餐具等的生产。秸秆是我国造纸工业的主要原料,造纸原浆中占比最大的是草浆,而草浆的 50% 左右来源于秸秆。在秸秆原料限制的条件下,利用沼渣替代秸秆则具有重要的生态价值和经济效益。

沼渣纤维与树脂混合物可制成低密度板材,再通过加压和化学处理,可用于制作装饰板材和一次性成型家具。沼渣制成的人造纤维浆粕,可作为纤维制品和玻璃纸生产的原料。以沼渣粉与食品添加剂为原料可制作板材、包装容器和餐具,废弃后,经水泡或粉碎后,可作为肥料和饲料。与塑料、陶瓷、玻璃等材料相比,废弃物没有环境危害。另外,可以用秸秆纤维作为增强材料,主要的相应技术有纤维降解膜技术、镁质水泥轻质隔墙条板技术、大棚复合节能苫生产技术等。

4.沼渣燃料化利用技术

(1)直接焚烧

沼渣为低碳燃料,且硫含量、灰含量均比目前大量使用的煤炭低,是一种很好的清洁可再生能源。每 1 吨沼渣的热值相当于 0.45 t 煤,而且其平均含硫量只有 3.8‰,远远低于煤(1%),可以直接燃烧处理,同时燃烧的热能有烧水、发电、烘干、升温等多种利用途径。

(2)固体成型燃料

以沼渣为原料,通过机械挤压成型可生产出类似煤的、具有良好燃烧性能的生物质压块燃料。这种燃料具有近似于中质烟煤的燃烧性能,而含硫量低、灰分小,在许多场合可代替煤或木材燃料。

(3)沼渣气化

沼渣气化技术可参照秸秆气化,是通过气化装置将沼渣在缺氧状态下加热转换成燃气的过程。沼渣经适当粉碎后,由螺旋式给料机(也可人工加料)从顶部送入固定床下吸式气化器,经不完全燃烧产生的粗煤气(发生炉煤气)通过净化器内的两级除尘器去尘(一级管式冷凝器降湿、除焦油,箱式过滤器进一步除焦油、除尘),再由风机加压送至湿式储气柜,然后直接通过管道,供用户使用。

沼渣气化技术所制取的煤气低发热值为 5.2 MJ·m^{-3},气化效率约为 75%。煤气的典型成分为 CO 20%、H$_2$ 15%、CH$_4$ 2%、CO$_2$ 12%、O$_2$ 1.5%、N$_2$ 49.5%。

5. 沼渣饲料化利用

沼渣常被用作大型畜禽的饲料添加剂,这是因为正常发酵的沼渣不仅适口性较好,也含有一定的盐分和矿物质,并能调整动物的肠胃菌群。沼渣或以沼渣为辅料制备的饲料可以提高动物的机体免疫力,促进生长,并具有安全、经济的优势。

一般来讲,沼渣中含有糖类、蛋白质、脂肪、木质素、醇类、醛、酮和有机酸等。但其特点是纤维素含量高,而粗蛋白质和矿物质含量低,且缺乏动物生长所必需的维生素 A、维生素 D、维生素 E 等以及钴、铜、硫、钠、硒和碘等矿物元素。用微生物处理,可以将纤维素转化为淀粉、粗蛋白、糖类、氨基酸等营养成分,如果加工时再人为加入一些添加剂,即可大大提高沼渣的营养价值。目前应用比较广泛且作用明显的办法是用酶制剂发酵处理,比如利用沼渣酶解制备鱼饲料或其他饲料的生产技术。

沼渣的饲料化利用也常见于一些农业循环生产模式。如湖南某公司采用"猪—沼—饲—蚓—肥"多元循环综合利用模式,将猪粪发酵后的沼渣用于饲养蚯蚓。福建省永安市和明溪县等地部分养殖场示范验证"猪—沼—萍—鱼"养殖模式,将沼渣作为鱼饲料,可以大大降低养殖成本,节能减排,减少鱼类病害,提高鱼的品质。

尽管沼渣含有营养物质可以饲料化利用,但沼渣中的重金属含量、抗生素以及农药成分也需要注意,要达到相关的饲料标准才可以大量使用。

二、沼液资源化利用技术

1. 沼液浸种

沼液浸种对种苗病虫害发生具有防控作用。沼液浸泡种子不仅能够促进种子的萌发,也会促进种子表皮或内部病原菌孢子的萌发。沼液浸种利用沼液的碱性特点和溶解的氨氮,对种子表面的有害病原菌(或致病真菌孢子)产生抑制和杀灭作用(碱性溶液可能会溶解病原菌孢子外表面的一些细胞壁,使病原菌萌发活力丧失或失活);同时,沼液中的抗生素也会对病原菌孢子萌发产生强烈抑制作用。上述两种作用是沼液浸种防治病害的主要机制。沼液呈碱性且具有较高的化学需氧量,还会通过瓦解致病虫卵的外表皮保护,抑制种子表面和内表皮上的虫卵的呼吸作用来降低种子自带的虫害风险。此外,沼液中的养分和赤霉素、B 族维生素、细胞分裂素等生物活性物质也会为种子萌发和种苗生长提供额外的物质保障。沼液浸种对种子萌发有一定的促进作用。然而,不同农作物种子对沼液浓度和浸种时间的响应存在较大差异。一般而言,稀释 2～10 倍的沼液对绝大多数农作物种子的发芽率和成苗率均有显著的提升作用。较低的沼液稀释倍数结合较长的浸种时间也能大幅提升种子的发芽率和成苗率,但过高的沼液浓度(100% 沼液浓缩液)会大幅降低种子的萌发率和种苗活力。

2. 沼液肥料化利用

沼液具有弱碱性且富含低分子有机物质,连续施用沼液可大幅降低土壤容重,提高土壤 pH,增加有机质含量,以及土壤铵态氮、有效磷和速效钾含量。同时,沼液中含有丰富的生物活性物质,其对土壤微生物群落结构以及土传致病真菌具有很强的调控作用。沼液中含有大量速效钙、镁、硫、铁、锰、铜、锌、镍、钼以及硅、钠、硒等中、微量元素和有益元素,并含有丙氨酸、甘氨酸、缬氨酸、亮氨酸、半胱氨酸、脯氨酸、酪氨酸、苯丙氨酸等 18 种氨基酸。氮肥施用和大气中二氧化碳浓度升高可能导致农作物微量元素的稀释,而沼液中的这些营养物质极易被植物吸收利用而促进作物生长和品质提升。大量研究表明,沼液部分或全量替代化肥对水稻、玉米、小麦、白菜、萝卜、芹菜、番茄、甜瓜、甘蓝、茭白等农作物增产明显,同时对各类谷物和其他农产品的品质具有普遍提升作用。

沼液作为基肥或追肥均可大比例替代化肥用量,氮肥替代比例可达 60% 以上(完全替代基肥氮素)。沼液中有约 20% 的氮是有机态氮,需要经过微生物矿化才能被作物吸收利用,所以田间沼液替代氮肥可在等氮量换算沼液施用量的基础上增加 20% 的沼液用量,或根据沼液中铵态氮含量换算沼液施用量。沼液中的磷含量大幅低于氮含量,且主要以溶解态的形式存在,因此沼液施用替代磷肥通常需要等磷量和等钾量补施部分磷肥。因此,沼液可直接作为基肥或追肥用于农作物栽培,对水生作物如水稻、莲藕、茭白等效果更好。此外,沼液全量替代化肥以及过量(150%~200%)替代化肥对新垦耕地进行快速培肥的应用前景可期。沼液部分或全量替代化肥除减少化肥用量外,还会降低或增加农田氧化亚氮排放,其影响方向主要受沼液施用量、氨挥发强度、土壤酸碱度、气温等因素影响,即受土壤 NH_4^+-N、NO_3^--N 关联的硝化反硝化过程的调控。

3. 沼液饲料化利用

沼液直接作为饲料养猪的文献资料多见于 2012 年之前的零星报道,在云南、安徽、内蒙古等地作为沼液资源化利用的一种模式进行过短期推广,当时缺乏对沼液中的重金属、残留病原菌、抗生素及抗性基因等有害成分的认识。然而,研究证实,饲料中添加沼液喂猪会增加猪肝脏组织、肌肉组织和猪粪便的含铜量,饲料添加沼液喂猪模式也逐渐退出沼液资源化利用方法推广序列。沼液直接作为饲料的另一模式是沼液养鱼。然而,由于沼液含氮量较高,且化学需氧量偏高,大量的沼液进入到鱼塘,会增加鱼塘水体的活性氮含量,并导致鱼类因短期缺氧而发生死亡等事故。当前,常用的沼液饲料化模式主要有沼液浇灌饲料玉米等饲草,或沼液培养小球藻制作鱼饲料等相对安全的间接方式。

4. 沼液防治农作物病虫害

鉴于沼液中高浓度的 NH_4^+-N 和 K^+ 等碱基阳离子具有溶解病原菌孢子壁或虫卵外壳的作用,沼液在抑制以及杀灭病原菌和虫卵方面作用显著,但沼液抑制以及灭杀病原菌的作用随沼液暴露时间增加而减弱。同时沼液中残存的抗生素具有特异抗菌或杀菌作用。此外,沼液长时间发酵产生的有机酸、维生素 B_{12} 以及赤霉素等植物激素对番茄灰霉病菌、黄瓜炭疽病菌、辣椒绵腐病菌、茄子灰霉病菌、黄芪根腐病等多种病原菌具有抑制作用。溶解在沼液中的钙、镁、硫、铜等量元素可以缓解作物因缺乏中、微量元素而引起的病害,同时钙、硫、铜等元素也具有抑制病原菌生长的作用。综合而言,沼液中的碱性物质通过抑制病原菌萌发和虫卵孵化,抗生素通过抑制特定类型微生物生长,中微量元素通过提升农作物营养平衡和内稳态增强农作物抵御病虫害的能力等多种机制协同防治农作物病虫害。

第四节　沼液的生态消纳

一、农林生态系统的自然净化

沼液生态系统自然净化除涉及前文所述的沼液作为肥料还田部分或全量替代化肥外，还包括"猪—沼—肥—农田""猪—沼—桑—蚕""猪—沼—果""猪—沼—构树—猪""猪—沼—麦—枣"等农田循环生态模式。在诸多沼液资源化利用方式中，沼液还田消纳是目前最有效的利用途径。针对规模化养殖场沼液直接排放引发的环境污染和沼液消纳跟不上产生量等问题，农田沼液消纳是最高效的解决方式，同时还通过衔接养殖场沼液的资源化利用和提高作物质量产量实现了双赢。早期观点认为，沼液生态系统消纳是囊括绿色发展要求和环境友好型农业发展的重要模式，契合我国生态文明建设的内容。因此，沼液农田消纳的资源利用方式被广泛应用于农业种植业与养殖业的农业绿色循环发展体系中。养殖场沼液进行农田生态消纳，可大幅降低因随意大量直排，导致超出周边土壤自然消纳能力范围而引起土壤质量退化和下游水体富营养化等次生环境问题；同时通过减少对应化肥用量的方式，既可以降低农作物生产过程中肥料端的碳排放，又能实现化肥减量增效和农产品增产提质等多重效益。

人工林生态系统巨大的地表生物量和发达的根系为沼液中氮磷等营养物质消纳提供了巨大的容量。毛竹林、雷竹林、杉木林、薪炭林、桉树林等人工林单位面积单次生态消纳量大，能够在不同生育期进行多次施用而被广泛用于沼液消纳。土壤酸碱性是土壤重要的化学性质，对土壤养分的释放、固定和迁移起重要作用。沼液中的养分物质进入土壤后，不仅能够促进植物的有效生长，还能起到改良酸化土壤的作用。施用沼液可以在一定程度上提高土壤的 pH，有效防止长期施化肥导致的土壤酸化问题。通常，毛竹林每年每公顷可浇灌40 t 沼液，人工杨树林每年每公顷可消纳 80 t 沼液。比较而言，枣树林—小麦后玉米套种模式可在多个作物季进行多次沼液施用，每年每公顷可消纳沼液高达 180 t。对需要补施肥料的人工林进行沼液消纳，可节约大量化肥，在增加土壤碱解氮、有效磷、速效钾等速效养分的同时，还能够提升人工林的胸径和材积，降低套种作物的病虫害发生率。

相比人工林沼液消纳，沼液的生态消纳模式还包括水生作物消纳净化模式和旱生作物消纳净化模式。水生作物农田消纳沼液的能力与其氮磷等营养元素需求量、水—土界面氮素转化（硝化、厌氧氨氧化和反硝化）通量和土壤磷素吸附固定等过程密切相关。例如，莲藕生育期内每公顷莲藕塘可消纳净化近 2400 t 沼液，每公顷稻田可消纳沼液约 150 t，并且沼液的消纳均不会对作物产量和品质产生不利影响。旱生作物消纳净化模式主要以玉米、小麦、蔬菜种植过程中的消纳为主。每公顷玉米消纳 300 t 沼液和每公顷小麦消纳 150 t 沼液均不会导致玉米和小麦产量及品质的下降。蔬菜的沼液消纳，以韭菜为例，施用沼液在减少化肥用量的同时，还可以提升韭菜的产量和品质。需要注意的是，传统沼液消纳通常以单位田块消纳的沼液体积，而非基于沼液携带的氮、磷等养分的量以及田块自然净化能力进行量化。

二、微动力人工湿地及生物塘处理

1. 微动力人工湿地系统净化

人工湿地是模拟自然湿地的生态结构人为设计和建造的,由基质、植物、动物、微生物和水体组成的,通过物理、化学和生物的三重净化污水作用的多功能复合体。植物吸收、微生物代谢以及基质的吸附、过滤、沉淀是去除沼液中氮、磷、化学需氧量等污染物的主要净化过程。沼液人工湿地生态净化处理一般是在沼液经生物氧化塘或工厂化处理后,依靠"鱼类—藻类—水草"系统加速沼液中残留氮、磷转化与清除的末端生态净化模式。在实际运行中,对污浊度较高的沼液应采用淹水曝气供氧方式,增加人工湿地的水力负荷和 NH_4^+-N 去除负荷。由于人工湿地设计模式和子系统支撑的不同,不同人工湿地脱氮固磷效果差异巨大。"短程硝化—反硝化"和"短程硝化—厌氧氨氧化"工艺对有机碳源的需求较低甚至几乎无需有机碳源,成为沼液这类高氨氮废水处理研究的热点。这类新型生物脱氮工艺成功的关键是稳定实现短程硝化,即通过对溶解氧、温度、游离氨等关键参数的准确调控,选择性地抑制亚硝酸盐氧化菌而不抑制氨氧化菌。沼液人工湿地生态净化的曝气过程是一种典型的强化措施。传统的好氧曝气存在较大的局限性,低强度曝气导致反硝化反应被抑制,使出水总氮去除率较低,而高强度的好氧曝气能源消耗较大。实际工程应用中可用太阳能电池板、风力发电等作为曝气能源,利用微动力曝气,实现较高的污染物去除率,该技术也是沼液生态消纳的高效模式。采用微动力曝气,不仅可以保证 NH_4^+-N(铵态氮)去除率保持在 90％以上,还能使反硝化反应得到正常运行,使出水总氮的去除率达到 95％左右。因此,利用光伏或风电辅助人工湿地系统能够极大地加速人工湿地系统的沼液消纳效率。

2. 生物氧化塘净化系统

多级生物氧化塘法是"猪—沼—鱼"生态循环农业模式和沼液多级生化工艺耦合生态净化系统的重要组成部分,也是沼液人工湿地消纳和农林生态消纳步骤前的处理方式。按照《畜禽养殖业污染物排放标准》,大型沼气工程应配备氧化塘或沉淀池,以及相应的处理措施。多级生物氧化塘通常采用厌氧塘、兼性塘、好氧塘的三级氧化塘设计。沼液首先流入厌氧池,在厌氧池中反硝化细菌利用污水中的有机物作为碳源,将沉淀池回流沼液中带入的大量 NH_4^+、NO_3^- 和 NO_2^- 通过反硝化还原作用和(歧化)厌氧氨氧化反应生成 N_2 释放到大气中,达到沼液厌氧脱氮的效果。随后沼液进入兼性氧化塘,根据产甲烷菌与产酸菌生长差异,将厌氧处理控制在水解和酸化阶段,利用水解和酸化菌将沼液中的颗粒或微粒态有机质水解成易被生物降解的水溶性小分子物质,从而改善沼液废水的生物可降解性。最后,沼液导入好氧池,通过曝气逐步降低沼液的化学需氧量和氨氮浓度。氧化塘在对沼液中悬浮颗粒物、氮素和磷素的削减方面作用较大,与原液相比,氧化塘显著增加了沼液的 pH,对颗粒物有沉淀拦截作用,同时对沼液中大量营养元素有明显的削减作用,特别是 N 和 P 都显著降低。氧化塘技术符合我国国情,但还存在氧化塘结构不合理、净化负荷低、普遍存在淤积等诸多问题。

三、工厂化处理模式

工厂化处理主要是利用人工构筑设施,采取高能耗的强化措施,降解沼液中存在的大量有机物,同时脱氮除磷,使出水达标排放的一系列工艺组合。工业化处理技术主要包括好氧生物处理、厌氧生物处理及其组合工艺。这种处理方式适合经济较发达、土地资源紧张、规模较大的养猪场和奶牛场厌氧消化废水处理。根据工艺不同分为序批式反应器(SBR)、间歇 A/O 法、物化-序批式生物膜反应器(SBBR)、膜生物反应器(MBR)、升流式厌氧污泥床(UASB)等工厂化处理工艺。工厂化处理的优点包括：①占地少；②适用性广；③处理效果受环境变化影响较小。比较而言,工厂化处理也存在如下缺点：①投资大；②能耗高；③运转费用高；④维护管理困难；⑤需要专门的技术人员管理。早期工厂化好氧生物处理工艺主要包括活性污泥法、生物接触氧化、生物转盘以及氧化沟等。这些工艺在脱氮方面效果较差,而采用间歇曝气处理沼液废水,有机物与氮、磷去除率能达到 90% 左右。因此,以间歇曝气为特点的 SBR 和 SBBR 应用广泛。膜生物反应器工艺以其生物量大、污泥停留时间长、出水稳定、处理效率高、抗冲击负荷能力强、设备紧凑、占地面积少等优点被越来越多地用于沼液工厂化处理工艺设计中。实践中经常按照沉淀池—多级 A/O 池—SBBR 池—氧化塘—人工湿地—灌溉水源的顺序实施沼液的多级生态净化,去除沼液中 95% 以上的氮、磷、COD 等污染物。

四、沼液生态消纳的注意事项

根据农业农村部发布的《沼气工程沼液沼渣后处理技术规范》(NY/T 2374—2013)要求,沼液进行生态消纳前需要进行消毒处理并达到《沼肥施用技术规范》(NY/T 2065—2011)要求,同时需满足密封储存 30 天以上,高温沼气发酵温度 53±2 ℃,寄生虫卵去除率 95% 以上的沼气发酵卫生标准。沼液作为灌溉水进行农田生态消纳,水质还需达到《农田灌溉水质标准》(GB 5084—2021)要求。沼液从沼气发酵罐(池)排出后,需进行"沉淀—消毒—储存—配水",方可灌溉浇田进行生态消纳。然而,沼液中的氮磷养分物质、重金属、抗生素及抗性基因片段、类固醇激素、残留病原体、有持久性有机污染物等物质无法通过"沉淀—消毒—储存"完全去除。因此,无论水田或旱地的沼液生态消纳,都会产生一定的环境风险,如氮磷流失进入下游水体,土壤氨挥发,溶解甲烷和氧化亚氮气体排放,抗生素与抗性基因扩散,重金属污染,以及病原体、持久性有机污染物、类固醇激素、硝酸盐淋溶进入地下水等。

| 二维码 3.3 《沼气工程沼液沼渣后处理技术规范》(NY/T 2374—2013) | 二维码 3.4 《沼肥施用技术规范》(NY/T 2065—2011) | 二维码 3.5 《农田灌溉水质标准》(GB 5084—2021) |

沼液部分或全量替代化肥进行肥料化利用也带来了一些环境问题。若发酵不充分就施到农田,沼气中的气泡携带大量的甲烷、氧化亚氮、一氧化氮等气体,会随着沼液的运输和施用扩散到大气环境中,成为全球温室气体重要的潜在点贡献源。同时,大量溶解在沼液中的铵态氮会在施用过程中随外界压强降低和温度升高而挥发到大气环境中。沼液施用后稻田氨挥发会显著增加,且氨挥发总量与沼液氮素施用量呈显著正相关,氨挥发导致的氮素损失占沼液氮素施用量的比例可达 14.5%～17.6%。全球约 90% 的氨排放来自氨氮肥料施用

和畜禽粪污氨挥发。土壤氨挥发进入大气环境对 PM$_{2.5}$ 等灰霾颗粒的物形成具有潜在加速效应,也是全球活性氮扩散通量超出生态安全界线的重要氮源。一般而言,稻田、荷塘等水生作物农田进行沼液灌溉会导致田面水中铵态氮的浓度短期大幅升高,但田面水中硝态氮无显著变化。同时,短时间强降雨还会导致施了沼液的农田其田面水大量流出,引发下游水体富营养化、水体缺氧等。

❖ 生态之窗

国家农业绿色发展先行区整建制全要素全链条推进
农业面源污染综合防治实施方案(节选)

　　为贯彻落实《中共中央、国务院关于做好 2023 年全面推进乡村振兴重点工作的意见》部署和全国农业农村厅局长会议要求,加快推进农业发展全面绿色转型,在国家农业绿色发展先行区(以下简称"先行区")探索整建制全要素全链条推进农业面源污染综合防治机制,制定本方案。

　　推进农业废弃物全量利用。加快构建农业废弃物循环利用体系,实现应收尽收、就地利用、高值利用。加强畜禽粪污资源化利用。整建制开展畜禽粪污资源化利用,支持养殖场(户)建设畜禽粪污处理设施,推进固体粪便轻简化堆肥、液体粪污贮存发酵,支持购置施肥机和田间贮存、输送管网等还田利用装备,促进粪肥就地就近还田利用。因地制宜发展规模化沼气、生物天然气。加强秸秆综合利用。在秸秆资源丰富的先行区,全面推进秸秆综合利用,促进肥料化、饲料化、燃料化、基料化、原料化。分区域、分作物推进秸秆科学还田,提升耕地质量。加快发展秸秆饲料青(黄)贮、膨化等,有序发展秸秆成型燃料、热解气化等生物质能,因地制宜发展以秸秆为原料生产食用菌基质、育苗基质等。加强农膜回收利用。在农膜用量大的先行区,科学推进加厚高强度地膜应用,有序推广全生物降解地膜。健全农膜回收激励机制,推进地膜专业化回收利用。分类处置废旧农膜,支持建设废旧农膜加工利用设施。

二维码 3.6　国家农业绿色发展先行区整建
制全要素全链条推进农业面源污染
综合防治实施方案全文

❖ 复习思考题

（1）阐述沼渣沼液的概念及沼渣沼液概念的内涵及外延。

（2）沼渣沼液分别有哪些主要性质指标？

（3）沼渣沼液的资源化利用途径和方法有哪些？

（4）沼渣沼液的利用有哪些有益效果和要注意的潜在危害？

（5）阐述沼渣沼液的资源化利用在现代农业中的重要意义。

（6）针对沼渣沼液携带的重金属、抗生素和类固醇激素等环境风险物质，通过哪些管控途径可实现沼渣沼液的安全利用？

第四章　废弃生物质炭化与清洁生产

第一节　生物质炭概述

生物质炭(biochar)通常是指废弃生物质在无氧或缺氧条件下经热化学转化生成的一种高度芳香化和富碳的多孔固体物质。可以认为木炭是生物质炭的前身,自刀耕火种的旧石器时代起就与人类文明息息相关。在中国,从距今 7000 多年前的河姆渡遗址出土的文物中发现了大量夹杂着木炭的黑陶,混入生物质炭可降低陶土黏聚力,提高成品产量。近年来,有关生物质炭的研究不断扩展和深入,生物质炭的用途越发多样化,不仅可以用于土壤修复和改良、水体净化、气态污染物去除等方面,而且对碳、氮具有良好的固定作用,可减少 CO_2、N_2O、CH_4 等温室气体的排放。秸秆炭化还田固碳减排技术入选 2021 年农业农村部重大引领性技术。

一、生物质炭的结构特征

生物质经过热解炭化后可形成孔隙发达、芳香化程度高的富碳微孔炭材料,其理化性质与原材料性质及炭化工艺等密切相关。图 4.1 展示了杨木炭(左)和棉花秸秆炭(右)的扫描

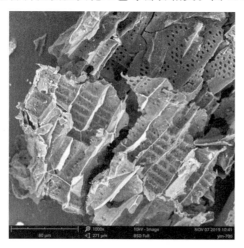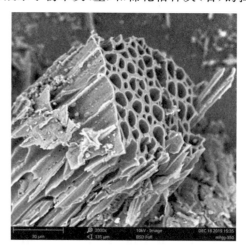

图 4.1　杨木炭(左)和棉花秸秆炭(右)的扫描电镜(SEM)图

电子显微镜图,可以看到不同生物质炭的孔隙结构和形貌差别明显。不同生物质的组织结构、纤维素、木质素含量等不同,制备的生物质炭结构差异显著,如 700 ℃制备的油菜秸秆炭比表面积可达 202 $m^2 \cdot g^{-1}$,而棉花秸秆炭的比表面积仅为 16 $m^2 \cdot g^{-1}$,相差 12.6 倍。炭化温度是影响生物质炭结构的重要因素,一般认为随着炭化温度升高,生物质炭的芳香碳结构增多、孔隙率增大。但当温度超过 800 ℃时,生物质炭表面的一些微孔结构可能会被破坏,碳架结构出现不稳定现象。

二、生物质炭的元素组成

生物质炭的元素组成一般包括 C、H、O,以及 N、S、P、K、Ca、Mg、Na、Si 等,其中 C 元素含量最高,其次为 H、O,矿质元素主要存在于灰分中。生物质炭中的 C 主要为芳香族碳,以稳定的芳香环不规则地叠层堆积存在。碳化合物主要包括脂肪酸、醇类、酚类、酯类化合物,以及类似黄腐酸和胡敏酸物质等的组分,且在新鲜生物质炭、低温热解生物质炭和禽畜粪便生物质炭中相对含量较高。生物质炭中的 N 素,主要以 C—N 杂环结构存在于生物质炭表面,有效氮素含量很低。生物质炭中的磷素相对较少,有效磷变幅较大,与炭化温度负相关,可能与炭化形成的高 pH 值及 Ca、Mg 等磷酸盐有关。不同生物质炭中的 K、Ca、Mg、Na 等元素含量不同,一般表现为畜禽粪便炭>草本植物炭>木本植物炭,K、Na 等低价金属离子有效性高于 Al、Ca、Mg 等高价金属离子。总体而言,生物质炭的元素组成及活性与原材料、炭化工艺条件、pH 值等有关。

三、生物质炭的理化性质

(1)pH 值

生物质炭一般呈碱性,主要与热解炭化过程中形成的碳酸盐、磷酸盐等无机矿物质和灰分含量有关,也受材质、热解炭化温度等条件的影响。例如,相同热解炭化条件下,pH 值的大小一般表现为禽畜粪便炭>草本植物炭>木本植物炭。在不同热解炭化温度条件下,一般表现为随温度升高生物质炭 pH 值增大,主要是因为羧基、酚羟基等酸性官能团在高温下的分解和有机酸的挥发。

(2)比表面积

生物质炭的比表面积一般为 1.5~700 $m^2 \cdot g^{-1}$。在一定温度范围,通常比表面积随热解温度的升高而增大。在较低温度条件下,生物质受热分解而产生的挥发分、焦油及其他产物会填充生物质炭的内部孔隙结构,使比表面积变小。随着温度的升高,这些物质会分解为挥发性气体逃逸,使生物质炭的孔隙缩小,开孔增多,从而产生更多的微孔结构,导致比面积增大。但是,生物质炭比表面积随温度的变化存在临界点,超过临界温度后,比表面积随温度升高而减小,可能与高温导致微孔结构破坏、微孔增大有关。

(3)表面官能团

生物质炭含有大量羧基、羰基、内酯基、羟基、酮基等官能团,多为含氧官能团或碱性官能团,使生物质炭具备良好的吸附、亲水或疏水、缓冲酸碱、离子交换等特性。生物质炭表面官能团的数量与炭化温度密切相关,随着炭化温度升高,生物质炭的 C—O 键、C—H 键、O—H 键等减少,羟基、羧基等含氧官能团数量下降,酸性基团减少,碱性基团增加,总官能团数量和密度下降。

（4）阳离子交换量

生物质炭的阳离子交换量（CEC）与生物质原料、热解温度有关。在炭化过程中，纤维素炭化分解不完全，会保留一些羟基、羧基、羰基等含氧官能团，从而增加阳离子交换量。而且，随着生物质炭的不断老化，其表面的一些官能团可通过氧化反应等产生更多含氧官能团，使 O/C 值增大，CEC 升高。一方面，在一定范围内，生物质炭的 CEC 随温度升高而降低，伴随着含氧官能团的破坏，生物质炭表面负电荷和 O/C 值减小；另一方面，温度升高导致生物质炭中 K、Ca、Mg 等碱金属含量的增加可能导致 CEC 提高。

（5）持水性

一般而言，随着温度升高，生物质炭的芳香化程度加深，疏水性增强，含氧、含氮等官能团数量减少，生物质炭的持水能力降低。例如，300 ℃制备的秸秆生物质炭持水量为 13×10^{-4} mL·m^{-2}，当制炭温度升高至 700 ℃时，其持水量下降至 4.1×10^{-4} mL·m^{-2}。

（6）稳定性

生物质炭具有高度羧酸酯化、芳香化结构和较高的 C 含量，可溶性极低，溶沸点极高，稳定性强，抗物理、化学及生物分解能力强，在土壤中可存在数百年甚至上千年，具有很强的碳封存能力。

第二节　生物质炭化工艺

炭的制备是人类在长期生产实践中摸索出来的一项古老的实用技术，历史悠久，应用广泛。最常见的制炭方法是将杂草、秸秆、枯枝、落叶等堆积起来，用薄层泥土覆盖，在封口处点火熏烟，或者以"窑"的形式将生物质加温，在缺氧环境条件下燃烧，使其裂解而形成生物质炭（俗称"焖炭"）。然而，古老的炭化窑占地面积大，炭化工艺简陋，生产周期长，炭化过程污染严重，已经无法满足当前生态环境保护的要求和生物质炭质量的控制需求。目前，低碳环保、可连续化生产的现代化生物质炭化技术研发及应用已日趋成熟。

一、生物质炭化工艺类型

生物质炭化工艺主要包括热解炭化、气化炭化、烘焙炭化和水热炭化等类型。其中，热解炭化是将生物质在 300～900 ℃（一般＜700 ℃）、没有氧气或有限供氧的条件下，将生物质进行高温分解，这种技术产生的气、液、固三相产物的产量相对均衡。气化炭化是在高温（＞700 ℃）和受控量的氧化剂（氧气、空气、蒸汽或这些气体的混合物）供应条件下，发生气化反应生产气态混合物的过程，液态和固态产物较少。与热解法相比，气化法得到的生物质炭的芳香化程度更高。生物质烘焙（也称为温和热解）是在低温（200～300 ℃）、缺氧（或无氧）和较低加热速率（小于 50 ℃·min^{-1}）的条件下对生物质进行热化学处理。水热炭化是将生物质悬浮在相对较低温度（150～350 ℃）的高压水中数小时，制备得到炭、水、浆混合物，水热法得到的生物质炭以烷烃结构为主，稳定性较低。生物质炭技术具有多方面、多维度的生态、社会、经济效益。然而，综合评价各类生物质炭生产工艺的优劣因缺乏数据而十分困难。相对而言，热解炭化技术具备生产效率高、产量大、碳封存能力强等优势而备受关注。

生物质热解炭化工艺和装置种类繁多,分类方式也较为多样。按照热源提供方式可分为外热式、内热式和自燃式,按照操作方式的连续性可以分为间歇式和连续式,按照传热速率可分为慢速热解、常速热解和快速热解等。其中,慢速热解是传统的经典工艺,升温速率低且固相停留时间为数小时至数天,主要用于生产生物质炭。常速热解固相停留时间一般为 5~60 min,气、液、固三相产物产量相对均衡;快速热解升温迅速,能在极短的时间内将小颗粒(1~2 mm)生物质原料迅速升温至 400~700 ℃,对原料的含水率要求较高(一般要求含水率小于 10 wt%),目标产物为生物质油。"快"和"慢"是相对的,没有明确的界线,有时较难区分。当前,常速热解炭化装置在生产实践中应用较为广泛,并在一定程度上实现了生物质气、生物质油和生物质炭的多联产。

二、生物质炭化工艺原理

热解炭化和水热炭化是最为典型的生物质炭化工艺,因炭化介质不同,其炭化原理也存在显著差异。生物质热解炭化通常经干燥、预炭化、炭化和煅烧四个阶段。第一阶段是干燥阶段。干燥阶段的温度为 120~150 ℃,在炭化设备中生物质吸收外部供给的热量后,生物质内的水分首先被蒸发去除,由湿物料变为干物料,内部的纤维素、木质素和半纤维素等其他化学组分几乎不变。第二阶段是预炭化阶段。预炭化阶段的温度为 150~300 ℃,生物质中的不稳定物质开始热解反应,大分子化学键发生断裂和重排,部分有机质开始挥发,生物质内部热解反应开始进行,如半纤维素会开始热解为 CO、CO_2、CH_3COOH 及 H_2O 等物质,形成短链脂肪烃和杂环烃。第三阶段是炭化阶段。炭化阶段的温度为 300~450 ℃,生物质会进一步热解,产生大量的挥发分,还会产生焦油、木醋液、CH_4、H_2、CO 等产物。第四阶段是煅烧阶段。煅烧阶段的温度为 450~700 ℃,高温条件下生物质中的不稳定物质进一步热解,木质素热解后缩合成杂环、芳香环的炭结构,生物质炭中固定碳含量进一步得到提高,孔隙率和比表面积增大,最终获得主要由碳和灰分组成的生物质炭。

生物质水热炭化是指以水作为溶剂,将生物质原料和水按一定比例混合后,放置在密闭的反应器中,通过外部热源对反应容器加热,将水热炭化温度控制在 100~350 ℃,同时升高反应炉内的压力,使反应器内部的生物质原料进行水热炭化反应。生物质水热炭化一般会经过水解、脱水、脱羧、缩聚和芳构化等步骤。水热条件下,能够加速生物质原料和溶剂水的物理化学作用,促进生物质原料的水解反应,同时促进离子和酸的反应,最终形成含碳量高且具有多孔结构的生物质炭。

三、生物质炭化工艺流程

生物质炭化工艺流程一般包括原料预处理、炭化和产品分装等。以生物质热解炭化工艺流程为例(如图 4.2),流程一般为"生物质原料—预处理—热解炭化—冷却包装"。为提高生物质炭生产设备的日处理能力,可先用压缩成型机将松散碎细的农林废弃物压缩成具有一定密度和形状的生物质颗粒,再用炭化炉将生物质颗粒炭化成生物质炭,这种工艺具有较好的实用价值。

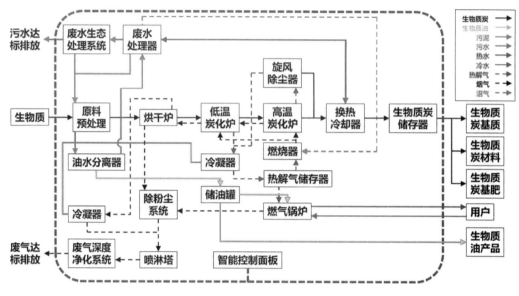

图 4.2 生物质热解炭化工艺流程示意图

第三节 废弃生物质炭化设备

近年来,国内科研院所和企业开始重视生物质炭化装备的开发,在传统生物质炭化工艺的基础上,广泛开展了生物质炭化技术装备与工艺的研究,以提高生物质炭产率和品质,有效分离和利用副产物,降低能耗,减少环境污染。目前,我国生物质炭化设备研发及应用已处于国际先进水平。

一、实验室常用炭化设备

实验室用于热解炭化制备生物质炭的设备主要有管式炉和马弗炉(图 4.3)。管式炉和马弗炉均配有可编程精密温度器,可根据需要来设定升温速率、热解温度和热解时长,控温精度能够达到±1 ℃。管式炉通过电热丝给炉膛加热,炉膛内为装有生物质原料的石英管,能够在生物质炭化的过程中实现精准控温,控制炭化气氛,分离收集到生物质炭、木醋液、焦油和热解气。马弗炉一般为箱体式构造,炉膛材料一般采用高纯氧化铝晶体纤

图 4.3 管式炉(左)、马弗炉(中)和水热反应釜(右)

维,部分可控制炭化气氛,相对管式炉,焦油和热解气较难收集,但容量大,单次制备的生物质炭量多。

实验室常用的水热炭化设备一般为具有聚四氟乙烯内衬的不锈钢反应釜(图4.3)。水热炭化法制备生物质炭不受生物质原料含水率的限制,能够处理含水率高的废弃生物质。炭化时不需要经过干燥阶段,碳元素固定效率高;水热炭化能够保留生物质中的氧、氮元素,制备得到的生物质炭表面含有丰富的氧、氮官能团。通常,含水率较高的畜禽粪便、污泥、易腐垃圾等生物质原料适用水热炭化法制备生物质炭。

二、工业化应用炭化设备

目前,工业化应用最广泛、最成熟的炭化设备是以回转窑为核心部件的。国内多个科研院所及企业已经开发出多套热解炭化设备,从中试设备到大规模的生产设备均已投产,并从追求产量转向追求质量的工艺开发策略,更加注重能量多级利用及清洁生产。

中国科学院城市环境研究所自主研发、拥有独立知识产权的城市污水处理剩余污泥的炭化设备,通过蒸汽破壁处理污泥并结合深度机械脱水,可一次性将污泥的含水率由85%降低到35%左右,脱水污泥经过热解处理制备含有N、P、K营养元素的多孔污泥炭,可用作土壤改良剂和生物质炭基肥料,也可作为P吸附剂回用于污水处理过程,既能提高污水厂的最终出水水质,又能使污泥在污水厂内循环利用,减少污泥的外排量。同时,完成了污泥水热脱水和热解炭化制备污泥炭的工艺条件优化,包括对重金属的稳定固化条件优化,对污泥生物质炭进行安全使用评价等工作。图4.4为中国科学院城市环境研究所研发的回转式热解炭化炉的中试设备。该设备采用螺旋输送器进料,以生物质颗粒和热解气为燃料对热解炉加热,能够实现连续进料和炭化。

图4.4　回转式炭化炉中试设备

　　浙江某公司研发了具有知识产权的回转式热解炭化炉,能够对生物质原料进行干燥和炭化,可用于易腐垃圾、农林废弃物和污泥的连续热解炭化。该公司在金华市金东区建立了易腐垃圾协同农林废弃物热解炭化处理中心,设计建造了一套易腐垃圾日处理能力为 20 t 的回转式热解炭化炉(图 4.5),每天可用易腐垃圾生产 3 t 生物质炭,实现易腐垃圾变废为宝。回转窑热解炭化炉选用余热低温干化和热解炭化工艺,主要包括预处理系统、深度干化系统、热解炭化系统、尾气处理系统、污水处理系统、除臭系统和控制系统。预处理系统包括易腐垃圾料仓、输送装置、二次分拣平台、破碎机和机械脱水设施。其中二次分拣平台主要用于分离易腐垃圾中可能混入的其他垃圾;破碎机用于将大块、硬度高的易腐垃圾破碎,使其均质化;机械脱水设施主要用于降低易腐垃圾的含水率。深度干化系统主要是利用烘干机对易腐垃圾进行脱水,烘干机的热源由炭化炉的高温烟气提供。热解炭化系统主要包括混合输送装置、回转式热解炭化炉、热解气燃烧炉、余热锅炉。其中混合输送装置的主要功能是将含水率高的易腐垃圾和含水率低的农林废弃生物质混合,进一步提高进料的热值和产气能力。回转式热解炭化炉以柴油作为初始补给燃料加热后,生物质热解产生的热解气燃烧,再用燃烧产生的热量加热。热解气燃烧炉主要是将热解气引燃,为炭化炉提供热量,余热锅炉是将热解气燃烧后产生的高温烟气中的热量回收利用的装置。尾气处理系统主要包括脱硫、脱硝和除尘装置。浙江省金华市金东区易腐垃圾协同农林废弃物热解炭化处理中心的回转式热解炭化系统于 2018 年 10 月建成投产,系统总装机容量为 240 kW。从易腐垃圾进入预处理系统,到生物质炭排出炭化炉并装包,整个工艺处理时间不超过 3 h,实现了易腐垃圾的规模化、无害化、资源化处理。该公司利用回转窑热解炭化炉,解决了金华市金东区多湖街道的易腐垃圾终端处置难题。生产的生物质炭由浙江科技大学科研团队、南京农业大学农业资源与生态环境研究所、金华生物质产业科技研究院进行大田应用试验,取得了较好的效果。回转窑热解炭化炉处理易腐垃圾技术被绿色技术银行管理中心评定为 2020 年度绿色技术应用十佳案例。

(b)

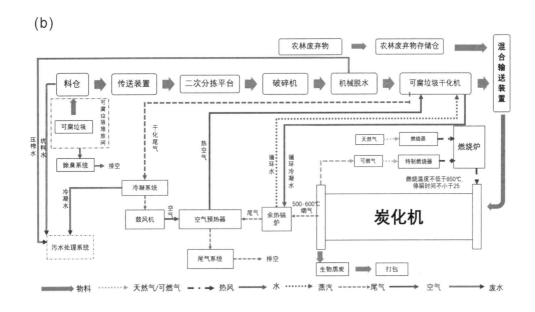

图 4.5　浙江某公司工业化应用炭化设备
(a)某公司回转式热解炭化炉
(b)易腐垃圾协同农林废弃物热解炭化系统流程

　　浙江某公司开发的回转式热解炭化系统可用于畜禽粪便、易腐垃圾、农林废弃物炭化。该公司的回转式热解炭化系统主要包括进料系统、烘干系统、炭化系统、冷却系统、尾气处理系统和控制系统。进料系统采用螺旋输送和皮带输送相结合的方式。烘干系统通过引风机将热解气燃烧产生的高温烟气引入旋转烘干机内,物料与烟气为逆流流动,高温烟气可将物料中的水分带走。炭化系统用天然气对热解炉膛进行加热,使生物质热解,产生热解气体,热解气体经引风机引入燃烧室燃烧,产生的高温烟气通入加热炉内给热解炉加热。当热解气体量足够大时,可关闭天然气,直接利用热解气体对热解炉进行加热。冷却系统的一部分通过换热器将加热炉和烘干炉排出的尾气中的水分冷凝收集后,做进一步污水处理;另一部分利用水冷系统将生物质炭的出口温度降到室温。尾气处理系统主要由脱硫、脱硝和布袋除尘装置构成,以除去尾气中的有害成分。浙江科技大学科研团队与该公司合作,优化农作物秸秆和猪粪炭化工艺,制备不同类型的生物质炭,用于改良土壤或制备炭基肥料。

　　江苏某公司引进日本技术,开发出集成度高的回转式热解炭化炉,用于污泥干化和炭化,可将污泥含水率快速降低,污泥体积减小 80% 以上,实现污泥减量化、无害化、稳定化和资源化。图 4.6 为该公司回转式热解炭化系统流程图,主要由干化部分、炭化部分和尾气处理部分组成。干化部分包括污泥存储仓、螺旋输送器、干燥机、燃烧机。将污泥泥饼破碎成 1~5 mm 的颗粒,将炭化炉燃烧排出的高温烟气抽送给干燥机,供其干燥污泥,高速热风直接将污泥颗粒烘干。炭化部分由定量喂料机、回转圆筒炭化炉、燃烧炉、燃烧鼓风机、水冷式热交换器、旋风除尘器、烟囱等构成。炭化炉是一个卧式旋转体,采用间接供热的方式,其侧部的热风炉燃烧产生高温,对可旋转的炉体进行加热,炉体内为无氧环境,污泥在 400~

600 ℃热解,产生大量的 H₂、CO、CH₄、油气等热解气体,热解气体经引风机引入燃烧室进行二次燃烧,以提供炭化所需热量。物料经炉体的搬送从炉体末端输出,输出端带有产品冷却和收集系统,将产品冷却后装袋。炭化炉以热解气体燃烧产生的热量作为热源进行连续炭化,只需在刚启动时以柴油作为额外的燃料,炭化炉内热解反应产生热解气体后,就可以停止燃料的供应,运行中便以热解气体作为燃料,不需额外燃料。该炭化炉易于控制加热温度,能避免原料在筒体内燃烧,可制备高品质的生物质炭。同时,通过调节从低温炭化到高温炭化的温度,可以得到含碳量不同的炭化产品。由于在炭化的过程中没有生物质原料燃烧过程,所以不会产生二噁英类有害物质,排烟量也大幅下降。炭化的高温尾气可供原料干化系统利用,降低干化的能耗。尾气处理方面,当燃烧炉中温度达到 800 ℃以上时,热解气体可完全燃烧提供热量,干化炉排气通过水冷式热交换器降温后,经旋风除尘器除尘和布袋除尘器除尘,再经碱洗塔去除尾气中的酸性气体,经氧化塔和活性炭除臭装置净化,最后通过烟囱排入大气。

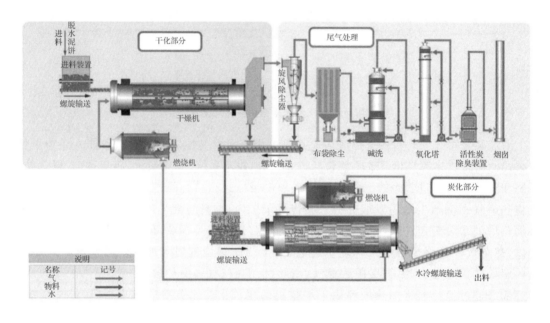

图 4.6 江苏某公司回转式热解炭化系统流程

南京某公司研发出一款秸秆生物质综合循环利用装置,公司的核心技术是内循环封闭式限氧生物质回转式热解炭化设备(图 4.7)。该设备为卧式炉炭化设备,炉内温度、氧气浓度由仪器监测和控制,能够连续进料和出炭,自动化程度高,生产的生物质炭和木醋液质量高。一条生产线日处理各类秸秆 30 t,年处理各类秸秆量5 万 t。秸秆由纤维素、半纤维素和木质素 3 种主要成分组成。当加热秸秆时,水分在 105 ℃首先被驱出,随着温度的升高,生物质中的 3 种主要组成物以不同的速度进行热解,每吨秸秆可生产生物质炭 350～400 kg、木醋液约 300 kg、可燃气 300～400 m³。

图 4.7　内循环封闭式限氧生物质回转式热解炭化设备

　　生物质热解炭化系统由进料装置、热解炭化炉、出料装置、燃气撬、风机撬、燃烧室、分离系统等组成。设备主要以小麦、水稻、玉米、稻壳等为原料,将原料制成直径 6~8 mm、长度 30~50 mm棒状生物质颗粒,将生物质颗粒进行无氧高温炭化,产物经过气固分离、气液分离等一系列过程得到高品质生物质炭,同时得到副产品热解气、木醋液、焦油。秸秆颗粒由铲车从秸秆颗粒仓库转运至炭化车间上料区的料仓中。秸秆颗粒料仓中的原料由螺旋提升机变频控制出料量,将料仓中的秸秆颗粒运送至上料螺旋机的料斗。进入上料螺旋机的料斗时增加除铁器,防止秸秆颗粒中铁丝、螺栓、螺帽、轴承珠等杂物进入炭化炉而损毁设备。除去杂质的秸秆颗粒以约 2 t·h^{-1} 的速度进入回转炭化炉,进入炭化炉的秸秆颗粒在无氧低温的条件下进行热解,炭化炉炉腔燃烧区温度控制在 650~780 ℃,炭化炉炉管转速保持在1~1.5 r·min^{-1},确保秸秆颗粒的炭化时间在 1~2 h。如果在生产过程中有空气进入炭化炉炉管,会引起热解气热值降低,生物质炭在炭化炉炉管内燃烧,使设备局部超高温,产生安全隐患。已炭化的物料从炉管尾部出来进入沉降室,主要进行气固分离。生物质炭从沉降室底部经过一级水冷夹套螺旋、水冷夹棍、二级水冷夹套螺旋将高温生物质炭颗粒粉碎降温,最后一级出料螺旋机出口将木醋液喷洒到生物质炭上,提升生物质炭的品质和降低生物质炭的温度。喷洒在生物质炭上的木醋液含量一般小于30%。沉降室顶部的高温气体在风机抽负压的拉动下进入洗涤塔,以逆流形式让高温气体和洗涤水进行热交换,将气态的木醋液降温冷凝成液态,洗掉炭粉颗粒。降温后的秸秆气经秸秆气风机到达秸秆气缓冲罐,一部分秸秆气作为炭化炉燃料使用,另一部分可作为复合肥热风炉或蒸汽锅炉的燃料使用。洗涤下来物料根据密度不同分为木醋液、轻油和重油。轻油和重油分别通过出料泵将其输送到罐区储存;木醋液进行循环使用,喷洒到生物质炭上,多余的木醋液排出至木醋液罐储存。

三、炭化设备的发展方向

在国家"双碳"目标等驱动下,生物质炭化设备正向着更节能、更环保、更高效的方向发展。首先,回转窑生物质炭化设备以其生产连续性好、生产效率高、炭化工艺参数控制方便和产品质量稳定等优点,成为生物质炭化技术装备开发的重点。遵循能源梯级利用的开发思路,以生物质干馏为技术手段,实现炭气油多联产也是生物质热化学转化重要方向之一。生物质炭化与多联产技术装备还需重点突破物料平稳有序输送技术、耐高温密封与传动技术、安全预警与防爆技术和组合式焦油脱除技术等,为连续式生物质炭化设备和炭气油多联产系统的开发提供技术支撑。目前生物质炭的市场售价在 $1500 \sim 5000$ 元·t^{-1},价格偏高,限制了其大规模的推广应用,生物质炭化设备投资成本大、生产成本高是导致生物质炭售价偏高的主要原因之一。因此,还需提高生物质炭化设备能源利用率,降低设备造价。最后,目前缺乏针对家庭、社区、街道等废弃生物质就地处理处置的热解炭化系统,炭化余热及生物质能利用环节也缺乏,研发能够从源头将废弃生物质资源化、无害化、智能化处理的高效节能炭化设备,可推进废弃生物质资源化利用,节省收集储运环节成本。

第四节　工业化热解炭化过程的清洁生产

废弃生物质炭化处理的设备类型多样,目前能够工业化的生物质炭化处理设备主要是回转式热解炭化设备。该设备能够实现生物质炭的连续炭化处理,单台设备的生物质炭日产量已能达到 $10\ t$ 左右。回转式热解炭化设备的设计与运行所涉及的清洁生产系统包括进料系统、烘干系统、炭化系统、热解气回用系统、污水处理系统、尾气处理系统和冷却系统等。

一、进料及烘干系统的清洁生产

进料系统的设计和运行主要涉及破碎、脱水、输送等工艺。合适的破碎机,可使废弃生物质物料颗粒均匀化,便于后续脱水、干化、炭化。应根据所需要处理的废弃生物质原料的密度、硬度、形状、大小、含水率等特性,选择合适的破碎机。废弃生物质脱水可采用机械挤压方法,将含水率高的废弃生物质中的水分分离,降低后续干化成本。螺旋挤压脱水机是常用的机械挤压脱水设备。根据物料特性和运输功能,物料的输送一般选用螺旋输送机或皮带输送机。螺旋输送机俗称绞龙,是由螺旋叶片将物料推移来输送物料,可对物料进行水平输送和倾斜输送。皮带输送机是由机架、输送皮带、皮带辊筒、张紧装置、传动装置组成,可根据所需输送的物料进行结构设计和选型。一般来说,对于秸秆、木料等含水率低的废弃生物质,进料系统仅涉及破碎和输送系统;对于易腐垃圾、污泥和畜禽粪便等含水率高的废弃生物质,进料系统除要考虑破碎和输送装置外,还要选择合适的脱水装置。烘干炉和炭化炉的进料部位,通常都会选用螺旋进料器,因为螺旋进料器除了具有运送物料的功能外,还有隔绝空气的作用。

烘干系统的设计与运行的目的是充分利用热解炭化过程中的余热进行物料干燥。烘干系统主要由回转式干化机和空气加热、冷凝交换机组成，一般无需考虑引入外界能源进行加热，而是用热解炭化的余热对经过进料系统处理的废弃生物质进行烘干。干化机的设计和运行要充分利用炭化余热，将炭化余热产生的蒸汽通过热交换器将常温风转换成热风，并对生物质进行烘干。经烘干工序的热风由于吸收了垃圾中的水分，而成为湿度较大的低温尾气，要对其进行处理。尾气就进入冷凝器进行冷凝水回收，湿度较高的低温尾气转换成湿度较低的尾气，并再次进入热交换器，之后可以排入尾气处理系统，或者使之再成为低湿度的热风，并循环至干化机，再次循环利用，最终完成生物质的干化。冷凝过程产生的冷凝水进入污水处理站进行无害化处理。

二、炭化及热解气回用系统的清洁生产

回转式热解炭化设备的炭化工艺采用的是外热型干馏炭化，物料与高温烟气不直接接触。热解是在无氧的条件下进行的，热解过程产生的热解气可引入燃烧炉高温燃烧，在产生高温烟气的同时，去除热解气中的有害物质；高温烟气进入炭化机提供热能，对废弃生物质炭化，经热能释放的高温烟气排出炭化炉后，将其引入余热锅炉和烘干系统。炭化系统的设计和运行还应考虑炭化炉体倾斜角度，热解炉膛内部的隔板布置方式，热解炉膛结垢、加热炉积灰、燃烧炉结垢的处理处置办法，如在热解炉膛内设计振锤周期性敲打热解炉膛内壁，清理炉膛内壁结垢。在炭化系统的运行过程中，要通过控制热解气燃烧过程调节炭化温度，密切关注热解炉膛密闭性是否良好。

热解气回用系统的设计与运行主要涉及引风机的选型布置、热解气的分离提纯和热解气燃烧室的设计。选择合适功率的引风机，根据热解气回用需求，布置引风机的位置，如在炭化炉出口布置引风机，将热解气抽出炭化炉。生物质炭化过程中产生的热解气，除含有 CH_4、CO、H_2 等可燃气体外，还含有大量的水分、焦油、灰分和 CO_2 等，可根据实际工艺需求，设计相应的热解气分离提纯工艺，如选用旋风分离器除去热解气中的灰分，设计喷淋塔和吸收塔除去水分、焦油和 CO_2。热解气燃烧室可设置成单独的燃烧室，或者将热解气通入加热炉膛进行燃烧，相对而言，设置单独的热解气燃烧室，将热解气在燃烧室燃烧后产生的高温烟气通入炭化炉进行加热，能够更加准确地控制炭化温度。

三、污水、尾气处理及冷却系统的清洁生产

对于含水率高的废弃生物质经过机械挤压产生的污水，以及烘干炉尾气中的冷凝水，要设计相应的污水处理系统。产生的污水经隔油调节池收集后，中下层废水通过 pH 值调节、混凝、过滤去除悬浮物，滤液打入厌氧生物反应器，利用微生物将其中大部分有机物降解为 CH_4 和低分子量物质，从而降低污染负荷。出水进入厌氧好氧生化系统，通过微生物载体挂膜进一步吸附、吸收并矿化有机污染物，同时利用硝化液回流使氨氮进行硝化、反硝化反应，去除污水中的氨氮，最终确保废水稳定达标排放。系统产生的污泥压滤后，可作为生物质原料进行热解炭化。厌氧生物反应器产生的 CH_4 等可燃气体，可作为燃料补给炭化加热系统。

尾气系统的设计与运行主要涉及干化炉和炭化炉尾气。干化炉尾气可采用余热式循环除湿干化模式，干化气体不外溢，循环使用；炭化炉尾气可采用优化燃烧工艺，从源头减少污

染物的产生,限制二噁英产生的条件。除从源头控制减少尾气污染外,还需要采用末端尾气处理措施,对干化炉和炭化炉尾气进行进一步处理,如设计旋风除尘器或布袋除尘器去除尾气中的烟尘,设计碱液吸收塔去除尾气中的酸性组分。虽然经热解炭化的生物质炭和经高温焚烧的尾气均不含臭气因子,但为确保生物质卸料车间、炭化车间气体不外溢,应采用引风机抽风,使该区域内形成负压,并经管道送至喷淋塔,利用喷淋方式进行吸收、除臭,以达到清洁生产目的。

生物质炭冷却系统的设计与运行关系到生物质炭的品质和厂区的防火安全。生物质炭从热解炭化炉输出时处于高温状态,需要设计冷却系统进行冷却。一般采用水冷系统,水冷系统包括冷却输送器、冷却塔等部件。当生物质炭产量大、出炭口温度高时,可在出炭口向生物质炭喷水冷却降温。

四、炭化设备清洁生产的保障

生物质炭化设备的清洁生产主要从四个方面考量:大气污染防治措施、水污染防治措施、噪声污染防治措施和固体废物防治措施。生物质炭化设备的废气主要为破碎筛分废气、烘干炉废气和炭化炉烟气。破碎筛分废气通过设备密闭、车间密闭等措施减少无组织排放,烘干炉废气和炭化炉烟气通过布袋除尘器或旋风除尘器等处理后达标排放。生物质炭化设备产生的污水主要为高含水率生物质的滤液、冷凝水等,根据需要设置絮凝池、厌氧好氧生化系统进行处理。生物质炭化设备的噪声源主要为破碎机、泵类和风机等设备运行时产生的噪声,可通过选用低噪声设备,采取基础减震、厂房隔声、风机加装消声器等措施来控制噪声。生物质炭化设备的固体废物主要包括除尘器灰尘、废包装等,可收集后送环卫部门处理。

生物质炭的生产应用具有重要的经济、社会和环境效益,但在生物质炭产业化发展初期,公众认知和市场培育均需要一个过程,因此,从生物质炭生产到生物炭应用的各个环节,目前政府应制定完善的产业支持政策和法规,并给予必要的资金支持。产业化发展是一个系统工程,生物质炭产业的支撑保障体系建设方面仍存在多方面不足,下一步需重点加强产业标准体系、技术评价体系、产业政策及产业发展模式等方面的研究。另外,生物质炭的工艺安全和生产场地的环境影响评价均是炭化设备清洁生产的重要保障。

生物质炭化过程中会产生 CH_4、CO、H_2 等可燃性气体,且炭化过程是高温工艺,操作稍有不慎便会引发众多安全问题。因此,生物质炭化设备的安全标准化管理是企业管理的重中之重,要将安全维护工作进行量化、细化,执行统一的评定标准。要对企业整体实施安全管理,增强操作员工的安全教育,设置安全管理人员,落实安全责任,达到安全生产的目的。鉴于生物质热解过程中产生的热解气是可燃气体,生物质炭生产车间应当拥有完备的通风设施和足够的生产空间;炭化过程中炭化设备的高温部件应当做好隔热和防护措施,贴上安全警示牌;生产工人应当统一佩戴防护口罩,避免吸入粉尘等有害物质,影响身体健康。

生物质炭生产厂和生产过程的环境影响评价应当包括大气环境影响的水环境影响、声环境影响、固体废物影响等方面。大气环境影响的预测与评价应当遵从《环境影响评价技术导则 大气环境》(HJ 2.2—2018)的相关规定,从气象特征、环境空气质量进行评价。气象特征包括气温和地面风的风向、风速,环境空气质量的影响评价包括因子、范围和内容,以及有组织排放源和无组织排放源参数调查清单。水环境影响应当分析炭化设备产生废水类型及废水处理处置方法。声环境影响主要针对破碎机、泵类和风机等设备运行时产生的噪声进行监测分析,考察其是否满足《工业企业厂界环境噪声排放标准》(GB 12348—2008)中的相关规定。固体废物影响主要是针对包括尘灰、废包装、生活垃圾等进行分析评价。

二维码 4.1
《环境影响评价技术导则
大气环境》(HJ2.2—2018)

二维码 4.2
《工业企业厂界环境噪声排放
标准》(GB 12348—2008)

❖ 生态之窗

生物质热解多联产技术助力绿色低碳发展

生物质热解多联产是指将生物质转化成生物质可燃气、生物质炭以及生物质提取液三相产品多联产的过程。将低品质的生物质气化为高品质的燃气,既可直接作为锅炉燃料供热,又可经净化后进入内燃机或燃气轮机燃烧发电。通过生物质热解气化固定碳部分保留生成碳化物,从而降低大气中碳的排放。

传统生物质气化工艺存在资源化不足、产物单一、附加值低以及工艺过程污染大、能耗高、效率低等瓶颈问题。生物质热解多联产技术突破了传统气化技术的瓶颈,为生物质资源化利用探索出了一条绿色低碳、经济适用、可持续产业发展的良好途径,是实现双碳目标的有效措施之一。随着生物质热解气化技术和产品的不断发展,生物质热解气化技术已经由单一的燃气产品向多元产品方向转变,实现了生物质炭和燃气联产,提高了项目的经济效益,增强了技术在市场中的竞争力,对技术的应用和发展至关重要。

❖ 复习思考题

(1)什么是生物质炭?

(2)生物质炭的基本特性包括哪些方面?

(3)请简述热解炭化工艺原理,并以厨余垃圾为处理对象,设计一套厨余垃圾炭化生产工艺。

(4)生物质热解炭化产物包括生物质气、生物质油和生物质炭,请思考如何高值化利用热解炭化产物,提高生物质炭化工艺价值。

(5)简述生物质炭清洁生产过程。

(6)分析影响生物质炭品质的关键工艺参数,思考如何降低生物质炭生产成本。

第五章 废弃生物质炭化物
利用与环境修复

第一节 生物质炭的质量评价与产品分级

一、生物质炭的质量评价指标

理化特性是生物质炭应用的基础,质量评价则是生物质炭应用的关键。由于生物质炭制备原料来源广泛,生产技术及工艺多样,不同企业生产的生物质炭规格、理化特性差异极大,不同应用途径对其质量有不同的要求。当前,生物质炭主要用于返还农田提升耕地质量、修复污染土壤、实现碳封存等方面。评价生物质炭质量的主要指标有营养指标和有害污染物控制指标,包括有机碳含量、pH 值、比表面积、营养元素(N、P、K、Ca、Mg)、微量矿质元素(Cu、Zn、Mo、Ni)、有害重金属(Cr、Pb、As、Cd、Hg)、多环芳烃(PAHs)、多氯联苯(PCBs)、苯并[a]芘、二噁英等。

依据国际生物质炭协会(International Biochar Initiative,IBI)制定的《Standardized Product Definition and Product Testing Guidelines for Biochar That Is Used in Soil》和欧洲生物质炭认证基金(European Biochar Certificate,EBC)制定的《Guidelines European Biochar Certificate for a sustainable production of biochar》,结合中国农业农村部行业标准《有机肥料》(NY/T 525—2021)和《生物炭基肥料》(NY/T 3041—2016)标准,当前生物炭质量评价常用指标体系、数值要求及测定方法如表 5.1 所示。此外,生物质炭也可以直接作为能源燃料使用。参考《商品煤质量 褐煤》(GB/T 31862—2015),《商品煤质量 民用型煤》(GB 34170—2017)和《Solid Biofuels-Fuel Specifications and Classes-Part 6:Graded non-woody pellets》(ISO 17225—6:2021)中的非木质颗粒燃料和块状燃料分级标准要求,当前生物质燃料质量评价常用的指标体系、数值要求及测定方法如表 5.2 所示。生物质炭燃料质量评价指标主要包括全水分、机械耐久性、细颗粒物、灰分、低位发热量、灰熔融点、N、S、Cl 元素,以及重金属(Cr、Pb、As、Cd、Hg)等 19 项指标。

二维码 5.1　Standardized Product Definition and Product Testing Guidelines for Biochar That Is Used in Soil

二维码 5.2　Guidelines European Biochar Certificate for a sustainable production of biochar

二维码 5.3　《生物炭基肥料》（NY/T 3041—2016）

二维码 5.4　Solid Biofuels-fuel Specifications and Classes-Part 6：Graded non-woody pellets（ISO 17225—6：2014）

表 5.1　生物质炭常用指标及检测方法

指标	范围要求（依据）	检测标准
总碳（％）		GB/T 28731
固定碳（％）		GB/T 28731
H/有机碳	＜0.7（EBC、IBI）	DIN 51732
O/有机碳	＜0.4（EBC）	DIN 51733 ISO 17247
N、P、K、Ca、Mg/(g・kg^{-1})		ISO 17294—2
pH 值	＜10（EBC）	DIN 10 390
	5.5～8.5（NY 525—2012）	GB 18877—2009
	6.0～8.5（NY/T 3041—2016）	
比表面积/(m^2・g^{-1})	＞150（EBC）	ISO 9277
Cu/(mg・kg^{-1})	＜100（EBC）	
Zn/(mg・kg^{-1})	＜400（EBC）	
Ni/(mg・kg^{-1})	＜50（EBC）	
Cr/(mg・kg^{-1})	＜90（EBC）	ISO 17294—2
	≤150（NY 525—2012）	
	≤50（NY/T 3041—2016）	
Pb/(mg・kg^{-1})	＜150（EBC）	
	≤50（NY 525—2012）	
	≤15（NY/T 3041—2016）	

续表

指标	范围要求（依据）	检测标准
As/(mg·kg⁻¹)	＜13（EBC）	GB/T 23349—2020
	≤15（NY 525—2012）	
	≤5（NY/T 3041—2016）	
Cd/(mg·kg⁻¹)	＜1.5（EBC）	
	≤3（NY 525—2012）	
	≤1（NY/T 3041—2016）	
Hg/(mg·kg⁻¹)	＜1（EBC）	DIN EN1483
	≤2（NY525—2012）	GB/T 23349—2020
	≤0.5（NY/T 3041—2016）	
PAHs/(mg·kg⁻¹)	＜12（EBC）	GB/T 32952—2016
PCBs/(mg·kg⁻¹)	＜0.2（EBC）	GB/T 28643—2012
PCDD/Fs/(ng·kg⁻¹)	＜20（EBC）	

注：IBI 是指国际生物质炭协会，EBC 是指欧洲生物质炭认证基金，DIN 是指德国工业标准。

表 5.2 生物质炭燃料质量评价指标体系及检测方法

指标	范围要求（依据）	检测标准
全水分/%	≤15(ISO 17225)	ISO 18134—1
机械耐久性/%	≥96(ISO 17225)	ISO 17831—1
细颗粒物/%	≤5(ISO 17225)	ISO 18846
	≤30(GB/T 31862)	
	≤15(GB/T 34170)	
低位发热量 (Q_{net})/(MJ·kg⁻¹)	≥14.5(ISO 17225)	ISO 18125
	≥12.5(GB/T 31862)	
	≥21.0(GB/T 34170)	
灰分/%	≤10(ISO 17225)	ISO 18122
	≤30(GB/T 31862)	
N/%	≤2(ISO 17225)	ISO 16948
S/%	≤0.3(ISO 17225)	ISO 16994
	≤1.5(GB/T 31862)	
	≤1.0(GB/T 34170)	
Cl/%	≤0.3(ISO 17225)	
	≤0.15(GB/T 31862、GB/T 34170)	

指标	范围要求(依据)	检测标准
Cu/(mg·kg⁻¹)	≤20(ISO 17225)	
Zn/(mg·kg⁻¹)	≤100(ISO 17225)	
Ni/(mg·kg⁻¹)	≤10(ISO 17225)	
Cr/(mg·kg⁻¹)	≤50(ISO 17225)	
Pb/(mg·kg⁻¹)	≤10(ISO 17225)	
As/(mg·kg⁻¹)	≤1(ISO 17225)	ISO 16968
	≤40(GB/T 31862)	
	≤20(GB/T 34170)	
Cd/(mg·kg⁻¹)	≤0.5(ISO 17225)	
Hg/(mg·kg⁻¹)	≤0.1(ISO 17225)	
	≤0.6(GB/T 31862)	
	≤0.25(GB/T 34170)	
P/%	≤0.1(GB/T 31862、GB/T 34170)	GB/T 216—2013
F/%	≤200(GB/T 34170)	GB/T 4633—2014
灰熔融点/℃	需给出具体数值	CEN/TS 15370—1

二、生物质炭的产品分级与标准

目前,国际生物质炭协会 IBI 和欧洲生物质炭认证基金 EBC 制定了生物质炭产品认证规范,主要指导应用于土壤的生物质炭的产品分级。IBI 规定有机碳应高于 10%,根据有机碳含量不同,分为 3 个等级,分别为 ≥60%、30%~60%、10%~30%。EBC 中规定总 C 质量分数应高于 50%,低于 50% 的热解产物归为生物质炭矿物质。我国的生物质炭产品分级标准和生物质炭基有机肥分级标准分布如表 5.3 和表 5.4 所示。

表 5.3　生物质炭分级标准

项目	指标		
	Ⅰ级	Ⅱ级	Ⅲ级
总碳(C)/%	≥60	≥30	
固定碳(FC)/%	≥50	≥25	
氢碳摩尔比(H/C)	≤0.4	≤0.75	
氧碳摩尔比(O/C)	≤0.2	≤0.4	
砷(As)/(mg·kg⁻¹)	≤13	≤40	≤200
铅(Pb)/(mg·kg⁻¹)	≤0.3	≤0.8	≤4.0

续表

项目	指标		
	Ⅰ级	Ⅱ级	Ⅲ级
镉(Cd)/(mg·kg^{-1})	≤50	≤240	≤1000
铬(Cr)/(mg·kg^{-1})	≤90	≤350	≤1300
汞(Hg)/(mg·kg^{-1})	≤0.5	≤2.0	≤6.0
铜(Cu)/(mg·kg^{-1})	≤50	≤200	—
镍(Ni)/(mg·kg^{-1})	≤50	≤190	—
锌(Zn)/(mg·kg^{-1})	≤200	≤300	—
PAHs/(mg·kg^{-1})	≤6		
苯并[a]芘/(mg·kg^{-1})	≤0.55		
PCBs/(mg·kg^{-1})	≤0.2		
PCDD/Fs/(ng·kg^{-1})	≤17		

注:以烘干基计。

表 5.4　生物质炭基有机肥料分级标准

项目	指标	
	Ⅰ级	Ⅱ级
生物质炭的质量分数(以固定碳含量计)/%	≥10.0	≥5.0
碳的质量分数(以烘干基计)/%	≥25.0	≥20.0
总氧分($N+P_2O_5+K_2O$)的质量分数(以烘干基计)/%	≥5.0	
水分(鲜样)的质量分数/%	≤30.0	
酸碱度(pH 值)	6.0~10.0	
粪大肠菌群数/(个·g^{-1})	≤100	
蛔虫卵死亡率/%	≥95	
总砷(As)(以烘干基计)/(mg·kg^{-1})	≤15	
总汞(Hg)(以烘干基计)/(mg·kg^{-1})	≤2	
总铅(Pb)(以烘干基计)/(mg·kg^{-1})	≤50	
总镉(Cd)(以烘干基计)/(mg·kg^{-1})	≤3	
总铬(Cr)(以烘干基计)/(mg·kg^{-1})	≤150	

此外,Lehmann 和 Joseph 在其专著 *Biochar for Environmental Management* 中,将碳组分、灰分、比表面积、pH 值、CEC、有机碳、孔隙度等几大性状作为生物质炭分类的指标和依据,并提出以生物质炭施入土壤后为土壤带来的影响进行分类。这些影响被分为五类,即碳储存值、肥料值、石灰当量值、粒径和无土农业。IBI 将碳储值分为 5 个等级:等级 1(碳储值<300 g·kg^{-1})、等级 2(300 g·kg^{-1}≤碳储值<400 g·kg^{-1})、等级 3(400 g·kg^{-1}≤

碳储值＜500 g·kg^{-1}）、等级 4（500 g·kg^{-1}≤碳储值＜600 g·kg^{-1}）、等级 5（碳储值≥600 g·kg^{-1}）。生物质炭中的养分主要是指能够被植物吸收利用的养分，通常使用P$_2$O$_5$％、K$_2$O％、S％、MgO％表示。IBI建议生物质炭使用者参考当地主要作物达到平均产量时所需养分量来计算适合当地使用的肥料等级标准。生物质炭石灰当量值依据碳酸钙含量被分为 4 个等级：等级3（CaCO$_3$－eq≥20％）、等级 2（10％≤CaCO$_3$－eq＜20％）、等级 1（1％＜CaCO$_3$－eq≤10％）、等级 4（CaCO$_3$－eq＜0.1％）。

近年来，我国在生物质炭的原料制备、生产技术、检测方法、产品分级、质量规格、施用规程等方面不断推出行业和地方标准，为指导和规范生物质炭的生产与应用提供了技术支持。这些标准包括：农业农村部出台的农业行业标准《农业生物质原料 样品制备》（NY/T 3492—2019）、《生物炭检测方法通则》（NY/T 3672—2020）、《生物炭基有机肥料》（NY/T 3618—2020）；辽宁省地方标准《秸秆热解制备生物炭技术规程》（DB21/T 2951—2018）、《生物炭分级与检测技术规范》（DB21/T 3321—2020）、《生物炭标识规范》（DB21/T 3320—2020）、《设施果蔬（樱桃番茄、薄皮甜瓜）生物炭与微生物菌剂协同应用技术规程》（DB21/T 3318—2020）、《生物炭直接还田技术规程》（DB21/T 3314—2020）；山西省地方标准《旱地麦田生物炭使用技术规程》（DB14/T 1670—2018）；山东省地方标准《果园生物炭施用技术规程》（DB37/T 3825—2019）等。

二维码 5.5
《农业生物质原料 样品制备》
（NY/T 3492—2019）

二维码 5.6
《生物炭检测方法通则》
（NY/T 3672—2020）

二维码 5.7
《生物炭基有机肥料》
（NY/T 3618—2020）

三、生物质炭质量评价方法

目前，生物质炭质量评价方法主要包括单指标评价和多指标评价。

1. 单指标评价

单指标评价法采用单个指标来评价生物质炭质量优劣。例如，生物质炭的重金属含量是决定生物质炭安全性的重要指标。在评价生物质炭基肥的质量时，可根据我国《生物炭基肥料》（NY/T 3041—2016）中重金属指标含量限值（表 5.1），对所生产的产品进行单指标评价。

2. 多指标评价

生物质炭质量多指标评价，是指将生物质炭中主要的理化特性指标，如固定碳含量、总碳含量、pH 值、氮含量、速效磷及速效钾含量、比表面积、Cd、Pb、Cr 含量等分别进行打分，然后根据综合得分对生物质炭进行评价。打分原则，可将单个指标分数归一化按比例打分，设定每个指标含量最小值到最大值为 0－1 分。按照相关生物质炭分类标准，分类为Ⅰ级的生物质炭为 1 分，Ⅱ、Ⅲ级根据分类节点按比例进行赋分，重金属为负值。如表 5.5 所示，可以将所选取的生物质炭质量评价指标进行统一赋分；然后再将所考察的目标生物质炭按照赋分表进行指标得分加和,得到目标生物质炭的综合得分。通过多指标综合评价和排序,可以得到影响生物质炭质量的关键因素,如原材料来源、炭化工艺等。

表 5.5　生物质炭质量评价指标赋分表

指标	Ⅰ	Ⅱ	Ⅲ
有机碳	1	0.75	
pH	1	0.34	
氮	1	0.57	
速效磷	1	0.33	
速效钾	1	0.37	
As	−0.2	−0.4	−1
Cd	−0.55	−1	
Pb	−0.4	−1	
Cr	−0.33	−1	

第二节　生物质炭土壤培肥改良

一、土壤肥力特征与培肥基本措施

土壤是农业可持续发展的基础资源,土壤培肥是维持农田土壤肥力水平主要的措施之一,以补偿由于养分随农产品收获和废弃物带出农田对土壤养分库亏损造成的影响。土壤肥力提升主要从培肥措施与土壤基本理化性质、土壤微生物等肥力指标之间的响应效果和机理入手。

1. 土壤基本理化性质与土壤培肥

土壤基本理化性质包括土壤容重、孔隙度、含水量、pH 值、CEC、氮磷钾和有机质含量以及微生物丰度活性等,它们直接影响土壤肥力特征。施用化肥是土壤培肥的最常用手段之一,化肥可以快速提高土壤养分元素含量,促进土壤肥力提升。但长期连续施用化肥会导致土壤酸化,且在降雨的影响下会快速淋失,造成土体及水体污染。

2. 土壤微生物与土壤培肥

一般来说,提高土壤微生物丰度和活性可以减少植物病害发生的概率,提高作物产量。施肥可以提高作物根系土壤微生物生物量。定期施用农家肥可明显提高土壤微生物的生物量氮,同时增加根系分泌物,提高根际土壤微生物的繁殖速率,促进土壤酶活性的增强。

土壤肥力水平及其演变趋势是影响农业可持续发展与粮食安全的关键因素。目前,国内外有关培肥措施与土壤肥力的关系研究已取得了显著进展,但随着农业种植制度、生产方式、化学品投入等管理措施的不断变化,土壤培肥不断面临新的问题和挑战,寻找新的经济有效且副作用低的培肥方式成为促进农业可持续发展的关键所在。

二、生物质炭对土壤物理性质的改善

土壤物理性状是土壤功能的基础,主要通过土壤容重、孔隙度、机械组成和团聚体组成等性质体现,不同土壤物理特征参数并不是相互独立的,它们存在复杂的关系。土壤物理性质受到自然因素和人为因素的共同影响,直接调控土壤养分循环和作物生长。因此,通过农业措施、水利建设和添加土壤改良剂等手段可以对不良土壤物理性状进行调节,提高土壤肥力,提升作物产量。

1. 生物质炭对土壤容重的影响

土壤容重是指单位体积的干土质量,其对土壤的透气性、入渗性能、持水能力、溶质迁移特征以及土壤的抗侵蚀能力都有非常大的影响。土壤容重过大,土壤紧实,不利于雨水下渗和土壤同外界气体的交换,导致作物根系在土壤中难以生长,造成作物在旱季无法吸收土壤中的水分,严重时造成作物减产或绝产;而土壤容重过低会造成土壤过于松散,植物根系难以扎稳,土壤与外界水、热、气交换过于频繁,致使土壤微生物活性增强,土壤中易矿化有机碳分解速率加快,土壤保肥性减弱。

生物质炭本身密度较低,加之丰富的孔隙结构,施入土壤中可以快速降低土壤容重。例如,对我国水稻土的研究发现,未施用生物质炭之前土壤容重在 $1.24 \sim 1.48$ g·cm^{-3},施用生物质炭后,土壤容重相较于未施生物质炭处理降低了 $12.5\% \sim 24.2\%$。

2. 生物质炭对土壤水力学性质的影响

土壤水力学特征主要包括土壤饱和含水量、田间持水量、凋萎系数、饱和导水率、非饱和导水率和土水势等,决定了土壤持水和供水能力,是影响作物产量的关键因素。生物质炭施入土壤后,可以通过调节土壤大小孔隙分布及增强团聚体稳定性来改变土壤中溶液的渗滤模式、滞留时间及流量,提高土壤对水分的保持能力。在较高温度下制备的生物质炭所含透水大孔隙较为丰富,而这种大孔隙可以提高黏质土壤的透水性,从而提高黏质土壤的饱和导水率。

3. 生物质炭对土壤矿物质颗粒团聚作用和团聚体稳定性的影响

土壤团聚体作为土壤肥力的基本单元,对土壤肥力的提升至关重要。从农艺学角度来讲,有利于作物生长的土壤结构主要取决于 $1 \sim 10$ mm 的土壤水稳性团聚体含量的高低。生物质炭促进土壤矿物质颗粒团聚作用机理包括直接作用和间接作用两个方面。直接作用包括:①生物质炭施用后土壤有机质提升在土壤团聚体形成过程发挥着重要作用。②生物质炭表面有羟基和羧基等多种官能团,带有大量的负电荷,也带有一定量的正电荷,可以通过静电力直接与矿物质颗粒表面的金属离子结合,抑或通过多价离子的键桥作用,将矿物质土粒团聚在一起,形成具有水稳定性的团聚体。③生物质炭可以提高土壤阳离子尤其是 Ca^{2+} 含量,而 Ca^{2+} 可以取代土壤中 Na^+ 和 Mg^{2+} 离子,从而抑制土壤团聚体分散和破坏,提高大团聚体的稳定性。同时,生物质炭含有一定量的、易分解的有机物质,施入土壤后可作为微生物基质提高微生物生物量,而微生物细胞本身也可作为胶结剂促进土壤矿物质颗粒胶结成稳定性更高的团聚体。

三、生物质炭对土壤养分含量的提升

土壤养分是指能够被植物直接或者间接吸收和利用的营养元素,它是土壤肥力的物质基础,也是评价土壤质量的重要指标之一。土壤养分的丰缺程度直接关系到作物的生长、发育和产量。

1. 生物质炭对土壤氮磷钾含量的影响

生物质炭可以提高肥料利用率,提高氮素在土壤中的有效性,进而提高土壤肥力。在酸性的富碳水稻土上,生物质炭与氮肥配施可以提高水稻的氮肥利用率及产量;而在石灰性土壤中,施用生物质炭可以显著提高植物所需大量营养元素的含量(N、P、K)。生物质炭施用提高土壤氮素有效性的机制可从三个方面解释:①生物质炭自身多孔吸附特性可有效降低氮素的流失;②生物质炭施用可以抑制肥料中硝态氮向植物不可利用的氮素形态转化,加速作物对氮素的吸收利用,从而提高氮肥利用率;③生物质炭的施用促进了土壤有机质的积累,提高了土壤微生物的活性,促进了氮素的转化与吸收。

生物质炭通过提高土壤团聚体表面负电荷以及降低土壤酸度影响土壤颗粒对磷的吸附效应。例如,酸性土壤中交换性铝会与磷结合,生成难溶的铝磷,无法被植物吸收利用;生物质炭施用后可以提升土壤 pH 值,降低土壤中交换性铝含量和游离铁铝氧化物的浓度,从而提高酸性土壤中土壤有效态磷的含量。生物质炭自身也是重要的磷源,例如污泥炭、畜禽粪便炭、秸秆炭、柳枝炭等生物质炭中均有较高的磷含量。此外,添加生物质炭能抑制土壤中可溶性磷与其他离子的结合,提高磷肥利用率,促进植物对磷的吸收。生物质炭还可以使作物根系更容易获得土壤溶液中的有效磷,从而提高作物对缺磷砂质土壤养分的吸收和磷的利用。

钾是作物的主要营养元素,同时也是影响作物生长和品质的要素之一。生物质炭提升土壤速效钾含量的主要机制有:①作物秸秆和草本植物制备的生物质炭含有丰富的钾元素,可以在土壤中缓慢释放,提高土壤速效钾含量;②生物质炭输入可以有效提高酸性土壤的 pH 值,减少钾素固定,增加土壤钾素的解吸;③生物质炭的输入可以提高土壤 CEC 和持水力,减少土壤钾素的淋溶损失;④生物质炭可能会进入土壤矿物质层与固定的钾离子发生反应与竞争,使一部分无效钾转化为可利用态的钾。

2. 生物质炭对土壤有机碳含量的影响

由于生物质炭碳含量较高,其中一项重要的施用价值在于提高土壤有机碳含量。首先,生物质炭原材料本身是一种含碳量较高的有机物料,热解过程中的碳可以更多转换成芳香形式的碳,提高土壤中难分解碳所占比例。其次,根据土壤碳的稳定性理论,生物质炭可以通过释放衍生的溶解性有机物或保存现有的天然有机碳来提高土壤有机碳含量。生物质炭施入土壤后能促进土壤有机-无机复合体的形成,将土壤中易分解矿化的有机质组分与微生物隔离,从而减少土壤有机碳的矿化和分解,间接提高土壤有机碳含量。

3. 生物质炭对土壤微量元素含量和有效性的影响

土壤微量元素是指在自然土壤中广泛存在,但含量及可给性较低的化学元素,如锌(Zn)、锰(Mn)、铜(Cu)、硼(B)等。铁(Fe)虽然是土壤中的大量元素,含量可达 4%,但其在植物体内的含量和土壤中的有效态含量很低,因此也被称为微量元素。生物质炭在土壤中施用引起的"石灰效应"是导致微量元素含量和生物有效性变化的主要原因。目前普遍认为,生物质炭单独施用或与化肥配施可以显著提高土壤有效态 Mn 含量,降低土壤有效态 Cu 含量,同时增加作物对 Mn、Cu、Mo 吸收量。此外,生物质炭施用引起土壤有机质含量变化在影响微量元素溶解方面也起着重要的作用。

四、生物质炭对土壤微生物生境的影响

土壤微生物参与多种生化反应过程,是有机物的主要分解者,在陆地生态系统养分循环中扮演着重要角色。生物质炭孔隙结构发达,比表面积巨大,能吸附大量的营养物质为细菌、放线菌和真菌等土壤微生物提供合适的生长和繁育场所,避免其遭受其他微型动物的捕食。

1. 生物质炭对土壤微生物生物量的影响

土壤微生物的碳氮含量反映了土壤微生物的生物量,是土壤肥力的最敏感、最重要指标之一。不同原材料和不同温度下制备的生物质炭对土壤微生物生物量的影响有所不同,玉米和水稻两种秸秆炭均可以提高土壤微生物量,且生物质炭裂解温度越高,施用后土壤微生物生物量提高幅度越大。总的来说,生物质炭施入后显著提高了土壤微生物量碳,并且不同的土地利用方式、农业措施、生物质炭性质和土壤性质都影响着生物质炭对土壤微生物量碳氮的调控效应。

2. 生物质炭对土壤微生物群落结构的影响

土壤微生物群落结构是指一定生境下,土壤微生物的组成、数量及其相互关系。土壤微生物群落结构对环境变化极其敏感,土壤物理和化学性质的细微变化都会对微生物群落结构产生影响。在利用生物质炭进行原位土壤培肥时,对微生物群落结构的改善是恢复土壤肥力的先决条件。然而,也有一些研究发现生物质炭输入对土壤微生物群落结构没有显著影响甚至降低了土壤微生物的多样性。所以,生物质炭输入对土壤微生物群落结构多样性影响的复杂程度可能与生物质炭的施用时长、种类和添加量密切相关。

五、生物质炭改良酸化土壤应用

由于生物质炭多呈碱性,具有巨大的比表面积、较高的阳离子交换容量、良好的吸附性及多孔性等特点,对于改良酸化土壤、提高土壤 pH 值具有天然的优势。诸多研究表明,生物质炭能够显著提高酸性土壤 pH 值和盐基饱和度,减少土壤交换性酸和交换性铝的含量。当前,采用生物质炭改良酸化土壤、提高农作物产量已经得到学术界的广泛认可。

浙江科技大学研究团队在对浙江杭州的酸性红黄壤改良的研究中发现,生物质炭配施沼液可以显著降低土壤酸度,提升土壤铵态氮、硝态氮以及有效磷含量,通过降低土壤容重缓解土壤因大量施肥而带来的土壤板结的问题;同时提高了土壤有机碳组分含量,为土壤微生物的生命活动输入了丰富碳源。生物质炭与沼液配施有效降低了土壤硝化作用氨单加氧酶功能基因相对丰度,进而缓解了硝酸盐流失问题。单施生物质炭提升了土壤亚硝酸盐氧化还原酶功能基因的相对丰度,缓解了土壤亚硝酸盐的积累并促进了氮素转化。生物质炭与沼液的配施增加了作物氮素累积量、提高了作物产量,促进了作物氮素农学利用率的提升,为实现农业高效和高质量发展奠定了基础。

南京农业大学研究团队在对江西进贤酸性红壤改良的研究中发现,生物质炭与氮肥配施可以通过降低旱地红壤土壤酸度,提高土壤养分含量,改善水力学性质并增强微生物和酶活性而综合提高旱地红壤土壤肥力和作物产量。其中,土壤酸度和水力学性质是生物质炭施用后旱地红壤土壤肥力提高的主控因子。同时,生物质炭的施用可以降低旱地红壤土壤硝态氮淋失,减少土壤有机碳矿化量,但生物质炭对土壤肥力及作物产量的提升会随着生物质炭施用时间的延长而逐渐减弱,并且高剂量的生物质炭施用会导致当地种植成本的增加。因此,只有生物质炭与氮肥合理配施才能获得最佳的经济收益,保证当地农业可持续发展。

第三节　生物质炭土壤环境修复

一、生物质炭修复污染土壤的基本原理

1. 生物质炭降低土壤重金属生物有效性及迁移性

重金属生物有效性的大小决定其在土壤中毒性的强弱,对其在植物中的积累起着至关重要的作用。因此,在修复重金属污染土壤中,降低重金属的生物有效性对提高土壤质量至关重要。生物质炭自身大多呈碱性且含有丰富的含氧官能团,可通过络合、沉淀等化学机制有效固定土壤中的重金属,从而降低重金属元素的生物有效性,减少农作物对其富集和吸收。生物质炭降低土壤重金属生物有效性的主要机制有:①生物质炭具有"石灰效应",能够提高土壤 pH,有利于土壤胶体对重金属离子的吸附。②生物质炭可以通过自身表面密集的阳离子交换位点促进重金属离子的静电吸附。生物质炭表面的官能团如羧基和酚羟基等,对重金属有着强烈的络合作用。③生物质炭可改变土壤中重金属的赋存形态。生物质炭灰分组分中元素 P、S 等能够和部分重金属发生共沉淀形成溶解度极低、较为稳定的共沉淀结晶型矿物,如 $Zn_3(PO_4)_2 \cdot 4H_2O$、$Pb_5(PO_4)(OH)_3$ 等。生物质炭表面持久性自由基可促进 Cr、As 等重金属离子发生氧化还原反应,如将 Cr(Ⅵ)还原为 Cr(Ⅲ),从而降低其有效性。

生物质炭可通过自身结构及性质,直接结合重金属离子并改变其赋存形态,亦可间接改善土壤 CEC、pH 值、有机质、微生物活性等,从而降低重金属的迁移性。各土壤理化指标中,对重金属在土壤中迁移影响最大的因素是土壤 pH 值,即生物质炭对土壤 pH 值的显著提升是其钝化土壤重金属的重要机制。长期施用生物质炭可促进有效态重金属向植物难利用的形态转化。例如,在自然条件下随着施用时间的增加,猪粪炭和秸秆炭可促进土壤中交换态 Cd 和酸提取态 Pb 不断转化为植物不可利用的残渣态,提高土壤对 Cd 和 Pb 的吸附能力;牛骨炭可增加土壤晶格固定的 Zn 和 Cd,从而显著降低作物根、茎中两种重金属的含量。然而,当部分生物质炭释放过多的可溶性有机碳或其表面负电荷和碱性过高时,生物质碳会与 Ni 形成可溶性络合物而增加其迁移性,并通过静电排斥和解离作用使 As 从土壤结合位点释放。考虑到同时修复土壤中多种重金属污染时生物质炭的局限性,通常采用相应的改性手段或复配方式来维持其作为多功能环境修复材料的兼容性。

2.生物质炭降低土壤有机污染物的生物有效性

通过添加化学阻控材料来改变有机污染物在土壤中的迁移转化过程,从而调控其生物有效性是当前国内外土壤有机污染物修复技术的热点。生物质炭能有效吸附有机污染物,其炭化部分的吸附机制包括静电作用、疏水作用、π-π 相互作用、氢键形成、表面沉淀、微孔填充等,而未炭化部分还具有线性、非竞争性的分配作用。静电作用主要通过生物质炭与污染物表面的含氧官能团实现,可引导污染物靠近生物质炭功能位点。生物质炭中大量的极性官能团(羟基、羧基等)易与疏水性较强的有机污染物(如菲和萘)形成新的氢键、配位键等化学键,其芳香化官能团越丰富则越有利于与有机污染物发生 π-π 相互作用。生物质炭中(N+O)/C和 H/C 的值越低,其对弱极性有机物污染的分配作用越强。例如,生物质炭对雌激素(双酚 A、17α-雌二醇)及消炎止痛药(布洛芬、卡马西平)的吸附机制是以 π-π 相互作用、氢键形成为主导。

生物质炭对有机污染物生物有效性的降低效果既受其特性影响,也受有机污染本身性质的影响,不同分子结构、化学官能团、溶解性、极性等因素控制着污染物与生物质炭表面的反应过程。例如,在 300~800 ℃,随着热解温度的升高,生物质炭的大孔结构不断增加且比表面积提升,可总结为低温、比表面积低、芳香化程度弱的生物质炭以分配作用为主导,高温、芳香化程度高、极性弱的生物质炭以表面吸附为主导(图5.1)。在原料方面,通常木质素含量高的原料(如秸秆、竹子)制备的生物质炭所含环状共轭芳香化结构更丰富,可高效降低土壤中以 π-π 相互作用为主要吸附机制的有机污染物的有效性(如邻苯二甲酸二甲酯)。然而,一些亲水性较强的有机污染物则难以靠近生物质炭表面的吸附位点,特别是磺胺类药

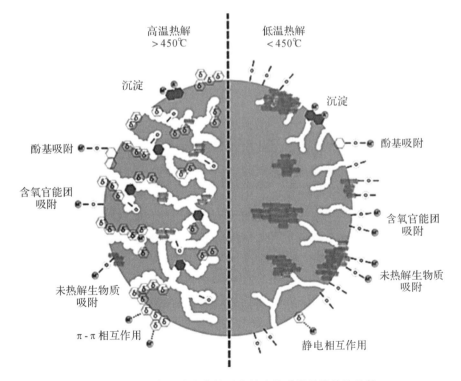

图 5.1　以制备温度为主导因素的生物质炭吸附特性总结

物。同时,土壤理化性质也会对生物质炭的修复效果产生一定影响,如可溶性有机碳含量过高时会竞争性抑制有机污染物的吸附,而土壤 pH 则主要改变有机污染物的表面电荷、解离程度及亲水性,较高 pH 值的土壤可促进除草剂阿特拉津解离,与去质子化的生物质炭表面发生静电排斥。

3. 生物质炭对土壤有机污染物的降解作用

生物质炭表面具有大量电子传递体,可通过化学/生物降解途径降低土壤中有机污染物的绝对含量。低温制备的生物质炭含有丰富持久性自由基(半醌基、苯氧基等),其中的大 π 键可作为电子受体激发类芬顿反应来实现高效降解有机污染物,如催化土壤中 H_2O_2、过硫酸盐生成 $\cdot OH$、$SO_4^{-\cdot}$ 等活性氧自由基来氧化降解多氯联苯。高温制备的生物质炭具有特殊的石墨结构和碳量子点分布,衍生的活性电子供体可促进有机污染物还原脱卤或脱硝,例如充当加速界面提升土壤中硫化物还原硝基苯为苯胺的效率。同时,生物质炭的"石灰效应"也能促进土壤中有机污染物的碱性水解,从而使其更易被微生物利用降解。目前已有大量炭基复合材料用于高效降解土壤中有机污染物,如金属氧化物(TiO_2、Fe_2O_3 等)可与生物质炭组成半导体结构,作为电子受体从磺胺甲噁唑、4-硝基酚等获得电子对其进行氧化降解。

生物质炭表面的持久性自由基亦可充当具有氧化还原活性的电子穿梭体,在土壤黏土矿物—微生物—有机污染物中传递电子,耦合微生物降解土壤有机污染物。生物质炭对土壤孔隙度和保水保肥能力的调节,提升了土壤微生物群落的丰度和结构多样性;其养分元素的供应和微孔结构的天然"栖息地"加速了微生物对有机污染物的降解,且可增强微生物胞外电子传递和生长代谢,特别是在促进植物生长后显著增加了根际共生微生物对多氯联苯的脱氯降解速率。此外,生物质炭可作为特定功能菌剂的载体,在其充分吸附富集有机污染物后作为碳源被功能菌异化分解。综上所述,生物质炭添加到土壤中后对有机污染物的降解作用有化学和生物的机制,其中生物质炭表面持久性自由基和土著微生物的贡献最大,生物质炭-土著微生物区系耦合下高效降解土壤有机污染物具有广阔的应用前景。

二、生物质炭在重金属污染土壤修复中的应用

1. 生物质炭降低水稻中重金属富集

浙江科技大学研究团队在浙江杭州富阳区建立了生物质炭科学施用长期定位试验,供试稻田土壤 pH 为 5.54 ± 0.09,土壤 Cd 总量和有效性含量分别为 $0.67\pm0.06\ mg\cdot kg^{-1}$ 和 $0.18\pm0.01\ mg\cdot kg^{-1}$,$600\ ℃$ 制备猪粪生物质炭的年施用量为 11.25 和 $22.5\ t\cdot ha^{-1}$,在连续施用 4 年后使糙米中 Cd 含量分别下降 $29\%\sim67\%$ 和 $59\%\sim97\%$;而仅在第一年一次性施用 $600\ ℃$ 猪粪生物质炭 $112.5\ t\cdot ha^{-1}$ 时,糙米中 Cd 含量下降了 $78\%\sim99\%$,且保持在 $0.2\ mg\cdot kg^{-1}$ 的农产品质量安全阈值之下。生物质炭对水稻 Cd 积累的影响主要通过改变 Cd 在根表铁膜、根、茎和稻谷间的迁移途径实现。此外,利用生物质炭、零价铁对阳离子重金属和含氧阴离子类金属具有特异性亲和的机制,当两者联合施于受污染水稻土时,可显著降低不同水稻组织中 Cd 和 As 的积累,且 Cd 和 As 的积累程度随着零价铁含量的增加而降低,最高可达 90% 以上。南京农业大学研究团队在江苏宜兴进行了 $350\sim550\ ℃$ 秸秆炭对镉污染土壤修复的田间试验,在 20 和 $40\ t\cdot ha^{-1}$ 施用量下,生物质炭可使糙米中 Cd 含量分别

下降20％～37％和42％～48％,连续施用3年后使糙米中Cd含量最大下降67.3％,具有长期降低糙米中Cd累积的效果。

2. 生物质炭降低小麦中重金属富集

马德里大学研究团队在西班牙阿干达德尔雷伊试验农场进行了野外田间试验,在$20\ t \cdot ha^{-1}$的施用量下,生物质炭使碱性土壤中Cd、Pb有效性显著降低,产出的小麦籽粒中Cd、Pb含量分别下降41％和61％。诸多盆栽试验发现,将不同比例农家肥与生物质炭制成复合堆肥施用于Cd污染麦田土壤后,可显著增加小麦的产量和叶绿素含量,并显著降低了叶片受Cd污染的氧化胁迫及Cd含量,试验效果与复合堆肥中生物质炭的比例呈极显著正相关。巴基斯坦政府学院大学研究团队以1.5％、3.0％和5.0％添加量施用稻草生物质炭进行2周土壤培养,分别降低小麦籽粒中26％、42％和57％的Cd含量,抑制其吸收。类似试验还发现,生物质炭施用后同时显著降低小麦中Cr、Pb、Ni等重金属元素含量。此外,生物质炭可与重金属固定化细菌发挥协同作用,共同减少小麦籽粒重金属积累,如生物质炭和液化沙雷氏菌协同减少Cd、Pb复合污染土壤中小麦籽粒对两者的吸收,最佳协同条件下可使小麦籽粒Cd和Pb含量降低45％以上,同时显著提高根际土壤的pH值,改善土壤理化性质。

3. 生物质炭降低蔬菜中重金属富集

大量田间试验发现,施用生物质炭可显著降低萝卜对Cd,As,Pb等重金属吸收积累,且可显著增加萝卜中Cu、Zn含量,降低有毒元素含量,提高作物品质。当蔬菜根际中同时施用生物质炭和华氏新根瘤菌时,可协同促进大白菜和萝卜可食用组织生物量增加,同时显著降低其中Cd和Pb含量。施用牛粪、兔粪等粪肥类生物质炭于不同灌溉体系的菜地土壤,可显著提高作物生长性能,阻控废水和地下水灌溉引起的蔬菜可食用组织中重金属Cd、Pb积累,主要通过降低灌溉水中重金属浓度实现。加拿大麦吉尔大学研究团队在含重金属废水灌溉的马铃薯种植土柱中以1.0％添加量施用大蕉皮生物质炭,显著降低了马铃薯块茎果肉、果皮中的Cd和Zn浓度,结果证明生物质炭在修复重金属污染土壤和促进蔬菜生长方面存在积极作用。

三、生物质炭在有机污染土壤修复中的应用

1. 生物质炭降低粮食作物中有机污染物富集

据《土壤污染防治行动计划》要求,我国大面积有机污染农田需通过安全利用方式实现"边生产边修复",其中化学钝化和生物降解技术被寄予厚望。生物质炭可改善土壤质量,增强微生物功能活性,在吸附和生物降解有机污染物的同时促进农作物生长。作为环境友好型原位修复策略,生物质炭已广泛应用于阻控土壤-农作物系统间的有机污染物迁移积累。例如,在淹水稻田中施用生物质炭后,产生了大量易利用有机碳源,能有效促进水稻根系分泌低分子有机酸,从而激发根际微生物对多环芳烃降解的功能基因丰度,修复后稻米产量显著提升,根中多环芳烃积累量下降(图5.2)。在水稻-胡萝卜轮作体系中施用玉米秸秆炭可使水稻根际土壤中多环芳烃残留量显著降低,增加胡萝卜可食用部分生物量,归因于富含养分的玉米秸秆炭和不同农作物根系促成了多样性、丰度和网络复杂性更高的根际共生微生物群落。另外,稻田土壤好氧-厌氧交替也可提升多溴联苯醚和石油烃的生物降解能力。在淹水厌氧条件下,生物质炭驱动水稻根际微生物还原降解有机污染物;在好氧条件下,根系

分泌物促进中间产物的氧化消耗。在小麦、玉米旱作土壤中,生物质炭的施用可同时调控土壤可溶性有机碳、硝态氮和铵态氮的含量,利用嗜酸性细菌(*Acedibacter*)和硝化螺菌属细菌促进碳、氮养分循环和作物养分吸收,显著提升作物叶绿素含量和地上部生物量,降低多环芳烃积累量,使得土壤生态系统的稳定性增强。同时,生物质炭可改良旱地土壤容重,提高气体交换速率,有利于粮食作物发达根系的生长,增加土著功能微生物之间的交互密度,使嗜腐霉菌属(*Humicola*)等共生根瘤菌产生过氧化物同工酶,降解有机污染物,提升作物品质,保障食物安全和人类健康。

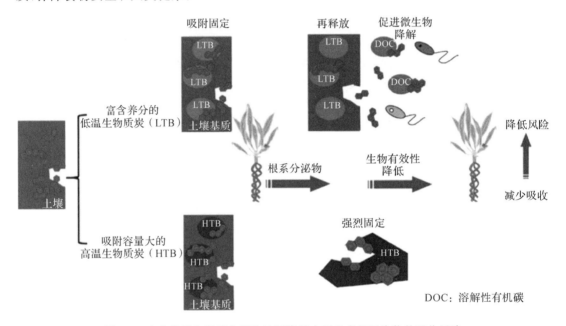

图 5.2　生物质炭与根系分泌物协同降低水稻对有机污染物的吸收风险

2. 生物质炭降低蔬菜中有机污染物富集

通常高温生物质炭减少蔬菜中有机污染物吸收的机制以吸附封存为主,而低温生物质炭通过调控根的生物降解实现农作物安全生产。西班牙巴塞罗那环境化学研究团队以 5.0％添加量施用 650 ℃树枝炭进行盆栽试验,结果发现树枝炭能显著减少生菜对灌溉水中双酚 A、咖啡因、布洛芬等有机污染物的吸收,降低比例达 20％～76％。其中电中性的布洛芬主要因生物质炭的 π-π 电子供受体交互和疏水作用被吸附固定,而电负性的双酚 A、咖啡因等污染物则在生菜根际土壤中被生物质炭催化降解。生物质炭与堆肥混合施用可调控土壤养分元素比例,提升土著微生物的功能活性,通过蔬菜生长的稀释作用和根际微生物降解减少有机污染物吸收。例如玉米秸秆炭与猪粪堆肥 1∶1 混施后可有效降低土壤中 2,2′,4,4′-四溴联苯醚的生物有效性和绝对含量,降低其在胡萝卜根中的积累量,而单独玉米秸秆炭的施用对其降解无促进作用,需依靠堆肥激发土壤氮、磷、钾等养分利用率,从而促进根际土壤中芽单胞菌属(*Gemmatimonas*)、草酸杆菌(*Oxalobacteraceae*)等优势降解菌将污染物逐渐降解为低分子脱溴代谢物。因此,将生物质炭的吸附作用和基于堆肥的生物降解技术相结合,有利于实现有机污染农田土壤的"边生产边修复"。

第四节　生物质炭水体环境修复

一、生物质炭水体环境修复原理

1. 生物质炭对水体重金属去除原理

生物质炭作为吸附材料,可用于吸附去除水体中的污染物。相比于其他材料,生物质炭对重金属有着较强的吸附能力,吸附更高效且稳定。生物质炭的制备温度和原料可以影响生物质炭的性质结构,控制其对重金属的吸附性能与机理。这一"构效关系"是近年来的研究重点,不仅有助于更好地探究生物质炭吸附重金属的机理,而且对于未来功能性生物质炭的定向设计有一定的帮助。生物质炭在水环境污染治理中大部分集中于利用生物质炭对重金属污染水体进行治理,其吸附性能与水体 pH 值、重金属种类及初始浓度和吸附温度、吸附时间、生物质炭种类及性质均有关系。生物质炭对水体重金属的吸附机理有多种,其一为生物质炭表面官能团(—OH、—O—、—COOH 等含氧官能团),与重金属之间形成络合作用,以降低水溶液中重金属含量;其二为生物质炭可以与特定重金属形成碳酸盐或磷酸盐,从而将水溶液中可溶态重金属转变为不可溶态沉淀体,同时生物质炭表面的含氧官能团可与重金属离子发生离子交换作用,生物质炭 C═C 中的 π 电子可以与重金属离子发生配键作用,以减少水体中可溶态重金属含量。因此,生物质炭表面官能团的种类对其吸附水体重金属性能有决定性作用。

2. 生物质炭对水体有机污染物去除原理

生物质炭对水体有机污染物的去除主要基于生物质炭对有机物的良好吸附性能,其可去除的有机物包括抗生素、染料、油类、农药、多环芳烃以及其他持久性有机污染物等。生物质炭大多保存了生物质原有的孔隙结构,具有较大的比表面积和酸性表面官能团,因而可由表面吸附(通过疏水作用、氢键、π-π 电子供受体作用等)、分配、孔填充等机理吸附有机污染物。原料、制备方法和制备条件对生物质炭的比表面积、表面官能团、表面电荷等理化性质影响很大,进而影响生物质炭的吸附性能。生物质炭的理化性质复杂多变,因而对不同有机物的吸附机理也不尽相同。总体而言,生物质炭对有机物的吸附是多种机制共同驱动的结果,其中,表面吸附、分配作用和孔隙截留应占主导作用。生物质炭不仅能直接吸附有机污染物,其丰富的孔隙结构和粗糙的表面也能为微生物提供稳定的栖息环境,提高有毒有机污染物存在条件下微生物的活性,从而提高微生物对有机污染物的降解效率。在厌氧消化反应体系中,添加生物质炭不仅能保持微生物厌氧消化活性,还能利用生物质炭本身的弱碱性提高系统 pH 值和缓冲能力,保证系统稳定运行。

3. 生物质炭对水体氮磷污染防控原理

生物质炭对水体氮磷污染的防控主要是通过降低农田土壤氮磷流失和提高人工湿地氮磷去除效率实现的。生物质炭能够吸附土壤中未被作物利用的氮磷等营养元素,延缓养分在土壤中的释放,在一定程度上减少养分流失,起到保肥作用。同时,生物质炭还能降低土壤容重,改善土壤孔隙度,其亲水性官能团还可以增加土壤的持水量,特别是小孔隙结构能够降低土壤养分的渗漏速度,延缓水溶性营养离子的溶解迁移时间,加强对移动性强、易淋溶流失养分的吸附。表面丰富的含氧官能团使生物质炭具有较高离子吸附交换能力,能够吸附土壤中溶解态的氮和磷离子。生物质炭还能作为生态化处理工艺的外加碳源,强化植物、动物与微生物的脱氮除磷作用。例如,基质作为人工湿地中重要的组成部分,是人工湿地除磷的主要途径,生物质炭可以作为人工湿地的优质填料基质,利于植物和微生物的生长,同时吸附氮磷等污染物富集于植物根系与微生物周围,使污染物浓度处于过饱和状态,进而强化了污染物降解过程的传质效率,促进了氮和磷的吸附与生物降解作用。此外,生物质炭对水体中氮磷元素也具有一定的吸附作用。

二、生物质炭在水体重金属污染去除中的应用

研究表明,由牛粪、稻壳、松木制备的生物质炭对于 Pb^{2+} 均表现出较好的吸附效果。将秸秆与正磷酸盐($Ca(H_2PO_4)_2 \cdot H_2O$ 和 KH_2PO_4)混合制备得到的共热解生物质炭,在水溶液中与 Pb^{2+} 形成磷-铅沉淀($Pb_5(PO_4)_3Cl$,$Pb_2P_2O_7$ 和 $Pb_{n/2}(PO_3)_n$),展现出巨大的 Pb 去除能力。市政污泥炭、甘蔗渣炭及其改性炭对水中 Cr(Ⅵ)具有较大的去除率,归因于生物质炭天然赋存 O、N、S、P 等多种杂元素表面官能团,可与重金属离子形成稳定的配合物,同时其内部四通八达的纳米毛细管孔道使重金属离子极易进入而被吸附。氢氧化铁改性后的竹炭对 Hg(Ⅱ)和元素汞具有较大的去除率。近年来,人们利用小麦秸秆合成了具有薄层纳米片的高效热剥离生物质炭材料,其中具有纳米片结构的剥离生物质炭(EBN)呈现出多孔结构(介孔为主)。多孔碳纳米片生物质炭比表面积显著增加,其表现出对水中 Tl 具有超高的吸附容量。尤其值得关注的是,在天然河水中共存离子(Ca^{2+}、Mg^{2+}、K^+、Cu^{2+}、Zn^{2+})和有机质(腐殖酸、黄腐酸等)存在条件下,EBN 依然能够从河水中高选择性吸附 Tl(吸附率>93%),并表现出很强的再生循环吸附能力(图 5.3)。这种从生物质前体制备而来的新型生物质炭纳米片材料具有良好工程通用性、低成本和环境友好特性,在已经到来的"减污降碳"时代具有广阔的应用前景。

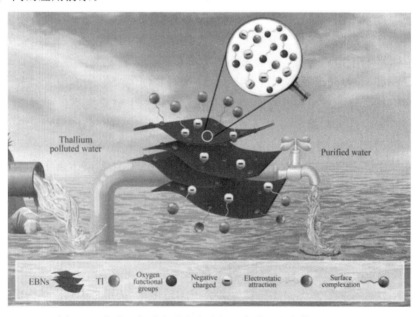

图 5.3　多孔生物质炭纳米片选择性高效去除水体重金属铊

三、生物质炭在水体有机污染物去除中的应用

生物质炭对水体中多种有机污染物如多环芳烃、农药、抗生素等有良好的吸附效果。相比于传统吸附材料,生物质炭具有来源丰富、成本低廉等优势,且可通过改性进一步丰富表面官能团,增加吸附活性位点,提高有机物吸附性能。例如,篁竹草炭对水中磺胺嘧啶和磺胺氯哒嗪具有较好的去除效率;水稻秸秆炭对水中磺胺二甲基嘧啶和磺胺甲噁唑具有较大的吸附容量。生物质炭可吸附水体中菲、萘、芘、苊等对多环芳烃(PAHs),通过酸改性和金属改性能显著提高生物质炭对水中 PAHs 的吸附能力。生物质炭对水体中多种染料表现出了良好的吸附效果,表 5.6 中列举了一些生物质炭和改性生物质炭对水中不同染料的吸附去除情况。通过磁性负载-限氧热裂解工艺,制备的具有磁性氮掺杂改性生物质炭材料对水中农药异丙甲草胺具有良好的降解效率,同时负载在生物质炭表面的磁性纳米颗粒可以实现生物质炭从水中的快速分离,大大提高了其工程化应用前景。此外,在生物质炭上固定化微生物或负载光催化剂,还可将吸附与微生物降解或光催化降解相结合,实现水体有机物的高效截留与去除。

表 5.6　一些生物质炭及改性生物质炭对水中染料的吸附效果

生物质炭/改性生物质炭	染料	吸附容量
松木炭	亚甲基蓝	$3.99 \text{ mg} \cdot \text{g}^{-1}$
猪粪炭	亚甲基蓝	$16.30 \text{ mg} \cdot \text{g}^{-1}$
墨西哥丁香木质炭	结晶紫	$125.5 \text{ mg} \cdot \text{g}^{-1}$
山核桃壳炭	活性红 141	$130.00 \text{ mg} \cdot \text{g}^{-1}$
牛粪炭	甲基紫	$134.41 \text{ mg} \cdot \text{g}^{-1}$
花生秸秆炭、大豆秸秆炭、稻壳炭	甲基紫	$256.4 \text{ mg} \cdot \text{g}^{-1}$、$178.6 \text{ mg} \cdot \text{g}^{-1}$、$123.5 \text{ mg} \cdot \text{g}^{-1}$
稻秸炭	孔雀绿	$148.74 \text{ mg} \cdot \text{g}^{-1}$
竹炭	酸性黄、亚甲基蓝、酸性蓝	$0.0416 \text{ mmol} \cdot \text{g}^{-1}$、$0.998 \text{ mmol} \cdot \text{g}^{-1}$、$0.0406 \text{ mmol} \cdot \text{g}^{-1}$
乙酸铵活化氮掺杂芦苇炭	酸性红 18	$134.17 \text{ mg} \cdot \text{g}^{-1}$
羧甲基纤维素(CMC)固定化纳米 ZnO/竹生物质炭复合材料	亚甲基蓝	$17.01 \text{ mg} \cdot \text{g}^{-1}$
MgAl-LDH 牛骨生物质炭复合物	亚甲基蓝	$406.47 \text{ mg} \cdot \text{g}^{-1}$
钙盐改性山核桃壳炭	酸性蓝 74,活性蓝 4	$43.63 \text{ mg} \cdot \text{g}^{-1}$、$12.78 \text{ mg} \cdot \text{g}^{-1}$
竹屑水热炭	刚果红	$90.51 \text{ mg} \cdot \text{g}^{-1}$

四、生物质炭在水体氮磷防控中的应用

农业面源污染控制技术,如缓冲带技术、人工湿地技术、生态沟渠技术等,对农业面源污染具有一定程度的防控作用,但难以达到对资源循环利用。研究生物质炭对土壤流失氮磷持留特性的强化作用,以及生物质炭提升生态系统对氮磷利用性与资源化的回用技术,可以有效地缓解农业面源污染的环境压力。

浙江科技大学科研团队集成创新研究了氮磷污染多级高效拦截技术,详见图 5.4。第一级拦截设施为生态沟渠,以牛粪炭作为沟渠的基质之一,选取的沉水植物和挺水植物根系可以直接、高效吸收利用农田流失的游离氮和磷酸盐,用于自身生长和繁殖。植物协同底栖动物,加快消减底泥氮磷污染。第二级拦截设施为多级强化微生物脱氮除磷,该设施具有缺氧、兼氧、厌氧交替运行,形成短程硝化、反硝化过程并兼具同步硝化、反硝化。在每个反应室中加入填料,该填料是由畜禽废弃物和粉煤灰制备的改性生物质炭。以此生物质炭作为微生物载体,延长微生物的停留与存活周期,强化微生物对氮磷的降解性能,促进厌氧过程电子传递和活性表达,有利于反硝化的进行,并可降低能耗。第三级拦截为生物质炭氮磷吸附拦截设施,所用装置为并联式分层吸附塔,对二级拦截后的出水首先从顶部进水,进行预处理去除残留的杂质。再从底部由中或细格栅进水,保证进水匀速流入,以在生物质炭填料中得到充分高效的吸附。第二级和第三级拦截设施淘汰后的生物质炭回用于农田,进行全链式的物质循环利用。该设施将多级高效拦截与养分回用相结合,用于处理农田退水,实现农田氮磷流失防治与资源化利用,有效缓解农业面源污染的环境压力,具有经济环保、使用简单、"以废治废"等可持续优势,具有良好的推广应用前景。

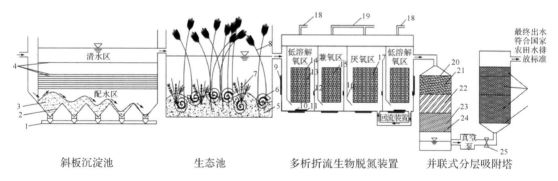

图 5.4 氮磷污染多级高效拦截设施简图

1—排泥管;2—污泥斗;3—污泥;4—斜板;5—底泥;6—底栖动物(以螺蛳为例);
7—沉水植物(以苦草为例);8—挺水植物(以芦苇为例);9—电热板;10—溶解氧监测器;
11—微孔曝气管;12—温度传感器;13—硝化菌;14—生物质炭;15—硝化菌和反硝化菌;
16—折流板;17—反硝化菌;18—通气管;19—沼气集气管;20—打孔挡板;21—鹅卵石层;
22—中粒度石英砂层;23—细粒度石英砂层;24—中/细格栅;25—阀门

第五节　生物质炭在大气污染治理中的应用

生物质炭具有比表面积大、孔隙结构丰富的特点，可作为吸附剂、催化剂和填料，处理 CO_2、NO_x、$VOCs$、HgO、H_2S 和 SO_2 等大气污染物。生物质炭处理大气污染物的原理主要包括吸附和催化两方面，相应的，生物质炭处理大气污染物的技术也分为吸附技术和催化技术。此外，生物质炭还能用于生物法处理废气，在生物法处理废气的过程中充当填料，为微生物提供附着场所。

一、生物质炭处理 CO_2

1. 生物质炭吸附 CO_2

碳捕集和封存技术是 CO_2 减排技术的研究热点，将 CO_2 从烟气中高效分离，是碳捕集和封存技术的核心环节。目前，利用有机胺溶液吸收 CO_2 是较为成熟的碳捕集技术，然而该技术存在高能耗、易腐蚀设备和易受杂质干扰等问题。相较之下，CO_2 吸附技术具有吸附容量高、再生能耗小、选择性好和易于操作等优点，有广阔的应用前景。常规的吸附材料有改性炭材料、改性沸石、复合膜、钛纳米管和金属有机骨架材料等。生物质炭材料孔道结构多样、表面官能团种类丰富，且具有生产成本低、质量轻、比表面积大、化学稳定性好和吸附速度快等特点。以废弃生物质作为前驱体，制备生物质炭材料吸附 CO_2，是一条以废治污的绿色途径。

生物质炭的 CO_2 吸附性能评价方法有多种，如固定床吸脱附法、气体吸附分析仪法和热重吸附法等。固定床吸脱附法是利用固定床吸附装置，将生物质炭材料填充在反应管中，通入浓度为 15% 左右的 CO_2 气体，由气相色谱仪分析吸附和脱附过程中进出口的 CO_2 浓度，从而根据吸脱附曲线计算出单位质量生物质炭材料 CO_2 吸附量。气体吸附分析仪法直接利用具有气体吸脱附量分析功能的仪器测定 CO_2 的吸附量。热重吸附法利用热重分析仪，通过测定单位质量生物质炭材料在一定温度下吸附 CO_2 的质量，计算出生物质炭材料的 CO_2 吸附量。

生物质炭的 CO_2 吸附容量主要取决于原料特性和制备工艺，生物质炭表面官能团类型、比表面积和孔结构是影响其 CO_2 吸附容量的主要因素。利用烟草秸秆制备的多孔生物质炭材料的 CO_2 吸附容量能够达到 $4.8\ \mathrm{mmol \cdot g^{-1}}$。通过密度泛函理论计算（DFT）研究发现的生物质炭表面的羰基、羟基等含氧官能团主要靠静电相互作用吸附 CO_2，在 CO_2 吸附过程中，表面含氧官能团的作用贡献率约占 37%，孔结构的作用贡献率约占 63%。

2. 生物质炭基催化剂还原 CO_2

CO_2 催化还原技术能够将 CO_2 转化为小分子有机物，是具有前景的 CO_2 减排与再利用技术。CO_2 催化还原技术包括热催化还原技术、光催化还原技术和电催化还原技术。用于 CO_2 催化还原的生物质炭催化剂的制备包括炭化和活化两个主要阶段，其中炭化阶段包括水热炭化处理或热解炭化处理，炭化产物经过酸洗除杂烘干后，可得到生物质炭材料。用 B、P、S、N 等杂原子对生物质炭材料进行改性后，能够提高其表面的缺陷浓度，从而提高生物质炭催化剂的催化效率。

在 CO_2 电化学催化还原技术中，CO_2 能被还原为 CH_4、C_2H_5OH 和 CH_3OH 等产物，可采用三电极系统的单室电化学装置进行性能测试，该装置以饱和甘汞电极或 Ag/AgCl 电极为参比电极，铂电极为辅助电极，玻璃炭电极作为工作电极，并填充电解液。同时，通过电化学工作站对生物质炭催化剂进行循环伏安扫描（cyclic voltammetry，CV）和线性伏安扫描（linear sweep voltammograms，LSV），研究生物质炭催化剂的电化学催化活性。气相色谱、核磁共振谱和红外光谱等设备可用于产物种类检测和分析。由于 CO_2 光催化反应过程较为复杂，CO_2 光催化还原效率不理想，生物质炭材料用于光催化还原 CO_2 技术的研究还在起步阶段。

二、生物质炭处理 NO_x

1. 生物质炭基催化剂选择性催化还原 NO_x

目前选择性催化还原（selective catalytic reduction，SCR）技术是 NO_x 的主要控制技术。该技术以 NH_3 或 HCs 作为还原剂，将 NO_x 选择性催化还原为 N_2，SCR 催化剂是该技术的核心。生物质炭具有高比表面积、丰富的孔道结构、优良的吸附性能等优点，可用于开发低温 SCR 催化剂。结合形貌调控、酸性位调控、过渡金属改性等手段，可使生物质炭孔隙结构更加发达、表面活性位点更加丰富，提高脱硝效率。生物质炭基催化剂的低温 SCR 脱硝活性受多种因素影响，如比表面积、表面酸性、吸附氧物种、含氧官能团、活性金属比例等。

2. 生物质炭基催化剂催化氧化 NO

NO 催化氧化技术能够将 NO 催化氧化为 NO_2，再用水溶液吸收处理 NO_2，该技术能够在室温下条件下运行。用炭材料制备 NO 催化氧化催化剂是当下的一个研究热点，如活性炭、活性炭纤维、炭干凝胶、氧化石墨烯均被用于制备 NO 催化氧化催化剂，然而，上述炭材料存在价格昂贵、原料不可持续的问题，给工业应用造成了障碍。以生物质炭材料制备 NO 催化氧化催化剂是一条能够降低成本，实现废弃物资源化利用的途径。生物质炭材料用于 NO 催化氧化，通常认为存在两种催化氧化机理，一种是 L-H（Langmuir-Hinshelwood）机理，另一种是 E-R（Eley-Rideal）机理。L-H 机理认为，在 NO 催化氧化过程中，O_2 首先与催化剂表面的氧空位结合成含氧官能团，吸附到催化剂表面的 NO，与催化剂表面的含氧官能团反应生成 NO_2；E-R 机理认为，吸附到催化剂微孔表面的 NO 是直接与催化剂微孔里气相中的 O_2 反应生成 NO_2。值得注意的是，不论是 L-H 机理，还是 E-R 机理，NO 吸附在催化剂表面这一过程中都是反应控速步骤。

三、生物质炭处理 VOCs

1. 生物质炭吸附 VOCs

VOCs 控制技术中常用的有吸收法、吸附法、冷凝法、燃烧法、生物降解法、低温等离子体法、膜分离法、光催化氧化法等。工业排放的废气中 VOCs 的浓度为 $100 \sim 2000 \ mg \cdot m^{-3}$，一般可采用吸收法或吸附法对 VOCs 进行回收，不宜回收的 VOCs，可采用燃烧法、生物法、光催化氧化法等方法净化。吸附法主要适用于低浓度 VOCs 的处理，该方法利用多孔材料固体表面存在的分子引力以及化学键的作用,将气体混合物中的 VOCs 选择性吸附到固体表面,具有操作简单安全、吸附剂可循环使用的优点。生物质炭、活性炭、活性炭纤维、纳米碳管、石墨烯等材料均能有效吸附 VOCs。其中,生物质炭对 VOCs 的吸附效果取决于 VOCs 有机分子的性质与生物质炭的孔隙结构、表面官能团特性之间的"匹配性"和"有效性"。

影响生物质炭 VOCs 吸附性能的因素很多,如原料种类、热解温度、改性方法、空塔气速等。为使生物质炭获得更为丰富的官能团结构,增强生物质炭对各类 VOCs 的吸附能力,可有针对性地对生物质炭的比表面积和表面官能团进行改性,主要改性方法包括氧化改性、还原改性和负载改性等。通过物理或化学手段对生物质炭进行改性,能够提高其对 VOCs 的吸附能力。一般而言,随着热解温度升高,生物质炭比表面积和孔隙度增大,而表面的含氧官能团减少,亲电能力减弱。

生物质炭吸附 VOCs 的机理,根据作用方式不同,可以分为物理吸附和化学吸附两类。物理吸附是指生物质炭的多级孔隙结构对于生物质炭表面附近的 VOCs 分子产生偶极相互作用、氢键等作用力,且这种作用力大于周围其他分子的作用力,在作用力和浓度差的驱动下,VOCs 分子向生物质炭表面聚集、吸附;化学吸附是指在 π-π 键作用、酸碱官能团吸附、电子供-受体相互作用等作用力的驱动下,VOCs 分子吸附到生物质炭表面。

2. 生物质炭基催化剂催化氧化 VOCs

利用改性生物质炭为载体,负载 CuO 和 MnO_x 等活性金属后,在 $100\sim300$ ℃下可用于催化氧化甲醛。甲醛的处理机理包括如下步骤:甲醛被吸附在生物质炭样品表面,经表面活性氧物种氧化形成甲酸,继而被氧化成重碳酸盐物种,重碳酸盐物种吸附 H^+ 形成碳酸,碳酸进一步分解为 CO_2 和 H_2O。

3. 生物质炭基填料微生物法净化 VOCs

对于中低浓度无回收价值的 VOCs,可利用微生物净化技术处理。该技术是附着在填料介质表面的微生物以 VOCs 作为碳源和能源,将 VOCs 降解同化为 CO_2、H_2O 和细胞质的过程。生物质炭因孔隙丰富、比表面积大,可作为填料,为微生物生长提供充足的空间。另外,以生物质炭作为过滤介质,利用过滤塔能够有效降解废气中的苯和甲苯。

四、生物质炭处理其他大气污染物

近年来,生物质炭材料用于处理零价汞(Hg^0)的研究越来越受关注,通过对生物质炭的改性,能够显著提高其对 Hg^0 的去除率。改性方法主要可以分为两类:在炭材料表面引入非金属元素,如 I、Cl、Br、S 等,能够明显提高生物质炭对 Hg^0 的吸附能力;在生物质炭材料的表面引入金属氧化物,如 MnO_x、CeO_x、CoO_x,能够促使 Hg^0 氧化为易于处理的 HgO。目前,利用生物质炭材料处理 Hg^0 中试研究和实际应用研究相对较少,还需结合实际烟气条件进行进一步工业化研究。

生物质炭孔道结构和表面官能团丰富,可用于吸附 SO_2。利用蒸汽或 CO_2 对生物质炭活化,能够增大其比表面积和孔隙度;同时,利用 K、Ca、V、Fe、Cu、N 等元素修饰生物质炭表面,增加生物质炭表面的碱性官能团,也是提高其 SO_2 吸附容量的方法之一。

生物质炭材料吸附 H_2S 的能力主要受生物质炭材料的 pH 值、比表面积、炭化温度、—COOH 和—OH 等活性官能团的影响,也受铜、铁等活性金属的影响,同时,生物质炭的 H_2S 吸附容量还与其表面钙、镁等碱性物质的含量相关。提高生物质炭的 pH 值、比表面积和表面活性官能团数量,均能增大生物质炭吸附 H_2S 的能力。利用竹料、樟树、猪粪、稻谷壳和活性污泥等废弃生物质热解制备得到的生物质炭材料,能够有效处理 H_2S,平衡吸附容量能够达到 $100\sim300$ mg $\cdot$ g^{-1},处理效率能够在 95% 以上。

第六节　生物质炭在农田固碳减排中的应用

一、生物质炭农田土壤固碳效应

1. 气候变化与生物质炭固碳潜力

气候变化作为当前世界各国面临的严峻挑战,已严重威胁到人类的生存与发展。联合国政府间气候变化专门委员会(Intergovernmental Panel on Climate Change,IPCC)的第六次评估报告(Sixth Assessment Report,AR6)表明,人类活动主导的温室气体增排是导致大气、海洋和陆地变暖的主要因素。与农业生产活动相关的温室气体排放是重要的人为排放源,据联合国粮农组织统计,2020 年全球农业源温室气体排放约 93 亿 t CO_2-eq(二氧化碳当量,下同),约占全球总人为温室气体排放的 11%。中国作为世界上的农业大国,在减少农业温室气体排放上面临着巨大的挑战。《中国气候变化第三次国家信息通报》表明,中国农业活动相关的温室气体排放量约占温室气体排放总量的 7.9%(约 8.28 亿 t CO_2-eq),其中 CH_4 和 N_2O 的排放量分别超过了 4 亿 t 和 3 亿 t CO_2-eq。因此,提升农业领域固碳减排是实现"碳达峰、碳中和"目标亟待解决的课题。

生物质炭的相关研究在 21 世纪呈现爆发式增长,生物质炭在作物增产、污染治理和固碳减排等方面的作用被广泛证实。在陆地表层系统中,农田土壤有机碳库依托其巨大的存量与活跃的土气交换过程,通过生物地球化学循环与驱动发挥生态系统的服务功能,对农业生产、生态系统健康及气候调节具有关键作用。生物质炭因高度芳香化而具备较强的稳定性,应用到农田后,具有抵抗土壤微生物与其他物理化学过程矿化与分解的特性。因此,生物质炭的农田应用,相当于将植物光合作用固定的大气 CO_2 以更稳定态的形式留存在土壤中,并直接增加土壤碳库的有机碳含量,被认为是一种高效的 CCUS 技术(碳捕集、利用及封存技术,Carbon Capture,Utilization and Storage,CCUS)。有学者估计,通过生物质炭产业发展与技术推广,将我国未能高效资源化的秸秆通过热裂解炭化技术转化为生物质炭并施用于农田,每年可增加的土壤固碳量达 8000 万 t。总的来说,与秸秆还田、保护性耕作等其他农田固碳方式相比,生物质炭具备如下固碳优势:

(1)生物质炭的固碳效果相对稳定,而传统的土壤固碳方式存在固碳量下降风险,如林草生态系统增加的碳汇可能会由于火灾、放牧等扰动而损耗,免耕农业亦可能在恢复耕作后减少积累的碳储量,地质封存等 CCUS 项目则存在泄漏风险。

(2)生物质炭的原料来源十分广泛,几乎所有废弃生物质均可用于制备生物质炭,因此生物质炭制备技术具有废弃生物质高效处置与碳汇提升的协同效益。

（3）生物质炭的多领域应用可提升其市场竞争力，生物质炭可以实现种植业增产提质从而助力粮食安全、增加农户收入。

2. 生物质炭增加土壤固碳的机制与影响因素

土壤有机碳（SOC）储量和植被碳库之和是大气碳库的 3 倍，其中地下 2 m 内土壤有机碳库约为 2400 Pg（1 Pg＝10 亿 t），因此 SOC 在调节大气 CO_2 浓度方面具有重要的作用。大量研究表明，农田施用生物质炭可有效增加 SOC，但结果存在较大的异质性。总体而言，生物质炭性质、土壤性质、气候区、试验条件、田间管理等因素均可能影响施炭后 SOC 的增量。尽管有研究表明生物质炭可能会引起土壤有机质激发效应，但长期来看，生物质炭对土壤碳储量的增加可发挥积极作用，这主要得益于生物质炭增加了 SOC 的稳定性。

生物质炭在土壤的生物地球化学循环中，不仅具备"固碳"作用，还具有"增汇"和"稳汇"的潜力。首先，生物质炭可促进土壤中植物源的有机碳输入。生物质炭通过增加土壤肥力，可以有效提高作物产量或植物生物量，从而间接增加植物凋落物数量；生物质炭可加速凋落物的分解，从而促进植物残体向 SOC 的转化。对植物地下部而言，生物质炭可以促进根系生长并刺激根系分泌物的产生，进而增加了植物的根际碳输入。其次，生物质炭增加了微生物源的 SOC 输入。微生物残体碳贡献了约 50％的土壤有机碳库，生物质炭提供了微生物生长所需的养分和基质，刺激了体内周转的同化过程并增加了微生物生物量，进而促进 SOC 在土壤中的积累。最后，生物质炭还可降低 SOC 的分解速率，这可能与土壤团聚体有密切关系，已有研究证实生物质炭施用促进了土壤团聚体的形成，团聚体的平均质量直径可提升 8.2％～16.4％。

生物质炭通过增加土壤团聚体且减缓 SOC 分解的机制主要是：首先，生物质炭增加了 SOC 在土壤团聚体形成过程中的胶结作用，而团聚体结构强化了 SOC 与微生物的物理隔绝从而降低 SOC 的分解；其次，生物质炭会增大土壤的静电斥力和范德华引力，提高土壤内部黏结性和抗碎裂性，并稳定了土壤团聚体结构。从微生物的角度来看，生物质炭可能会刺激微生物产生菌丝和胶结物质，有助于土壤团聚体结构的加速形成和稳定；最后，生物质炭施用后可显著增加矿物结合态 SOC 含量，即生物质炭颗粒可与土壤矿物结合，从而减少土壤碳库的损失。

生物质炭施用到土壤后的分解过程十分缓慢，但其并非绝对稳定的惰性物质，随着施用时间的增加，它仍会随着风化作用参与生物地球化学循环。生物质炭在土壤中的稳定性的差异可能跟土壤条件、生物质炭性质等因素有关。其中，生物质炭的热解温度是最直接的影响因素，高温条件下热解的生物质炭高度芳香化，往往具备更低的矿化速率。原料也决定了生物质炭的分解速率，一般而言，木炭通常比秸秆炭、污泥炭更难分解。热解温度和原料可能通过影响生物质炭的元素组成（摩尔比）影响其稳定性。有研究定量分析了生物质炭稳定性与生物质炭中 O/C 的关系，发现 O/C 小于 0.2 的生物质炭通常更稳定，其半衰期在 1000 年以上；而 O/C 大于 0.6 的生物质炭半衰期则不足 100 年。此外，H/C 可用于评价生物质炭中芳环结构的热化学改变程度，较低的 H/C 意味着较高的熔融芳香环含量和较高的稳定性。此外，施用年限的长短也会影响生物质炭的稳定性，有研究表明施用年限越长，土壤中留存的生物质炭越稳定。

3.生物质炭增加土壤固碳量的计量方法

不同研究报道的生物质炭分解速率差异较大,同一研究中生物质炭的分解速率也受施用时间变化的影响,因此评估生物质炭土壤应用后的固碳量存在较大的不确定性。为了计算生物质炭应用下农田土壤的固碳量,联合国政府间气候变化专门委员会(IPCC)为生物质炭农田应用提供了可参考的土壤固碳计量方法,其计算公式如下:

$$\Delta BC_{\text{Mineral}} = \sum_{p=1}^{n} (BC_{\text{TOT}_p} \cdot F_{C_p} \cdot F_{\text{perm}_p}) \tag{5.1}$$

其中,$\Delta BC_{\text{Mineral}}$ 表示生物质炭在施用于土壤 100 年后的存留有机碳量;BC_{TOT_p} 表示具体某种类型生物质炭的施用质量,单位是 $\text{t} \cdot \text{ha}^{-1} \cdot \text{y}^{-1}$;$F_{C_p}$ 表示该种生物质炭的有机碳含量,主要受到底物类型的影响,具体查看表 5.7。在生物质炭施入土壤后,其 100 年尺度上的存留系数 F_{perm_p} 见表 5.7。表 5.8 中参数表明,原料的热解温度越高,生物质炭在土壤中的留存系数越大;反之,生物质炭在施入土壤后越容易矿化。n 表示使用的第 n 种生物质炭。

表 5.7　不同底料在不同热解方式下的含碳量

底物类型	热裂解方式	$F_{C_p}/\%$
动物粪便	热裂解	38 ± 49
	气化	9 ± 53
木料	热裂解	77 ± 42
	气化	52 ± 52
草本类	热裂解	65 ± 45
	气化	28 ± 50
水稻糠及水稻秸秆	热裂解	49 ± 41
	气化	13 ± 50
坚果壳类	热裂解	74 ± 39
	气化	40 ± 52
其他生物固废	热裂解	35 ± 40
	气化	7 ± 50

表 5.8　生物质炭在土壤中 100 年尺度上的留存率

加热温度	$F_{\text{perm}_p}/\%$
高温或气化(>600 ℃)	89 ± 13
中温热裂解(450~600 ℃)	80 ± 11
低温加热(350~450 ℃)	65 ± 15

二、生物质炭对农田 CH$_4$ 和 N$_2$O 的减排效益

1. 生物质炭减缓农田 CH$_4$ 排放

土壤 CH$_4$ 主要由产甲烷菌在厌氧条件下分解土壤中有机物质（如乙酸、甲基化合物等）生成。多数 CH$_4$ 会被甲烷氧化菌直接消耗，少部分 CH$_4$ 会排放至大气。通常认为，生物质炭可通过改变土壤中可利用有机物的含量或土壤的理化性质影响产甲烷菌与甲烷氧化菌的活性，进而对 CH$_4$ 的生成和消耗产生影响。使生物质炭减缓 CH$_4$ 排放的因素主要有三类，包括土壤因素（如 pH 值、土壤质地、SOC、DOC）、生物质炭因素（如原料、热解温度、老化时间、施用量、生物质炭 pH 值、C/N 比）和人为管理因素（如肥料类型及施加量、作物类型、试验类型、作物持续时间）。

对于土壤因素，生物质炭施用后对土壤质地与 pH 值的改变会对 CH$_4$ 排放产生较大影响。生物质炭能增加土壤通气性，破坏适宜产甲烷菌生长的厌氧条件，从而抑制 CH$_4$ 的产生，例如，稻秆炭的微孔结构与孔径比竹炭更大，更有利于增加土壤通气并具备更好的 CH$_4$ 抑制作用。此外，温度、pH 值、氧气浓度的急剧变化均容易导致产甲烷菌的生命活动受到抑制，例如，由于产甲烷菌生长最适 pH 值在 6.8～7.2，而生物质炭总体上呈碱性，其农田应用后产生的"石灰效应"会使土壤 pH 上升，抑制了产甲烷菌的活动，特别是在土壤 pH<6 时，施加生物质炭可以显著降低土壤 CH$_4$ 排放。

对生物质炭性质而言，由于新鲜生物质炭中 DOC 含量较高，对产甲烷菌的繁殖有利，所以可能在短期内造成 CH$_4$ 大量排放。但也有研究者发现，生物质炭施用 3 年后土壤甲烷氧化菌/产甲烷菌比值高于对照组，证明生物质炭老化增加了甲烷氧化菌的丰度，从而减少了 CH$_4$ 的总排放量。土壤 CH$_4$ 排放对生物质炭的响应也受原料、C/N 比、pH 值和热解温度的影响。同时，有整合分析显示，以木质和草本原料制成的生物质炭显著降低了 CH$_4$ 排放，而畜禽粪便原料则增加 21% 的 CH$_4$ 排放；高 C/N 比（>300）、pH（>8.5）、热解温度下的生物质炭减排效果更好，这得益于生物质炭有更稳定的性质和更丰富的孔结构，以及对土壤 pH 值的提升作用。

对人为管理因素而言，氮肥施加量会影响生物质炭对 CH$_4$ 排放的减缓效果。水稻生育期内累积 CH$_4$ 排放在施加氮肥和不施加处理之间，往往表现出明显的差异。在氮肥施加后，硝态氮可能作为稻田土壤中甲烷氧化菌的优先氮源，增强其对 CH$_4$ 的氧化。此外，生物质炭施加对水稻种植季 CH$_4$ 排放的抑制效果通常高于小麦种植季，这可能是因为生物质炭处理后作物产量和生物量提高，更有利于氧气向水稻根际迁移并促进了 CH$_4$ 氧化。

2. 生物质炭减缓农田 N$_2$O 排放

土壤 N$_2$O 排放主要源于土壤中氮素的硝化和反硝化过程。其中，硝化作用由含有 *amoA* 和 *amoB* 基因的氨氧化细菌以及含有 *nxrA* 基因的亚硝化细菌驱动，反硝化过程则由含有亚硝酸盐还原酶（nirK 和 nirS）及 N$_2$O 还原酶（nosZ）等特定酶系的一系列反硝化细菌驱动。与影响 CH$_4$ 排放的机制相似，生物质炭减缓土壤 N$_2$O 排放受土壤性质、生物质炭性质和人为管理措施等因素影响。

基于多孔结构和大比表面积的特性，生物质炭能够增强土壤通气，抑制反硝化路径中 N$_2$O 的排放，因而对于黏性土壤具有更好的减排效果。此外，土壤阳离子交换量（CEC）较低

的土壤施用生物质炭可能抑制 N_2O 排放的效果更好,生物质炭施加后会增加 CEC 并促进 NH_4^+/NO_3^- 的吸附和土壤 N 固定,减少硝化/反硝化的底物,并抑制氮循环酶(如脲酶、蛋白酶)的活性。相反,在土壤 C/N 高的情况下(>10),施用生物质炭可能通过改变土壤 C/N,刺激土壤微生物活性,导致农田土壤更高的氮氧化物排放。

对生物质炭相关因素而言,生物质炭热解温度和添加量越高,则土壤中含有 *nosZ* 的微生物丰度和基因表达水平越高,而含有 *nirS* 和 *nirK* 基因的微生物生长繁殖则受到抑制。这表明添加生物质炭能够通过削弱硝酸盐和亚硝酸盐向 N_2O 转化,并促进 N_2O 转化为 N_2 来减少土壤 N_2O 的排放。生物质炭在土壤中的老化对 N_2O 排放的影响也较大。有研究报道,生物质炭对土壤 N_2O 排放的减缓作用由于老化过程而降低了 15.0%,这是由于生物质炭老化过程有利于硝化作用并能产生 N_2O,同时削弱土壤生物质炭对 N_2O 的还原作用。

❖ 生态之窗

生物质炭与农业固碳减排

将农业生物质废弃物热解炭化并应用于土壤,可以将作物光合作用固定的碳返还并保存于土壤(更新周期长达数百年),补充土壤有机碳和养分的同时,有效改善土壤结构和平衡酸碱度,提升土壤缓冲性和保肥蓄水能力,为健康土壤的培育提供了新的途径。研究显示秸秆热解炭化生产生物质炭,每吨秸秆利用的综合减排效应为 0.7~2.1 t 二氧化碳当量。近期,一项基于我国生物质炭田间试验的碳计量研究结果表明,与常规施用化肥相比,每公顷一次性施用 20 t 生物质炭分别相当于减少玉米和水稻全生命周期碳排放 29 t 和 33 t 二氧化碳当量,其中 90% 以上减排来自热解炭化过程中可燃气的利用和土壤有机碳库的增加。此外,大量研究结果已经证明,生物质炭发挥着土壤与生态系统工程师的作用,生物质炭添加到土壤中可促进土壤中大团聚体形成和外源碳的固定,提高土壤含水量和微生物量,大幅降低农田土壤温室气体排放,提高氮素利用效率,提升作物产量和品质,钝化土壤重金属和有机污染并降低作物吸收积累,还可以减缓病虫害的发生并提升作物的系统抗性。利用生物质炭制备的人造生态土、生长基质和土壤调理剂已经应用于城市和农业各个领域。因此,从生物质废弃物处理需求出发的生物质炭生产和土壤施用是名副其实的"负碳"技术。

二维码 5.8　生物质废弃物
处理与农业碳中和,
《科学》,2021,73(6):22-26

❖ 复习思考题

(1)生物质炭产品分级通常可分为几级？其参考的标准是什么？

(2)请列举 3 个我国现有的生物质炭相关标准,包括国家标准、行业标准、地方标准等。

(3)请简述土壤培肥措施如何促进农田土壤肥力提升。

(4)生物质炭施用对土壤肥力有何影响?

(5)请简述生物质炭降低土壤重金属有效性的途径及机理。

(6)请简述生物质炭对土壤有机污染物的催化降解过程。

(7)生物质炭水体环境修复的基本原理是什么?

(8)生物质炭吸附 VOCs 气体的机理是什么?

(9)请举例说明生物质炭处理气态污染物的方法。

第六章　废弃生物质压缩成型燃料化利用

第一节　废弃生物质压缩成型燃料化概述

在农业和林业生产过程中会产生大量的剩余物,这些剩余物通常松散分布,堆积密度比较低,收集、运输、储藏和应用都有一定困难,因此,未经加工转化的废弃生物质原料,一般只能当作低品位能源使用,很少具有商品价值。由此,人们提出了废弃生物质压缩成型,即在一定温度和压力作用下,用木质素充当黏合剂,将松散的秸秆、树枝和木屑等农林生物质压缩成棒状、块状或颗粒状的成型燃料。加工后的生物质成型燃料,密度可达$1.1 \sim 1.4 \text{ t} \cdot \text{m}^{-3}$,能量密度与中质煤相当,燃烧特性明显改善,火力持久、黑烟少、炉膛温度高,且便于运输和储存;可替代薪柴和煤作为生活及生产用能源;尤其是成型燃料经炭化变为机制木炭后,更具有良好的商品价值和市场。

废弃生物质压缩成型燃料技术是生物质能开发利用技术的主要发展方向之一,不仅可以为家庭提供炊事、取暖用能,也可以作为工业锅炉和电厂的燃料,替代煤、天然气、燃料油等化石能源,近年来受到人们的广泛关注。现已开发成功的成型技术按成型物形状划分主要有三大类:棒状成型、颗粒状成型和块状成型技术。也可以从广义上将生物质压缩成型工艺分为常温压缩成型、热压成型和炭化成型等主要形式,其中热压成型是目前应用最普遍的工艺形式。

一、废弃生物质压缩成型原理

生物质原料的结构通常比较疏松,密度较小。这些原料在受到一定外部压力后,原料颗粒先后经历位置重新排列、颗粒机械变形和塑性流变等阶段,因此废弃生物质压缩成型原理与生物质的黏合性、粒子特性、电势特性等有关。尽管在扫描电子显微镜和透射电子显微镜等工具的帮助下能够在微观上研究物料纤维或颗粒内部的空隙、物料特性以及影响因素对生物质致密的作用,但是生物质致密成型机理目前还没有统一定论,研究者比较认可的观点有以下几种。

(1)生物质压缩成型的黏结机制

生物质成型块的品质受诸多因素影响,这些因素有的与生物质自身的生化特性有关,有的与外部压缩条件、模具类型、压缩方式、成型工艺等有密切联系,它们从根本上影响或制约成型块内部的黏结方式和黏结力大小,直接造成成型块物理品质的差异。1962 年,德国的 Rumpf 针对不同材料的压缩成型,将成型物内部的黏结力类型和黏结方式分成 5类:①固体颗粒桥接或架桥;②非自由移动黏结剂作用的黏结力;③自由流动液体的表面张力和毛细压力;④颗粒间的分子吸引力(范德华力)或静电引力;⑤固体颗粒间的填充或嵌合。多数农作物秸秆在较低的压力压缩下,秸秆破裂。由于秸秆断裂程度不同,形成规则和大小不一的颗粒,在成型块内部产生了架桥现象,所以成型块的松弛密度和耐久性都较低。粉碎的秸秆或锯末,在压力作用下,细小的颗粒互相之间容易发生紧密填充,其成型块的密度和强度显著提高。当农林废弃物进行热压成型时,构成生物质的化学成分可以转换为黏结剂,增强成型物颗粒间的黏结力。有学者在对生物质燃料压缩成型的研究中认为,虽然成型物的密度和强度受温度、含水量、压力、添加剂等诸多因素影响,但实质上,都可以用一种或一种以上的黏结类型和黏结力来解释生物质的压缩成型机制。

(2)生物质压缩成型的粒子特性

构成生物质成型块的主要为不同粒径的粒子,粒子在压缩过程中表现出的充填特性、流动特性和压缩特性对生物质的压缩成型有很大的影响。通常生物质压缩成型分为两个阶段:第一阶段,在压缩初期,较低的压力传递至生物质颗粒中,使原先松散堆积的固体颗粒的排列结构改变,生物质内部孔隙率减少;第二阶段,当压力逐渐增大时,生物质大颗粒在压力作用下破裂,变成更加细小的粒子,并发生变形或塑性流动,粒子充填空隙,粒子间更加紧密地接触而互相啮合,一部分残余应力储存于成型块内部,使粒子间结合更牢固。压力、含水率及粒径是影响粒子在压缩过程中发生变化的主要因素。

(3)生物质压缩成型的电势特性

根据传统的动电学理论,一旦固体颗粒与液体接触,在固体颗粒表面就会发生电荷的优先吸附现象,这使固相表面带电荷,与固体表面接触的周围液体会形成相反电荷的扩散层,从而构成了双电层。这种介于固体颗粒表面和液体内部的电势差称为 F 电势,它对生物质颗粒的压缩成型起排斥作用。因此,减小 F 电势的绝对值,就可以在少加或不添加黏结剂的情况下提高成型块的强度。有研究发现,不同生物质原料的 F 电势大小是不尽相同的,还受生物质颗粒在水中的接触时间、浓度、温度和添加剂等因素的影响,有效地控制这些因素条件可以显著降低 F 电势绝对值。一些有机化合物,如聚环氧乙烷,可以作为一种添加剂,起到中和 F 电势,减小压缩过程的排斥力的作用。试验证明,该添加剂能明显改善成型块的强度、抗跌碎性和抗滚碎性等性能,如将聚环氧乙烷的水溶液加入松木屑(含水率9.2%)中,与松木屑的配比浓度从 1/10000 增加到 3/10000,在内径为 48 mm 圆筒模,最大压力为138 MPa条件下进行压缩成型试验,结果显示,成型块的松弛密度由1025 kg·m^{-3}提高了1%;抗破碎强度增加了 36%;跌碎试验质量损失减少了 25%。

(4)生物质压缩成型的化学成分变化

在相同的压缩条件下,不同生物质成型块的物理品质却表现出较大差异,这与生物质本身的生物特性有一定关系,是由生物质的组织结构和组成成分不同造成的。通常各种生物质材料的主要组成成分都是纤维素、半纤维素和木质素,此外还含有水和少量的单宁、果胶质、萃取物、色素和灰分等。在构成生物质的各种成分中,普遍认为木质素是生物质固有的最好的内在黏结剂。它是由苯丙烷结构单体构成的、具有三维空间结构的天然高分子化合物,在水中及一般的有机溶剂中几乎不溶解,100 ℃才开始软化,160 ℃开始熔融形成胶体物质。因此,木质素含量高的农作物秸秆和林业废弃物非常适合热压成型。在压缩成型过程中,木质素在温度与压力的共同作用下发挥黏结剂功能,黏附和聚合生物质颗粒,提高了成型物的结合强度和耐久性。生物质体内的水分作为一种必不可少的自由基,流动于生物质颗粒间,在压力作用下,与果胶质或糖类混合形成胶体,起黏结剂的作用。因此,过于干燥的生物质材料通常是很难压缩成型的。研究表明,如果生物质原料的含水量合适,可降低木质素的玻璃化转变温度,使生物质在较低加热温度下成型。当含水量在 10％左右时,尽管需要施加较大的压力才能使其成型,但非弹性和黏弹性的纤维分子之间相互缠绕和绞合,在去除外部压力后,一般不能再恢复原来的结构形状,成型后结构牢固。生物质中的半纤维素由多聚糖组成,在一定时间的储藏和水解作用下可以发生转化,起到黏结剂的作用。生物质中的纤维素是由大量葡萄糖基构成的链状高分子化合物,是不溶于水的多糖,因此纤维素分子连接形成的纤丝,在以黏结剂为主要结合作用的黏聚体内发挥了类似于混凝土中“钢筋”的加强作用,成为提高成型块强度的“骨架”。此外,生物质所含的腐殖质、树脂、蜡质等萃取物也是固有的天然黏结剂,它们对压力和温度比较敏感,当采用适宜的温度和压力时,也有助于在压缩成型过程中发挥有效的黏结作用。生物质中的纤维素、半纤维素和木质素在不同的高温下,均能受热分解转化为液态、固态和部分气态产物。将生物质热解技术与压缩成型工艺相结合,利用热解反应产生的液态热解油(或焦油)作为压缩成型的黏结剂,有利于提高粒子间的黏聚作用,并提高成型燃料的品位和热值。

(5)生物质压缩成型的变形过程

生物质颗粒原料压缩成型是一个复杂的颗粒间相互作用的过程,生物质成型燃料的品质与生物质压缩成型过程有很大关系。研究发现,生物质的化学成分和生物质压缩成型过程中加工参数(压力、温度、湿度、原料成型尺寸等)的选择对生物质成型燃料的品质有很大的影响。不同生物质的最佳加工参数都不尽相同。生物质成型燃料的机械强度往往取决于压缩变形过程中生物质颗粒间的相互作用力。生物质原料颗粒在较高的压力下会产生塑性变形和弹性变形,其变形过程大致分为三个阶段。在第一阶段,原料颗粒在较低的压力下重新排列位置,形成一个较为紧密的压实体。生物质原料颗粒基本保持原来的形状和特征,能源消耗主要用于克服颗粒与颗粒之间以及颗粒与压模内壁之间的摩擦。在第二阶段,原料颗粒在较高的压力下产生了弹性和塑性变形,进一步填充了颗粒间的空隙。颗粒间的距离进一步减小,接触面积增大,导致颗粒间的静电力(范德华力)增大,使颗粒进一步黏接在一起。在此过程中,易碎的原料颗粒在压力的作用下破碎,增强了颗粒间的机械连锁效应,从而也增强了颗粒间的黏接力。在第三阶段,颗粒的压缩容积急剧减小,在高温、高压下,颗粒达到其熔点而软化,导致生物质颗粒更加紧密地连接在一起,冷却后生物质颗粒间便形成坚固的固相桥接。图 6.1 和图 6.2 分别为生物质颗粒压缩成型机理和压缩成型过程示意图。

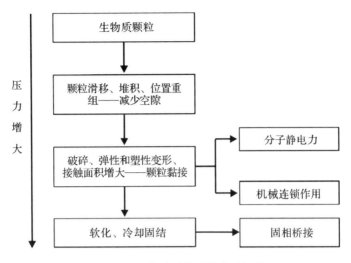

图 6.1　生物质颗粒压缩成型机理

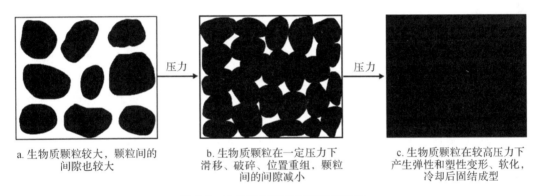

a. 生物质颗粒较大，颗粒间的　　b. 生物质颗粒在一定压力下　　c. 生物质颗粒在较高压力下
　　间隙也较大　　　　　　　滑移、破碎、位置重组，颗粒　　产生弹性和塑性变形、软化，
　　　　　　　　　　　　　　　间的间隙减小　　　　　　　　冷却后固结成型

图 6.2　生物质颗粒的压缩成型过程

二、废弃生物质压缩成型影响因素

1. 原料种类

原料的种类不但影响成型质量，如成型块的密度、强度、热值等，而且影响成型机的产量及动力消耗。在大量的农林废弃物中，有的植物体粉碎后容易压缩成型，有的就比较困难。木材废料一般较难压缩，即在压力作用下变形较小；而纤维状植物如秸秆和树皮等容易压缩，即在压力作用下变形较大。在不加热条件下压缩成型时，较难压缩的原料不易成型，但在加热条件下，如棒状燃料成型机，木材废料虽难于压缩，但因其木质素含量高，在高温下软化能起黏结作用，反而容易成型；而植物秸秆和树皮等黏结能力弱，不易成型。

2. 原料含水量

水分是天然的黏结剂和润滑剂，它可以在生物质颗粒之间形成薄膜，导致颗粒间的接触面积增大，从而增大颗粒之间的相互作用力（范德华力），提高生物质压缩成型能力；薄膜还可以减少成型过程中原料和模具、原料颗粒之间的摩擦力，减少能耗。适当的含水量是生物质压缩成型的必备条件之一，原料含水量过低或过高都不能得到理想的成型燃料。原料含水率过低,则压缩成型比较困难;原料含水率过高,加热过程中产生的蒸汽不能从成型燃料中心孔排出,轻者会造成燃料开裂,表面非常粗糙,重者产生爆鸣。一般来说,对于颗粒成型燃料,要求含水率在15%～25%;对于棒状成型燃料,要求含水率小于10%。

3. 原料粒度

原料粒度会影响成型机的生产效率和成型物的质量。一般来说,粒度较小的原料较易压缩,粒度较大的原料较难压缩。这是因为粒度越小,流动性越好,在相同压力下原料的变形越大,成型物结合越紧密,成型燃料的密度越大。当原料粒度较大时,成型机将不能有效地工作,能耗大,产量小。但对有些成型方式,如冲压成型,要求原料有较大的尺寸,原料粒度过小反而容易产生脱落。另外,原料粒度不均匀时,成型物表面容易产生裂纹,并且密度和强度降低。因此,在生物质压缩成型前要进行粉碎或筛分作业,使生物质原料具有合适的粒度和粒度分布。以木屑、稻壳、糠醛渣、刨花、稻草、花生壳、树叶、葵花子壳等8种原料生产棒状成型燃料为例,试验结果表明木屑、稻壳、糠醛渣3种原料粒度合适,可以直接压缩成型,产品坚实,表面光滑,模截面规则;其他5种原料都必须经过粉碎,一般要求粒度在4～6 mm以上,但不超过10%。

4. 温度

通过加热,一方面可使原料中的木质素软化,起到黏结剂的作用;另一方面可以使原料本身柔软,变得容易压缩。加热温度不但影响原料成型性,而且会影响成型机的工作效率。例如,对于棒状燃料成型机,当机器的结构尺寸确定以后,加热温度就应调整到一个合理的范围。温度过低,不但原料不能成型,而且能耗会增加;温度过高,能耗减小,但成型压力也会减小,导致成型物挤压不实,密度变小,容易断裂破损,且燃料表面过热烧焦,烟气较大。该机型的加热温度一般在150～300 ℃,使用者可根据原料形态进行调整。有些成型方式,如颗粒燃料成型机,虽然没有外热源加热,但在成型过程中,原料和机器部件之间的摩擦作用也可将原料加热到100 ℃,同样可使原料所含木质素软化,起到黏结剂作用。另外,不同生物质所含木质素的量不同,也会导致它们的最佳加工温度不同。

5. 压力

在压缩成型过程中,压力对生物质成型燃料品质的影响很大。只有在一定的压力下,生物质中的木质素、淀粉和蛋白质等天然黏合剂才能从原料颗粒中受挤压而分离出来,并在一定的温度和湿度条件下,发生相应的物理、化学反应,产生黏接功能,将原料颗粒紧密黏接起来。一般来说,在一定的范围内,增加压力,生物质成型燃料的颗粒密度和机械强度也相应增加;但是当成型燃料的颗粒密度增加到一定值时,增加压力并不会带来成型燃料颗粒密度的显著增加。压力过大时,成型燃料内部甚至产生微裂纹,反而降低成型燃料的颗粒密度和机械强度,降低成型燃料的品质。表6.1为不同压力下大麦、油菜、燕麦和小麦秸秆成型燃料颗粒密度的变化。在原料湿度为10%,加热温度为95 ℃的条件下,当压力由31.6 MPa上升到94.8 MPa时,大麦、油菜、燕麦、小麦秸秆成型燃料的颗粒密度分别提高8.9%、19.1%、16.7%、14.5%。但是,当压力进一步增加到126.4 MPa时,大麦和小麦秸秆成型燃料的颗粒密度反而下降。可见,盲目增加压力并不能保证生产出高质量的生物质成型燃料。

表 6.1　压力对几种生物质燃料颗粒密度的影响

压力/MPa	成型燃料颗粒密度/$(kg \cdot m^{-3})$			
	大麦秸秆	油菜秸秆	燕麦秸秆	小麦秸秆
31.6	907	823	849	813
63.2	978	934	937	929
94.8	988	980	991	931
126.4	977	1003	1011	924

第二节　废弃生物质压缩成型工艺流程及性质

一、废弃生物质压缩成型工艺

废弃生物质压缩成型技术发展至今,已开发了多种工艺。根据主要工艺特征的差别,可以在广义上将生物质压缩成型工艺划分为常温压缩成型、热压成型和炭化成型三种。

(1)常温压缩成型

常温压缩成型的设备没有辅助的外部热源装置供给热量。成型初期将原料浸水使之湿润皲裂并部分降解,将其水分挤出,在成型原料中加黏结剂搅拌混合均匀,然后压缩为成型燃料,由于含水量较高,成型后需要烘干。模具与原料之间或粒子间存在较大摩擦所产生的热量,能软化木质素达到黏结的效果,根据需要可不添加或少量添加黏结剂。有研究结果表明,常温高压压缩成型时,含水率最好控制在 5%～15%,最高不能超过 22%;压力控制在 15～35 MPa 即可满足存放、运输要求;秸秆类生物质易成型,灌木由于原料本身纤维硬、韧性好而不易成型。压力对压缩成型后的燃料热值具有重要影响。

(2)热压成型

热压成型是目前农林废弃生物质普遍采用的压缩成型工艺。生物质热压成型,就是以生物质加热后的木质素为黏结剂,纤维素、半纤维素为"骨架",在一定温度和压力等工艺条件下把碎散的生物质物料压制成具有固定几何形状的规格、型体。其工艺过程包括粉碎、干燥、加热、压缩、冷却 5 步。

热压成型的主要工艺参数是温度、压力及成型过程的滞留时间。加热使生物质物料达到一定温度,其主要作用为:①使生物质中的木质素软化、熔融而成为黏结剂;②使压块燃料的外表层炭化,从而在通过模具或通道时能顺利滑出而不会粘连,减少挤压动力消耗;③提供物料分子结构变化的能量。对生物质物料施加压力的主要目的是:①破坏物料原来的物相结构,组成新的物相结构;②加固分子间的凝聚力,使物料变得致密均实,以增强型体的强度和刚度;③为物料在模内成型及推进提供动力。根据试验研究,对木屑、秸秆和果壳等生物质的加温和加压情况是:①加热温度:靠模具边界处为 230～470 ℃,成型燃料内部为140～170 ℃;②压力:成型燃料所承受的压力由低到高,一般压力为 50～400 MPa。成型物料在模具内所受的压应力随时间的增加而逐渐减小,因此,必须有一定的滞留时间,以保证成型物料中的应力充分松弛,防止挤压出模后过大膨胀,也使物料有较长时间进行热交换。

一般,滞留时间应不少于 40～50 s。

热压成型技术根据原料被加热的部位不同分为两类:非预热热压成型工艺和预热热压成型工艺。两者不同之处在于预热热压成型工艺在原料进入成型机之前对其进行预热处理。在实际应用中,非预热热压成型工艺占主导地位,但成型工艺部件磨损严重,有关研制单位在原料进入成型机之前对其预热至 100 ℃ 左右,以减轻磨损,同时缩短了加热段的长度。

(3)炭化成型

炭化指有机物通过热解导致含碳量不断增加的过程。根据工艺流程不同,炭化成型工艺可分为先成型后炭化和先炭化后成型两种形式。

先成型后炭化的工艺流程为:原料→粉碎干燥→成型→炭化→冷却包装。先用压缩成型机将松散碎细的植物废料压缩成具有一定密度和形状的燃料棒,再用炭化炉将燃料棒炭化成木炭。这种工艺的原料密度大、几何尺寸大、是热的不良导体,炭化所需时间长。先成型后炭化工艺对炭化技术要求高,如果掌握不好升温时间和升温速度,就会出现炭棒断裂、炸裂或外熟里生的现象。

先炭化后成型的工艺流程为:原料→粉碎除杂→炭化→混合黏结剂→挤压成型→成品干燥→包装。先将生物质原料炭化成颗粒状炭粉,再添加一定量的黏结剂,然后用压缩成型机挤压成一定规格和形状的成品炭。由于原料的纤维结构在炭化过程中受到破坏,高分子组分受热裂解转化成炭,并释放出挥发分(包括可燃气体、木醋液和焦油等),其挤压成型特性得到改善,成型部件的机械磨损和挤压加工过程中的功率消耗明显降低。但炭化后的原料在挤压成型后维持既定形状的能力较差,储存、运输和使用时容易开裂或破碎,所以压缩成型时一般要加入一定量的黏结剂。如果在成型过程中不使用黏结剂,要保证成型块的储存和使用性能,则需要较高的成型压力,这将明显提高成型设备的造价。

以上两种工艺各有利弊,将二者有机结合是未来发展趋势,即将压缩筒设在热解炉内,使原料在压缩成型过程中进行炭化,挥发分被导入气体冷却罐内。这样既能制取热值较高的成型炭,又能获得焦油和燃气等副产品。

各成型工艺的优缺点及适用的成型技术介绍如表 6.2 所示。应根据物料的特性、加工使用的目的及现场条件等选择合适的工艺及设备进行废弃生物质压缩成型。

表 6.2　成型工艺的优缺点及适用的成型技术

成型工艺	优点	缺点	适用燃料成型技术
常温压缩成型	工艺流程简单,设备体积小、价格低、容易操作,成型能耗比较低	成型模具磨损较快,烘干费用高,多数产品燃烧性能较差	主要有环模燃料成型技术、平模燃料成型技术
热压成型	极大地降低了生物质的储运成本,和常温成型技术相比燃烧效率有所提高	工艺环节复杂,对成型前粉料含水率有严格要求,成本高	通常有螺旋挤压式成型技术、机械驱动活塞冲压式成型技术和液压驱动活塞冲压式成型技术

续表

成型工艺	优点	缺点	适用燃料成型技术
炭化成型	能耗低，理化性质稳定、吸附能力较强，表面积大大增加，可作土壤改良剂	炭化后的原料易碎，成型压力大，这将使成型机的造价大幅度提高	螺旋挤压式成型技术

二、废弃生物质压缩成型生产流程

废弃生物质压缩成型的生产工艺流程一般包括废弃生物质收集、原料粉碎、干燥、压缩和保型等，如图6.3所示。

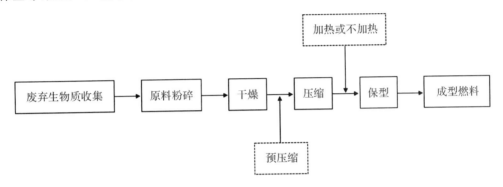

图6.3　生物质压缩成型的一般工艺流程

1. 生物质收集

生物质收集是十分重要的工序，要考虑以下问题：①原料自然状态脱水程度；②压缩成型加工厂的收集半径；③供给加工厂原料形式，包括整体式和初加工包装形式。另外，要特别注意在收集过程中应尽可能减少泥土夹带。夹带泥土容易造成燃料燃烧时结渣，利用机械化收集可改善这种情况。

2. 原料粉碎

生物质粉碎是压缩成型前对原料的基本处理，粉碎质量好坏直接影响成型机的工作性能及产品质量。在压缩成型过程中，如果原料的粒度过大，则原料必须在粉碎机内粉碎以后才能进入成型机，否则成型机就要消耗大量的能量。在生物质压缩成型过程中，成型机也能进行一定的粉碎作业，但效率低，因此要求粉碎作业尽可能在粉碎机上完成。

对于一般木屑、树皮等尺寸较大的生物质，都要进行粉碎作业，而且常常进行两次以上粉碎，并在粉碎的工序中，间插干燥工序，以提高粉碎效果，增加产率。锤片式粉碎机是粉碎作业应用最多的一种粉碎机。对于树皮、碎木屑等生物质原料，锤片机能够较为理想地完成粉碎作业。粉碎物的粒度大小可通过改换不同开孔大小凹版来实现。但是对于较为粗大的木材废料，一般先用木材切片机切成小片，再用锤片式粉碎机将其粉碎。然而，并不是所有供给压缩成型的原料都要进行粉碎作业，如木屑热压成型时，往往只从原料中清除尺寸较大的异物，即可直接压缩成型。

3. 干燥

干燥是压缩成型的重要工艺过程。原料中的水分较为明显地影响压缩成型,通常要求的成型原料水分含量都是经验数据。在压缩成型过程中,当水分含量超过某一指标时,随着温度的升高,燃料体积会突然膨胀,易产生爆炸或造成事故;若水分含量过低,范德华力降低,压缩成型较难。

4. 预压缩

将松散的原料进行预压缩处理,可提高生物质压缩成型的生产率。通常采用螺旋推进器、液压推进器等对生物质进行预压缩。

5. 压缩

压缩是压缩成型工艺中最重要的环节之一,主要在"成型模"内进行。"成型模"的内壁是前大后小的锥形,原料进入模具后要受三种力作用,即机器主推力、摩擦力和模具壁的向心反作用压力。影响主推力大小的是原料的密度、直径等,影响摩擦力大小的是夹角和模具的温度。夹角越大,摩擦力越大,密度和动力也应越大。因此,夹角设计至关重要。

6. 黏结剂

压缩成型过程中加入黏结剂有两个目的:一是增加压块的热值,同时增加黏结力。如,可加入10%~20%的煤或炭粉,但加入时一定要注意均匀度,防止因相对密度不同造成不均匀聚结。二是增加黏结力,减少动力输入。这要求生物质颗粒较小,便于黏结剂均匀接触,一般都在预压前输送过程中加入,易于搅拌。

7. 保型

保型的目的是消除已成型的生物质内部压力,使形状固定下来。这是在生物质压缩成型后的一段套筒内进行的,保型套筒的端部有开口,用以调整保型筒的保型能力。套筒内径略大于压缩成型的最小部位直径,如果保型套筒大于成型筒直径过多,生物质会迅速膨胀,容易裂纹;过小则应力得不到消除,出口后还会因为温度突然下降,发生崩裂或粉碎现象。

三、废弃生物质成型燃料的物理品质

由于生物质材料的种类和成分不同,压缩方式和压缩条件不同,其成型燃料的品质特性也存在较大差异。在生物质成型燃料的各种品质特性中,除燃烧特性外,成型块的物理特性是最重要的。它直接决定了成型块的使用要求、运输要求和贮藏条件。而松弛密度和耐久性是衡量成型块物理品质特性的两个重要指标。

1. 松弛密度

生物质成型块在出模后,由于弹性变形和应力松弛,其压缩密度逐渐减小,一定时间后密度趋于稳定,此时成型块的密度称为松弛密度。它是决定成型块物理性能和燃烧性能的一个重要指标值。松弛密度要比模内的最终压缩密度小,通常采用无量纲参数——松弛比,即模内物料的最大压缩密度与松弛密度的比值,描述成型块的松弛程度。生物质成型块的松弛密度与生物质的种类及压缩成型的工艺条件有密切关系,不同生物质由于含水量不同,组成成分不同,在相同压缩条件下所达到的松弛密度存在明显的差异。

一般地,提高成型燃料的松弛密度有两种途径。一是用压缩时间控制成型块在模具内的应力松弛和弹性变形,防止成型块出模后压缩密度的减小;二是将生物质原料粉碎,尽可能减小粒度,并适当提高生物质压缩成型的压力、温度或添加黏结剂,最大限度地降低成型块内部的空隙率,增强结合力。

2. 耐久性

耐久性反映了成型块的黏结性能,由成型块的压缩条件及松弛密度决定。耐久性作为衡量成型块品质的一个重要特性,主要体现在成型块的使用性能和储藏性能方面。单一的松弛密度值无法全面、直接地反映成型块在使用方面的差异性。因此,耐久性又具体细化为抗变形性、抗跌碎性、抗滚碎性、抗渗水性和抗吸湿性等指标,通过不同的试验方法检验成型块的黏结强度大小,并采用不同的指标来表示各项性能。

抗变形性一般采用强度试验测量,包括拉伸强度和剪切强度,用失效载荷值表示。跌落试验和翻滚试验分别用来检验成型块的抗跌碎性和抗滚碎性,并用失重率反映成型块的抗碎性能。美国、瑞典等分别形成了各自的试验技术标准和评估标准,专门用于生物质成型块的耐久性评估。某些情况下,冲击试验及抗冲击指标也常常作为一种非标准方法,检验成型块在特殊场合使用时的抗冲击变形能力。在抗渗水性能评价中,各种研究在试验方法和量化方式上大概有两种,一种是计算成型块在一定时间内浸入水中的吸水率;一种是记录成型块在水中完全剥落分解的时间。对于抗吸湿性,一般采用成型块在环境湿度和温度条件下的平衡含水率作为评价指标。

四、废弃生物质成型燃料的燃烧特性

生物质成型燃料的燃烧性能优于薪柴,能量密度与中质煤相当,成型燃料的燃烧特性较成型前有明显改善,且储存、运输、使用方便,干净卫生,可替代矿物能源应用于生产和生活领域。

1. 点火过程

生物质成型燃料的点火过程是指燃料与氧混合接触后,从开始反应到产生剧烈燃烧前的过程。实现生物质成型燃料点火的条件为燃料表面析出一定浓度的挥发物,挥发物周围要有适量的氧气和足够高的温度。

生物质成型燃料的点火主要包括:①在高温热源的作用下,成型燃料中的水分被逐渐蒸发;②成型燃料表层颗粒中的有机质成分开始分解,一部分挥发性可燃气体析出;③燃料表层颗粒,在析出一定浓度的挥发物并达到适当温度后,开始局部着火燃烧;④成型燃料表层点火面渐渐扩大,同时也有其他局部表面开始燃烧;⑤成型燃料表层点火面迅速扩大并有明显的火焰出现;⑥成型燃料点火区域逐渐深入到燃料内部,完成整个点火过程。

在高压成型的生物质燃料中,其组织结构限定了挥发分由内向外的析出速度及热量由外向内的传递速度,且点火所需的氧气比原生物质减少。因此生物质成型燃料的点火性能比成型前有所降低,但仍远远高于煤的点火性能。

2. 燃烧过程

生物质成型燃料的燃烧属于静态渗透式扩散燃烧,从点着火开始,其过程主要包括:①生物质成型燃料表面可挥发物燃烧,可燃气体和氧气发生放热化学反应,形成明显火焰;②成型燃料表层部分的碳处于过度燃烧区,形成较大火焰;③成型燃料表层仍有少量的挥发分在燃烧,燃烧向燃料深层渗透;④成型燃料的燃烧进一步向更深层发展,在层内主要进行碳燃烧,在其表面进行一氧化碳的燃烧,形成比较厚的灰壳,由于生物质的燃尽和热膨胀,灰层中呈现微孔组织或空隙通道甚至裂缝,较少的短火焰包围着成型块;⑤成型燃料的燃烧进一步加强,可燃物基本燃尽,在没有强烈干扰的情况下,形成整体的灰球,灰球表面几乎看不出火焰,灰球变暗红色,至此完成了整个燃烧过程。

生物质成型燃料密度大,限制了挥发物的逸出速度,延长了挥发物的燃烧时间,燃烧反应大部分只在生物质成型燃料的表面进行。若炉灶供给的空气充足,没有燃烧的挥发分损失很少,黑烟明显减少。成型燃料挥发物逸出后剩余的炭结构紧密,运动气流不能将其分开,在燃烧过程中可清楚地观察到蓝色火焰包裹着明亮的炭块,炉温提高,燃烧时间延长。压缩成型燃料在整个燃烧过程中需氧量趋于平衡,燃烧稳定。总而言之,生物质压缩成型燃料的燃烧性能较生物质原料有了明显的改善,燃料的利用率(或热效率)得到了有效的提高。

第三节 废弃生物质压缩成型设备及案例

目前,世界各地研制生产的生物质压缩成型燃料根据形状不同分为颗粒状燃料、块状燃料和棒状燃料,而按照机械作用原理,废弃生物质压缩成型设备分为螺旋挤压式成型机、活塞冲压式成型机和压辊式成型机。

一、螺旋挤压式成型机

螺旋挤压式成型机是开发最早且应用最普遍的生物质压缩成型设备。螺旋挤压式成型机利用螺杆挤压生物质,靠外部加热维持成型温度为150～300 ℃,使废弃生物质软化、挤压成生物质压缩燃料。螺旋挤压式成型机主要由挤压螺旋、套筒及加热圈等组成,如图6.4所示。粉碎后的废弃生物质原料在挤压螺旋的作用下被推入套筒,在套筒周围加热圈的作用下,生物质原料被加热至软化状态,最终受挤压和胶黏共同作用而成为棒状,成型后的棒状燃料源源不断地被输送出来。螺旋挤压式成型机要求工作温度为150～300 ℃,原料含水率控制在6%～12%,原料粒度小于40 mm。螺旋挤压机的生产能力多在150～200 kg·h^{-1},单位能耗为100～125 kWh·t^{-1},成型产品的密度一般在1.0～1.4 g·cm^{-3},产品为50～70 mm的棒状成型物。

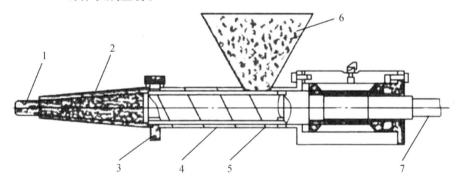

图6.4　螺旋挤压式成型机结构示意图

1——成型棒;2——锥形筒;3——法兰;4——预热器;

5——挤出螺旋;6——原料;7——驱动器

螺旋挤压式成型机的优点在于运行平稳,连续成型,成型品质量好,可通过调整螺杆的进套尺寸调节成型压力。但又存在单位产品能耗高、产品成本较高等问题。另外,螺旋挤压式成型机在使用过程中成型部件磨损严重,使用寿命较短。尤其是螺杆,使用时间约为60 h,新部件的造价高达 1000 元·个$^{-1}$,这严重阻碍了螺旋挤压式成型机的规模化发展。现有技术可将整体螺杆拆分为螺杆头和螺杆主体两部分,通过更换螺杆头来达到降低生产磨损的目的,不但便于更换,而且可以节省设备更新成本。此外,还可采用喷焊钨钴合金、焊条堆焊或碳化钨,或采用局部渗硼处理和振动堆焊等方法对螺杆成型部位进行强化处理,以延长螺杆的使用寿命。

用于燃料成型的螺杆挤压式成型机分为双螺杆挤压成型机、锥形单螺杆挤压成型机和外部加热的螺旋式成型机三种。西欧和美国一般都采用前两种,而中国、日本、印度、泰国、马来西亚等东南亚国家则多采用外部加热的螺旋式成型机。

1.双螺杆挤压成型机

双螺杆挤压成型机有两个相互啮合的变螺距螺杆,成型套为"8"字形结构。在挤压过程中,摩擦生热使生物质在机器内干燥,生成的蒸汽从出口逸出。这种成型机对原料的预处理要求不严,原料粒度可在 30~80 mm,水分含量可高达 30%,可省去干燥装置。根据原料种类的不同,生产率可达 2800~3600 kg·h^{-1}。然而,由于物料干燥,需要由机械压缩来完成,所以需要大型的电机,能耗较高。此外,双螺杆挤压机有两套推力轴承和密封装置以及一个复杂的齿轮传动装置需要维护保养,增加了生产成本。典型的双螺杆挤压成型机如图 6.5所示。

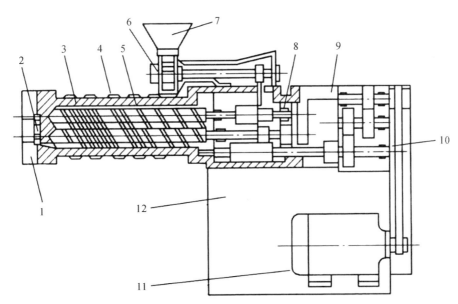

图 6.5　双螺杆挤压成型机结构示意图

1——连接法兰;2——分流板;3——成型套筒;4——电阻加热;5——双螺杆;6——螺旋加料装置;
7——进料口;8——螺旋轴承;9——齿轮减速箱;10——传送带;11——电动机;12——机架

2.锥形单螺杆挤压成型机

生物质原料被旋转的锥形螺杆压入压缩室,再被螺杆挤压头挤入模具,模具可以是单孔的或多孔的。物料进入模具后,在机器的主推力、摩擦力和模具壁的向心反作用力下被挤压成型,最后通过切刀将成品切成一定长度的成型棒。一般而言,典型的锥形单螺杆挤压成型压力为 60～100 MPa,成型棒的密度为 1.2～1.4 g·cm⁻³,生产能力为 600～1000 kg·h⁻¹。单螺杆挤压成型机最主要的缺点是锥形螺杆的螺旋头和磨具磨损严重,所以材料采用硬质合金。典型的单螺杆式挤压成型机结构如图 6.6 所示。

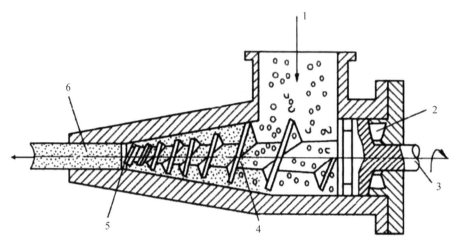

图 6.6　单螺杆式挤压成型机结构示意图

1——原料;2——止推轴承;3——驱动轴;4——锥形螺旋;5——挤出口;6——成品

3. 加热螺旋挤压式成型机

加热螺旋挤压成型技术,即在螺旋挤压式成型机的筒外设置一段加热装置,使生物质中的木质素受热塑化后具有黏性,从而降低螺旋挤压式成型机的能耗。外部加热螺旋挤压式成型机过去以电加热设备为主要加热元件。现在,以导热油为加热介质的螺旋挤压式成型机已经开发出来,避免了电加热设备容易漏电、加热段筒壁过厚导致的传热阻力大等缺点。为了缩短加热段长度,可以在压缩原料进入压缩成型筒之前就进行部分加热处理,即预热,也称为具有预热的加热螺旋压缩成型技术。

二、活塞冲压式成型机

活塞冲压式成型机的成型过程是靠活塞的往复运动实现的,典型的活塞冲压式成型机结构如图 6.7 所示。按驱动动力可以分为机械驱动活塞冲压式成型机和液压驱动活塞冲压式成型机两种。机械驱动活塞冲压式成型机利用飞轮储存的能量,通过曲柄连杆机构带动挤压活塞,将松散的生物质挤压成致密的生物质块。液压驱动活塞冲压式成型机利用液压油缸提供的压力,带动挤压活塞,将生物质挤压成型。活塞冲压式成型机通常用于生产实心燃料棒,其密度介于 0.8～1.1 g·cm⁻³,其中,液压驱动活塞冲压式成型机对原料的含水率要求不高,允许原料含水率高达 20% 左右。

活塞冲压式成型机通常不需要电加热,成型物密度稍低,容易松散,在北欧和美国生产的大型成型机常采用这种形式,如瑞典生产的 M75 型成型机,美国生产的 FH75/200 型成型机。我国也开展了此类机型研究,例如河南农业大学研制的 PB-I 型挤压式成型机等。与螺旋挤压式成型机相比,活塞冲压式成型机明显改善了成型部件磨损严重的问题,但由于存在较大的振动负荷,所以机器运行稳定性相对较差、噪声较大,存在润滑油泄漏污染的问题。

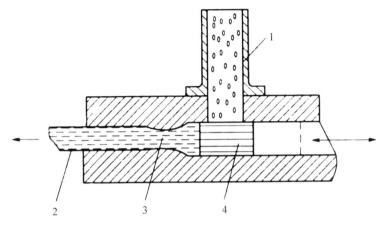

图 6.7　活塞冲压式成型机结构示意图
1—原料;2——成型块;3——喉管;4——活塞

三、压辊式成型机

与螺旋挤压式成型机和活塞冲压式成型机相比,压辊式成型机的成型模具直径较小,而且每一个压模盘片上有很多成型孔,主要用于生产颗粒状成型燃料,多应用于大型木材加工厂木屑的加工成型或造纸厂秸秆碎屑的加工成型。美国在 19 世纪 70 年代左右开发了这种设备用于饲料成型;日本在 80 年代从美国引进了该技术,在 90 年代初期就已经有十几家颗粒燃料工厂投入运行。压辊式成型机主要依靠物料挤压成型时所产生的摩擦热使生物质原料软化和黏合,一般不需要外部加热。如果生物质原料木质素含量低,黏结力较小,则可添加适量黏合剂。与活塞冲压式成型机相比,压辊式成型机压缩速度显著降低,这使原料中的空气和水分在成型孔中有足够的时间逸出,并可通过改变压模的厚度使成型颗粒在成型孔的滞留时间发生变化,因此压辊式成型机对原料的含水率要求较宽,一般在 10%～30% 下均能很好成型。成型颗粒密度为 $0.8～1.4\text{ g}\cdot\text{cm}^{-3}$。与螺旋挤压式成型机和活塞冲压式成型机相比,压辊式成型机具有较高的生产率,而且产品成本低,但是其技术要求也相对较高。

压辊式成型机主要由压辊和压模组成。其中,压辊可以绕自身的轴转动,在它的外表面上有齿或槽,既便于物料的压入又可防止打滑,而在压模的外表面上有一定数量的成型孔。当生物质物料进入压辊和压模之间时,两者间的相对运动,使生物质物料不断地被压入压模的成型孔内后挤出,并在出料口处设置切断装置,在其作用下切成具有一定长度的生物质颗粒燃料。根据压模形状不同,压辊式成型机可分为平模成型机和环模成型机。

1.平模成型机

压辊式平模成型机用水平圆盘压模与压辊对生物质原料进行压缩成型。按执行部件的运行状态不同,平模成型机可分为动辊式、动模式和模辊双动式,后两种常见于小型平模成型机,较大机型一般用动辊式。按模辊的形状又可以分为锥辊式和直辊式两种。

压辊式平模成型机的基本结构及工作原理如图 6.8 所示。压辊式平模成型机用水平圆盘压模,在圆盘压模与压辊接触的圆周上有成型孔,压模上有4~6个压辊。工作时,压辊可随压辊轴做圆周运动。压辊通过减速机构,在电机驱动下,在压模上滚动。原料从料斗加入成型机内,由于压辊和压模之间存在相对滑动,原料在压辊和压模间受到挤压被粉碎。粉碎的原料也被压入压模成型孔内压成圆柱形或棱柱形,最终从压模成型孔中挤出,切割刀将压模成型孔中挤出的压缩条按需要长度切成颗粒,颗粒被切断并排出机外。在工作过程中,由于压辊和压模之间存在相对滑动,对原料可起到磨碎的作用,所以允许使用粒径稍大的原料。

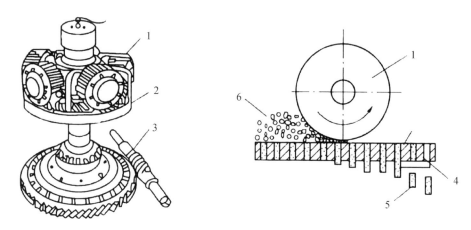

图 6.8　压辊式平模成型机基本结构及工作原理示意图
1——压辊;2——平模盘;3——减速与传动结构;4——切刀;5——成型颗粒;6——原料

平模盘是成型机的核心技术部件,是成型孔的载体。其结构形式有两大类,即整体式平模盘和套筒式平模盘。套筒式平模盘是目前平模式成型机的发展趋势,套筒内孔可设计成圆孔或方孔结构,可按成型原理设计内部形状。套筒外缘与平模盘可通过螺纹、锥形台座或嵌入式组合在一起。平模盘母体材料可选铸钢或铸铁件,应具有很好的强度。套筒座孔要有较高的精度,孔间厚度要保证不因冲击而裂开,平模母盘可长期不更换。套筒平模成型机的最大优点是母盘为永久型部件,可以设计多种形状的成型腔。套筒可以是廉价的铸铁,也可以是陶瓷类非金属材料,且适于规模化专业化生产。

压辊的作用是将进入成型腔的生物质原料挤压进入平模成型孔中,这就要求压辊外缘与平模盘之间有一定间隙,此间隙的大小影响成型机的生产率。从节能的角度考虑,平模盘上的原料层不宜太厚,但这就限制了燃料的生产率。要提高生产率,可通过增大压辊半径等方法。直辊式压辊挤压原料时的转动并不完全是纯滚动,还有相对滑动,压辊内外端与平模的相对线速度不同,平模直径越大,内外端速度差越大。速度差的存在,在某种程度上加剧了压辊的磨损,压辊的转速越高,磨损速度越快,耗能增加越多,造成磨损不均匀,还会发出较大噪声,因此在设计中要控制压辊自转转速。

2. 环模成型机

环模挤压式成型的技术原理如图 6.9 所示,在压缩成型时,原料被进料刮板卷入环模和压辊之间,装置中主轴带动环模旋转,在摩擦力作用下,压辊与环模同时转动,利用二者的相对旋转将原料逐渐压入环模孔中成型,并不断向孔外挤出,再由切刀按所需长度切成具有一定长度的成型颗粒燃料。在环模挤压成型过程中,物料在压制区内所在的位置不同,其受压辊的压紧力也不同,可分为四个区间,即供料区、挤压区、压紧区和成型区,如图 6.10 所示。

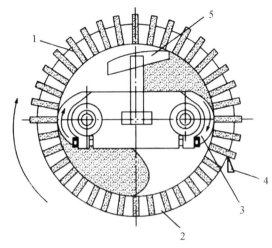

图 6.9　环模挤压式成型原理图

1——模孔;2——环模;3——压辊;4——切刀;5——进料刮板

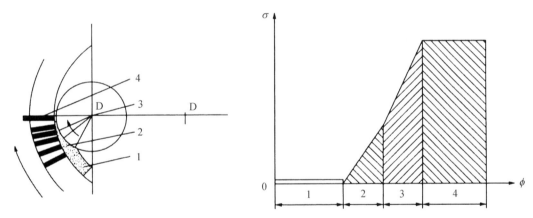

图 6.10　物料在各区的压紧力

1——供料区;2——挤压区;3——压紧区;4——成型区

　　环模压辊式成型机按压辊的数量可分为单辊式、双辊式和多辊式三种,如图 6.11 所示。单辊式的特点是压辊直径可以做到最大,使压辊外切线与成型孔入口有较长的相对运动时间,挤压时间长,挤出效果理论上应该是最好的;但其机械结构较大,平衡性较差,生产效率不高,只能用在小型环模式成型机上。双辊式的特点是机械结构简单,平滑性能好,承载能力好,是目前应用最为广泛的机型。三辊式的特点是三辊之间的受力平衡性好,但占用混料仓面积大,影响进料,生产效量不高。

　　环模是环模压辊式成型机的核心部件。环模的孔型和厚度对与制粒的质量和效率有着密切的联系。若环模的孔径太小、厚度太厚,则生产率低下、成本费用高,反之颗粒松散,影响质量和制粒效果。因此,科学选用环模的孔形和厚度等参数是高效、优质生产的前提。目前常用的模孔形状主要有直形孔、反向阶梯孔、外锥形扩孔和正向带锥形过渡阶梯孔 4 种。直形孔加工简单,使用最为普遍;反向阶梯孔和外锥形扩孔减小了模孔的有效长度,缩短了物料在模孔中的挤压时间,适用于直径小于 10 mm 的颗粒;正向带锥形过渡阶梯孔适用于直径大于 10 mm 的粗纤维含量高、体积质量低的原料。环模的厚度直接影响环模的强度、刚度及制粒的效率和品质。通常选用的环模厚度为 32～127 mm。

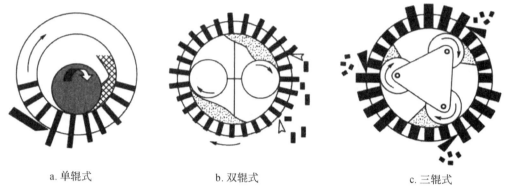

a. 单辊式　　　　　　　　b. 双辊式　　　　　　　　c. 三辊式

图 6.11　环模成型机的压辊形式

压辊的作用是将物料挤入模孔,在模孔中受压成型。为使物料进入模孔,压辊与物料之间必须有一定的摩擦力。按图 6.12 所示,将压辊做成不同形式的粗糙表面,可防止压辊"打滑"。①拉丝辊面。目前最常见的一种,防滑能力较强,但物料有可能向一边滑移。如将拉丝槽做成两端封闭型,则可减少这种滑移。②带凹穴辊面。凹穴内填满物料,形成摩擦面,摩擦系数较大,物料不易侧向滑移。③槽沟辊面。在辊面上有窄形的槽沟以增加摩擦力,与凹穴辊面一样,物料不易侧向滑移。④碳化钨辊面。辊面嵌有碳化钨颗粒,表面粗糙,质硬耐磨。对于磨损辊面严重及黏性大的物料,这种辊面尤为常见。具有碳化钨涂面的压辊,使用寿命比拉丝辊长 3 倍以上,但在使用时,务必使该辊定位准确,避免磨损压模。

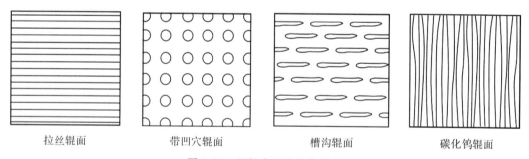

拉丝辊面　　　　　　带凹穴辊面　　　　　　槽沟辊面　　　　　　碳化钨辊面

图 6.12　压辊表面的基本形式

由于工作原理和成型过程不同,螺旋挤压式、活塞冲压式以及压辊式生物质压缩成型设备的原料含水率、磨损部位、部件寿命、产品密度、单机产量、能耗、适用的原料和燃料形状不同,具体性能对比见表 6.3。

表 6.3　不同类型生物质压缩成型设备的性能对比

项目	螺旋挤压式	活塞冲压式	压辊式	
			平模成型机	环模成型机
原料含水率/%	6～12	8～20	15～25	8～30

项目	螺旋挤压式	活塞冲压式	压辊式	
			平模成型机	环模成型机
磨损接触部位	螺杆、螺旋头	撞头和模子	平模和压辊	环模和压辊
关键部件寿命/h	60	200	>200	>400
输出形式	连续	间断	连续	连续
密度/(g·cm^{-3})	1.0～1.4	0.8～1.1	0.8～1.4	0.8～1.4
成型燃料均匀性	较均匀	较均匀	较均匀	非常均匀
单机产量/(kg·h^{-1})	150～200	50～500	100～500	1000～2000
能耗/(kWh·t^{-1})	100～125	60～80	30～100	60～110
适用原料	木屑、木片、果树枝、棉秆、稻壳等农林废弃物	小麦秸秆和稻草等不易成型的物料	木质料及作物秸秆	木质料以及经过处理的熟料
燃料形状	空心燃料棒	燃料棒	块状、颗粒状	块状、颗粒状

四、废弃生物质成型燃料生产典型案例

1. 生物质复合型煤

煤与生物质混合燃烧在工业上已经得到了深入研究和证实,二者混合而成的洁净生物质复合型煤确实能够在不增加排放污染物的基础上达到增加燃尽率的效果,甚至还会减少污染物的排放。将粉煤与废弃生物质按一定比例混合压制成型,可制成生物质复合型煤。生物质型煤的燃烧特性与原煤相比,具有着火点低,而且能有效降低 SO_2、NO_x 排放的特点,且生物质复合型煤燃烧后的灰分含有钾和磷,可以作为钾肥、磷肥使用。生物质复合型煤技术将生物质废弃物与有限的煤炭资源结合起来,不仅能实现煤炭(尤其是粉煤)的高效清洁利用,而且实现了生物质废弃物(如城市固体废弃物或农林废弃物等)的能源化和资源化利用。

国内外对生物质复合型煤技术进行了广泛的研究。生物质复合型煤技术是在 20 世纪 80 年代末发展起来的一项新技术。土耳其把松果、造纸废液、锯木和褐煤等混合,在 50～250 MPa 的压力下制出了燃料型煤。德国以糖浆作为黏结剂,同时掺入锯末和造纸厂的废纸来生产复合型煤。乌克兰、俄罗斯、匈牙利、英国、美国等国利用生物质水解产物作为黏结剂生产复合型煤。西班牙将橄榄核、锯木和劣质煤混合,用腐殖酸盐作黏结剂制作复合型煤。美国、瑞典等国还用磨细的生物质和脱水泥炭混合、挤压、切割成型生产复合型煤。

日本在石油危机的境况下开发了生物质复合型煤技术,将粉碎后的农作物秸秆、固硫剂与原煤混合后经高压成型机压制,产物中生物质占比为 15%～30%,固硫率可达 80% 左右,燃烧效率也较高。日本于 1985 年在北海道建成了一座年产 6000 t 的生物质型煤工厂,同时还试验生产了生物质复合型煤的小型燃烧装置和专用燃烧设备。日本很重视在中国、土耳其、泰国和巴基斯坦等地推广应用其生物质复合型煤技术。

2. 秸秆成型燃料

农作物秸秆是农村最丰富的资源之一。秸秆作为一种废弃生物质能源,是宝贵的可再生能源。充分利用秸秆资源有助于缓解能源紧张问题,秸秆燃料使用对环境保护也有益处。

秸秆成型燃料是利用新技术及专用设备将各种农作物秸秆、木屑、锯末、花生壳、树枝树叶等压缩成型的现代化清洁燃料,无需任何添加剂和黏结剂。秸秆成型生产可以以村屯为单位建立小型加工厂,使用大型或中型加工设备;也可以采用小型移动式加工设备,在田间地头完成。利用秸秆成型技术将松散的秸秆变成高密度的秸秆块,便于存放与运输,也解决了秸秆能源的收集难和存放占用空间大的问题。

压缩成型后的秸秆块可以有多种用途,比如进一步利用生物化学转化技术和热化学转化技术将其转化为其他能源形式。其中最简单的应用是直接燃烧,秸秆块可以作为煤炭的替代物直接供给以煤为燃料的用户,可以是农户,也可以是集中供暖企业和生物质火力发电企业;还可以替代煤用于化工企业原料或作其他用途。

在农作物秸秆的高效利用技术中,秸秆压缩成型技术较为成熟,有一定的推广应用潜力。秸秆燃料经压缩成型后,成型燃料的密度可达 $1.2 \sim 1.4 \, \mathrm{g \cdot cm^{-3}}$,燃料的燃烧特性也大为改善,优于木材,相当于中质煤;由于成型加工过程中调整了水分含量,成型燃料的热值较秸秆原料略有提高,为 $15.48 \sim 18.83 \, \mathrm{MJ \cdot kg^{-1}}$。

成型加工改变了秸秆的形状,秸秆燃烧由松散物燃烧变成了块状物燃烧,燃烧反应大部分在成型燃料的表面进行,燃烧情况与块状煤炭类似。秸秆成型燃料密度大,成型加工降低了秸秆燃料挥发物的逸出速度,延长了挥发物的燃烧时间。秸秆成型燃料的挥发物逸出后,剩余的炭结构也相对致密,运动气流不能将其解体,炭的燃烧可充分利用。秸秆成型燃料燃烧时,炉膛温度超过 900 ℃,使秸秆燃烧过程中,热解反应和还原反应较为彻底,减少焦油产生,提高热利用率,燃烧时间明显延长。秸秆成型燃料燃烧过程稳定,其燃烧效率由秸秆直接燃烧的 10%～15%提高到 30%～40%。

因此,与秸秆散料和煤炭相比,秸秆成型燃料有许多独特的优点:①便于储存和运输;②使用方便、卫生;③燃烧效率高;④环保、清洁;⑤符合农村传统炊事习惯。

总之,秸秆成型燃料既保留了原秸秆燃料所具有的易燃、无污染等优良的燃烧性能,又具有耐烧性,其燃烧过程与型煤类似,而较原来的松散作物,秸秆燃烧过程有了明显的改善。

秸秆成型燃料有多种优点,国内从 20 世纪 80 年代开始研究生物质固化成型技术。但时至今日,秸秆压缩成型技术的实际应用情况并不十分理想。其制约因素主要有:①秸秆压缩成型机价格高,成型机关键部件寿命较短,易损件售价较高。②成型机能耗大,特别是环模颗粒成型机。

上述因素导致农作物秸秆压缩成型燃料加工成本过高,秸秆成型燃料的价格偏高。与煤炭相比,秸秆成型燃料没有明显的价格优势。加工农作物秸秆成型燃料利润太低,甚至亏损,这是制约农作物秸秆压缩成型技术推广的关键。解决农作物秸秆压缩成型燃料加工成本过高的关键之一是研制高效率、低能耗、长寿命的压缩成型加工设备。

❖ 生态之窗

生物质成型燃料　改善大气的"朝阳产业"

　　随着蓝天保卫战的打响,为解决燃煤散烧造成的大气污染问题,进一步提升环境空气质量,各地纷纷划定"禁煤区"。生物质成型燃料成为"煤改电""煤改气"覆盖不到的"禁煤区"城镇、农村集中居住区供暖和工业供热的主要替代能源,未来供热、取暖等领域应用潜力较大,并且能够直接替代煤炭,既能作为农村居民的炊事取暖燃料,又能用于城市供热、发电等。生物质成型燃料指利用专门设备将农林废弃物等生物质压缩为颗粒或块(棒)状燃料。与散秸秆相比,秸秆成型燃料体积缩小,密度可达到 $800 \sim 1400$ kg/m³,便于存储和运输,配套专用锅炉热效率可达 90% 以上,污染物排放量低于燃煤锅炉。同时,其灰分可回收作肥料,实现"秸秆→燃料→肥料"循环利用,这为城市、农村生活用能及工业用能提供了一种既环保又经济、安全的绿色消费方式。原本只能被高端用户使用的生物压缩燃料一旦实现产业化,就会像当年小巧的半导体收音机走入千家万户一样,方便、快捷地走入城市与农村,取代燃煤、燃油,从而大幅度地改变我国能源利用结构。

　　加快推进秸秆成型燃料的利用,实现秸秆能源化、资源化、商品化,可大幅减小城镇、农村随着生活水平提高对化石类优质清洁能源日益增长的依赖,有效缓解农作物秸秆露天焚烧导致的大气污染和资源浪费问题,对于提高农业综合生产能力,促进农业农村经济可持续健康发展,加快建设资源节约型、环境友好型社会具有十分重要的意义。

二维码 6.1　生物质成型燃料
改善大气的"朝阳行业"

❖ 复习思考题

　　(1)什么是废弃生物质压缩成型?

　　(2)废弃生物质压缩成型的机制是什么?

　　(3)影响废弃生物质压缩成型的因素有哪些?

　　(4)废弃生物质的压缩成型工艺有哪些?

　　(5)废弃生物质压缩成型的主要设备有哪些?它们之间有什么区别?

　　(6)生物质压缩成型燃料的优点有哪些?

第七章 废弃生物质发电利用

第一节 废弃生物质发电概述

一、废弃生物质发电现状

2020年我国电力行业的 CO_2 排放量占能源行业排放总量近50%,电力行业减排进程直接影响"碳达峰""碳中和"整体进程。生物质能源是可再生清洁能源,也是仅次于煤炭、石油和天然气的第四大能源,约占世界能源消费的10%。

废弃生物质燃烧发电是目前世界上生物质能利用最广泛、发展最成熟的方式。截至2019年,全球生物质能发电装机达到12400万kW。生物质发电起源于20世纪70年代,在世界性石油危机爆发后,生物质发电这一清洁可再生的能源利用形式首先在欧美国家得到发展。生物质发电在全球范围内快速发展阶段,以直燃发电为代表的技术日趋成熟,发展较成熟的国家有丹麦、瑞典、芬兰、美国等。1988年,丹麦BWE公司建成世界上第一座秸秆生物质燃烧发电厂,其率先开发的生物质直燃发电技术被联合国列为重点推广项目。丹麦生物质直燃发电年消耗农林废弃物160万t,可提供全国6%的电力供应。丹麦BWE公司设计建造了大量的生物发电厂,其中最大的发电厂是英国的Elyan发电厂,装机容量为38 MW,年耗秸秆约20万t。美国是世界上生物质能产业最发达的国家之一,其生物质发电技术处于领先水平。近年来美国生物质发电总装机容量已超过1300万kW,已建成超过450座生物质发电厂。日本2017年生物质发电总装机约31万kW,日本政府计划到2025年将生物质发电的比例增加到原来的1.5倍,2030年增加到原来的2~2.5倍。德国在生物质直燃发电基础上大规模建设生物质热电联产项目,2018年德国约有7%的总发电量来自生物质能源。芬兰和瑞典的生物质直燃锅炉技术和生物质燃料收集技术世界领先,两国生物质发电量分别占到本国总发电量的11%和16%左右。芬兰某公司的循环流化床锅炉生产技术和设备国际领先,可提供运行稳定的3~47 MW生物质发电机组。奥地利利用林业废弃物,已建成近百座1~2 MW的区域供热站。巴西和印度主要以甘蔗渣为原料进行生物质直燃发电,印度近年来也开始开发农作物秸秆直燃发电项目。

我国生物质发电虽起步较晚,但发展迅速。2006年我国第一个规模化生物质直燃发电项目——国能单县生物发电有限公司投产,主要采用丹麦生物质直燃发电设备和技术。此后,生物质规模化并网发电项目得到大规模发展。生物质直燃发电技术方面,在丹麦技术的基础上,我国在发展过程中进行了国产化改进。我国生物质发电装机容量近年来连续位居世界第一,2021 年累计装机容量达 3798 万 kW,其中农林生物质发电装机容量约为1400 万 kW。2022 年初,国家林草局发布的《林草产业发展规划(2021～2025 年)》指出,到2025 年,农林生物质直燃发电(含热电联产)新增装机 500 万 kW。当前我国现有生物质发电热电联产模式应用比例较小,有待进一步推广和应用。

相比国外发达国家高度机械化的农业生产,我国农业还有较大差距,这一差距使得生物质发电效率降低。国外发达国家农业以农场化、机械化生产为主,规模化种植,可为生物质电厂稳定提供单一、高质量的生物质燃料。以德国某公司生物质发电厂为例,装机规模为 4.8 万 kW,却只有两名工人,从燃料收集、管理到填料,全流程机械化高效操作。我国农业生产机械化程度相对较低,种植作物品种较多,在生物质燃料收集加工阶段难度较大,无法做到燃料供应的规模化、统一化、优质化,给后续锅炉燃烧发电过程带来了压力。

二、废弃生物质发电分类

废弃生物质发电是利用废弃生物质所具有的生物质能进行发电的技术,可以分为直接燃烧(直燃)发电、气化发电和混合燃烧(混燃)发电。生物质直燃发电是利用生物质直接燃烧后的热能产生蒸汽,再利用蒸汽推动汽轮机发电系统进行发电。生物质气化发电是利用生物质气化炉燃气内燃机发电,即在不充分燃烧的情况,将其转化为可燃气体,经净化处理后再使用燃气内燃机发电的方式。生物质与煤混燃技术可分为直接混烧和气化利用两种形式。直接混烧是先对生物质进行预处理,再将其直接输送至锅炉燃烧室的利用方式。气化利用是指将生物质在气化炉中气化,产生燃气(主要成分为 CH_4、CO、CO_2、C_mH_n、N_2),简单处理后直接将其输送至锅炉燃烧室与煤进行混燃。

第二节　废弃生物质直接燃烧发电

一、废弃生物质直接燃烧原理

1. 生物质燃料与煤燃料的区别

生物质燃料和煤炭相比有以下一些主要差别,见表 7.1。

表 7.1　生物质燃料和煤炭的主要差别

燃料种类	C/%	O/%	H/%	S/%	灰分/%	挥发分/%	密度/(t·m^{-3})
生物质燃料	38～50	30～44	5～6	0.10～0.20	4～14	65～70	0.47～0.64(木材)
煤炭	55～90	3～20	3～5	0.40～0.60	5～25	7～38	0.80～1.00

(1)含碳量较少。生物质燃料中含碳量最高的也仅有 50% 左右,相当于生成年代较短的褐煤的含碳量。特别是生物质燃料固定碳的含量明显比煤炭少,因此生物质燃料热值较低。

（2）含氢量稍多，挥发分明显较多。生物质燃料中的碳多数和氢结合成低分子的碳氢化合物，到一定的温度后热分解而析出挥发物，所以生物质燃料易被引燃。燃烧初期，挥发物析出量较大，在空气和温度不足的情况下易产生黑色火焰。一般原料中挥发分越高，燃气的热值就越高。但燃气热值并不是按挥发分含量成比例地增加。挥发分中除了气体产物外，还包括焦油和合成水分。当这些成分高时，燃气热值就低。

（3）含氧量多。生物质燃料含氧量明显多于煤炭，它使生物质燃料热值低，但易于引燃，在燃烧时可相对减少供给空气量。

（4）密度小。生物质燃料的密度明显较煤炭低，质地比较疏松，特别是农作物秸秆和粪类。这类燃料易于燃烧和燃尽，灰烬中残留的碳量比煤灰少。

（5）含硫量低。生物质燃料含硫量大多小于 0.12%，燃烧时不必设置单独的脱硫装置，这降低了成本，又有利于环境的保护。

2. 生物质燃烧反应过程

燃烧是可燃物跟空气中氧气发生的一种发光、发热的剧烈氧化反应。生物质燃料在空气中燃烧时的综合反应可以用式（7.1）表示：

$$C_{x_1}H_{x_2}O_{x_3}N_{x_4}S_{x_5}Cl_{x_6}Si_{x_7}K_{x_8}Ca_{x_9}Mg_{x_{10}}Na_{x_{11}}P_{x_{12}}Fe_{x_{13}}Al_{x_{14}}Ti_{x_{15}} + n_1H_2O +$$
$$n_2(1+e)(O_2 + 3.76N_2) \longrightarrow n_3CO_2 + n_4H_2O + n_5O_2 + n_6N_2 + n_7CO +$$
$$n_8CH_4 + n_9NO + n_{10}NO_2 + n_{11}SO_2 + n_{12}HCl + n_{13}KCl + n_{14}K_2SO_4 + n_{15}C + \cdots$$

$$(7.1)$$

方程式左侧第一个分子式表示任一种生物质燃料，近似处理后只包含了 15 种元素，完整的生物质组分还应包含更多的元素；第二个分子式表示燃料中的水分，其数值变化较大；第三个分子式表示空气。方程式右侧是反应生成物，有些生成物会造成大气污染（如一氧化碳、氮氧化物和硫氧化物等），有些生成物（如碱金属的氯化物和硅酸盐等）会导致燃烧设备的积灰和结渣。

虽然不同生物质在组成成分和物理特性等方面有差别，但一般认为生物质的燃烧主要分为干燥、挥发分的析出燃烧和残余焦炭的燃烧三个阶段（图 7.1）。

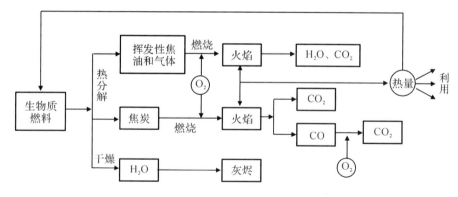

图 7.1 生物质燃料的燃烧过程

（1）干燥阶段

生物质含有一定量的水分，如在进入燃烧装置之前没有进行干燥处理，则在燃烧过程需要提供热量使水分蒸发。对于含水量较高的生物质，有可能还需要辅助燃料助燃，以维持燃烧的稳定。

（2）挥发分析出燃烧阶段

当生物质被加热到 150 ℃左右时，挥发分开始释放。挥发分是二氧化碳、一氧化碳、氢气、低分子碳氢化合物（如甲烷、乙烯等）气体组成的混合物，其中氢气、低分子碳氢化合物和一氧化碳是可燃成分，在高温下开始燃烧，同时释放出大量热量，由于挥发分的成分复杂，其燃烧反应也十分复杂。挥发分主要的燃烧反应包括：

$$H_2 + \frac{1}{2}O_2 \rlap{=}{=} H_2O \qquad (7.2)$$

$$CO + \frac{1}{2}O_2 \rlap{=}{=} CO_2 \qquad (7.3)$$

$$CH_4 + 2O_2 \rlap{=}{=} CO_2 + 2H_2O \qquad (7.4)$$

$$C_2H_4 + 3O_2 \rlap{=}{=} 2CO_2 + 2H_2O \qquad (7.5)$$

$$C_2H_6 + \frac{7}{2}O_2 \rlap{=}{=} 2CO_2 + 3H_2O \qquad (7.6)$$

$$C_3H_6 + \frac{9}{2}O_2 \rlap{=}{=} 3CO_2 + 3H_2O \qquad (7.7)$$

$$C_3H_8 + 5O_2 \rlap{=}{=} 3CO_2 + 4H_2O \qquad (7.8)$$

（3）焦炭燃烧阶段

生物质颗粒被干燥后，灰分开始暴露出来，同时包裹固定碳，如果在挥发分燃烧过程中氧气不能到达固定碳表面，碳是不能燃烧的，只能在挥发分燃烧结束以后，碳与氧气接触，才开始发生燃烧反应。碳燃烧反应如下：

$$4C + 3O_2 \rlap{=}{=} 2CO_2 + 2CO \qquad (7.9)$$

$$CO_2 + C \rlap{=}{=} 2CO \qquad (7.10)$$

$$C + H_2O \rlap{=}{=} CO + H_2 \qquad (7.11)$$

对于生物质燃烧基本过程，不同研究人员有不同的观点。如有的研究者将干燥过程忽略，认为生物质燃烧的基本过程分为三步：生物质脱挥发分、挥发分燃烧和碳的燃烧，这种观点在生物质含水量低、高温燃烧条件下是成立的。

3.影响燃烧的主要因素

水分含量、颗粒尺寸、空气供给量和反应时间等是影响燃烧的主要因素。

（1）水分含量

燃烧反应是放热反应，而水分的蒸发却要强烈地吸收热量。大多数生物质燃料自维持燃烧（self-supporting combustion）时要求其水分含量不超过 65%，如果超过这个值，一般需要加入辅助燃料来助燃。

（2）空气供给量

生物质与氧燃烧过程中，燃料与空气供给决定了燃烧反应的进程。单位质量燃料的理论需要空气量可根据化学反应式获得：

$$V_0 = 0.0889C^{ar} + 0.256H^{ar} + 0.0333(S^{ar} + O^{ar})(Nm^3 \cdot kg^{-1} 燃料) \qquad (7.12)$$

式中：V_0——单位质量燃料的理论空气量，$Nm^3 \cdot kg^{-1}$ 燃料；

C^{ar}、H^{ar}、S^{ar}、O^{ar}——燃料各组成元素的收到基含量，%。

对于常见的生物质燃料，其理论空气量为 $3 \sim 5\ Nm^3 \cdot kg^{-1}$ 燃料。在实际燃烧时，由于供给方式的限制以及空气和燃料的接触不完善,只供给理论空气量是不够的。为了保证燃料充分燃烧,实际供给的空气量要比理论空气量多。实际空气量 V 和理论空气量 V_0 之比称作空气过量系数,用符号 α 表示:

$$\alpha = \frac{V}{V_0} \tag{7.13}$$

如果空气供给量太小,燃烧反应会进行得不完全。而如果空气供给量太大,则过量空气吸收的热量增大,结果会导致燃烧温度降低,使燃烧稳定性变差,因此要确定一个最佳的过量空气系数,保证燃烧稳定且完全地进行。

(3)颗粒尺寸

固体燃烧反应一般在燃料颗粒的表面进行,颗粒表面积越大,越有利于燃烧反应的进行。燃料颗粒尺寸决定着参与燃烧反应的颗粒总表面积,颗粒尺寸越小,则燃料颗粒的比表面积就越大。因而减小燃料颗粒尺寸,有利于燃烧反应的进行。

(4)反应时间

燃料的燃烧是一种化学反应,凡是化学反应,均需要一定的时间才能完成。因此,足够的反应时间是燃料完成燃烧反应的重要条件之一。

(5)气固混合

生物质颗粒在燃烧过程中,必须有氧扩散到颗粒表面。随着燃烧反应的发生,生物质内的灰会逐渐暴露出来并包裹未燃尽的炭,因此需要扰动使灰层剥落,暴露出其中的炭。在此过程中,良好的气固混合条件,有利于氧气的扩散和灰层的剥落,从而保证燃烧的充分性。

(6)灰分

灰分是生物质中的不可燃成分。灰分含量越高,燃料的热值和燃烧温度越低。灰分包裹焦炭颗粒,使燃烧速度缓慢,若措施不当,会增大机械不完全燃烧热损失。

(7)反应温度

反应温度的高低直接影响反应速率的大小。提高反应温度有利于燃烧反应的进行,但要考虑灰分的软化、变形温度。

二、废弃生物质直接燃烧的分类

根据燃烧系统的不同,可将生物质燃烧技术分为层燃、流化床和悬浮燃烧三种。

1.层燃技术

在层燃技术中,生物质被平铺在炉排上形成一定厚度的燃料层,进行干燥、干馏、还原和燃烧。空气(一次风)从下部通过燃料层为燃烧提供氧气,可燃气体与二次风在炉排上方空间充分混燃。

空气通过炉排和灰渣层被预热,并和炽热的炭相遇,发生剧烈的氧化反应:

$$C + O_2 \longrightarrow CO_2 \tag{7.14}$$

$$2C + O_2 \longrightarrow 2CO \tag{7.15}$$

氧气被迅速消耗,生成 CO_2 和一定量的 CO,温度逐渐升高达到最大值,这一区域被称为氧化层。在氧化层以上氧气基本消耗完毕,烟气中的 CO_2 和 C 相遇,发生还原反应:

$$C + CO_2 \longrightarrow 2CO \tag{7.16}$$

由于还原反应是吸热反应,温度逐渐下降,这一区域被称为还原层。在还原层上部,温度逐渐下降,还原反应逐渐停止。再向上则到达干馏层、干燥层和新燃料层。

依据燃料与烟气流动方向不同,可将层燃方式分为三类:

(1)顺流。燃料与烟气的流动方向相同,适合较干燥的燃料以及带空气预热器的系统。顺流的方式增加了未燃尽气体的滞留时间以及烟气与燃料层的接触面。

(2)逆流。燃料与烟气的流动方向相反,适合含水量较多的燃料。热烟气与新进入燃烧室的燃料接触,将热量传递给新燃料,有利于其中水分的迅速蒸发。

(3)交叉流。烟气从炉膛中间流出,综合了顺流和逆流的优点。

层燃技术按炉排形式不同可分为固定床、移动炉排、旋转炉排、震动炉排和底饲方式等,适用于含水率较高、颗粒尺寸变化较大及灰分含量较高的生物质,一般额定功率小于20 MW。采用层燃技术开发生物质能,锅炉结构简单、操作方便、投资与运行费用都相对较低。锅炉的炉排面积较大,炉排运行速度可以调整,并且炉膛容积有足够的悬浮空间,能延长生物质在炉内燃烧的停留时间,有利于生物质燃料的完全燃烧。但生物质燃料的挥发速度很快,燃烧时需要补充大量的空气,如不及时将燃料与空气充分混合,会造成空气供给量不足,难以保证物质燃料的充分燃烧,从而影响锅炉的燃烧效率。

2. 流化床技术

流化床是基于气固流态化的一项技术。1921 年 Fritz Winkler 开始了流态化研究,20世纪 60 年代初英国煤炭利用研究协会和煤炭局一同开发了流化床燃煤锅炉,随后流化床燃烧技术快速发展。流化床内有大量的床料,能够蓄积大量的热量,便于低热值燃料的快速干燥和点火。同时,由于床内高温炽热颗粒的剧烈运动,强化了气固流动,使固体燃料表面的灰层被快速剥去,减少了气体的输运阻力并延长了颗粒在床内的停留时间,有利于颗粒的燃尽。流化床的燃料适应范围广,能够用于一般燃烧方式无法燃烧的石煤、煤矸石及含水率较高的生物质(如木材、秸秆、垃圾)等;此外,流化床燃烧技术可以降低尾气中氮与硫氧化物等有害气体含量,得到了广泛应用。

从国内外生物质直接燃烧技术的发展状况看,流化床锅炉对生物质燃料的适应性较好,负荷调节范围较大,床内颗粒扰动剧烈,传热和传质工况十分优越,有利于高温烟气、空气与燃料的混合充分,为高水分、低热值的生物质燃料提供极佳的着火条件,同时由于燃料在床内停留的时间较长,可以确保生物质燃料的完全燃烧,从而提高生物质锅炉的效率。另外,流化床锅炉能够较好地维持生物质在低温下稳定燃烧,并且减少了 NO_x、SO_x 等有害气体的生成,具有显著的经济效益和环保效益。但是流化床对入炉的燃料颗粒尺寸要求严格,因此需对生物质进行筛选、干燥、粉碎等一系列预处理,使其尺寸、状况均一化,以保证生物质燃料的正常流化。此外,为了维持一定的流化速度和温度,锅炉风机的耗电量较大,运行费用也相对较高。

3. 悬浮燃烧技术

生物质悬浮燃烧技术与煤粉燃烧技术类似。在悬浮燃烧中生物质需要进行预处理,颗粒尺寸要求小于 2 mm,含水率不能超过 15%。需要将生物质粉碎至细粉,再与空气混合,一起喷入燃烧室内,呈悬浮燃烧状态,涡流的存在有利于气固混合。通过采用精确的燃烧温度控制技术,悬浮燃烧系统可以在较低的过量空气条件下高效运行,用分段配风以及良好的混合可以减少 NO_x 的生成。但是,由于生物质颗粒中碱金属的影响,高燃烧强度会导致炉墙表面温度较高,导致结焦现象时有发生。

三、废弃生物质直接燃烧发电系统

1. 废弃生物质直燃发电原理及系统组成

废弃生物质直燃发电在原理上与燃煤锅炉火力发电十分相似。通常燃烧发电系统的构成包括生物质原料收集系统、预处理系统、储存系统、给料系统、燃烧系统、热利用系统和烟气处理系统。

生物质直燃电厂的流程如图 7.2 所示，生物质原料从附近各个收集点运送至电站，经预处理（破碎、分选、压实）后存放到原料存贮仓库，仓库至少可以存放 5 d 的发电原料量；通过原料输送装置将预处理后的生物质送入锅炉燃烧。通过锅炉换热，利用生物质燃烧的热能把锅炉给水转化为蒸汽，为汽轮发电机组提供汽源。生物质燃烧后的灰渣落入出灰装置，由输灰机送到灰坑，进行灰渣处置。烟气经过烟气处理系统后由烟囱排放到大气中。其蒸汽发电部分与常规的燃煤电厂的蒸汽发电部分基本相同，主要区别在于上料系统和燃烧设备，这些也是生物质直燃发电的两大技术难点。

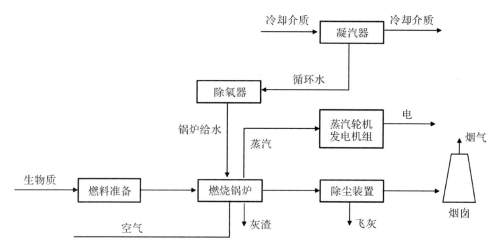

图 7.2　生物质电厂的流程图

2. 输料及上料系统

生物质上料系统之所以成为生物质直燃锅炉的一个技术难点，主要有以下几个原因。

（1）能量密度低

虽然生物质的质量能量密度（mass energy density）与煤相比并不算很低，但生物质堆积密度低导致其体积能量密度（volume energy density）很低（表 7.2），这使得其进料系统比燃煤锅炉的进料系统庞大。

表 7.2　生物质与煤的能量密度比值

生物质特性	生物质与煤体积能量密度比值	生物质与煤质量能量密度比值
含水率 50%、密度 1 g·cm^{-3}	0.25	0.33
含水率 10%、密度 1 g·cm^{-3}	0.57	0.66

续表

生物质特性	生物质与煤体积能量密度比值	生物质与煤质量能量密度比值
含水率 10％、密度 1.25 g·cm^{-3}	0.72	0.66

（2）生物质燃料质量均一性差

生物质发电厂所用生物质原料受来源和种类差异的影响，均一性较差。当采用秸秆作原料时，一些作物秸秆在输送过程中由于潮湿和缠绕性强等原因，会出现卡、堵料和架桥现象，因此要求输料和上料设备对原料有更宽的适应性。

（3）生物质燃料含杂

生物质原料在收集过程中会混入沙土、石子甚至金属等杂物，因此，生物质燃料在进入锅炉之前，需要去掉这些杂物。

生物质原料进入锅炉的方式有三种，分别是：①成捆上料，燃料包直接入炉（图 7.3）；②完成破碎预处理后的燃料经过料仓入炉（图 7.4）；③成捆上料，炉前破碎后入炉（图 7.5）。第一种方式无需破碎，避免了破碎设备投资和运行电耗，但该进料方式对于燃料包的包捆密度和几何尺寸有严格的要求；第二种方式适合以软秸秆为主的燃料，可以掺烧部分硬质生物质，但该方式的炉前在线破碎对于设备技术要求很高，同时对于燃料包的品质，特别是捆扎形式和杂质含量等需满足一定要求；第三种方式是将完成破碎预处理的燃料经过料仓送入锅炉，这是目前国内大多数生物质直燃锅炉采用的模式。国内生物质直燃发电厂运行实践表明，生物质原料输送、进料系统是生物质直燃电厂的技术瓶颈之一，这是因为能够适应不同生物质原料、稳定可靠的输送技术及系统设备目前尚不成熟。

图 7.3　成捆上料燃料包直接入炉方式　　　　图 7.4　粉碎处理后输料入炉方式

3. 锅炉燃烧系统

生物质直燃锅炉由锅炉本体和辅助设备两大部分组成（图 7.6）。锅炉本体是锅炉设备的主体，它包括"锅"本体和"炉"本体两部分。"锅"指汽水系统，其主要功能是吸收燃料燃烧释放的热量，将水转变成具有一定参数的过热蒸汽，用于驱动汽轮机。"炉"本体由省煤器、汽包、下降管、联箱、水冷壁、过热器和再热器等组成。

图 7.5　成捆上料炉前破碎入炉方式

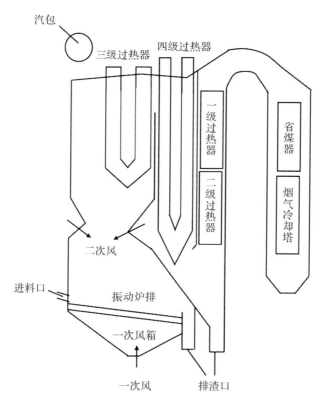

图 7.6　BWE 生物质直燃锅炉布置图

省煤器是位于锅炉尾部烟道中的烟气余热利用装置,通常由带有鳍片的铸铁管组装而成。汽包是位于锅炉顶部的圆筒形的承压容器,汽包与下降管、联箱、水冷壁共同组成水循环回路,它接收来自省煤器的水。下降管是水冷壁的供水管,用于把汽包中的水引入下联箱再分配到水冷壁中。联箱的作用是把下降管和水冷壁连接起来,起到汇集、混合和再分配工质的作用。水冷壁是布置在锅炉炉膛四周炉墙上的蒸发受热面,饱和水在其中吸收燃料燃烧释放的热量后转变为汽水两相混合物。过热器的功能是将来自汽包的饱和蒸汽加热成合格温度和压力的过热蒸汽。再热器的功能是将汽轮机中做过部分功的蒸汽再次进行加热升温,然后再送往汽轮机中继续做功。

"炉"本体指燃烧系统,由炉膛、烟道、燃烧器及空气预热器等组成,其功能在于使燃料在炉内充分燃烧、释放热量。炉膛是由水冷壁和炉墙围成的一个供燃料燃烧的空间。燃烧器是主要的燃烧设备,作用在于把燃料和燃烧所需空气以一定速度喷入炉内,使其在炉内实现均匀混合,保证燃料着火和完全燃烧。空气预热器是吸收排烟余热、加热入炉空气的装置。生物质锅炉的辅助设备包括通风、给料、供油、供水、出灰渣、除尘等设备,以及测量和控制系统等。生物质燃料具有高氯、高碱、挥发分高、灰熔点低等特点,燃烧时易腐蚀锅炉,并产生积灰、结渣等,因此,对锅炉设计有特殊的技术要求。生物质发电厂采用的生物质直燃锅炉主要有固定床锅炉和流化床锅炉。

固定床锅炉以丹麦某公司引进的高温高压水冷振动炉排锅炉为主,循环流化床锅炉为国内自主研发的中温中压锅炉。在秸秆直燃锅炉大型化方面,振动排使用比较多,技术水平较高。这是因为振动炉排结构简单,活动部件少,金属耗量低,动作时间短,设备可靠性及自动化水平高,维护量远远小于往复式炉排及链条式炉排。

图 7.6 是丹麦某公司生产的振动炉排生物质锅炉。燃料从炉前通过螺旋绞笼给料装置送入燃烧室前部炉排上,直至燃尽,最后灰渣落入炉膛后部的渣井中。在二、三烟气通道下方设有落灰口,从过热器落下的大颗粒沉降灰可从此处排出。过热蒸汽采用四级加热、三级喷水减温方式。为了防止低温腐蚀,将空气预热器布置在烟道以外,采用给水加热空气的方式,给水进入空气预热器冷却后进入烟气冷却器中吸热,最后进入省煤器。送风机入口布置在锅炉房内炉顶附近,可有效降低锅炉散热损失。

生物质流化床锅炉以砂子、高铝砖屑或燃煤炉渣等作为流化介质,形成蓄热量大、温度高的密相床层,为生物质提供优越的着火条件,依靠床层内剧烈的传热与传质过程和燃料在床内较长的停留时间,使生物质燃料充分燃尽。生物质原料中的碱金属在流化床一定高温的条件下和床料反应生成 $Na_2O \cdot 2SiO_2$ 和 $K_2O \cdot 4SiO_2$ 等低熔点共晶化合物,从而引起颗粒聚团(图 7.7),妨碍流化,甚至造成流化失败。因此,生物质流化床的燃烧温度应控制在 $800 \sim 900 \ ℃$,比燃煤循环流化床低 $100 \sim 200 \ ℃$,利用流化床的低温燃烧特性遏制生物质燃烧中碱金属引起的结渣、沉积和腐蚀问题,低温燃烧也可减少 NO_x 等有害气体的生

图 7.7 流化床锅炉内颗粒聚团

成。但是,流化床对入炉燃料颗粒尺寸要求严格,因此需对生物质进行干燥、粉碎等一系列预处理,使其尺寸、状况均一化,以保证生物质燃料的正常流化。

第三节 废弃生物质气化发电

生物质气化技术已有 100 多年的历史,其首次商业化应用始于 1883 年,以木炭为原料,气化后的燃气驱动内燃机,为早期的汽车或农业排灌机械提供动力。20 世纪 70 年代石油危机使得西方发达国家经济受挫,认识到常规的化石能源具有不可再生性和分布不均匀性,生物质气化重新得到了关注。目前已有多项大型的生物质气化发电示范工程落成,如美国的 Battelle(63 MW)和夏威夷(6 MW)项目,英国(8 MW)和芬兰(6 MW)的示范工程等。但生物质气化发电技术由于焦油处理技术与燃气轮机改造技术难度很高,仍存在很多问题,造价很高,限制了其推广应用。

一、废弃生物质气化原理

废弃生物质气化以废弃生物质为原料,以氧气(游离氧、结合氧)、空气、水蒸气、水蒸气-氧气混合气或氢气为气化剂,在高温不完全燃烧条件下,使生物质中相对分子质量较高的有机碳氢化合物发生链裂解,并与气化剂发生复杂的热化学反应而产生相对分子质量较低的一氧化碳、氢气、甲烷等生物质的可燃性气体过程。生物质气化技术有多种分类形式。气化过程和常见的燃烧过程区别在于:燃烧过程提供充足的空气或氧气,使原料充分燃烧,其目的是直接获取热量,燃烧的产物是二氧化碳和水等不可燃烧的烟气;而气化过程只供给热化学反应所需的那部分氧气,而尽可能将能量保留在反应后得到的可燃气体中,气化后的产物为含氢、一氧化碳和低分子烃类的可燃气体。

生物质经气化产生的可燃气,可广泛用于炊事、采暖和作物烘干,还可以用作内燃机、热气机等动力装置的燃料,输出电力或动力,提高了生物质的能源品位和利用效率。在生物质能开发水平比较高的国家,还用生物质燃气作化工原料,如合成甲醇、氨等,甚至考虑作燃料电池的燃料。

生物质气化都要通过气化炉完成,气化反应过程很复杂,目前有关这方面的研究尚不够细致、充分。气化炉的类型、工艺流程、反应条件、气化剂的种类、原料的性质和粉碎粒度等条件的不同,其反应过程也不相同。典型的下吸式生物质气化炉,通常包括四个区域。

1.干燥层

生物质本身含有一定的水分,进入气化装置之后,在 100~250 ℃的高温作用下,生物质中的自由水和结合水被加热析出。这个阶段进行的速度比较缓慢,需要大量的热量。

2.热分解层

热分解是指生物质的基本热解反应过程,可以看作纤维素、半纤维素及木质素 3 种主要组分热解过程的综合体现。物质被加热到 500~600 ℃时,半纤维素、纤维素、木质素的热分解析出焦油、二氧化碳、一氧化碳、氢气、甲烷等大量生物质可燃气和热解产生的生物质炭。

纤维素的热解在温度超过 240 ℃时,首先发生纤维素大分子苷键的断裂反应。纤维素大分子结构遭到破坏发生降解,生成比较稳定的左旋葡萄糖酐(即 1,6-脱水-β-D-吡喃葡萄糖)以及单糖、脱水低聚糖和多糖等初级降解产物。随着热解温度进一步升高,脱水低聚糖及多糖等初级降解产物结构中的碳碳键及碳氧键发生断裂,裂解成一氧化碳、二氧化碳、反应水及其他产物,并且初级裂解产物还会通过二次反应转化成醋酸、甲醇、焦油及炭等复杂的热解产物。当温度超过400 ℃时,纤维素的热分解进入聚合及芳构化阶段,残留的碳碳键通过芳构化反应形成碳的六角环结构并最终转变成固体产物——生物质炭;上述阶段生成的左旋葡萄糖酐,通过缩聚反应形成左旋葡聚糖,并进一步转变成液态的大分子混合物焦油。

半纤维素是由两种或两种以上糖基(常含有乙酰基)组成的带有侧链或支链结构的非均一高聚糖的总称。半纤维素与纤维素都属于高聚糖,其热解反应过程与纤维素相似,而且半纤维素的热解产物与纤维素也比较类似,主要有一氧化碳、二氧化碳、反应水、甲醇、焦油、醋酸(生物质醋液中的醋酸主要是由半纤维素中的乙酰基和二次反应转化而来的)和炭等,但是半纤维素发生热解的温度在生物质材料的三种主要组分中是最低的(150 ℃开始热解)。

木质素的基本结构单元为苯丙烷,当热解温度超过250 ℃时,木质素热解开始放出二氧化碳及一氧化碳之类的含氧气体,温度升高到310 ℃以上时,其热解反应变得激烈起来,进入放热反应阶段,生成大量的蒸汽气体产物,其中可凝性产物中有醋酸、甲醇(木质素的甲氧基及二次反应产生)、焦油及其他有机化合物生成;不凝性气体中开始有甲烷之类的烃类物质出现。温度超过420 ℃以后,生成的气体产物的数量逐渐减少,热解反应基本完成。

3.氧化层

由于干燥区、还原区发生的都是吸热反应,所以气化设备中必须保证热量的供给。通常的做法是将热解区产生的生物质炭与氧气进行燃烧反应来释放热量,保持气化设备中的热量平衡。生物质炭和氧气在此层充分接触、燃烧生成大量二氧化碳,同时放出大量热量,温度可达1300 ℃或更高。其反应式为

$$C+O_2 \longrightarrow CO_2 \quad \Delta H=-408860 \text{ J} \tag{7.17}$$

同时,有一部分由于氧气(空气)的供应量不足,便生成一氧化碳,放出一部分热量。

$$C+O \longrightarrow CO \quad \Delta H=-246447 \text{ J} \tag{7.18}$$

在燃烧层内主要产生二氧化碳,一氧化碳的生成量不多,在此层内已基本没有水分。

4.还原层

还原反应是在没有氧气的条件下,生物质炭与气流中的二氧化碳、水、氢气发生一系列的反应,还原层没有氧气存在,二氧化碳及水在这里还原成一氧化碳和氢气,进行吸热反应,温度开始降低,一般温度在700~900 ℃。

$$CO_2+C \longrightarrow 2CO \quad \Delta H=+162297 \text{ J} \tag{7.19}$$

$$H_2O+C \longrightarrow CO+H_2 \quad \Delta H=+118742 \text{ J} \tag{7.20}$$

$$2H_2O+C \longrightarrow CO_2+2H_2 \quad \Delta H=+75186 \text{ J} \tag{7.21}$$

$$H_2O+CO \longrightarrow CO_2+H_2 \quad \Delta H=+43555 \text{ J} \tag{7.22}$$

氧化层及还原层总称为气化层(或称有效层),因为气化过程主要反应在这里进行。干燥层和热分解层总称为燃料准备层。必须指出,燃料准备层实际上是观察不到的。因为这个层的反应也可能在那个层中进行。

二、废弃生物质气化分类

生物质气化按使用气化剂与否,可以分为使用气化剂和不使用气化剂两种类型。使用气化剂又分为空气气化、氧气气化(游离氧、结合氧)、水蒸气气化、水蒸气-氧气混合气气化、氢气气化等,不使用气化剂主要指热解气化。

1. 热解气化

生物质热解气化指在完全无氧或只提供极有限的氧情况下进行的热解,也可以描述成部分气化,生成固体炭、液体(醋液、焦油)和可燃气。热解过程工艺参数的选择决定了热解产物的组成和比例,工艺参数包括热解温度、传热速率、压力、停留时间以及生物质原料的种类、粒度等。这些参数直接影响热解产物的得率,如果生物质热解的目的产物是液体,热解条件应为低温、高传导速率和短气体停留时间;如果热解的目的产物是可燃气,则热解条件是高温、低传导速率和长气体停留时间;如果热解的目的产物是生物质炭,则热解条件是更低的热解温度和传导速率。

2. 空气气化

空气中的氧气与生物质中的可燃性组分进行气化反应,热量来源于氧化过程的放热,空气气化过程是一个自供热系统。但空气中还有氮气,它不参加气化反应,反而稀释了可燃气的组分含量,气化气的氮气含量达到50%左右,因而降低了可燃气的热值。由于空气是任意可取的,气化过程又不需要外供热源,所以空气气化是最简单也是最易实现的形式,应用较普遍。

3. 氧气气化

由于空气气化得到的可燃气热值较低,使氧气气化工艺得到发展。氧气的气化特点是产生的可燃气不会被氮气稀释,反应温度较高,反应速度加快,气化设备减少,热效率提高,气化热值有很大的提高。氧气气化的可燃气的热值可与煤气相当,在与空气气化温度相同的条件下,耗氧量减少,当量比减低,因而也提高了气体的质量。

4. 水蒸气气化

水蒸气气化是指水蒸气与高温下生物质发生的反应,不仅包括水蒸气与炭的还原反应,还有一氧化碳与水蒸气的交换反应、甲烷化反应。主要是吸热反应,因此水蒸气气化需要外部热源,不易操作与控制,技术较复杂。

典型的水蒸气气化的结果为:$H_2O \sim 26\%$;$CO\ 8\% \sim 42\%$;$CO_2\ 16\% \sim 23\%$;$CH_4\ 10\% \sim 20\%$;$C_2H_2\ 2\% \sim 4\%$;$C_2H_6\ 1\%$;C_3 以上成分 $2\% \sim 3\%$;气体的热值也可达到 $10920 \sim 18900\ kJ \cdot m^{-3}$,为中热值气体。

5. 水蒸气-氧气混合气气化

水蒸气-氧气混合气气化是指空气(氧气)和水蒸气同时作为气化质的气化过程。从理论上分析,空气或氧气加水蒸气是比单用空气或者水蒸气都优越的气化方法。一方面,它是自供热系统,不需要复杂的外供热源;另一方面,气化所需要的一部分氧气可由水蒸气提供,减少了空气的消耗量,并生成更多的氢气及碳氢化合物,特别是在有催化剂存在的条件下,一氧化碳变成二氧化碳反应的进行,降低了气体中一氧化碳的含量,更适合于城市燃气。

典型情况下(在 800 ℃,水蒸气和生物质比为 0.95,氧气当量比为 0.2),氧气-水蒸气气化的气体成分(体积分数)为:H_2 32％;CO_2 30％;CO 28％;CH_4 7.5％;C_nH_m 2.5％;气体低热值为 11.5 $MJ \cdot m^{-3}$。

6.氢气气化

氢气气化是指使氢气与碳及水发生反应生成大量的甲烷过程,其可燃气属于高热值气体,热值可达到 22260～23520 $kJ \cdot m^{-3}$,但反应条件苛刻,需在高温、高压、有氢源的条件下进行,此类气化不常用。

三、废弃生物质气化指标及影响因素

1.气化指标

表征气化性能主要指标有气化强度、燃气质量、气化效率、气化剂用量、产品气产率、碳转化率、气化反应器输出功率等。

(1)气化强度

生物质气化反应器的气化强度是指在单位时间内气化反应器单位横截面能气化的原料量,以 $kg \cdot m^{-2} \cdot h^{-1}$ 表示,它是表示气化反应器生产能力大小的指标。固定床气化反应器的气化强度为 100250 $kg \cdot m^{-2} \cdot h^{-1}$,而流化床气化反应器的气化强度可达 2000 $kg \cdot m^{-2} \cdot h^{-1}$,比固定化气化反应器高了 10 倍左右。

(2)燃气质量

生物质气化反应器产出燃气的质量,主要是指燃气的低位热值的大小;燃气里所含焦油与灰尘的量,也是评价燃气质量的指标。燃气的热值与燃气的成分有直接关系,燃气中含一氧化碳、氢气和甲烷数量越多,燃气的热值越高。常见的生物质气化的可燃气主要成分及热值见表 7.3。

表 7.3　可燃气主要成分及热值

原料品种	燃气成分/％						热值/$(kJ \cdot m^{-3})$
	CO	H_2	CH_4	CO_2	O_2	N_2	
木片	18.62	9.34	4.52	18.96	0.36	47.67	5989
稻草	14.32	7.93	1.47	18.92	0.86	54.83	3624
玉米秸	20.34	8.67	2.65	15.93	0.65	52.63	4565
麦秸	14.96	7.32	1.23	16.34	0.53	56.76	3502
稻壳	15.63	6.32	3.26	17.83	0.47	55.75	3893
锯末	18.32	6.86	3.17	15.46	0.45	54.83	5430
棉秸	17.52	9.23	1.94	16.23	0.47	53.12	4729
树叶	15.10	9.26	0.92	19.63	0.74	53.96	3700
精煤	21.67	12.53	9.73	17.58	0.32	43.15	2032

从气化反应器出来的燃气中,焦油含量大体为:上吸式固定床气化反应器＞下吸式固定

床气化反应器>流化床气化反应器;灰尘含量大体为:流化床气化反应器>下吸式固定床气化反应器>上吸式固定床气化反应器。

（3）气化效率

生物质气化反应器气化效率是指产出燃气的热值与使用原料的热值之比,即

$$\eta = \frac{V_m \times H_m}{H} \times 100\% \tag{7.23}$$

式中:η——气化效率;

V_m——每千克原料产出的燃气量,$m^3 \cdot kg^{-1}$;

H_m——燃气的热值,$kJ \cdot m^{-3}$;

H——原料热值,$kJ \cdot kg^{-1}$。

国家行业标准规定 $\eta \geq 70\%$,国内固定床气化反应器的气化效率通常为 $70\% \sim 75\%$,流化床的气化效率在 78% 左右。

（4）气化剂用量（空气量）

计算生物质气化所需空气量时,应首先根据生物质原料的元素分析结果,计算出完全燃烧所需理论空气量 V,再按气化试验比 φ,算出气化实际需要空气量值 V_L。所需理论空气量 V 用下式计算:

$$V = \frac{1}{0.21}(1.866[C] + 5.55[H] + 0.7[S] + 0.7[O]) \tag{7.24}$$

式中:V——原料完全燃烧理论上所需要的空气量,$m^3 \cdot kg^{-1}$;

[C]——原料中 C 元素含量,%;

[H]——原料中 H 元素含量,%;

[S]——原料中 S 元素含量,%;

[O]——原料中 O 元素含量,%。

几种典型生物质气化试验比如表 7.4 所示。φ 值以 $0.25 \sim 0.30$ 为宜,即气化反应所需的氧仅为完全燃烧耗氧量的 $25\% \sim 30\%$,产出的燃气成分较理想,当原料中水分较大或挥发分较小时应取上限,反之取下限。这样,1 kg 生物质原料气化时需空气量 V_L 为:

$$V_L = \varphi V \tag{7.25}$$

式中:V_L——空气实际需要量,$m^3 \cdot kg^{-1}$;

V——理论需要量,$m^3 \cdot kg^{-1}$;

φ——气化试验比。

表 7.4　几种生物质气化试验比

原料	含水率/%	灰分/%	φ	气化炉型
木片	12~24	0.8	0.16~0.32	上吸式
稻壳	8~18	2.2	0.26~0.42	上吸式
畜禽粪便	16~26	42.43	0.3~0.6	上吸式
木片	12~24	0.8	0.2~0.38	下吸式
稻壳	8~18	2.2	0.28~0.56	下吸式

原料	含水率/%	灰分/%	φ	气化炉型
畜禽粪便	16～26	42.43	0.36～0.62	下吸式
木片	12～24	0.8	0.16～0.28	流化床
稻壳	8～18	2.2	0.22～0.38	流化床
畜禽粪便	16～26	42.43	0.3～0.56	流化床

(5)产品气产率

气化 1 kg 原料所得到气体燃料在标准状态下的体积称为产品气产率。产品气产率可分为湿气产率和干气产率,与生物质种类、气化条件等因素有关。对于同一类型的原料,惰性气体与水分越小,可燃气组分含量越高,则气产率越高。

(6)碳转化率

碳转化率指生物质燃料中碳转化为气体燃料中碳的份额,即气体中含碳量与原料中的含碳量之比。

$$\Phi = \frac{12(CO_2 + CO + CH_4 + 2.5 C_n H_n)}{22.4 \cdot \frac{298}{273} \cdot C} B \tag{7.26}$$

式中:Φ——碳转化率,%;

　　　B——气体产率,$m^3 \cdot kg^{-1}$;

　　　C——生物质中 C 的含量,%;

　　　CO_2、CO、CH_4 及 $C_n H_n$——燃气中 CO_2、CO、CH_4 及 $C_n H_n$ 总的体积含量,%。

(7)气化反应器输出功率

气化反应器的输出功率有两种表示方法:一种是用每小时产出的气体热值(国内常用)表示,如气量为 200 $m^3 \cdot h^{-1}$(标准状态下),燃气热值一般按 5000 $kJ \cdot m^{-3}$(标准状态下)计,则输出功率为 1000 $MJ \cdot h^{-1}$;另一种表示方法是按每秒钟计算,上数应为 0.28 MW。表 7.5 列出了国内常用的气化反应器输出功率值。

表 7.5　各种气化反应器功率范围

名称	下吸式气化炉	上吸式气化炉	鼓泡床气化炉	循环流化床气化炉	加压流化床气化炉
功率/MW	0.1～5	3～12	4～17	17～80	80～500

2.气化影响因素

生物质气化是非常复杂的热化学过程,受很多因素的影响。影响气化指标的因素取决于生物质特性、物料高度、气化剂、气化条件。

(1)生物质特性

生物质原料特性不但影响气化指标,也决定气化方法的选择。生物质作为气化原料比煤作为气化原料有突出的优点(见生物质燃料与煤燃料的区别)。

（2）物料高度

为保证反应器内气体与物料有适当的接触时间，满足气化工艺过程的需要，各反应层应有适宜的高度。干燥层的高度取决于原料的含水率和块状尺寸的大小，原料含水多、块大，就需要适当增加其高度。通常干燥层的高度取 0.1～3.0 m。热分解层高度与原料中挥发分的含量及其尺寸大小有关。挥发分多、尺寸大，势必要增加高度，一般取 0.3～2.0 m。氧化层与还原层的高度，除与块状原料尺寸大小有关外，还与要求该反应区的温度和反应能力的大小有关，一般取 0.18～0.3 m。总的来看，增加炉中物料高度，能提高燃气质量并可降低燃气出炉时的温度。

（3）气化剂

生物质气化所用的气化剂有空气、水蒸气、空气-水蒸气，二氧化碳、水蒸气-氧气、水蒸气-二氧化碳等，气化剂不同，气化反应器出口产生的气体组分也不同。在工业生产中，气化剂一般是用空气，当量比为 0.2～0.3，出口气体包括 N_2（50%），H_2（8%～12%）、CO、CH_4、C_2、C_3、CO_2、H_2O 和焦油，只适用于发电和供热。气体确切的组成随操作条件而变化。

（4）气化条件

反应温度、反应压力、物料特性、气化设备结构等也是影响气化过程的主要因素，不同的气化条件，气化产物成分的变化很大。在生物质气化过程中，温度是一个很重要的影响因素，温度对气化产物分布、产品气的组成、产气率、热解气热值等都有很大的影响。随着温度的提高，固体产率减少，气体产率增加。气体产率的增加部分归因于液体部分的减少。在热解的初始阶段，温度升高气体产率增加，归因于挥发物的裂解。焦油的裂解也随着温度的升高而增大，生物质气化过程中产生的焦油在高温下发生裂解反应生成 C_mH_n、H_2、CO、CH_4等，其反应式为：

$$\text{Tars} + \{H_2O, CO_2, \cdots\} \longrightarrow \sum (C_mH_n + CO + H_2 + CH_4 + \cdots) \tag{7.27}$$

气体的产率和转化率随着水蒸气压力增加而增加，增加压力使反应速率加快。压力增大，脱挥发分的速度减慢而加强了裂解反应，产生的焦油量也减少。

四、废弃生物质气化反应器

将固体生物质燃料转化为气化气所用的设备称为气化器或气化炉。气化炉是生物质气化系统中的核心设备，生物质在气化炉内进行气化反应生成可燃气。气化炉可以分为固定床气化炉和流化床气化炉两种，而固定床气化炉和流化床气化炉又都有多种不同形式，如图7.8所示。

1. 固定床气化炉

固定床气化炉是指物料相对于穿过物料层的气流处于静止状态。一般情况下，固定床气化炉适合物料为块状及大颗粒原料。固定床气化炉制造简便，运动部件少。其缺点为：内部过程难于控制；内部物质容易搭桥形成空腔；处理量小。

固定床气化炉结构特征是有一个容纳原料的炉膛和一个承托反应料层的炉栅。根据气化炉内气流运动的方向，固定床气化炉又可分为下吸式气化炉、上吸式气化炉、横吸式气化炉及开心式气化炉四种类型（图7.8）。

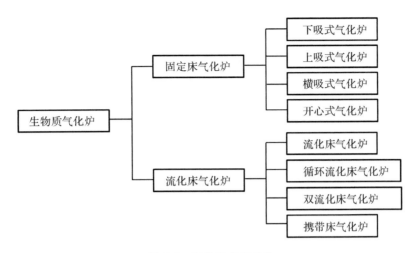

图 7.8　气化反应器种类

（1）下吸式气化炉

下吸式气化炉主要由内胆、外腔及灰室组成，如图 7.9 所示。内胆又分为储料区及喉管区，储料区即是燃料准备区。而喉管区则是气化反应区，储料区的容积、喉管区直径及高度是气化炉设计的重要参数，直接影响气化效果。气化炉下部炉栅以下是灰室，反应后的灰分及没有反应完全的炭颗粒经过炉栅落进灰室，可定期排灰；气化炉上部留有加料口，物料直接进入炉膛上部的储料区。下吸式气化炉的进风喷嘴一般设在喉管区的中部偏上位置，大多数下吸式气化炉都是在微负压条件下运行的，进风量可以调解。在内胆和外壁之间形成的外腔实际上是产出气体的流动通道，热的可燃气排出时，与进入风室的气化剂和气化炉储料区内的物料进行热交换。

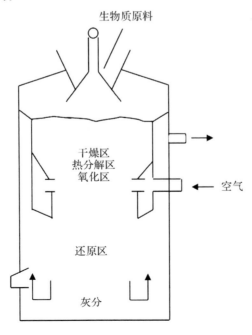

图 7.9　下吸式气化炉的结构

生物质从气化炉的上部加入,新生物质落在物料最上层处的干燥区内,在这里受内胆的热辐射,生物质内的水分吸收热量被蒸发,变成干物料。之后,随着下部物料的氧化消耗干物料向下移动到热分解区。热分解区的温度高到可以让热分解反应发生,干物料发生热分解反应生成炭、气体和焦油等。生成的炭随着物料的消耗而继续向下落入氧化区。作为气化剂的空气,一般在氧化区加入。在该区,由热分解区生成的炭与气化剂中的氧进行燃烧反应生成一氧化碳、二氧化碳,并放出大量热能,这是生物质气化全过程的保证。没有反应的炭继续下落进入还原区。在还原区内二氧化碳被还原为一氧化碳;炭还与水蒸气反应生成氢气和一氧化碳,灰渣则排入灰室中。生成的可燃气流过炉栅进入外腔后被导出。炉体中温度分布大致为:干燥区温度为 $100 \sim 300$ ℃,裂解区温度为 $500 \sim 700$ ℃,氧化区温度达 $1000 \sim 1200$ ℃,还原区的温度为 $700 \sim 900$ ℃。在干燥区和热分解区生成的一氧化碳、二氧化碳、氢气、焦油等产物一起通过下面的氧化和还原区。由于氧化区温度高,焦油在通过该区时发生裂解,变为可燃气体,因而下吸式气化炉产出的可燃气热值相对较高,而焦油含量相对较低。

（2）上吸式固定床气化炉

图 7.10 是上吸式气化炉的原理图,生物质由顶部加入气化炉,靠重力作用向下运动。炉栅支撑着燃料,燃烧后的灰分和渣通过栅落入灰室。气化剂由炉底部经过炉栅进入气化炉,产出的燃气通过气化炉内的各个反应区,从气化炉上部排出。在上吸式气化炉中,气流是向上动的,和物料的运动方向刚好相反,生物质在向下移的过程中被气流干燥脱去水分。在热分解区,干燥的物料得到更多的热量发生热分解反应,析出挥发分,产生的炭进入还原区,与氧化区产生的热气体发生还原反应,生成一氧化碳和氢气等可燃气体,反应中没有消耗掉的炭进入氧化区。上吸式固定床气化炉的氧化区位于 4 个区的最底部,在还原区的下面,其反应温度比下吸式气化炉要高一些,可达 $1000 \sim 1200$ ℃,炽热的炭与进入氧化区的空

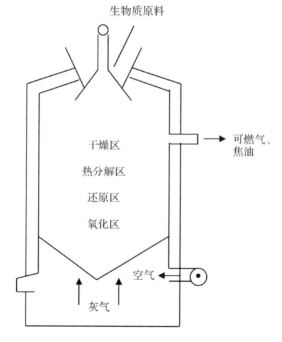

图 7.10　上吸式气化炉的结构

气发生氧化反应,灰分则落入灰室。在干燥区、热分解区、氧化区和还原区生成的混合气体,即生物质气化气,自下而上地流动,排出气化炉。

上吸式气化炉的炉栅有两种形式即转动炉栅和固定炉栅。转动炉栅有利于除灰,但炉栅的转动增加了密封难度。上吸式气化炉一般在微正压下运行,气化剂(空气)由鼓风机送入,气化炉负荷量也由进风量控制。由于气化炉的燃气出口与进料口的位置接近,为了防止燃气泄漏,必须采取特殊的密封措施,如连续运行则必须采用较复杂的进料装置。上吸式气化炉原则上适合各类生物质物料,但特别适合木材等堆积密度较大的生物质原料。

上吸式气化炉的主要特点是产出气体经过热分解区和干燥区时直接同物料接触,可将其携带的热量直接传递给物料,使物料热解干燥,同时降低了产出气体的温度,使气化炉的热效率有所提高。由于热解区和干燥区都有一定的过滤作用,所以从气化炉出来的气体中灰分含量减少。上吸式气化炉对原料尺寸要求不高,并可以使用较湿的物料(含水量可达50%)。由于热气向上流动,炉栅受到进风的冷却,上吸式气化炉温度较下吸式的低,工作比较可靠。

上吸式气化炉有一个突出的缺点,就是在热分解区生成的焦油没有通过氧化和气化区而直接混入可燃气体,这样产出的气体中焦油含量高,且不易净化。这造成了燃料在使用上存在很大的问题。因为冷凝后的焦油会沉积在管道、阀门、仪表及发动机的进气门上,破坏系统的正常运行。清除焦油是有生物质气化技术以来的一个难点。上吸式气化炉一般用在粗燃气不需冷却和净化就可以直接使用的场合,在必须使用清洁燃气的场合,只能用木炭作为原料。

(3)横吸式气化炉

横吸式气化炉也称平吸式气化器,图 7.11 为横吸式气化炉气化的工作原理,生物质原

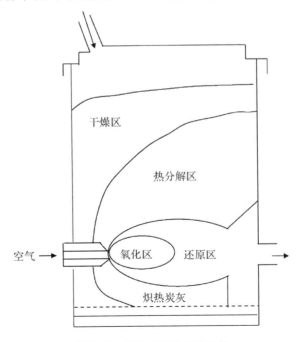

图 7.11　横吸式气化炉的结构

料从气化炉顶部加入,灰分落入下部的灰室。横吸式固定床气化炉的不同之处在于它的气化剂由气化炉的侧向提供,产出气体从对侧流出,气流横向通过氧化区,在氧化区及还原区进行热化学反应,反应过程与其他固定床气化炉相同,但是反应温度很高,容易使灰熔化,造成结渣。所以该种气化炉一般用于灰分含量很低的物料,如木炭和焦炭等。

横吸式气化炉的主要特点是,有一个通过单管进风喷嘴的高速、集中鼓风实现的高温燃烧区,此区温度可达 2000 ℃以上,进风管需要用水或少量的风冷却;高温区的大小由进风喷嘴的形状和进气速度决定。

横吸式气化炉的结构紧凑,启动时间短,负荷适应能力强。但是燃料在炉内停留时间较短,影响燃气质量;炉中心温度高,超过了灰分的熔点,容易造成结渣,且炉子还原层容积小,二氧化碳转化为一氧化碳的机会变少,燃气的质量变差。

(4)开心式气化炉

开心式气化炉的结构(图 7.12)和气化原理与下吸式固定床气化炉相类似,是下吸式气化炉的一种特别形式。它以转动炉栅代替高温喉管区,主要反应在炉栅上部的气化区进行。该炉结构简单,氧化还原区小,反应温度较低。

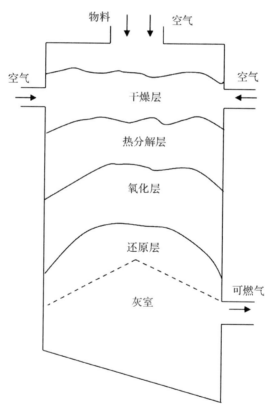

图 7.12　开心式气化炉的结构

2. 流化床气化炉

流化床气化具有气、固接触混合充分和温度均匀等优点。生物质流化床气化研究比固定床晚许多。在流化床气化器中,以惰性材料(如沙子)为流化介质来增加传热效率,也可采用非惰性材料(石灰或催化剂)促进气化反应。流化床气化反应速度快,产气率高。流化床气化尤其适合水分含量高、热值低、着火困难的生物质原料。

流化床气化与固定床气化相比较,具有以下优点:

①流化床气化炉断面小,气化效率和气化强度较高。

②流化床气化对灰分要求不高,可以使用粒度很小的原料。

③流化床气化的产气能力可在较大范围内波动,且气化效率不会明显降低。

④流化床使用的燃料颗粒很细,传热面积大,传热效率高,气化反应温度不是很高且均衡,结渣的可能性减弱。

流化床气化与固定床相比也有不足之处:

①产出气体的显热损失大。

②由于燃料颗粒细,流化速度较高,故产出气体中的带出物较多。

流化床气化炉分为鼓泡流化床气化炉、循环流化床气化炉、双流化床气化炉、携带床气化炉、增压流化床气化炉四种类型;如按气化压力,流床气化炉可分为常压循环流化床和增压循环流化床。

(1)鼓泡流化床气化炉

鼓泡流化床气化炉是最基本、最简单的流化床气化炉。它只有一个流化床反应器,生物质燃料在分布板上部加入,气化剂从气体分布板底部吹入,在流化床上同生物质原料进行气化反应,生成的气化气直接由气化炉出口送入净化系统中,反应温度一般控制在 600~1000 ℃。鼓泡流化床气化炉流化速度较慢,比较适合颗粒较大的生物质原料。但是存在飞灰和炭粒夹带严重和运行费用较大等问题。

(2)循环流化床气化炉

循环流化床气化炉的工作原理如图 7.13 所示。与鼓泡流化床气化炉的主要区别是,循环流化床气化速度较高,燃气中含有大量的固体颗粒,在气化器出口处设有旋风分离器。未反应完的炭粒,经过旋风分离器后,通过料腿,返回流化床,再重新进行气化反应,提高了碳

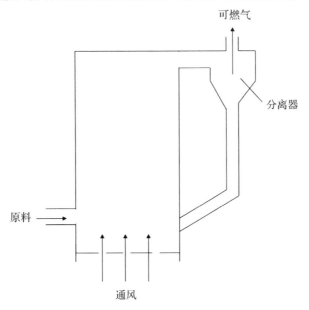

图 7.13　循环流化床气化炉的工作原理

的转化率。循环流化床气化炉的反应温度一般控制在 600～900 ℃。它适用于较小的生物质颗粒,在大部分情况下,不必加流化床热载体。

(3)双流化床气化炉

双流化床气化炉,如图 7.14 所示,分为两个组成部分,即第一级反应器和第二级反应器。在第一级反应器中,生物质原料发生热分解反应,生成气体排出后,送入净化系统。同时生成的炭颗粒分离后经料腿送入第二级反应器,在第二级反应器中炭进行氧化燃烧反应,使床层温度升高,经过加温的高温床料,通过料腿返回第一级反应器,从而为第一级反应器提供热源,双流化床气化炉碳转化率较高。

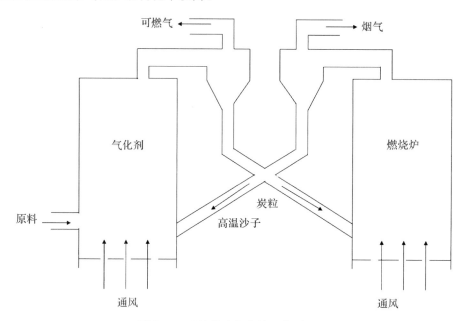

图 7.14 双流化床气化炉工作原理图

双流化床系统把燃烧和气化过程分开,两床之间靠热载体即流化介质进行传热。两床间需要有足够稳定的物料循环量,以保证有足够连续的热量供气化吸热。

(4)携带床气化炉

携带床气化炉是一种不以惰性材料作为流化介质的、特殊形式的流化床气化炉。气化剂直接吹动炉中生物质原料,其流速较大,为紊流床,在高温条件下进行气化反应。因为携带床的床截面一般较小,所以要求原料破碎成非常细小的颗粒,运行温度高,可达1100 ℃,产出气体中焦油及冷凝成分少,碳转化率可达 100%。但由于运行温度高,易烧结,气化炉的炉体材料较难选择。

(5)增压循环流化床气化炉

增压循环流化床气化炉的炉膛压力可高达 0.5～2 MPa。与常压循环流化床炉相比,在炉容量相同时,增压循环流化床炉的炉腔截面热强度可提高 10 倍左右。增压循环流化床炉的尺寸可显著减小,产生的高压可燃气体无需升压可直接进入燃气轮机发电。

五、废弃生物质燃气净化

生物质燃气含有各种各样的杂质,其主要成分如表 7.6 所示。各种杂质的含量与原料特性、气化炉的形式关系很大。燃气净化的目标就是要根据气化工艺的特点,设计合理有效的杂质去除工艺,保证后部气化发电设备不会因杂质的存在而导致磨损腐蚀和污染等问题。

表 7.6　燃气中各种杂质的特性

杂质种类	典型成分	可能引起的问题	净化办法
颗粒	灰分、焦炭、热质、颗粒	磨损、堵塞	气固分离、过滤、水洗
碱金属	钠、钾等化合物	高温腐蚀	冷凝、吸附、过滤
氮化物	氨、HCN	形成 NO_2	水洗、SCR 等
焦油	各种芳香烃等	堵塞、难以燃烧	裂解、除焦、水洗
硫、氯	HCl、H_2S	腐蚀污染	水洗、化学反应法

1. 燃气高温除尘

生物质气化燃气含有大量微小焦炭颗粒和灰分。焦炭的密度和直径都很小,一般旋风分离器难以去除,使用非常高效的旋风分离器,燃气中颗粒含量也很难降到 $5\sim30$ g·m^{-3}。在这种情况下,较好的净化方法是过滤。由于焦油在低温下开始凝结析出,凝结的焦油容易堵塞管道和过滤材料,所以过滤过程必须在较高温度下进行,这就要求采用技术难度较高的高温燃气过滤工艺,目前比较多的是用烧结金属或烧结陶瓷材料作为过滤器。关于高温蜂窝陶瓷或烧结金属过滤材料的研究有很多,在应用中都有阻力增加过快的问题。高温灰分的软化和焦油的凝结都是造成过滤材料堵塞的原因,所以高温过滤的温度一般控制在 $400\sim600$ ℃较为合适。但由于高温过滤材料的热力性能很差,加上除灰过程控制困难,成本也较高,所以目前还没有较好的工业化技术或产品。

2. 燃气脱除碱金属

生物质气化设备产生的燃气是一种还原性气体,其中的碱金属物质大多处于还原形式,并且通常都聚集在颗粒较小的飞灰上,形成微小的烟雾,很难除去。部分物质很可能逃过相应的过滤、净化部件的捕捉进入燃气轮机,产品气中的碱金属物质可能沉积在透平叶片表面或与其碰撞,造成工作面的迅速腐蚀,影响安全运行。产品气在燃气轮机内膨胀做功后,随温度、压力的迅速降低,会导致其中的一些物质在燃气轮机扩展段成核、凝结或结渣。同时会抑制气流通过,进而降低透平叶片的运行效率并最终导致停机。

对于不同的生物质气化工艺,进入燃气透平叶片的碱金属蒸气含量在 $24\sim600$ ppb 不等,为了抑制碱金属的浓度,必须使用各种不同的净化装置以保护燃气轮机。

3. 燃气除焦技术

气化的目标是得到尽可能多的可燃气体,但在气化的过程中,焦油是不可避免的副产物,对气化系统和用气设备等都会产生十分不利的影响。

（1）焦油的定义、成分及影响因素

焦油是一种可冷凝烃类物质的复杂混合物，迄今为止还没有统一定义。美国 NREL 的 Milne 等在对焦油的研究中曾给出了以下定义：任何有机材料在热或部分氧化（气化）作用下所产生的有机物，其主要指较大的芳香类物质，称为焦油。这个定义虽然没有将化合物种类和族类的差别考虑在内，但可以认为是对气化焦油的一个起始定义。

焦油中含有成百上千种不同类型的化合物，成分非常复杂。一般焦油的主要成分是苯、萘、甲苯、二甲苯、苯乙烯、酚和茚。低温焦油在低于 200 ℃时凝结成液体，随温度的升高而呈气态，在高温下能分解成小分子永久性气体（再降温时不凝结成液体）。可燃气中焦油含量随温度升高而减少。焦油的产量和组成取决于生物质原料的类型和性质（包括大小、湿度等）、热解气化条件（温度、压力、停留时间等）、气化反应器的类型等因素，气化过程进行的条件和程度对焦油的产量和构成影响非常大。目前在生物质气化中应用的气化炉主要是上吸式、下吸式和流化床，其所产生的焦油水平是不同的。上吸式气化器产生的焦油量是最大的，燃气中焦油含量一般在 $100 \ \mathrm{g \cdot m^{-3}}$ 的数量级，下吸式所产燃气是最洁净的，焦油含量一般在 $1 \ \mathrm{g \cdot m^{-3}}$ 的数量级，流化床类型的气化器介于二者之间，燃气中焦油含量一般在 $10 \ \mathrm{g \cdot m^{-3}}$ 的数量级。同时，几种类型的气化器所产生的焦油，其产物的分布情况也是不同的。

（2）焦油的危害

焦油对气化系统和用气设备等都会产生非常不利的影响：

①当气化燃气的温度降低时焦油会形成焦油雾，这种焦油雾中含有大量直径小于 1 mm 的细小液滴，被气化燃气携带进入下级设备，会影响内燃机、燃气轮机、压缩机等的安全运行，并对用气设备产生腐蚀；在管道内输送过程中将逐渐冷凝下来，形成黏稠的液体物质，附着于管道内壁和有关设备的壁面上，给系统的安全运行造成威胁。

②焦油占可燃气能量的 5%～10%，在低温下难以与可燃气一道被燃烧利用，民用时大部分焦油被浪费掉。凝结为细小液滴的焦油难以燃尽，易产生炭黑等颗粒物质，从而导致磨损和腐蚀问题。

③焦油还会与颗粒物等其他污染物发生相互作用，比如吸附在颗粒物质上并在管道内积累起来，严重时将造成管道的堵塞。

（3）焦油去除方法

常用的方法可归纳为两大类：①物理净化方法，包括湿式净化和干式净法；②化学净化方法，包括焦油的热裂化和催化裂化。

1）物理净化方法

①湿式净化。湿式净化又称为水洗法，可分为喷淋法和鼓泡法，如图 7.15 和图 7.16 所示，是用水将燃气中的部分焦油脱除，加入少量的碱可以使净化效果提高。喷淋塔是生物质气化系统中最常用的湿式净化设备。雾化喷嘴在塔内多排布置，燃气由下而上进入，经过一排排向下喷淋的液滴后，除去其中所含的焦油和灰尘，产生的废水由底部排出。鼓泡法是将燃气通过水浴而实现过滤，生成的废水由装置的上部排出，新进入的水由装置的底部给入。

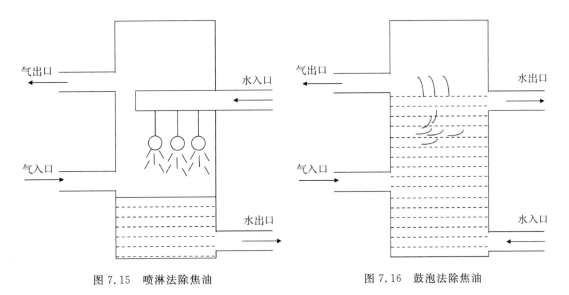

图 7.15 喷淋法除焦油　　　　　　　图 7.16 鼓泡法除焦油

　　另外,喷淋冷却塔、旋风分离器、过滤器过滤组合净化装置如图 7.17 所示,应用较广,经该工艺流程后燃气所剩的焦油含量均在 $0.5\ \mathrm{g \cdot m^{-3}}$ 以下。

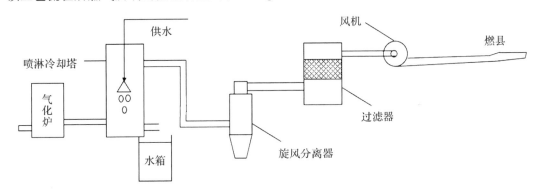

图 7.17　湿式净化系统

　　湿式净化系统结构简单,操作方便,成本低廉,同时有除焦、除尘和降温方面的效果,生物质气化技术发展初期的净化系统一般都采用这种方式;但是燃气中易夹带液雾,而且只有在较低温度下才能使用,含焦油废水直接排放会造成水体污染。

　　②干式方法。干式净化又称过滤法,图 7.18 所示是依靠惯性碰撞、拦截、扩散以及静电力、重力等作用把焦油除去。过滤分离可将 $0.1\sim 1\ \mathrm{mm}$ 的颗粒有效捕集下来,是一种高效而稳定的方法,但要求燃气流速不能很高。其主要优点是适应性广,除焦油效率高(98%～99.9%),滤料来源广,价格便宜,净化效果不足时,可采用通过向床层中添加细粒滤料增加床层厚度的方法提高效率。

　　电捕焦油器是一种高效的除焦油除尘设备,和一般煤炭气化系统的电捕焦油器的原理相同,它的优点是除尘、除焦效率高,一般达 98% 以上,对焦油灰尘微粒有很好的分离效率,尤其是粒径在 $0.01\sim 1\ \mathrm{mm}$ 的微粒,具有阻力损失小、燃气处理量大等优点;但是焦油与炭混合后容易黏在电除尘设备上,所以电捕焦油器对燃气中灰分的含量要求也很严格,一般静

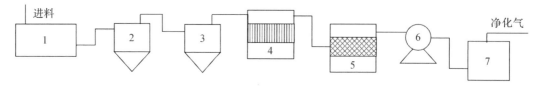

图 7.18 干式净化系统

1——气化炉;2——一次除尘;3——二次除尘;4——冷却管;5——过滤器;6——风机;7——水封

电除焦要求进口燃气焦油含量低于 5 g·m^{-3}。由于生物质燃气的净化必须解决防爆和清焦问题(生物质燃气中含氧 1%左右,偶尔达到 2%以上,有爆炸的危险),所以目前在生物质气化发电系统中的仍很少应用电捕焦油设备。

2)化学净化方法

①热裂化。热裂化净化技术将气化焦油裂解为可利用的轻质气体,既减少了焦油含量,又可较好地回收利用焦油中所含能量,净化率较高。热裂化是在较高温度水平下使焦油中较大分子的化合物通过断键脱氢、脱烷基以及其他一些自由基而转变为较小分子的气态化合物和其他产物,这种方式所需温度水平较高,一般在 1000~1200 ℃才可取得较好的效果。如此高温在实际应用中较难实现,而且焦油组分在高温下的裂解还会有焦炭的产生。在某些工艺中,特别是水蒸气和其他一些氧化性物质,会和焦油中的某些组分发生反应生成 CO、H_2 和 CH_4 等,并减少炭黑的生成,促进焦油转化。

②催化裂化。热裂化所需的能量较高,实际应用比较困难,从 20 世纪 80 年代起,在生物质气化过程中加入催化剂而得到无焦油燃气已引起广泛关注。使用催化剂可以在较低的温度下将焦油分解,目前所采用的温度一般在 700~900 ℃。同时,加入催化剂之后,焦油转化效率也大为提高,90%以上的焦油可较为容易地实现转化,有的工艺甚至实现了焦油的完全转化。

催化工艺多种多样,但是对催化剂的基本要求大体上是一致的。催化剂必须能有效脱除焦油;针对特定的用途而提供适宜的合成气比率;具有一定的抗积炭或烧结失活的能力;具有足够的强度;容易再生;价格低廉。对焦油催化净化的研究和使用中,有三种不同类型的催化剂,分别是白云石类催化剂、镍基催化剂、碱金属和其他金属催化剂。

白云石,是一种镁矿石,化学式常写成 $MgCO_3 \cdot CaCO_3$,它价格低廉,并能够大幅度地减少煤气中的焦油含量。白云石与生物质干式混合后可直接用在气化反应器中作为初级催化剂,也可用于二级床中。白云石的化学组成随其来源的不同而有所差异,但一般其组成为质量分数为 30% 的 CaO、21% 的 MgO 和 45% 的 CO_2,同时也含少量的 SiO_2、Fe_2O_3 和 Al_2O_3,且不同类型白云石的表面积、孔隙大小和分布等都不同,也导致催化活性的差异。白云石应用的主要局限在于:利用白云石很难使焦油转化率超过 90%~95%;白云石不仅使焦油含量减少,还使焦油组成发生了改变,容易破坏"软焦油"(如酚类及其衍生物),而对"硬焦油"(多环芳烃,如萘等)则较困难,所以在经历白云石床的作用之后,焦油从整体上讲,尽管量减少了,但剩余焦油更难以处理;由于机械强度方面的原因,如果将白云石应用于流化床中还会出现快速磨损,或者以较细颗粒的形式被气流携带出反应器而损失,引起催化剂失活;热稳定性较差,有些情况下会出现相变且最终"烧熔",使孔隙结构被破坏,有效表面积减少,而引起活性下降甚至丧失。与白云石类似的还有石灰石、方解石、菱镁矿等,这些都可被看作钙基碳酸盐。煅烧石灰石、白云石、方解石、菱镁矿等物质已被证明对热燃气中焦油的裂化反应具有催化作用,可用于气化反应器床内,也可用于气化反应器下游的二级裂化反应器内。

镍基催化剂对焦油的裂解有很好的催化作用,它能重整甲烷和碳氢化合物并调整气体产物的成分,对水蒸气和干法转化反应有很好的催化作用,在 750 ℃时有很高的裂解率。在用于水蒸气和干法转化反应的Ⅷ系金属催化剂中,镍在工业上得到了最广泛应用。在对于碳氢化合物和甲烷的催化转化研究中,镍被认为是商业可行的。在较低温度时,动力学反应有利于甲烷的形成,因此若气体要求以甲烷为主要成分时,可以通过调节温度来优化气化反应。随着运行时间的延长,燃气中的碳颗粒会沉积在催化剂表面,影响催化剂的活性,减短催化剂的寿命,因此在气体经过镍催化剂前减少焦油量是保持催化剂活性的可行方法,很多研究者提出了用白云石在镍基催化剂前作保护床来保持镍基催化剂的催化性能。催化剂的活性减弱主要是因为碳颗粒的污染和镍颗粒的热烧结。

碱金属催化剂经常与生物质干混或湿喷。但它很难再生和得到高效利用,并且增加了气化后的灰量,这些问题影响了碱金属催化剂技术的进一步发展。

催化剂对焦油裂解有很大的促进作用,其催化活性主要受反应气氛、焦油组成等因素制约,不同催化剂的催化效果亦不同;升高温度有利于焦油发生裂解反应及水蒸气转化反应,提高床温会促进焦油的裂解反应;增加接触时间有利于减小焦油的生成量,提高焦油的裂解率。

从最简单的气化发电系统来看,焦油含量为 $0.02\sim0.05$ g・m^{-3} 时是可以接受的。但以目前的气化技术分析,在没有采用专门的焦油裂解设备情况下,大部分气化工艺中原始气体的焦油含量为 250 g・m^{-3},净化系统至少需要去除 $99\%\sim99.9\%$ 的焦油才能达到气化发电的要求,所以需要采用多级净化过程相结合的除焦除尘工艺。在目前的除焦技术中,水洗除焦法存在能量浪费和二次污染的问题,净化效果只能勉强达到内燃机的要求;热裂解法在 1100 ℃以上能得到较高的转换效率,但实际应用较困难;催化解法可将焦油转化为可燃气,既可提高系统能源利用率,又能彻底消除二次污染,是目前较有发展前途的除焦技术。

六、废弃生物质气化发电系统

1.废弃生物质气化发电分类

生物质气化发电与生物质直接燃烧发电相比,有其优缺点(表 7.7)。

表 7.7　生物质气化发电与生物质直燃发电的比较

发电形式	利用原理	经济规模	发电效率	优点	缺点
气化	生物质在气化炉内转变成燃气,推动燃气轮机或内燃机发电,也可采用联合循环发电。	$0.1\sim10$ MWe	$15\%\sim30\%$	规模灵活,效率稳定,可实现多联产(气、电、热、炭、甲醇、氨)	发电效率较低,处理不当会产生焦油等二次污染

续表

发电形式	利用原理	经济规模	发电效率	优点	缺点
直燃	生物质在锅炉内燃烧，产生高温高压水蒸气，推动汽轮机发电	10～30 MWe	约30%	发电效率较高，可热电联产	原料收集半径过大，造成运行成本高，锅炉存在结渣、腐蚀危险

生物质气化发电技术可以按照气化剂不同进行分类，也可以按照炉型来分。由于空气随处可得，其中的氧气可与部分生物质原料燃烧，提供气化热量，因此空气气化设备简单，容易实现，得到了广泛应用，如表7.8所示。固定床对原料尺寸要求比较宽泛，但只适用于小型气化发电系统。对于大中型生物质气化系统，多采用流化床气化技术。流化床气化炉反应速度快，炉内温度均匀，控制方便迅速，可在25%～120%的负荷稳定运行，在当前大规模生物质气化发电工程中得到了广泛应用。

表7.8 生物质气化发电用气化炉比较

气化炉形式	上吸式固定床	下吸式固定床	流化床
发电装机规模/kW	≤200	≤200	200～2000
燃料种类	谷壳、木块等尺寸较大的原料	谷壳、木块等尺寸较大的原料	尺寸小于5 mm的原料，大尺寸原料需破碎
气化温度/℃	700～800	1100	650～850
燃气热值（KJ·Nm^{-3}）	4000～4600	4200～5300	4600～6300
冷气化效率/%	约75	60～70	65～75

生物质气化发电模式多种多样，如图7.19所示。采用燃气蒸汽锅炉生产高温高压水蒸气推动汽轮机发电技术，可以减少生物质直燃造成的锅炉结渣的风险。生物质燃气也可在燃气轮机中做功，推动发电机工作。燃气轮机需要高压燃气才能获得较高效率，需要加压气化炉与之配合，且燃气轮机在我国市场上技术不成熟，造价较高，没有得到大量应用。目前得到最广泛应用的是燃气内燃机技术路线，采用低速内燃机（50 r·min^{-1}）可获得满意的运行效果。对于大中型生物质气化发电，采用联合循环技术可以提高整体发电效率。

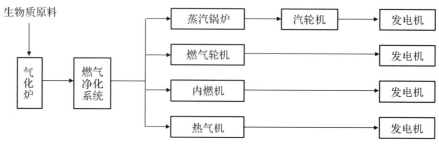

图7.19 生物质气化发电工艺流程示意图

2.工艺系统及装置

不同生物质气化发电工艺系统总体原理基本相同,只是预处理、气化、净化、发电机组等某个环节有所差别。下面介绍一些国内公开的生物质气化发电系统及其装置。

(1)热解气化发电系统

哈尔滨工大格瑞环保能源科技有限公司在2009年公开了一种生物质高温热解气化发电系统,如图7.20所示。按系统流程包括生物质料仓、螺旋给料机、生物质旋风热解气化炉、排出管、余热利用蒸汽发生器、余热利用空气加热器、除尘器、水环式真空泵、生物质气储气罐、内燃机和发电机,以及高速气体燃烧器、启动阶段燃料气罐、罗茨风机、给水泵和灰渣池等设备。在运行时,被高温生物质气的余热加热的空气和生物质气在高速气体燃烧器内燃烧产生高温低氧烟气,并喷入生物质旋风热解气化炉,与炉内的生物质混合,使其发生热解气化,生成1600 ℃以上的低焦油含量的生物质气,然后,利用以内燃机为动力的发电机发电。

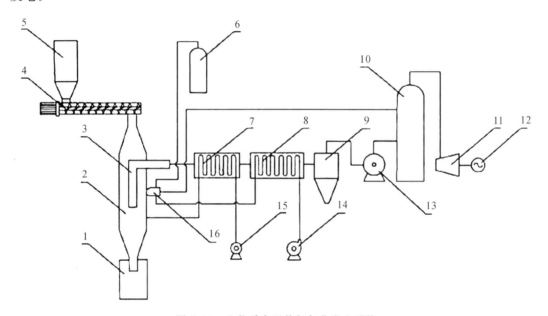

图7.20　生物质高温热解气化发电系统

1——灰渣池;2——生物质旋风热解气化炉;3——排出管;4——螺旋给料机;
5——生物质物料仓;6——燃料气罐;7——余热利用蒸汽发生器;8——余热利用空气加热器;
9——除尘器;10——储气罐;11——内燃机;12——发电机;13——水环式真空泵;
14——罗茨风机;15——给水泵;16——高速气体燃烧器

(2)空气气化发电系统

目前气化发电以空气气化发电技术应用最为广泛,但是由于生物质原料的不同,气化发电装置有些区别,下面分别介绍成型颗粒燃料、垃圾高温和生物质熔融气化发电工艺装置。

成型颗粒燃料气化发电工艺如图7.21所示,将生物质材料通过压缩机制成能量块或颗粒,经过工况为高于1.2大气压的富氧、温度1100~1200 ℃的可燃气体燃烧段,瞬间干燥、预热后落到生物质气化段。在生物质气化段,工况为隔绝空气、温度900~1000 ℃,能量块或颗粒被气化成可燃气体。可燃气体直接进入可燃气燃烧段燃烧,使可燃气体燃烧段温度达 1100～1200 ℃。用生物质气化段和可燃气体燃烧段的热量加热工质。工质至发电装置，产生电能。该生物质气化发电系统是通过汽包产生蒸汽，利用蒸汽推动汽轮机做功，再带动发电机发电，属于联合循环发电。

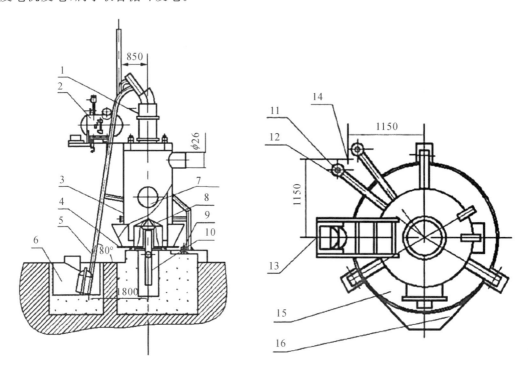

图 7.21　成型颗粒气化发电工艺系统

1——加料口；2——汽包；3——炉体及水夹套；4——底部支撑；5——上料系统；6——原料储存池；
7——人孔盖；8——螺旋式燃烧床；9——液压清灰系统；10——富氧进气口；11——进水管；
12——蒸汽管道；13——溜料槽；14——集汽包中心；15——耐火层；16——出灰槽

　　图 7.22 为垃圾高温气化发电系统。系统包括垃圾收集料仓、垃圾粉碎机、垃圾干燥机、干燥垃圾料仓、高温气化喷烧锅炉、汽轮发电机组。垃圾收集料仓，用于收集存放垃圾运输车运送来的垃圾；垃圾粉碎机，接收抓料斗抓取的垃圾，将垃圾袋撕开，将大的塑料垃圾、大的废木材、纺织品垃圾撕裂切断并将垃圾粉碎；垃圾干燥机，用于将粉碎后的垃圾干燥，设置有干燥气体收集装置、干燥气体处理装置，后连接厌氧发酵塔；干燥垃圾料仓，用于存放和储存干燥垃圾，以保证整个系统运行的连续性；高温气化喷烧锅炉，位于送料装置的出料口，通过高温气化将干燥后垃圾高温气化燃烧生成蒸汽，部分蒸汽进入垃圾干燥机，产生烟气通过烟气处理装置；汽轮发电机组，将用于干燥垃圾后剩余的蒸汽转化为电能；厌氧发酵塔，用于收集垃圾集料池底部的垃圾渗滤液，厌氧发酵产生的沼气连接沼气发电机组。

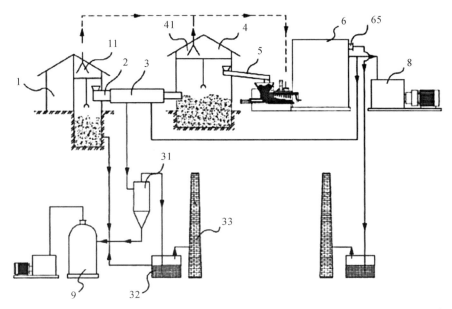

图 7.22　垃圾高温气化发电工艺系统

1——垃圾收集料仓；2——垃圾粉碎机；3——垃圾干燥机；4——干燥垃圾料仓；5——送料装置；
6——高温气化喷烧锅炉；8——汽轮发电机组；9——厌氧发酵塔；11——抓料斗；31——旋风分离器；
32——过滤水池；33——烟囱；41——干燥垃圾抓料斗；65——锅炉排烟口

图 7.23 为某公司发明的生物质熔融气化发电工艺及装置。该工艺包括生物质熔融气

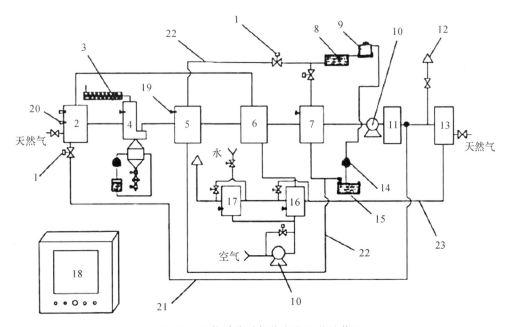

图 7.23　生物质熔融气化发电工艺及装置

1——电控阀；2——升温器；3——进料装置；4——熔融气化炉；5——控温器；6——加热器；7——降温器；
8——高温水箱；9——风扇水箱；10——风机；11——降温除尘液态装置；12——排空装置；13——燃气
发电机组；14——水泵；15——低位水箱；16——预热器；17——蒸汽发生器；18——自动控制显示器；
19——温度传感器；20——氧浓度传感器；21——气化气管道；22——控温管道；23——高温烟气管道

化过程,也包括液化气启动燃气发电机组过程。发电机组产生的高温烟气在1300 ℃下使生物质发生熔融气化反应,产生的气化气进行发电,并为气化剂补充能量;气化剂升温到1000 ℃后,使生物质高温熔融气化;系统启动后,由气化剂提供保持生物质连续熔融气化的能量,无需外界提供能量;生物质熔融气化过程全自动控制。

装置中物料输送机熔融气化系统、气化剂余热利用系统、气体净化系统、气化气氧化余热利用系统、烟气余热利用系统相互连接在一起,并受自动控制系统的控制。这套装置能量利用率高,启动后生物质熔融气化所需能量无需外界提供,既节能又环保,自动化程度高,可以广泛应用在生物质熔融气化发电工艺中。

第四节　废弃生物质混合燃烧发电

大部分生物质燃料的含水量较高,组分复杂,能量密度低,分布较分散,生物质发电成本一般高于常规煤粉发电站。采用生物质与煤混燃技术,在经济上合理,又可以降低锅炉排放物的浓度。混燃对燃烧稳定性、给料及制粉系统产生的影响,可通过调整燃烧器和给料系统来解决。

美国和欧盟等发达国家已经建设了几处生物质和煤的混燃示范工程,其主要燃烧设备是煤粉炉,也有的用层燃和流化床技术。另外,将废弃生物质放入水泥窑中进行燃烧也是一种生物质混燃技术。如美国的几个动力供应商一起,对数台锅炉的煤和木材混燃进行了广泛的测试和研究。研究证明,旋风炉的改造费用最低,大约为50美元·kW^{-1},其用木材混燃的比例为1%～10%(按发热量计算);煤粉炉利用木材混燃的比例较低,改造费用较高。若想在煤粉炉中采用更高程度的混燃,将需要更高的费用,用于生物质燃料的预处理。经验证明,在煤中混入少量木材(1%～8%)没有任何运行问题;当木材的混入量上升至15%时,需对燃烧器和给料系统进行一定程度的改造。

生物质与煤混燃技术在我国前景非常广阔,对于我国许多现役链条炉和循环流化床锅炉来说,运用混燃技术不需对设备做过大改动,投资费用低,利用率高。

一、废弃生物质直接与煤混燃发电

采用的方式可以是层燃、流化床和煤粉炉等燃烧方式。工艺流程如图7.24所示。

当采用煤粉炉作为燃烧设备时,生物质的预处理可分为以下三种方式。

(1)生物质与煤预先混合,经过磨煤机粉碎后,通过配送系统输送至燃烧器。此方式可以充分利用原有设备,简单易行,低投资,但有可能降低锅炉的出力,限制了生物质种类和使用比例,如树皮会影响磨煤机的正常使用。

(2)生物质与煤分别处理,包括计量粉碎,再通过各自的管路输送至燃烧器前。此方式需要安装生物质燃料管道,控制和维护锅炉比较麻烦。

(3)与第二种方式基本相同,不同的是为生物质准备了专门的燃烧器单独使用。此方式投资成本最高,但一般不会影响锅炉的正常运行。

此外,当使用农作物秸秆作为燃料时,要考虑可能引起的一系列问题,如秸秆有可能会

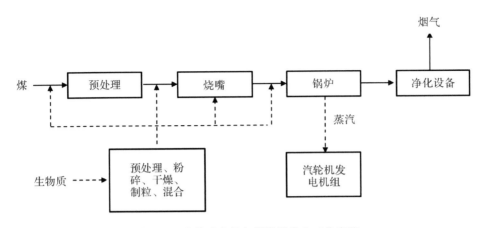

图 7.24 生物质直接与煤混燃发电工艺流程

引起燃料仓堵塞和锅炉的结焦。

二、废弃生物质气化与煤混燃发电

这种发电方式降低了生物质转化过程对燃料品质的要求,产生的生物质灰和煤灰被分离,有利于原煤灰渣的分析利用。同时,需要控制气化炉中产生的燃气总量,以避免整改锅炉的燃烧器与燃烧区域(图 7.25)。

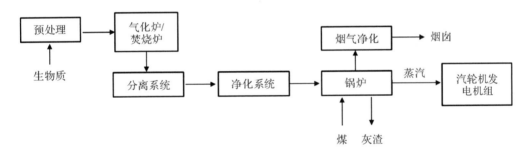

图 7.25 生物质气化与煤混燃发电工艺流程

其技术优势有:①生物质气化产生的粗合成气通入燃煤锅炉与煤混燃,后段可利用燃煤电厂原有的工艺装备实现发电与烟气净化,初投资成本低。②无废水产出。③产生的固体废物经净化除尘得到生物质灰,生物质灰可作为有机肥被回收利用。④生物质替代部分燃煤发电,减少了 CO_2、SO_x、NO_x 与烟尘的排放量,对节能减排起积极作用。⑤燃气冷却降温技术和燃气加压输送技术解决了焦油的沉积物污染问题。⑥燃气成分监测及计量系统使生物质能的利用获得了准确的数据分析。⑦避免了直燃与煤混燃技术产生的腐蚀、积灰、结焦和结渣问题,可高效、洁净利用生物质。⑧可解决乡村废弃物露天焚烧问题,既可改善环境,也给农民带来经济收益。

三、废弃生物质混合燃烧发电案例

芬兰某电厂装机容量为 550 MW,采用循环流化床燃烧技术,燃料由 45% 的泥煤、10%

的森林残留物、35%的树皮与木材加工废料,以及10%的重油或是煤所组成,是现阶段世界上最大的生物质发电厂,是生物质和化石燃料混燃最好的例子。电厂采用热电联合循环,除发电外,还为工业输送蒸汽,同时为地区市政供暖系统提供热量。

芬兰某电厂建于1976年,锅炉是额定蒸发为450 t·h^{-1}的本生型直流锅炉。1998年1月,气化装置向锅炉炉膛内输送生物气和煤混燃。气化装置采用Foster Wheeler Energia OY制造的常压循环流化床。气化系统十分简单,由一个气化反应器和一个床料循环系统组成。在气化装置中,生物燃料在800~850 ℃下气化,热气体通过旋风筒,送入位于锅炉下部的两个燃烧器中。气化装置采用的燃料有木材废料(71%)、回收燃料(RDF)(22%)、铁路枕木(5.5%)和切碎的轮胎(1.5%)。气化燃料的水分含量较高,产生气体的热值较低,在1.6~2.4 MJ·m^{-3}。1998年,另一电厂的气化装置共运行4730 h,气化79910 t各种燃料。利用生物质和煤的混燃降低了锅炉的NO$_x$和SO$_x$的排放。生物质燃料中的含硫量较低,故使锅炉的SO$_x$排放量降低到20~25 mg·MJ^{-1}。NO$_x$排放量的降低主要有两个原因:①生物气中氨(NH$_3$)在锅炉中的再燃烧;②低热值、高水分的生物气在锅炉炉膛底部燃烧,起到了冷却作用,阻止了NO$_x$的热形成。

奥地利某电站示范了BioCoComb技术(即煤与生物质可燃气在燃煤锅炉中混燃技术)。该电站额定负荷为137 MW,锅炉采用硬质煤切向燃烧系统,并且带有喷射氨的SNCR系统。1997年12月,气化装置接入锅炉。气化装置采用微正压循环流化床,将大部分生物质燃料气化为热值2.5~5 MJ·m^{-3}的生物可燃气,另一部分生物质燃料变成细小的颗粒。将含有固体颗粒的生物可燃气,经特殊设计的燃烧器喷嘴送入锅炉炉膛上部燃烧。喷嘴能保证生物气迅速点燃,火焰稳定,并深入穿透煤粉火焰而混合良好。该装置的气化燃料主要是云杉树皮、落叶松碎木和锯末。Zeltweg电站混燃的运行经验证明,当利用的生物质燃料占锅炉炉膛总输入热量的3%时,可以使SNCR系统的氨消耗量降低14%~15%。

目前国内气化混燃电厂仅处于示范阶段。荆门某热电厂生物质气化示范项目于2012年投入商业运行,该项目是国电在荆门热电厂600 MW机组周边建设并运营的一套生物质气化系统,目的是在电厂中推进秸秆、稻壳等生物质原料替代煤炭的应用。循环流化床气化炉每小时处理8 t稻壳、秸秆等生物质燃料,是亚洲最大和效率最高的示范项目。该项目每年转化利用秸秆4万t,可节省标煤2万t,不仅高效利用了生物质能源,还将生物质灰渣制成有机肥料,进一步加强了项目的经济效益。

❖ 生态之窗

《"十四五"可再生能源发展规划》中关于"生物质发电"的论述(节选)

稳步发展生物质发电。优化生物质发电开发布局,稳步发展城镇生活垃圾焚烧发电,有序发展农林生物质发电和沼气发电,探索生物质发电与碳捕集、利用与封存相结合的发展潜力和示范研究。有序发展生物质热电联产,因地制宜加快生物质发电向热电联产转型升级,为具备资源条件的县城、人口集中的乡村提供民用供暖,为中小工业园区集中供热。开展生物质发电市场化示范,完善区域垃圾焚烧处理收费制度,还原生物质发电环境价值。

　　健全可再生能源开发建设管理机制……开展生物质发电项目竞争性配置,逐步形成有效的市场化开发机制,推动生物质发电补贴逐步退坡。

二维码 7.1　《"十四五"可再生能源
发展规划》

❖ 复习思考题

　　(1)废弃生物质直燃的反应过程是什么?

　　(2)影响废弃生物质燃烧的主要因素有哪些?

　　(3)废弃生物质燃料与煤燃料的区别是什么?

　　(4)废弃生物质直燃发电的原理和系统组成是什么?

　　(5)废弃生物质气化过程和燃烧过程的区别有哪些?

　　(6)废弃生物质气化的过程包括什么?

　　(7)废弃生物质气化过程的主要指标有哪些? 哪些指标对气化过程起主导作用?

　　(8)简述废弃生物质气化炉的类型,各有哪些特点?

　　(9)焦油的危害有哪些? 除焦方法有哪些?

　　(10)废弃生物质气化发电的实现模式有哪些?

第八章 废弃生物质燃料乙醇利用

第一节 废弃生物质燃料乙醇技术概述

一、燃料乙醇的定义、性质及用途

乙醇(ethanol),俗称酒精,化学式为 C_2H_5OH,是一种无色透明、具有特殊香味、易挥发的液体。密度比水小,能与水以任意比互溶(一般不能做萃取剂)。乙醇是一种重要的溶剂,能与水、氯仿、乙醚、甲醇、丙酮和其他多数有机溶剂混溶,其蒸气能与空气形成爆炸性混合物。乙醇用途广泛,可用来制造醋酸、饮料、香精、染料、燃料等,医疗上也常用体积分数为 $70\%\sim75\%$ 的乙醇作消毒剂等。

燃料乙醇(fuel bioethanol)是指未添加变性剂、可作为燃料使用、体积分数达到 99.5% 以上的无水乙醇,其主要是以生物质为原料经生物发酵作用等途径获得,是一种清洁的高辛烷值燃料,具有和矿物质相似的燃烧性能,也是一种可再生能源。经适当加工,燃料乙醇可以制成乙醇汽油、乙醇柴油、乙醇润滑油等用途广泛的工业燃料。

乙醇与汽油、柴油的理化性质差异见表8.1。乙醇中含有氧,比汽油柴油更容易充分燃烧,减少了 30% 以上的 CO 和碳氢化合物的尾气排放;跟汽油柴油相比,乙醇具有汽化热高、着火温度高、十六烷值低等缺点,发动机启动难度略有增加。乙醇热值低于柴油汽油,但辛烷值高,可采用高压缩比,弥补热值低带来的耗油量相对较大的缺点。

表 8.1 乙醇与汽油柴油的理化指标比较

理化指标	乙醇	汽油	柴油
碳原子数	2	$5\sim12$	$10\sim21$
分子量	46	$95\sim120$	$180\sim200$
含氧量	34.73	0	0
密度(20 ℃)/(kg·m⁻³)	0.7893	$0.72\sim0.78$	$0.83\sim0.86$
沸点/℃	78.3	$40\sim210$	$180\sim370$

理化指标	乙醇	汽油	柴油
凝点/℃	−117.3	−60～−56	−35～10
闪点(闭)/℃	13～14	−45～−38	65～88
黏度(20 ℃)/(mPa·s)	1.2	0.28～0.59	3.0～8.0
汽化热/(kJ·kg^{-1})	0.854	0.31～0.34	0.25～0.30
低热值/(MJ·kg^{-1})	26.778	43.9～44.4	42.5～42.8
着火温度/℃	434	350～468	270～350
火焰传播速度/(m·s^{-1})	—	0.35～0.58	0.28～0.46
着火界限/%	3.5～18.0	1.3～7.6	—
理论空燃化/(kg·kg^{-1})	8.45	14.7～15.0	14.3～14.6
理论混合气热值/(MJ·kg^{-1})	2670	2780～2786	272～279
十六烷值	8	5～25	45～65
辛烷值	约110	80～98	约20

1. 乙醇与汽油混合作内燃机燃料的应用

若用含水量不超过10%的乙醇,以≤15%的量与汽油混合作汽油发动机的燃料,对汽油机的性能没有什么不良影响,但在应用中有以下情况应注意和解决。

(1)适当加大化油器的量孔尺寸

由于乙醇的密度大于汽油,混合后的密度比纯汽油密度大,要使汽油机的汽缸从化油器中吸入等量的混合燃料,就要求有较大的引力。要使汽油机的最大功率不降低,就要适应乙醇与汽油的各种配合比例,这就要求化油器有不同的量孔尺寸。一般来说,混合燃料中的乙醇比例较大,化油器的量孔尺寸就应稍大一些。

(2)设法克服冷起动困难问题

汽油机燃用乙醇和汽油的混合燃料,会出现冷起动困难问题。主要原因有两个:一是混合燃料的比热大于纯汽油的比热,造成压缩终点汽缸内的温度比燃用纯汽油时的温度低;二是混合燃料的汽化潜热比纯汽油的汽化潜热大,气化时吸收热量多,由此使汽油机的冷起动性能下降了。克服混合燃料燃用时出现冷启动困难,可采用以下措施:使汽油机的进气管靠近排气管,提高进气管的温度,加速混合燃料中乙醇的气化;同时还可采用强力点火装置或高能点火高压线,增强点火能量,改善冷启动性能。

(3)避免混合燃料出现分层现象

乙醇中本来就含有一定量水分,又具有亲水性,容易吸收空气中的水分而降低其纯度。随乙醇含水量的增大,混合燃料易出现分层现象,即汽油与乙醇的相分离。相分离将导致供油质量变差,为解决这一问题,可采用机械搅拌或超声波振荡,使乙醇汽油混合燃料保持均匀混合状态,以利于汽油机的使用。

按照我国的国家标准,乙醇汽油是用90%的普通汽油添加10%的燃料乙醇调制而成。

目前,我国车用乙醇汽油按辛烷值分为 90、93、95 三种型号。

　　2.乙醇与柴油混合作内燃机燃料的应用

　　实践证明,只要控制好乙醇与柴油的混合比例,用乙醇代替部分柴油作内燃机的燃料,也是完全可行的。现将此混合燃料应用的有关问题和具体操作介绍如下。

　　(1)关于燃料的润滑性能与乙醇配入量

　　柴油机燃用的柴油本身就是燃油喷射系统中的润滑剂,也是说,柱塞配件、出油阀配件、针阀偶件是靠柴油燃料来润滑的,柴油的黏性保证了润滑的要求。柴油中混入的乙醇量越多,混合燃料的黏性就越低,润滑性能越差,易造成燃油喷射系统中精密配件的早期磨损。但当乙醇的配入量不超过混合燃料总量的 25％时,仍能满足燃油喷射系统精密配件所需的润滑性能要求。

　　(2)关于燃料的十六烷值与着火性能

　　十六烷值是柴油在发动机中着火性能的指示数。在柴油机的燃烧过程中,燃料靠活塞压缩汽缸内产生高压高温点燃,十六烷值高,着火性能好;反之,燃料的着火性能变差。乙醇的十六烷值很低(只有 8),难以压燃着火。柴油机所用的燃料十六烷值应≥40,才能保证柴油机的正常燃烧过程。按此项要求,在乙醇与柴油的混合燃料中,乙醇的含量应≤20％。

　　(3)关于混合燃料的空燃比与供气量

　　理论上柴油的空燃比为 14.5：1;乙醇的空燃比为 9：1。由于柴油机的混合气形成时间短,不易形成均匀混合气,所以实际上柴油机柴油燃烧时所用的空燃比为(20～30)：1;而乙醇燃烧所需的空气量比柴油少。故混合燃料中有 20％左右的乙醇,柴油机的供油与进气系统都无需改装,即能保证正常燃烧。

　　(4)关于混合燃料中乙醇的纯度

　　乙醇的纯度越高,与柴油越容易混合。如果乙醇和柴油均不含水,混合后常温下分层,只有降温至－23 ℃时,乙醇与柴油才会出现相分离,这种性能随乙醇含水量的增加而逐渐变差。

　　(5)乙醇与柴油的泵油乳化混合法

　　当乙醇的纯度达到 85％以后,再提高其纯度,生产成本将明显增加,所以,不可能用纯乙醇与柴油混合作燃料,而只能使用工业乙醇(纯度为 95％)或纯度为 90％左右的乙醇。

二、生产燃料乙醇的废弃生物质原料

　　制取燃料乙醇的原料,按成分分为糖质、淀粉质和纤维素三种。后两种原料均需先通过水解得到能被酵母利用、同化的可发酵性糖。可发酵性糖进一步水解为葡萄糖或果糖,经酵母酵解后,在酵母细胞内的酒化酶作用下转化为乙醇和二氧化碳。燃料乙醇生产的主要原料见图 8.1。

　　1.糖质原料

　　目前国内常用于乙醇生产的糖质原料主要为甘蔗糖蜜、甜高粱及其他含糖植物、甜菜糖蜜等。其中甘蔗糖蜜、甜菜糖蜜,是以甘蔗和甜菜为原料的一种副产物,产量占原料甘蔗的2.5％～3％、甜菜的 3％～4％。

　　利用糖质原料生产乙醇的工艺和设备简单,转化速度快、发酵周期短,与用淀粉质原料

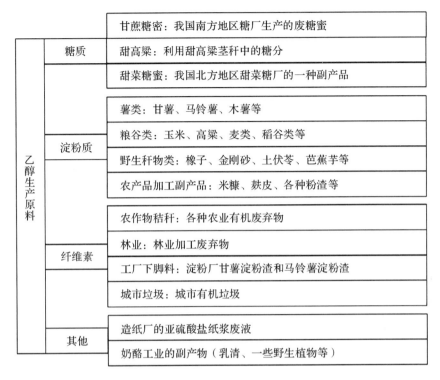

图 8.1　燃料乙醇生产的主要原料

生产乙醇相比,可以省去蒸煮、制曲、糖化等工序,是一种成本较低、工艺操作简便的乙醇生产方法。巴西是利用糖质原料生产乙醇最成功的国家之一;巴西通过立法确立了用燃料乙醇替代汽油的发展方向,经过二十多年的发展,已经成为燃料乙醇生产能力最大的国家,也是世界上燃料乙醇生产成本最低的国家,生产成本约合 0.2 美元·L^{-1},同期汽油价格约为 0.6~0.7 美元·L^{-1}。燃料乙醇已经具备了相当强的市场竞争力,从 2001 年开始巴西政府已经取消了对燃料乙醇的补贴,由市场供求直接调节。

2.淀粉质原料

生产乙醇的淀粉质原料,一般可分为下列几类:

①薯类:甘薯、马铃薯、木薯、山药等。

②粮谷类:高粱、玉米、大米、谷子、大麦、小麦、燕麦、黍和稷等。

③野生植物:橡子仁、葛根、土茯苓、蕨根、石蒜、金刚头等。

④农产品加工副产物:米糠、麸皮、高粱糠、淀粉渣等。

各种淀粉质原料的成分如表 8.2 所示。

表 8.2　各种淀粉质原料的成分

品种	水分/%	碳水化合物/%	灰分/%	N/%	P_2O_5/mg	单宁/%
甘薯干	12.3	71.5	—	0.73	211	—
新鲜甘薯	65~68	12~31	0.7~2.0	0.08~0.48	50	—

续表

品种	水分/%	碳水化合物/%	灰分/%	N/%	P_2O_5/mg	单宁/%
马铃薯	79.4～81.5	16～21	0.7～1.0	0.24～0.42	135	—
高粱	11～12	60～65	1.7	1.65	650	0.5～0.7
玉米	9.82	69.37	—	1.38	874	—
米糠	8.94	1.87	—	2.32	4070	—
橡子	13.38～22.54	50.65～63.39	1.31～2.99	0.4～1.0	890	5.64～15.14
麸皮	12.60	13.68	—	1.90	2560	—

3.纤维素原料

①农作物纤维下脚料:主要包括麦草、稻草、玉米秆、玉米芯、高粱秆、花生壳、棉籽壳、稻壳等。

②森林和木材加工工业下脚料:主要包括伐木产生的枝叶、树梢、树桩,死树、病树,木材加工中的边角料、木屑等。

③工厂纤维素和半纤维素下脚料:糖厂的甘蔗渣、纸厂的废纸浆、编织厂的废花等是工厂纤维素下脚料,废甜菜丝、造纸用草料等是半纤维素下脚料。

④城市生活纤维垃圾。

天然纤维原料是由纤维素、半纤维素和木质素三大成分组成的。植物的纤维组成见表8.3。

表 8.3　植物纤维原料成分

名称		半纤维素/%	纤维素/%	木质素/%
单子叶植物	茎	25～50	25～40	10～30
	叶	80～85	15～20	
树木	纤维	5～20	80～90	
	硬木	24～40	40～55	18～25
	软木	25～35	45～55	25～35
纸张	新闻纸	25～40	40～55	18～30
	废纸	10～20	60～70	5～10
废纤维		20～30	60～80	2～10
玉米芯		35	45	15
草		35～50	25～40	10～30
麦秸		50	30	15
城市固体纤维垃圾		9	50	17

三、燃料乙醇的主要生产方法

工业上生产乙醇的方法主要分为化学合成法和生物发酵法两大类,其中化学合成法是以乙烯来合成乙醇。目前,乙醇生产主要通过糖质作物(甜菜、甘蔗等)和淀粉质作物(玉米、小麦、土豆等)直接发酵,以及纤维素原料(农作物秸秆等)的水解-发酵这两种工艺。乙醇主要来源如下:①利用微生物发酵淀粉质原料(小麦和玉米)、甜菜或糖料作物中的糖。②发酵非糖木质纤维素原料如含纤维素农作物秸秆、能源草和树木等。③化学合成法如乙烯(来源于石油)水合反应。④费托法高温催化合成气转化为混合醇。

1. 化学合成法

(1)乙烯直接水合法

化学合成法是以石油裂解产生的乙烯为原料来合成乙醇,包括直接水合法、硫酸吸附间接法等,最常用的是乙烯与蒸汽直接水合生成法。乙烯在涂有磷酸的固体二氧化硅催化下与蒸汽发生水合反应生成乙醇,该过程反应化学式为:

$$CH_2{=}CH_2(g)+H_2O(g)\xrightarrow{H_3PO_4}CH_3CH_2OH(g)$$

直接水合法是一个连续反应过程,反应器中每次只有5%的乙烯转化为乙醇,从反应混合物中去除乙醇后可回收乙烯,反复进行以乙烯计的乙醇收率可达到95%,乙烯单程转化率为4%~5%,乙醇得率为100~200 g·L^{-1}催化剂·h^{-1}。乙烯直接水合法比发酵法更简单且效率高,可用来生产高纯度的乙醇。水合过程最主要的问题是耗能大,因反应在高温高压下进行,且原料只能来自原油。

(2)乙烯间接水合法

乙烯间接水合法生产乙醇早于直接水合法,在1825年就已进行了在硫酸催化下用雨水合成乙醇的研究。经过长时间发展,用硫酸吸收乙烯再经水解制备乙醇的方法实现了工业化。

间接水合法以硫酸作催化剂,经两步反应,由水和乙烯合成乙醇,反应方程式如下:

$$2\,C_2H_4+H_2SO_4\longrightarrow(CH_3CHO)_2SO_2$$
$$(CH_3CHO)_2SO_2+H_2O\longrightarrow2CH_3CH_2OH+H_2SO_4$$

乙烯是石油工业的副产品,自20世纪70年代石油危机以来,化学合成法逐渐淡出,目前,合成乙醇在国外仅占乙醇总产量的20%左右。

2. 微生物发酵法

发酵法是工业上生产乙醇的最主要方法。发酵底物来源广泛,包括谷物、玉米、甜菜、蔗糖、糖蜜、农作物废弃物和能源草等。按照生产所用的主要原料,又分为淀粉质原料生产乙醇、糖质原料生产乙醇、纤维素原料转化乙醇及用工厂废液生产乙醇等。糖质原料生产乙醇不需复杂的前处理工作,操作简单;淀粉质和纤维素类原料需经水解糖化过程将碳水化合物降解为糖类,然而纤维素原料由于自身的复杂结构,糖化较淀粉质原料难。

发酵过程就是酵母等微生物以糖类物质为营养,通过体内特定代谢酶,经过复杂的生化反应过程进行新陈代谢,生产乙醇及其他副产物的过程。生物催化剂酵母可在无氧条件下经过糖酵解途径将六碳糖转化为乙醇并获得能量;木糖等五碳糖通过比葡萄糖更为复杂的代谢过程可转化为乙醇和其他副产物。葡萄糖和木糖通过微生物代谢转化为乙醇的化学反应式为：

$$C_6H_{12}O_6 \longrightarrow 2CH_3CH_2OH + 2CO_2$$
$$3\,C_5H_{10}O_5 \longrightarrow 5CH_3CH_2OH + 5CO_2$$

目前,作为燃料乙醇生产原料的纤维素和半纤维素（C_5 和 C_6 化合物）,其转化为单糖的过程比淀粉质等粮食作物复杂得多。纤维素原料转化为乙醇有很多方法,但是都必须具备以下条件:①纤维素和半纤维素有效地降解为糖。②C_6（己糖）和 C_5（戊糖）混合糖高效发酵。③先进的工艺集成以减少过程能耗。④降低原料中木质素的含量以减少纤维乙醇的成本。

转化纤维素原料为乙醇的技术大致可分为两大类,即基于糖平台（生化转化）和合成气平台（热化学转化）的转化技术。其基本步骤如图 8.2 所示。糖平台原料经预处理后酶解转化成糖,再被发酵成乙醇;合成气平台中,纤维素原料先被气化产生合成气（CO、CO_2 和 H_2）,再经过微生物发酵转化为乙醇。

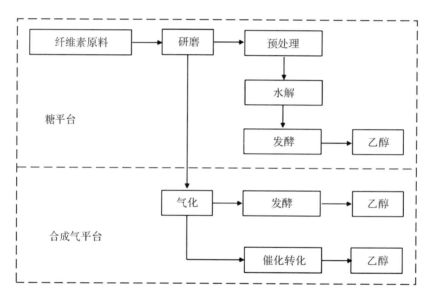

图 8.2　生产燃料乙醇的基本途径

3.合成气发酵乙醇

生物质合成气发酵是一种间接制备乙醇的方法,包括热化学和生物发酵两种工艺过程。首先,生物质通过气化反应装置把生物质转化为富含 CO、H_2 和 CO_2 的中间气体,这些气体作为合成气,再利用微生物发酵技术将其转化为乙醇。

木质纤维素生物质可在高温下（750～800 ℃）气化生成 CO、H_2、CH_4、N_2、CO_2 等气体混合物。其中 H_2 25%～30%,CO 40%～65%,CO_2 1%～20%,CH_4 0～7%以及少量含硫和氮的化合物。合成气最主要的成分是 CO 和 H_2,生物质气化后,合成气混合物经过一系列的过滤除去不必要的污染物如焦油和固体颗粒。纯化的合成气可通过两种方法转化为乙醇,即费托合成法（F-T 法）和微生物发酵法。

F-T 法制乙醇的反应条件需要高温高压（通常为 315 ℃,8.2 MPa）,而且反应是非特异性的,产物不仅包括乙醇,还有甲醇、丁醇和高分子量的醇类等。与化学催化过程相比,生物转化过程虽然反应速度较慢,但是具有高选择性、高产率、低能耗等特性。更为重要的是,生化反应所具有的不可逆性,能够避开热力学平衡的限制,达到较高的转化率。

第二节　废弃生物质制取燃料乙醇工艺流程

一、燃料乙醇发酵的生化反应过程

纤维素原料和淀粉质原料等生产乙醇的生化反应过程可概括为:原料即淀粉、纤维素和半纤维素等碳水化合物降解为单糖分子;葡萄糖、木糖等单糖经糖酵解形成丙酮酸;丙酮酸在无氧条件下被还原为乙醇,并释放 CO_2。大部分乙醇发酵菌能分解蔗糖等双糖为单糖而直接进入糖酵解生产乙醇过程。以葡萄糖为底物的乙醇发酵,中间产物丙酮酸根据反应条件可能转化为不同的终端产物如乙醇、乳酸等。葡萄糖发酵乙醇的基本化学反应式如图 8.3 所示。

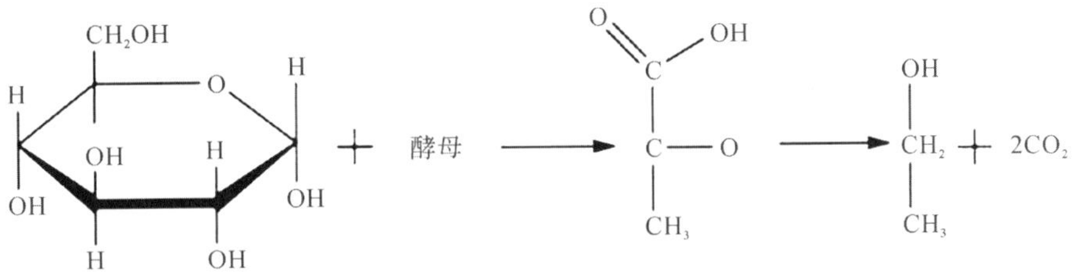

图 8.3　葡萄糖乙醇发酵的基本化学反应式

1.碳水化合物的降解

淀粉、纤维素和半纤维素等碳水化合物不经水解而直接发酵存在一定的难度。因大多数乙醇发酵菌不具备水解多糖的能力,在乙醇生产过程中,一般通过化学或生物方式将原料降解为单糖再用于微生物发酵。

(1)淀粉质原料的降解

淀粉在酸或淀粉酶的作用下被逐步降解,其最终水解产物是葡萄糖,水解过程反应式为:

$$(C_6H_{10}O_5)_n \xrightarrow{\text{酸或淀粉酶},H_2O} \alpha\text{-}1,4\text{-寡聚葡萄糖}$$

$$\alpha\text{-}1,4\text{-寡聚葡萄糖} \xrightarrow{\text{酸或淀粉酶},H_2O} n\ C_6H_{10}O_5(\text{葡萄糖})$$

在用酸处理淀粉的过程中,酸作用于糖苷键使淀粉分子水解,大分子变为小分子。淀粉是由直链淀粉和支链淀粉组成,前者具有 α-1,4-糖苷键,后者除 α-1,4-糖苷键外,还含有少量 α-1,6-糖苷键,两种糖苷键被酸水解的难易不同。直链淀粉分子间经氢键结合成晶态结构,酸渗入困难,分子内 α-1,4-糖苷键不易被水解。而酸分子容易进入无定形区,支链淀粉分子的 α-1,4-糖苷键,α-1,6-糖苷键较易与酸作用发生水解。淀粉酸水解分两步进行,第一步是无定形区支链淀粉快速水解,第二步是结晶区直链淀粉和支链淀粉水解,速度较慢。

淀粉的酶法降解是用淀粉酶将淀粉直接水解为葡萄糖。水解过程可分为两步,第一步是 α-淀粉酶将淀粉转化为糊精或低聚糖,使淀粉可溶性增加,称为淀粉的液化,第二步是糖化,即酶将糊精或低聚糖进一步分解转为葡萄糖单分子的过程。

(2)纤维素原料的降解

纤维素原料结构复杂,一般由纤维素、半纤维素和木质素组成。纤维素是由葡萄糖通过 β-1,4-糖苷键连接而成的线性长链高分子聚合物,纤维素分子间的醇羟基形成有力的氢键聚集成为微纤维,使其结晶度很强。半纤维素主要由木糖、阿拉伯糖、甘露糖等组成,易被酸水解为单糖,无晶体结构。木质素以苯丙烷为结构单元,通过醚键、碳—碳键连接成的具有三度空间结构的高聚物,不能被水解。它在纤维素外围起保护作用,同时阻碍了原料水解,降低了发酵效率。

纤维素原料水解前常用物理、化学、物理-化学法和生物法等对原料进行预处理以破坏纤维素、半纤维素之间的连接,降低纤维素的结晶度,从而提高水解效率。原料经预处理后,结构变得疏松,木质素被部分去除,纤维素和半纤维素更多地暴露在表面,有利于进一步水解降解为单糖。纤维素原料主要通过酸法和酶法降解。水解反应方程式为:

$$(C_6H_{10}O_5)_n \xrightarrow{\text{酸或淀粉酶},H_2O} \beta\text{-}1,4\text{-寡聚葡萄糖}$$

$$\beta\text{-}1,4\text{-寡聚葡萄糖} \xrightarrow{\text{酸或淀粉酶},H_2O} n\,C_6H_{10}O_5(\text{葡萄糖})$$

半纤维素中木聚糖的水解过程反应式为:

$$(C_5H_8O_4)_m \xrightarrow{\text{弱酸},H_2O} m\,C_6H_{12}O_6(\text{木糖})$$

酸水解能提高水解效率,但水解后会产生乙酸、糠醛等发酵抑制物,酸强度较大时会使产物分解,降低糖得率,且酸解液需要脱毒和中和处理。

酶解条件温和,专一性较强,具有催化糖基转移和不产生抑制物等优点。目前,酶解过程研究较多的是里氏木霉,其产生的纤维素酶是复合酶,包括内切葡聚糖酶、外切葡聚糖酶和 β-葡萄糖苷酶。当与纤维素接触时,内切葡聚糖酶先随机切割纤维素多糖链内部的无定形区,使短链露出;再由外切葡聚糖酶作用于还原性和非还原性多糖链的末端,释放出葡萄糖或纤维二糖,同时外切葡聚糖酶还作用于微晶纤维素,将纤维素链剥离;最后 β-葡萄糖苷酶水解纤维二糖和纤维糊精,产生葡萄糖。

酶解对原料预处理有较高的要求,且纤维素酶需求量大。寻找高效产酶的微生物、提高酶解效率和降低酶用量是纤维素原料酶解的研究方向。

2.糖酵解

乙醇发酵过程实质是发酵微生物在厌氧条件下利用其特定酶系催化的一系列有机物分解代谢过程。发酵底物可以是糖类、氨基酸或有机酸,主要是糖类,包括六碳糖和五碳糖。由葡萄糖降解为丙酮酸的过程称为糖酵解,包括 EMP 途径、ED 途径、HMP 途径和磷酸解酮酶途径,其中,EMP 途径最重要,一般发酵微生物都是以此途径进行葡萄糖乙醇发酵的。

(1)EMP 途径

EMP 是在厌氧条件下,产生腺嘌呤核苷三磷酸(简称三磷酸腺苷,ATP)的一种供能方式,为绝大多数生物所共有。整个 EMP 途径包括 10 步反应,可划分为两个阶段,第一阶段是准备阶段(前 5 步反应),葡萄糖通过磷酸化、异构化裂解为三碳糖,不发生氧化还原反应,生成 2 分子中间代谢产物,即甘油醛-3-磷酸;第二阶段为产生 ATP 储能阶段(后 5 步),甘油醛-3-磷酸经脱氢酶、激酶、变位酶、烯醇化酶、丙酮酸激酶等催化转化为丙酮酸,发生氧化还原反应,伴随含能化合物 ATP 和还原型辅酶 NADH 的形成,产物为 2 分子丙酮酸。即 1 分子葡萄糖,经 10 步反应,产生 2 分子丙酮酸,获得 2 分子 ATP 与 2 分子 NADH。葡萄糖酵解的 EMP 途径及总反应式如下。

$$C_6H_{12}O_6+2NAD^++2ADP+2Pi \longrightarrow 2CH_3COCOOH+2NADH+2H^++2ATP$$

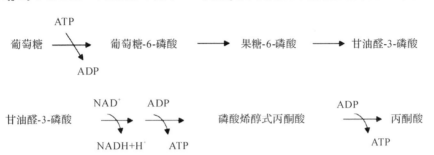

（2）ED 途径

ED 途径又称 2-酮-3-脱氧-6-磷酸葡萄糖酸（KDPG）裂解途径,为少数缺乏完整 EMP 途径微生物的一种替代途径,于 1952 年研究嗜糖假单胞菌时发现,后来证明存在于多种细菌中（革兰氏阴性菌中分布较广）。在 ED 途径中,葡萄糖-6-磷酸首先脱氢产生葡萄糖酸-6-磷酸,在脱水酶和醛缩酶的作用下裂解为 1 分子甘油醛-3-磷酸和 1 分子丙酮酸,甘油醛-3-磷酸可进入 EMP 途径生成丙酮酸,葡萄糖酵解的 ED 途径如下。

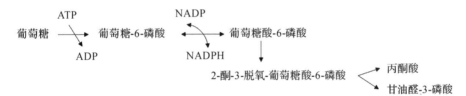

ED 途径为细菌型乙醇发酵的主要途径,可不依赖 EMP 和 HMP 途径而单独存在。其代谢过程产能低,每消耗 1 mol 葡萄糖只生成 1 mol ATP。但 ED 途径只需 4 步反应就可获得由 EMP 途径经 10 步反应才能形成的丙酮酸,所以 ED 途径发酵乙醇代谢速率高、菌体生成少,产物转化率高。同时其代谢副产物也少、发酵温度、pH 较高,易染菌。具有 ED 途径的细菌有运动发酵单胞菌、嗜糖假单胞菌和铜绿假单胞菌等。

（3）HMP 途径

HMP 途径又称戊糖—磷酸途径、己糖—磷酸支路,是由葡萄糖-6-磷酸开始,不经过 EMP 途径的果糖-6-磷酸步骤,经过氧化分解后产生五碳糖、CO_2、无机磷酸和 NADPH。HMP 途径与 EMP 途径有密切关系,因 HMP 途径的中间产物甘油醛-3-磷酸、果糖-6-磷酸可进入 EMP 途径,因此也称为磷酸戊糖支路,是葡萄糖分解的另一途径。HMP 途径总反应:

6葡萄糖-6-磷酸+12NADP$^+$+7H$_2$O $\longrightarrow$ 5葡萄糖-6-磷酸+12NADPH+12H$^+$+6CO$_2$+Pi

每一个葡萄糖-6-磷酸分子进入戊糖磷酸途径,经 6 次循环被彻底氧化产生 6 个 CO_2。

大多数好氧和兼性厌氧微生物中都有 HMP 途径,而且同一微生物中往往同时存在 HMP 和 EMP 途径,很少有微生物仅有 HMP 途径或 EMP 途径,能以 HMP 作为唯一降解途径的微生物目前发现的只有亚氧化醋酸杆菌。HMP途径产生大量的NADPH可为微生物合成提供原动力或能量,为还原性生物合成过程中提供负氢离子,还为各种单糖相互转化提供条件。

(4)磷酸解酮酶途径

该途径为明串珠菌在进行异型乳酸发酵过程中分解己糖和戊糖的途径。磷酸解酮酶途径根据解酮酶系的差异,可分为PK途径和HK途径。PK途径具有磷酸戊糖解酮酶系,HK途径具有磷酸己糖解酮酶系。细菌进行五碳糖发酵时,可以利用磷酸戊糖解酮酶系催化木糖等五碳糖裂解为乙酰磷酸和甘油醛-3-磷酸,并进一步降解、还原为乙醇。对于五碳糖乙醇发酵,磷酸戊糖解酮酶途径可能更重要些。利用基因工程技术可将这些特殊酶系转移到乙醇发酵微生物体内,即可培育出能同时正常发酵葡萄糖和木糖生成乙醇的菌株。

(5)丙酮酸还原反应

在糖酵解过程中产生的丙酮酸可被进一步代谢,在无氧条件下,不同的微生物分解丙酮酸后会形成不同的代谢产物。酵母、根霉、曲霉和部分细菌等可发酵葡萄糖产乙醇。工业上主要应用酵母菌发酵乙醇,丙酮酸形成乙醇的过程中包括脱酸反应和还原反应,反应式如下。

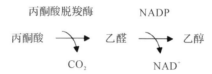

一般酵母的乙醇发酵大多采用这个过程,称为酵母一型发酵,即丙酮酸脱酸生成乙醛,乙醛再作为NADH的氢受体使NAD⁺再生,NAD⁺反复用于氧化葡萄糖为丙酮酸,终产物为乙醇。

3.乙醇发酵类型

酵母利用葡萄糖发酵乙醇分三种类型。

(1)酵母一型发酵

酵母菌将葡萄糖经EMP途径产生的2分子丙酮酸脱羧为乙醛,乙醛作为氢受体使NAD⁺再生,产物为2分子乙醇和2分子CO_2。

(2)酵母二型发酵

发酵环境中存在亚硫酸氢钠时,生成的乙醛则与亚硫酸氢钠反应生成磺化羟基乙醛,而不能作为氢受体使NAD⁺再生,也就不能形成乙醇。此时,酵母以磷酸二羟基丙酮为氢受体,进一步脱羧后生成甘油。产物为乙醇和甘油。

(3)酵母三型发酵

在弱碱性条件下,乙醛不能获得足够的氢进行还原反应而积累,2分子乙醛间发生歧化反应,即一分子乙醛为氧化剂被还原为乙醇,另一分子为还原剂被氧化为乙酸,磷酸二羟丙酮为受氢体,形成甘油,产物为乙醇、乙酸和甘油。

二、燃料乙醇发酵的微生物学基础

乙醇发酵就是利用微生物(主要是酵母菌)在无氧条件下将糖质、淀粉质或纤维素类物质转化为乙醇的过程。实质上,微生物是这一过程的主导者,也就是说微生物的乙醇转化能力是乙醇生产中工艺菌种选择的主要标准。同时工艺的环境条件对微生物乙醇发酵的能力具有决定性的制约作用,必须提供最佳的工艺条件才能最大限度地发挥工艺菌种的生产潜力。

(1)菌种的概念

在发酵工业中,菌种就是能够在控制条件下,按设计的速率和产量,转化或生产设计产品的某种微生物。与沼气发酵不同,乙醇生产过程中所采用的微生物菌种是纯培养菌种,也就是说水解和发酵阶段所使用的微生物都是单一菌种,即便有混合发酵工艺,也只是两个纯培养的混合发酵,一般不会涉及第三种微生物。乙醇工业常用的微生物主要有两种,一种是生产水解酶(淀粉酶或纤维素酶)的微生物,一般是霉菌;另一种是乙醇发酵菌,一般是酵母菌或细菌。

(2)水解酶生产菌

一般来说,酵母菌或细菌都不能直接利用淀粉或纤维素生产乙醇,需要将其水解为单糖或二糖。淀粉或纤维素均可以通过化学或生物化学的方法来水解。化学法主要为酸法;生物化学法则采用酶法,主要是淀粉酶和纤维素酶。在以淀粉为原料时,化学法对设备耐酸要求很高,制造成本高,且得糖率较酶法低 10% 左右,在乙醇生产中很少使用,而主要采用酶法。在以纤维素为原料时,由于纤维素原料结构组成的复杂性和特殊性,采用酶水解困难,水解时间长,得糖率较低,在工业上较难以实现,目前国际上达到示范规模的系统大多采用酸法。但是,纤维素原料的酶水解技术仍是热门课题。

①淀粉酶生产。淀粉质原料生产乙醇采用的糖化剂主要是淀粉酶,由微生物发酵而来,俗称为曲。用固体表面培养的曲叫作麸曲,采用液体深层通风培养的曲称为液体曲。生产淀粉酶的微生物称为糖化菌,一般采用曲霉菌。曲霉的种类很多,主要有曲霉属的米曲霉、黄曲霉、乌沙米曲霉、甘薯曲霉和黑曲霉等,其中黑曲霉和乌沙米曲霉使用最广。

曲霉的碳源主要是淀粉,固体曲一般以麸皮为培养基,麸皮约含 20% 的淀粉,疏松而表面积大,有利于通风,菌丝体能充分生长;液体曲淀粉含量一般为 6%～8%。在一定的范围内,培养基中氮的含量高,菌丝生长茂盛,酶活力高。无机氮包括硝酸钠和硝酸铵,常用有机氮包括麸皮、米糠和豆饼等原料。

微生物细胞需要各种无机元素,如磷、钾、镁、钙、硫、钠等,主要来自米糠。曲霉适于在温湿环境下生长,一般曲料水分含量为 48%～50%,曲房空气的相对湿度为 90%～100%。

曲霉是好氧菌,生长时需要有足够的空气。固体曲通风是为了供给曲霉呼吸用氧,驱除呼吸产生的二氧化碳和热,以保持一定的温度和湿度。液体曲通风则是为了补充培养液中溶解氮,供曲霉呼吸用。pH 可改变膜和营养物质的渗透性,从而影响微生物的生命活动。曲霉最适 pH 随菌种的不同而异,一般 pH 以 4.50～5.44 为宜。曲霉形成淀粉酶所需要的温度较其生长菌丝温度稍低。曲霉生长适宜温度为 37 ℃ 左右,而发酵时期(发酵开始后 20 h 内)温度应控制在 30～31 ℃,后期保持 33～34 ℃,糖化力最高。

掌握正确的制曲时间,是提高曲质量的重要措施。固体制曲一般培养到 24～28 h,酶的产量达到最大。液体曲培养以菌丝大量繁殖、糖化力不再增加、培养液中还原糖所剩无几为止,一般为 45～56 h。

②纤维素酶生产。大部分细菌不能分解晶体结构的纤维素,但有的霉菌(如木霉)能分泌水解纤维素所需的全部酶。研究和应用最多的是里氏绿色木霉,通过传统的突变和菌株

选择,已从早期的野生菌株进化出很多如 QM9414、L-27 和 RutC30 这样的优良变种。也有利用根霉和青霉等霉菌生产纤维素酶研究的报道。各种微生物所分泌的纤维素酶不完全相同。如不少里氏木霉菌株可产生高活性的内切葡聚糖酶和外切葡聚糖酶,但它们所产生的 β-葡萄糖苷酶的活性较差。而青霉属的霉菌虽然水解纤维素的能力差,但分解纤维二糖的能力却很强。在生产纤维素酶时就可以把这两类菌株放在一起培养。

纤维素酶的生产分为固态发酵和液态发酵两种方法。所谓固态发酵是指微生物在没有游离水的固体基质上生长,类似于麸曲生长过程。它的优点是能耗低,对原料要求低,产品酶浓度高,可直接用于水解。其缺点是所需人工多,不易进行污染控制,各批产品性质一致性差。液态发酵是大规模生产纤维素酶的主要工艺。液态发酵的优点为所需人工少,易进行污染控制,各批产品性质一致性好。其缺点为能耗大,原料要求高,产品中酶浓度低。

纤维素酶生产是高度需氧的过程,溶氧浓度通常应保持在空气饱和溶解度的 20% 以上。氧气通过喷嘴加入,每分钟供给速度为发酵罐体积的 0.3~1.2 倍。发酵器应适应气体输送和混合的需要,常带搅拌装置。近罐壁处应设有挡板,以增加混合效率,防止旋涡的产生。搅拌和微生物的代谢作用都会产生热量,这可通过冷却夹套、冷却盘管散出。

(3)乙醇发酵菌

乙醇发酵过程中最关键的因素是产乙醇的微生物,生产中能够发酵的微生物主要有酵母、霉菌和细菌。目前工业上生产乙醇所用的菌株主要是酿酒酵母。这是因为它发酵条件要求粗放,发酵过程 pH 低,对无菌要求低,以及其乙醇产物浓度高(实验室可达 23%,体积分数),这些特点是细菌所不具备的。细菌生长条件温和,pH 高于 5.0,易感染,而且一旦感染了噬菌体就将带来重大经济损失。所以迄今为止,生产中大规模使用的乙醇发酵菌仍是酵母。

酵母菌是单细胞微生物,以出芽繁殖为主。细胞形态以圆形、卵圆形或椭圆形居多。在自然界,酵母菌种类很多。有的酵母能发酵糖分生成乙醇,有些则不能;有的酵母菌生成乙醇的能力很强,有的则弱;有的在不良环境中仍能旺盛发酵,有的则差。因此,乙醇发酵的一个重要问题就是选育具有优良性能的酵母。

酵母菌不能直接利用多糖(如淀粉和纤维素等),且其利用单糖和双糖的能力因菌种和菌株而异,但一般都能利用葡萄糖、蔗糖和麦芽糖等。酵母菌的氮素营养条件很宽,能利用铵盐、尿素、蛋白胨、二肽和各种氨基酸。铵盐是酵母菌最适合的无机氮源,但大多数酵母不能利用硝酸盐。酵母菌生长的适宜温度为 28~34 ℃,35 ℃以上酵母菌的活力减退(高温酵母适宜温度可达 40 ℃),在 50~60 ℃时经过 5 min 即死亡,5~10 ℃时酵母可缓慢生长。

酵母菌适应于微酸性的环境,最适 pH 为 5.0~5.5,pH 值<3.5 生长受到抑制。酵母菌是体内有两种呼吸酶系统的兼好氧性厌氧性微生物。在空气畅通的条件下,酵母菌进行好氧性呼吸,繁殖旺盛,但产生乙醇少;在隔绝空气条件下,进行厌氧性呼吸,繁殖较弱,但产生乙醇较多。因此在乙醇发酵初期应适当通气,使酵母菌大量繁殖,累计大量活跃菌,然后再停止通气,使大量活跃菌进行旺盛的发酵作用,多生成乙醇。传统乙醇生产中常用菌株有南阳 5 号酵母、南阳混合酵母、拉斯 2 号(Rasse Ⅱ)酵母、拉斯 12 号(Rasse Ⅻ)酵母和 K 字酵母。

事实上,有些细菌也能利用葡萄糖或木糖发酵产生乙醇,只是利用途径和产物不同。如运动发酵单胞菌和厌氧发酵单胞菌利用 ED 途径分解葡萄糖而产生乙醇;八叠球菌则利用

EMP途径生产乙醇。细菌繁殖快,代谢活力强,如果能以细菌作为乙醇发酵的菌种,则有可能大幅度提高发酵设备的生产能力。但是细菌发酵易污染杂菌,保持菌种纯培养比较困难,而且细菌的遗传性状不如酵母菌稳定,易发生遗传变异而改变菌种的生产性能。

三、燃料乙醇发酵微生物的选育

将酶解产物中可发酵性糖代谢转化为乙醇,大多都是在酵母菌的作用下完成的。某些细菌如运动发酵单胞菌也具有这一功能。发酵菌种的代谢性能直接关系到终产物乙醇的得率。因此,选育和构建耐乙醇、耐高温,并能同时利用戊糖和己糖的菌种,是提高乙醇转化率的关键。人们除利用以上微生物外,还在不断研究通过生物工程技术选育和构建高性能的发酵菌。

1. 耐高浓度乙醇菌种

高浓度底物乙醇发酵是提高乙醇得率、降低后续乙醇蒸馏成本的一个有效途径。在发酵过程中,乙醇是重要产物,但对于酵母细胞本身又是毒素和抑制剂。乙醇含量对菌体活力影响很大,酵母发酵能力很大程度上取决于它们对自身产生的乙醇耐受力的大小。普通酵母在乙醇体积分数达到11%左右时,发酵将完全受到抑制。因此,选用乙醇耐受性能高的酵母(尤其是在乙醇浓醪发酵过程)至关重要。

通过筛选、诱变、原生质体融合、基因重组等手段可提高发酵菌株的乙醇耐受性。从自然界直接筛选是获得耐高浓度乙醇酵母菌最经济实用的方法。在自然界长期进化后,这些酵母菌在遗传性能和高产、高耐受性能力方面都相当稳定。1990年Ernandes等从粗循环酵母样品分离得到两株酵母Et-2和Et-4,在35%蔗糖浆中发酵,产生乙醇浓度分别为18.4%和18.5%。Argirious等从葡萄糖园土壤中分离得到一株能发酵葡萄糖汁的酿酒酵母AZA21,可产生17%(体积分数)的乙醇,该菌不仅发酵时间短,而且发酵性能也很稳定。

原生质体融合技术是目前提高酵母酒精耐受性比较理想的方法。该方法利用两种互补的营养缺陷型子代菌株,经原生质体混合,筛选融合子。该法不需了解菌株遗传背景就可实现远源菌株间的基因重组,得到集多种优良性状于一身的菌株,提高了菌株选育效率。Amorc等通过原生质体融合技术,获得能耐受11%(体积分数)乙醇浓度的融合菌株,乙醇得率比原本提高很多。

利用物理诱变也可提高菌株性能。彭源德等通过紫外诱变育种,获得一株能够耐受16%乙醇和40℃高温的酵母S132,当培养基中乙醇体积分数为20%时,耐乙醇能力比对照高31%左右。Gara等利用热冲击技术获得抗乙醇性能很高的酵母菌株355,该菌能在乙醇浓度高达17%(体积分数)的培养基中生长。

基因工程技术也是改造酵母乙醇耐受性、高温耐受性等复杂性状的技术之一。Hou等以基因工程技术获得一株突变株S3-10,该菌能耐受高浓度乙醇,且能耐受高浓度葡萄糖和耐高温,乙醇得率达到10.96%。

其他方法如:生长前期通气,培养基中加米曲霉或真菌菌丝、大豆粉等控制有关生长发酵条件;糖蜜遗传发酵中加新添加剂,淀粉质原料浓醪发酵添加商品性浓醪发酵因子;固定化酵母细胞等都可不同程度提高酵母耐乙醇能力。

2. 耐高温菌种

传统酿酒酵母的乙醇发酵最适温度为 28～33 ℃,当外界温度较高时,普通酵母发酵速率减慢,甚至彻底丧失活力,难以进行正常的代谢活动,乙醇得率也随之下降。为维持酵母正常的生化性能,必须对发酵设备进行制冷,这一限制因素增加了乙醇的生产成本。因此,高温酵母的选育具有十分重要的意义,其能减少乙醇生产中由于降温所增加的设备投资和运行费用,保证工业发酵能在高温下正常进行。

高温菌株的选育主要集中在高温驯化和自然界筛选,1977 年,Sipiczki 等首次通过原生质体融合技术构建了新的酵母菌,为酵母的重组研究和遗传改良提供了新途径。国内外学者随后相继开展了大量研究,已成功实现了酵母的种、属间的融合,构建了一些有应用价值的酵母菌。日本川早苗最早将高产乙醇酿酒酵母和耐高温酵母进行种内融合,获得了在 40 ℃下产乙醇的酵母;随后,孙君社等对融合产物进行筛选,得到了 45 ℃条件下稳定的融合子。中国科学院武汉病毒研究所通过诱变和筛选得到一批耐 40～50 ℃高温的酵母,其致死温度 80～100 ℃(5 min),耐乙醇浓度达到 13%,耐 NaCl 浓度 10%,能在 40 ℃正常发酵,发酵能力高于普通酵母。

3. 戊糖发酵菌种

在纤维素类生物质酶解糖化过程,有 20% 左右的半纤维素会降解为戊糖,而自然界高效乙醇发酵菌株大多缺少利用和转化戊糖的能力,或转化效率很低。理想的生物质乙醇发酵菌应该可以发酵所有生物质来源的糖,并与纤维素完全水解所需的酶有协同作用。因此,高效戊糖发酵菌株的选育显得尤为重要。

利用现代基因工程技术构建基因重组菌株,是获得高效代谢葡萄糖和木糖产乙醇重组菌的一条重要途径,用于该领域的宿主菌株主要集中在大肠杆菌、树干毕赤酵母、运动发酵单胞菌、酿酒酵母和嗜柔管囊酵母等。打断琥珀酸合成途径中延胡索酸合成酶基因,可产生名为 KO11 的大肠杆菌,它可发酵半纤维素水解液中几乎所有糖产生乙醇。其乙醇生产能力高,并对水解液中抑制物有高耐受性。此外,美国普渡大学将木糖醇脱氢酶、木糖还原酶和木酮糖激酶基因转入糖化酵母和葡萄酒酵母的融合菌株,该菌能同时发酵葡萄糖和木糖为乙醇,提高了发酵酒度和底物利用率。

4. 具有糖化功能的菌种

传统乙醇生产过程中,淀粉和纤维素原料需先水解转化为可发酵性糖,才能进一步被酵母代谢为乙醇,糖化和发酵一般分步进行。如果酵母具备降解多糖、水解淀粉和糊精的能力,可大大缩减整个工艺过程。目前,人们通过原生质体融合技术构建了具有糖化和发酵双重功能的酵母菌,并取得了一定成果。如研究者以酿酒酵母和热带假丝酵母为亲本,采用单亲灭活原生质体融合技术,构建了既有糖化酶活力又能高产乙醇的融合子;或是直接采用融合技术构建能发酵棉子糖、乳糖等多糖的酵母菌,为工业化应用提供了丰富的菌株资源。

5. CBP 工程菌

联合生物加工(CBP)是利用一种工程菌来完成多步骤生物反应,不包括预处理、酶的生产和分离过程,将糖化和发酵结合至由微生物介导的一个反应体系中,一体化程度较高。虽然 CBP 工艺可大幅降低生产成本,但是它对所用微生物有很高要求,其必须比传统发酵微生物有更好的底物利用能力和较好的产品构型。因此,需要对菌株进行性能改造。

CBP 微生物菌株的选育改造主要有两种:一是将产纤维素酶的菌株进行改造使其能同时发酵乙醇,比如热纤梭菌,其改造目的是提高乙醇产率,降低副产物,提高乙醇耐受性,通过导入新的代谢基因将糖化产物全部或大部分发酵。如对热解糖梭菌改造后,它不但能天然地发酵木聚糖和生物质衍生糖,还能高效地发酵乙醇,且副产物有机酸基本不再产生。

另一种是改造产乙醇菌使其分解纤维素,宿主菌有酿酒酵母、毕赤酵母、休哈塔假丝酵母、嗜鞣管囊酵母、大肠杆菌、产酸克雷伯菌和运动发酵单胞菌等。通过基因重组方法改造后,菌株能分泌一系列外切葡聚糖酶和内切葡聚糖酶,以纤维素原料为唯一碳源,将糖类完全或大部分进行发酵。以酿酒酵母为例,将不同种类微生物中编码糖苷水解酶(纤维素酶、半纤维素酶、β-D-葡萄糖苷酶)及戊糖降解酶的基因导入酿酒酵母,使其能在纤维素、半纤维素、纤维二糖、木糖和阿拉伯糖基生物质上生长。但是外源基因的导入和共表达可能会导致基因表达不稳定和对细胞生长产生不利影响等,需要更进一步的研究工作。

6.合成气发酵微生物选育

目前发现的可以利用合成气发酵乙醇的菌种存在一些缺点,即它们在产乙醇的同时也产乙酸,而且很多时候乙酸的产量要高于乙醇;菌种在利用合成气发酵时会受到杂质(如焦油等)的抑制,这些都会导致乙醇产量不高,不利于产业化进行。筛选高产乙醇、耐焦油的菌种,通过基因工程等手段改变或抑制菌种乙酸代谢途径,使其只进行乙醇代谢,是合成气微生物选育研究的关键。

四、燃料乙醇的蒸馏脱水

因为原料、发酵工艺和生产管理水平等不同,乙醇发酵成熟醪的成分有所不同。总体来说它是水分、乙醇、干物质和其他杂醇油等多组分的混合物。目前,蒸馏是乙醇工业从发酵醪中回收乙醇所采用的唯一的方法。近年来,各种类型的节能蒸馏流程和非蒸馏法回收乙醇方法不断出现,但是,除少数节能型蒸馏工艺外,其他的方法均尚处于试验室或扩大试验阶段。

1.蒸馏

蒸馏所用的设备为蒸馏塔,根据流程不同,蒸馏分为单塔式蒸馏、双塔蒸馏、三塔蒸馏、五塔蒸馏、多塔蒸馏等。采用多塔蒸馏可以提高乙醇质量,但是能耗又成为突出的矛盾,因此,蒸馏过程的节能技术是目前的研究重点。总体上来说,蒸馏主要分为粗馏和精馏两部分。粗馏是将乙醇和其他挥发性杂质从成熟醪中分离出来,得到粗乙醇。精馏是进一步除去粗乙醇中的醇类、醛类、酯类和酸类挥发性杂质,提高乙醇浓度的过程。上述杂质可分为头级杂质、中间杂质和尾级杂质三种。比乙醇更易挥发的杂质称为头级杂质;中间杂质的挥发性与乙醇很接近,所以较难分离干净;尾级杂质的挥发性比乙醇低,常被称为杂醇油。

蒸馏过程会或多或少地损失产物乙醇,损失主要发生在酒糟、精馏废水和不凝结气体带走的乙醇及由于设备、管道和阀件不密封造成的乙醇散逸。乙醇的允许损失量是由设备生产能力和季节决定的,设备所处状态、塔的数目、操作条件、冷却水温度、操作人员的经验等都会对乙醇损失产生影响。一般来说,蒸馏精馏设备的乙醇损失在 $0.8\%\sim1.2\%$。

2.脱水

乙醇的沸点为 78.3 ℃,水的沸点是 100 ℃,当把成熟醪加热时,乙醇因沸点低而挥发快,水分因沸点高而挥发慢。根据这一特征,可以通过多级蒸馏获得高浓度乙醇。但是,乙醇-水溶液中乙醇的挥发性能随系统中乙醇浓度的增加而减小。因此,当乙醇浓度增加到97.6%(95.57%质量分数)时,体系成为乙醇-水恒沸混合物,常规的蒸馏方法已经不能使乙醇浓度继续提高了。所以,在常压下采用常规蒸馏手段是无法得到无水乙醇的。作为生物能源使用的燃料乙醇,一般是指体积浓度达到99.5%以上的乙醇。因此,为了提高乙醇浓度,去除多余的水分,就需进一步采用特殊的脱水方法。

(1)化学脱水法

化学脱水法有 Merek 法和 Hiag 法。前者以生石灰、氯化钙等作为脱水剂。后者用醋酸钠混合液,在精馏塔中逆向交换吸收脱水,可制得99.8%的乙醇。

(2)分子筛脱水法

分子筛脱水法以可吸附水分的沸石作为分子筛,当含水乙醇通过该塔时,被吸附的3/4是水,1/4是乙醇,一个分子筛塔饱和后转入另一个新塔中,同时将饱和塔再生,回收排出液中的乙醇。此法可制得99%以上的乙醇。

(3)三无共沸物蒸馏脱水法

此法通过加入第三种物质,如苯、戊烷、环己烷等,使水与添加物形成另一种恒沸物,并经过蒸馏塔蒸馏进行挥发,可得到99.8%~99.95%的乙醇。该法在蒸馏时不需将原料全部汽化,也不需要很大回流比,只要能做到使新的恒沸物汽化即可,对设备规模的选型和能量消耗均有益。

(4)萃取蒸馏

此法常采用甘油、乙二醇、醋酸钾-乙二醇等作为萃取剂,在蒸馏塔中经过多级蒸馏,从上部回收无水乙醇,而溶剂则把水分带走下移,溶剂回收后可以循环使用。

(5)淀粉吸附法

淀粉吸附法以淀粉作为吸附剂,在常压下进行,能耗较分子筛法低。作为吸附剂的淀粉可以是玉米粉、马铃薯淀粉、玉米淀粉等。

第三节　木质纤维素类废弃生物质制取燃料乙醇技术

传统的乙醇发酵工业常以粮食(玉米、大米、薯干)或糖蜜等为原料。我国人口众多,耕地面积逐年减少,近年来,随着粮食价格的逐步放开,乙醇发酵工业成本剧增,目前普遍面临着困境,急需寻找能取代粮食的廉价原料。在我国,农作物纤维下脚料、森林和木材加工工业下脚料、工厂纤维素和半纤维素下脚料及城市生活纤维垃圾等资源十分丰富,但这些资源绝大部分没有得到有效的利用,有的反而造成了严重的环境污染。因而,从开辟新资源和治理环境污染方面考虑,用这些廉价的废弃纤维素类原料代替粮食制乙醇,具有实际的经济意义和社会意义。

目前,木质纤维素制备乙醇的主流工艺路线是预处理,酶水解,五碳糖、六碳糖发酵三个步骤生产。工艺流程见图8.4。

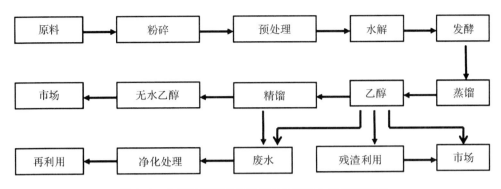

图 8.4 木质纤维素类原料燃料乙醇的生产工艺流程

一、木质纤维素类废弃生物质原料的预处理

由于木质素、半纤维素对纤维素的保护作用以及纤维素本身的结晶结构,天然纤维素原料直接进行水解时,其水解程度是很低的,一般只有 10%～20%。因此,用纤维素类物质作原料发酵生产乙醇时,为了提高糖化速度,必须对原料进行一定的预处理。预处理方法主要包括物理法、化学法、物理-化学法和生物法。表 8.4 列出了几种典型生物质预处理方法的过程及其特点。

表 8.4 几种典型生物质预处理方法的过程及其特点

方法	过程	特点
蒸汽爆破法	饱和蒸汽(160～290 ℃)在 0.69～4.85 MPa 压力下,反应几秒或几分钟,然后瞬间减压	半纤维素去除率80%～100%,其中45%～65%木糖回收率,纤维素有一定的分解,木质素去除较少,残渣酶解率大于80%,糖降解副产物多
氨爆法	1～2 kg 氨水·kg⁻¹生物质 90 ℃,30 min,压力 1～1.5 MPa,然后减压	无明显半纤维素去除,纤维素有一定的分解,木质素去除率20%～50%,残渣酶解率大于90%,糖降解副产物少,但需要氨回收
CO₂爆破法	4 kg CO₂·kg⁻¹物料,压力 5.62 MPa	残渣酶解率大于75%,糖降解产物少
高温液态水法	高温液态水(200 ℃左右),压力大于 5 MPa,反应时间在 10～60 min,物料浓度小于 20%	半纤维素去除率80%～100%,其中80%左右木糖回收率,纤维素有一定的分解,木质素去除较少,残渣酶解率大于90%,糖降解副产物少
稀酸水解	0.01%～5% H₂SO₄、HCl、HNO₃或甲酸和马来酸等有机酸,物料浓度 5%～10%,反应温度 160～250 ℃,反应压力小于 5 MPa	半纤维素去除率100%,其中80%左右木糖回收率,纤维素分解比较剧烈,木质素去除较少,残渣酶解率大于90%,糖降解副产物比较多
碱法	1%～5% NaOH,24 h,60 ℃;饱和石灰水,4 h,120 ℃;2.5%～20%氨水,1 h,170 ℃	相对酸水解,反应器成本降低;50%以上的半纤维素被去除,其中 60%～75%木糖回收率,纤维素被转化,约 55%木质素被去除,残渣酶解率高于65%,糖降解产物少,需要碱回收

续表

方法	过程	特点
有机溶剂法	甲醇、乙醇、丙酮、乙二醇和四氢糠醇或者它们的混合物，185 ℃以上处理30～60 min；或者加入 1％H_2SO_4 或 HCl	几乎所有的半纤维素和木质素可以被去除并回收，但处理成本较高，需要有机溶剂回收
生物处理法	白腐菌和白蚁等	通过产生木质素氧化酶来降解木质素，具有耗能低，反应条件温和且无污染等优点；缺点是反应周期长，对纤维素和半纤维素也有一定的损耗，需要借助其他预处理手段来达到最佳效果

①物理法：包括机械粉碎、蒸汽爆破、辐射、微波处理、冷冻、挤压热解等。这些处理的目的在于降低纤维素结晶度，破坏木质素、半纤维素结合层。

机械粉碎是传统的方法。经过粉碎，物料的结构发生变化，结晶度下降，表面积增大，有利于酶对纤维素的进攻。该方法的缺点是能耗大，且此法并不适合各种原材料的处理。

蒸汽爆破法被认为是有效的预处理方法之一。其原理是：水蒸气在高温、高压条件下，渗入细胞壁内部，发生水解作用，使 α-和 β-烯丙醚键断裂，破坏了结合层结构；然后，突然降压，由此产生强大的爆破力，使物料破碎。经蒸汽爆破后，再用碱性过氧化氢处理，使聚合度和结晶性显著降低。

微波是指在 300～300000 MHz 的电磁波。微波处理时间短，操作简单，糖化效果明显。要提高糖化率，微波处理的温度必须在 160 ℃以上，这一温度与半纤维素、木质素的热软化温度是一致的。

高能辐射（射线、电子辐射等）可使纤维素物料的可溶性增加。这是因为照射后纤维素的聚合度降低、结晶减少、吸湿性增加，而这些都有利于纤维素的酶水解，但辐射成本高。

②化学法：包括酸处理、碱处理、氨处理、溶剂处理、亚硫酸处理、二氧化硫处理或其他使纤维素更易被降解的化学试剂的处理。这些处理的目的在于降低纤维素结晶度，溶解脱去木质素。

盐酸、硫酸、磷酸等酸类可以除去半纤维素，过氧乙酸可除去木质素。碱处理可使木质素膨胀和破裂，从而增大纤维素的表面积；使用二氧化硫也可以除去木质素，或用乙醇、丁醇、丙酮等溶剂在适当催化剂存在下可以除去木质素。化学处理虽较物理处理有效，但所用化学试剂不易循环使用，且难处理。

③物理-化学法：从技术角度看，比较理想的方法是物理与化学法相结合，如化学添加剂和蒸汽爆破方法的结合。其预处理方法是：首先在试样中加入一定量对试样敏感的化学试剂，如碱、铁盐、二氧化硫等，混合均匀后，加入反应器中，再运用蒸汽爆破的方法处理纤维素类的试样。

④生物法：自然界中存在可以选择性分解木质素的微生物。木腐菌是能分解木质素的微生物，通常分为软腐菌、褐腐菌、白腐菌 3 种。其中，软腐菌分解木质素的能力很低；褐腐菌只能改变木质素性质，而不能分解；白腐菌具有较强的分解木质素能力。微生物处理方法条件温和，节约化工原料、能源，减轻环境污染，但处理时间较长。

二、木质纤维素类废弃生物质原料的糖化

木质纤维素是由纤维素、半纤维素和木质素组成的。植物纤维素的水解主要是指纤维素和半纤维素的水解。纤维素的最终水解产物是葡萄糖,半纤维素的最终水解产物是木糖、葡萄糖及其他己糖和戊糖。木质纤维素的水解包括酸水解、酶水解和微生物水解。经过预处理的纤维素可通过酸水解或酶水解进行糖化。

(1)酸水解

①纤维素酸水解原理:纤维素大分子中的 β-1,4-糖苷键是一种缩醛键,对酸特别敏感,在适当的氢离子浓度、温度和时间作用下,糖苷键断裂、聚合度下降、还原能力提高,这类反应称为纤维素的酸性水解(简称酸水解)。部分水解后的纤维素产物称为水解纤维素,纤维素完全水解时则生成葡萄糖。

纤维素进行水解反应的化学式如下:

$$[C_6H_{10}O_5]_n + nH_2O \longrightarrow nC_6H_{12}O_6$$

这就意味着,多糖分子裂解与水分子相结合生产单糖(葡萄糖)。但是,这种反应的促进条件有两个,即温度及催化剂,缺一不可。

提高反应温度能够加快水解反应速度。一般认为,温度增加 10 ℃,水解速度提高 1.2 倍。但单纯提高温度,不可能获得良好的水解效果。因为糖类化合物在高温下是不稳定的,会迅速地被破坏。例如,把纤维素原料放在纯水中加热到 220~250 ℃,虽然水解反应可以进行,但最后的产物不是单糖,而是各种裂解物。

水解催化剂包括无机化合物及有机化合物。无机酸催化纤维素分解的机理是:酸在水中解离并产生氢离子,氢离子与水分子结合而成水合氢离子,当纤维素链上的 β-1,4-葡萄糖苷键和水合氢离子接触时,后者将一个氢离子交给 β-1,4-葡萄糖苷键上的氧,使这个氧变得不稳定,导致糖苷键断裂,从而分解出单糖。当氧键断裂时,与水反应生成两个羟基,并重新放出氢离子,后者可再次参与催化水解反应。酸是一种催化剂,它可以降低糖苷键破裂的活化能,并增加水解的速度。

在水中,氢离子来源于酸分子离解。酸的离解程度取决于酸分子的性质。如果是强酸,氢离子离解比较完全;如果是弱酸,氢离子离解则比较少。故用于水解作用的酸类,以强酸为宜,无机酸多属强酸,而有机酸(如醋酸)是弱酸,其氢离子离解程度小,对水解反应的催化作用不强。因此,水解催化剂多用盐酸、氢溴酸、氢碘酸等无机酸,可使之在水溶液中离解出全部的氢离子。

在实际生产中,常用的水解催化剂是盐酸。其缺点是对金属器材的腐蚀性较大,需要采用抗腐蚀的材料做设备,增加了投资成本。硫酸的价格低廉,供应方便,生产中仍多采用。

②纤维素的酸水解方法:纤维素酸水解试剂有浓酸、稀酸等,水解方法有多相和均相两种方式。

a.浓酸水解。纤维素在浓酸中的水解特点如下所述。

首先,水解反应基本上为均相方式。在浓酸作用下,纤维素溶于浓酸中发生水解作用,生成单糖,故这种水解方法为均相水解。它的水解速度较大,但水解速度因所用酸种类不同而相差很大。如用 65% 硫酸,在 20 ℃,其水解速度常数 $k = 3.2 \times 10^{-4} \sim 5.2 \times 10^{-4}$;如用磷

酸,则其 $k = 1.5 \times 10^{-6} \sim 1.7 \times 10^{-6}$。

其次,水解过程有回聚作用并发生葡萄糖的分解。葡萄糖的回聚是纤维素水解的逆过程,水解溶液中的单糖和酸的浓度越大,回聚的程度越大。回聚可生成二糖或三聚糖。为了提高葡萄糖的得率,在水解末期,必须稀释溶液和加热,使回聚的低聚糖再行水解。

纤维素在浓酸中的均相水解,是纤维素晶体结构在酸中溶胀或溶解后,形成酸的复合物,再水解成低聚糖和葡萄糖:

纤维素→酸复合物→低聚糖→葡萄糖

b. 稀酸水解。因为稀酸不能使纤维素溶解,故稀酸水解属多相水解。其水解速度一般较慢,但它的速度与酸的种类不同,也相差很大。水解发生于固相纤维素和稀酸溶液之间,在高温、高压下,稀酸可将纤维素完全水解成葡萄糖:

纤维素→水解纤维素→可溶性多糖→葡萄糖

纤维素水解得到的可溶性成分主要是糖(如木糖、葡萄糖、纤维二糖)、糖醛类(如糠醛、羟甲基糠醛)和有机酸(如乙酰丙酸、甲酸、乙酸)等。

③纤维素水解的一般规律:尽管纤维素大分子葡萄糖间的 1,4-糖苷键对水解试剂有不稳定性,但它们的不稳定性是不均一的。又由于纤维素的结构存在结晶区域与无定形区域,在不同区域中的纤维素大分子对水解试剂的作用也不同。故水解作用虽然使纤维素分子在1,4-糖苷键破裂,但是整体来说,这种作用是不均一的。也可以说,纤维素本身的水解作用快慢不同,有其一定的基本规律性。

近年来,用不同的酸在不同的温度下,或在多相中、单相中所进行的许多研究工作,已经给纤维素的水解过程找到了一个总的规律性。即在多相中,纤维素的水解速度在整个反应过程中变化很大。开始水解时水解速度很快;经过一定时间后,速度就相对降低,在多数情况下一直到反应终了可保持不变。纤维素在单相中进行的水解(85%磷酸溶液)也遵循这种规律。

在不同的水解阶段,纤维素的水解速度不同,因为纤维素结构的不均一性且纤维素大分子中存在的糖苷键有不同的稳定性(有弱连接的地方)。许多研究者认为,纤维素的结构、大分子或其构造单元定向程度不同,影响着水解试剂进入的程度不同;大分子间的距离是影响水解试剂进入纤维内部扩散速度的决定性的因素。由于纤维素存在结晶区域和无定形区域,研究者认为水解试剂到无定形区域的扩散速度非常快,并且这时的水解速度也快;而向结晶区域的扩散则困难,因此,水解速度相当慢。

纤维素水解速度在不同阶段不相同的原因也包括,纤维素大分子中1,4-糖苷键对酸作用的稳定性不一致。纤维素中存在某些对酸更不稳定的连接,即容易水解的连接,它在水解前阶段即断裂。这就使得水解前阶段纤维素的聚合度很快降低。有研究者认为,在天然纤维素的大分子中,每500个构造单元存在一个与一般糖苷键不同的对酸更不稳定的连接处。这些键比一般糖苷键水解要快5000倍。

④在某些葡萄糖基中可能还存在其他功能基,如羧基、羰基等(受氧化的结果),会影响其糖苷键的稳定性。

(2)酶水解

①纤维素酶及其作用机理:酶是由生物产生的一种蛋白质,能加速体内各种生物化学反应,又被称为生物催化剂。纤维素酶是由生物产生的,使不溶性纤维素水解成可溶性糖的生物催化剂。

纤维素酶水解机理至今仍未完全研究清楚,但普遍认为在将天然纤维素水解成葡萄糖的过程中,必须依靠 3 种酶协同作用才能完成。其中,内切葡聚糖酶被认为在协同作用的变化中起决定性的作用。目前,最被接受的酶水解机理是:首先,内切葡聚糖酶作用于纤维素的无定形区,使其露出许多末端供外切葡聚糖酶作用,纤维二糖酶从非还原性末端依次分解,产生纤维二糖;然后,部分降解的纤维素进一步在内切葡聚糖酶和纤维二糖酶协同作用下,分解生成纤维二糖、纤维一糖等低聚糖;最后,低聚糖由 β-葡萄糖苷酶作用分解成葡萄糖。

一般认为纤维素水解过程可以分为 3 个步骤:纤维素酶吸附于纤维素的表面;通过酶的协同作用,将纤维素降解为可发酵的糖;酶从物料残渣上脱吸附,进入水解液。随着水解的进行,部分酶不断地吸附、脱吸附,在物料和水解液之间扩散。

②影响酶水解的因素:在间歇酶解的过程中,糖的生成速度随着底物的逐渐转化下降,有很多原因可以解释这个现象。如底物中易于降解的无定形纤维素已逐步被水解,而顽固的结晶纤维素的含量越来越多,酶解速率自然降低。其他的原因则大部分与酶有关,包括酶不可逆地吸附于木质素上,而失去与纤维素吸附、结合、酶解的机会;温度、机械力或化学力的作用使部分酶失活;终产物或其他抑制剂使酶活力受到抑制等。

除此之外,纤维底物一些结构上的特征在一定程度上决定了它对酶水解的倾向性。这些特征包括纤维的结晶度、聚合度、木质素的含量、酶可接触的表面积等。

三、木质纤维素类废弃生物质水解液发酵工艺

木质纤维素水解糖液的发酵方式有分步糖化发酵(SHF)、同步糖化发酵(SSF)和预水解同步糖化发酵。SHF 是木质纤维素先经过酶解后再进行发酵,其优点在于酶解和发酵都可以在最优条件下进行,缺点就是纤维素酶会受到产物反馈抑制。SSF 是木质纤维素的酶解和发酵在同一反应器内同时进行,其优点在于可以解除产物的反馈抑制,缺点是酶解和发酵最优条件只能选择其一。预水解同步糖化发酵是木质纤维素先在高温下酶解一段时间后,再降温进行同步糖化发酵,其优点在于可保证木质纤维素先在合适条件下进行酶解,降低反应体系的黏度。此外,若酶解液中木糖含量较高时,接入整合有与木糖发酵相关基因的酿酒酵母,采用葡萄糖和木糖共发酵方式,可以大大提高乙醇产量。

木质纤维素类原料预处理水解液中含有大量半纤维素衍生糖,同时存在发酵抑制物,如甲酸、乙酸、糠醛、5-羟甲基糠醛和芳香族化合物等,传统微生物发酵效果较差。水解液一般可从以下三方面入手进行脱毒处理:①优化预处理过程,避免或减少抑制物的产生;②发酵之前对水解产物进行脱毒处理;③构建耐受能力较高的菌种,实现原位脱毒。Lee 等用活性炭对硬木片高温液态水水解液进行脱毒,发现用 2.5% 的活性炭量可以去除水解液中 42% 的甲酸、14% 的乙酸、96% 的 5-羟甲基糠醛和 93% 糠醛,同时约有 8.9% 的糖损失。然后他们用一株基因改造后的厌氧嗜热杆菌 MO1442 对脱毒后的水解液进行发酵,可以代谢其中葡萄糖、木糖和阿拉伯糖,达到乙醇理论产率的 100%。杨秀山教授培育了一株树干毕赤酵母新菌株 Y7,该菌株能够对木质纤维素稀酸水解产物进行原位脱毒,将木质纤维素稀酸水解液中的葡萄糖和木糖高效转化为乙醇,达到乙醇最高理论值的 93.6%。菌种的原位脱毒可以简化以木质纤维素为原料生产乙醇的工艺,降低乙醇生产成本,对木质纤维素乙醇生产

的商业化具有重要的理论和实际意义。

四、木质纤维素类废弃生物质燃料乙醇生产技术案例

山东某公司和山东大学合作,以玉米芯为原料,实现了玉米芯生物炼制的产业化。他们开发的"玉米芯废渣制备纤维素乙醇技术与应用"技术,利用玉米芯木糖加工废渣生产纤维素酶和燃料乙醇。该技术既可以将原料和预处理成本转移到高附加值产品中去,又能就地产酶,同步酶解发酵生产乙醇。同时,预处理阶段将玉米芯的半纤维素部分转化为低木聚糖、木糖醇等高附加值产品,解决了生物质资源中的半纤维素糖乙醇转化率低的难题。剩余的木质素也用于生产较高值的化工产品,提高了生产工艺的整体经济效益,形成了合理的产业结构。8 t绝干玉米芯约可生产1.5 t乙醇、1.5 t木糖相关产品、1 t多木质素和1.5 t CO_2,发酵废液还可生产沼气(图8.5)。新技术不但突破了诸多技术瓶颈,而且率先在国际上建成了用玉米芯年产3000 t纤维素乙醇的中试生产装置和万吨级的生产示范装置,使生产成本接近粮食乙醇生产水平。国家发展改革委已经正式批准龙力公司的5万t纤维素乙醇项目,使其成为国内首家纤维素乙醇定点生产厂。公司与中石化合作,其产品已经进入汽油销售市场。

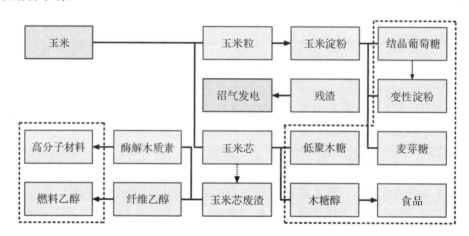

图8.5　山东某公司玉米全株生物炼制策略

❖ 生态之窗

从环境负担到绿色能源,纤维素燃料乙醇成秸秆新归宿

我国第一代生物燃料乙醇是以玉米、小麦等粮食作物作为生产原料的技术,日趋严峻的世界粮食形势,使之渐失优势。遵循不"与粮争地",不"与人争食"的第二代生物燃料乙醇正成为未来生物能源产业发展的方向。第二代生物燃料乙醇是以麦秆、草和木材等农林废弃物为主要原料,将纤维素转化为生物燃料乙醇的模式。目前,自然界每年大约形成8 666亿t植物有机物,这些可再生性资源如果能够得到合理利用,转化为可替代石油的

燃料,就可以缓解全球面临的资源危机、食物短缺、环境污染等问题。2021 年 11 月 14 日晚 8 时,随着一股股清澈的乙醇从蒸馏塔采出,由中国化学工程第十三建设有限公司承建的河北易高生物燃料有限公司 24 万 t·年$^{-1}$生物质综合利用项目(一期)酶解及发酵工段、乙醇工段成功运行,产出合格乙醇,标志着该项目一次开车成功。若该项目能够顺利达产,规模上将超过美国成为全球较大的纤维素制乙醇项目。

二维码 8.1　最大纤维素乙醇项目成功开车
(《中国石油和化工产业观察》,
2021,(12):14-15)

❖ 复习思考题

(1)燃料乙醇、乙醇汽油和食用酒精有什么区别?

(2)叙述生产燃料乙醇的废弃生物质原料的分类。

(3)化学合成法生产乙醇的反应方程式是什么?

(4)列出糖酵解的 EMP 途径和 ED 途径,并说明两者的区别。

(5)简述燃料乙醇发酵的生化反应过程。

(6)乙醇工业常用的微生物主要有哪两种?

(7)比较固态发酵和液态发酵两种方法的优缺点。

(8)蒸馏的原理和目的分别是什么?

(9)燃料乙醇脱水方法主要包括哪几种? 简述每种方法的特点。

(10)简述木质纤维素乙醇制备时的基本原理。

(11)简述木质纤维素燃料乙醇生产工艺流程。

(12)木质纤维素原料预处理的方法有哪几类? 简述其特点。

(13)简述木质纤维素酸水解原理。

(14)简述木质纤维素浓酸水解和稀酸水解的特点。

(15)简述纤维素酶的种类。

(16)简述木质纤维素酶水解的机理。

(17)按发酵菌种分类,乙醇发酵主要有哪两种途径?

(18)何为分步糖化发酵、同步糖化发酵和预水解同步糖化发酵? 三者各自具有的优缺点?

第九章　废弃生物质制氢利用

第一节　废弃生物质制氢概述

一、废弃生物质制氢概念

氢能作为一种清洁低碳、热值高、来源多样、储运灵活的绿色能源，被誉为 21 世纪的"终极能源"。发展氢能产业是我国实现"双碳"目标的必经之路，国家对发展氢能持积极态度，2021 年以来，氢能相关的支持政策频繁出台，行业有望在政策催化下迎来高景气，成长可期。根据对氢能供应端市场规模的测算，到 2050 年我国氢能供应端市场规模将达到 13027 亿元，制氢端市场规模可观，氢能产业发展迎来新机遇。

1. 氢能的定义

氢是原子序数为 1 的化学元素，化学符号为 H，在元素周期表中位于第一位。其质子相对质量 1.00794，是最轻的，也是宇宙中含量最多的元素，大约占据宇宙质量的 75%。氢气（hydrogen）是世界上已知的最轻的气体。它的密度非常小，只有空气的 1/14，即在标准大气压，0 ℃下，氢气的密度为 0.0899 g·L^{-1}。所以氢气可作为飞艇的填充气体（由于氢气具有可燃性，安全性不高，飞艇现多用氦气填充），氢气主要用作还原剂。

氢能通常是指通过氢气和氧气反应所产生的能量，是氢的化学能。氢在地球上主要以化合态的形式出现，是宇宙中分布最广泛的物质，它构成了宇宙质量的 75%。必须从水、化石燃料等含氢物质中制得，因此氢气是二次能源。氢燃烧时与空气中的氧结合生成水，不会造成污染，而且放出的热量是燃烧汽油放出热量的 2.8 倍。氢能是人类社会未来极重要的能源。

在化学史上，人们把"氢元素的发现"与"发现和证明了水是氢和氧的化合物而非元素"这两项重大成就，主要归功于英国化学家和物理学家卡文迪许（Cavendish 1731—1810）。常温下，氢气的性质很稳定，不容易跟其他物质发生化学反应。但当条件改变时（如点燃、加热、使用催化剂等），情况就不同了，如氢气被钯或铂等金属吸附后具有较强的活性（特别是被钯吸附）。金属钯对氢气的吸附作用最强。因为氢气难溶于水，所以可以用排水集气法收集氢气。另外，在 101 kPa 压强下，温度 -252.87 ℃时，氢气可转变成无色的液体；-259.1 ℃时，变成雪状固体。氢气是无色并且密度比空气小的气体（在各种气体中，氢气的密度最小。标准状况下，1 L 氢气的质量是 0.0899 g，相同体积比空气轻得多）。

氢能具有以下主要优点:燃烧热值高,每千克氢燃烧后的热量,约为汽油的 3 倍,酒精的 3.9 倍,焦炭的 4.5 倍。目前,氢能技术在美国、日本、欧盟等国家和地区已进入系统实施阶段。

①氢的资源丰富:氢气可以由水制取,而水是地球上最为丰富的资源,每千克水可制备 1860 L 氢、氧燃气。

②氢的来源丰富:制取方法多样。

③氢是最环保的能源:氢气燃烧的产物为水,是世界上最干净的能源。

④氢是安全能源:氢的扩散能力很强,不具毒性及放射性,由于密度极小,发生泄漏时可迅速逃逸到上空,不会聚集在地面而形成易燃易爆的隐患。

⑤氢气具有优秀可储存性:与电、热最大的不同。

⑥氢的可再生性:循环,永无止境。

2. 废弃生物质制氢的定义

废弃生物质制氢是借助化学或生物方法,以光合作用产出的生物质为基础的制氢方法,可以以制浆造纸、生物炼制以及农业生产中的剩余废弃有机质为原料,具有节能、清洁的优点。在制浆造纸、生物炼制以及农业生产过程中,会产生许多生物质下脚料或废弃物,通过制氢技术可将这些废弃物转化再利用。以生物质为原料制取氢气具有节能、环保、来源丰富的优点,主要包括化学法与生物法。化学法又细分为气化法、热解重整法、超临界水转化法以及其他化学转化方法。生物法可细分为光解水制氢、光发酵制氢、暗发酵制氢以及光暗耦合发酵制氢。

随着制浆造纸、生物炼制产能的提高,工农废弃物的排放量逐渐增加。在制浆造纸中,这些废弃物包括制浆备料废渣、碎浆筛浆排渣、机械分切下脚料以及污水处理产生的富含有机质的造纸污泥。在农业生产、城市绿化及生物炼制中,同样存在着大量生物质剩余废弃物。生活中,以木质纤维为原料的用品种类繁多,如纸杯、纸盘、纸基包装等。这类废弃物虽具备环境友好的特点,但其降解需要时间,废弃会对环境产生影响,并造成生物质资源的浪费。如何将这些废弃物资源化利用是亟待解决的问题。

如图 9.1 所示,废弃生物质制氢已成为当今制氢领域的研究热点。

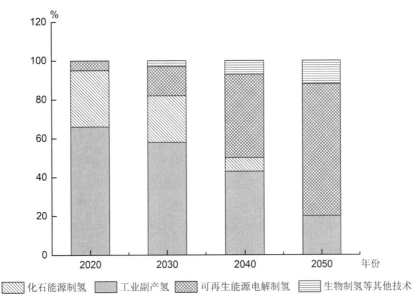

图 9.1 2020—2050 年中国氢能供给结构预测

本章节将对多种生物质制氢方法及原理进行总结,对各种方法的优缺点进行对比,介绍了近年来生物质制氢技术的研究进展。

二、氢能制备途径与应用

从技术路线来说,目前主要的制氢工艺包括电解水制氢、热化学制氢、光催化制氢、矿物燃料制氢、生物质制氢和各种化工过程副产品氢气的回收。矿物燃料制氢又可称为化石能源制氢,指的是煤炭、天然气、石油等制取氢气,其中煤制氢和天然气制氢的应用最广泛。化工过程副产氢是指在生产化工产品的同时得到的氢气,主要有焦炉煤气、氯碱化工、轻烃利用、合成氨、合成甲醇等工业的副产氢。电解水制氢是一种绿色环保、操作灵活的制氢手段,产品纯度高,且可与风电、光伏等可再生能源耦合制氢,实现氢气的大规模生产。电解水制氢对环境污染小,但能耗大,因此在经济层面上存在阻碍;石化能源制氢又包含水煤气制氢、天然气制氢,虽然成本较低,但均以石化能源为基础,在获得氢气的同时会造成大量的碳排放,因此在环境层面存在限制。

目前以生物质为基础的制氢技术可按图9.2分为化学法与生物法制氢。

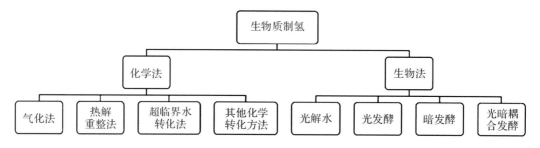

图 9.2　生物质制氢技术分类

如表9.1所示,氢的燃烧热值高,高于所有化石燃料和生物质燃料,并且氢的燃烧稳定性好,燃烧充分。从表9.1中可知,每千克氢燃烧后的热量约为汽油的3倍,酒精的3.9倍,甲烷的2.5倍。

表 9.1　几种物质的燃烧值

名称	氢气	甲烷	汽油	乙醇	甲醇
燃烧值/(kJ·kg^{-1})	121061	50054	44467	27006	20254

据中国氢能联盟预测,在2030年碳达峰情景下,我国氢气的年需求量将达到3715万t,在终端能源消费需求量中占比约为5%。在2060年碳中和情景下,我国氢气的年需求量将增至1.3亿t左右,在终端能源消费需求量中占比约为20%。

氢能的应用领域和场景具有很强的多样性,除了用作燃料,还可作为原料应用于多个领域进行深度脱碳,主要包括工业原料、工业供热、交通运输、住宅取暖、发电等。其中,氢能是实现交通运输、工业和建筑等领域大规模深度脱碳的最佳选择。目前,氢气的应用以工业化工原料消费为主,但在未来交通领域中,其消费潜力巨大,氢气被认为是石油与天然气的清洁替代品。工业领域,氢能是实现工业深度脱碳的重要可行方案。全球工业部门45％的碳排放来自钢铁、合成氨、乙烯、水泥等生产过程,其中,45％的碳排放来自原料用途、35％来自生产高品位热能、20％来自生产低品位热能。电气化手段只能用于减少低品位热所造成的20％的碳排放,绿色氢能是实现深度脱碳的重要解决方案之一。我国拥有全球规模最大、门类最全的工业生产体系,拥有丰富的可再生能源资源,在"双碳"目标的背景下,工业领域将有大规模应用氢能的发展趋势。

现阶段,氢燃料电池汽车的发展依赖政府的补贴和支持。根据我国的实际情况,未来几年氢能在交通领域的发展仍遵循商用车先发展,乘用车后发展的趋势。随着技术的突破和产业规模化带来的成本下降,氢燃料电池在重卡、重型工程机械、船舶、航空等领域的市场化进程将进一步加快,氢能、电池等储能方式可提供不同时间尺度上的储能方案,在保障消纳的前提下实现可再生能源大规模开发利用。据预测,到2060年,氢能在终端能源消费中可达到20％,工业与交通仍是用氢的主要领域,其中,工业领域用氢约占60％,交通领域约占30％。图9.3展示了完整的氢能产业链结构。

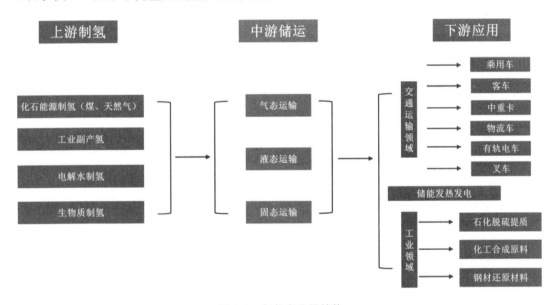

图9.3　氢能产业链结构

三、废弃生物质制氢意义

2020年9月,国家主席习近平在联合国大会上承诺,中国将在2030年之前实现CO_2排放量达到峰值,并在2060年前实现碳中和。这一承诺的宣布是国际气候政策的一个重要里程碑,并在全球产生了连锁效应。据国际能源署(IEA)数据,2020年中国能源相关CO_2排放量超过了110亿t,约占全球的三分之一。向碳中和经济转型,需要中国能源部门通过广泛的技术组合实现所有经济部门的深度减排。能源效率和可再生能源供给能力的快速提高是实现碳中和的关键,但仍需要大幅加速部署包括氢在内的一系列清洁能源技术。

当今世界开发新能源迫在眉睫,原因是能源如石油、天然气、煤,均属不可再生资源,地球上存量有限,而人类生存又时刻离不开能源。

随着石化燃料消耗量的日益增加,其储量日益减少,终有一天这些资源将要枯竭。这就迫切需要寻找一种不依赖化石燃料的、储量丰富的、新的含能体能源。氢正是这样一种在常规能源危机的出现时,人们期待的新的二次能源。

氢能作为洁净能源利用是未来能源变革的重要组成部分。随着工业化进程的加快,能源需求日益增长,由化石燃料为主体的能源结构带来 CO_2 排放总量的快速上升。全球各国面临资源枯竭、环境污染等问题,因此,"清洁、低碳、安全、高效"的能源变革是大势所趋。然而,传统的可再生能源(如风能、太阳能、水电等)存在随机性大、波动性强等缺点,导致弃水、弃风、弃光现象;而氢作为清洁的二次能源载体,可以高效转化为电能和热能。利用可再生能源制氢,不仅可以解决一部分"弃风弃光"问题,还可为燃料电池提供氢源,为工业领域提供绿色燃料,或将实现由化石能源到可再生能源的过渡。可以说氢能或是未来能源革命的颠覆性方向。

氢气需求量大,应用领域广泛。氢能既可以用作燃料电池发电,应用于汽车、火车、船舶和航空等领域,也可以单独作为燃料气体或化工原料进入生产,同时还可以在天然气管道中掺氢燃烧,应用于建筑供暖等。其中,2060 年用氢需求中,工业领域用氢依旧占全国氢能源应用领域的主导地位,约为 7794 万 t,占氢总需求量 60%;交通运输领域用氢约为 4051 万 t,占总需求的 31%;建筑领域和电力领域用氢相对较少,总占比约为 9%。

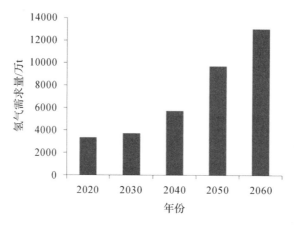

图 9.4 2020—2026 年中国氢气需求量预测

目前,生物质能在中国是仅次于煤炭、石油和天然气的第四大能源,占 2020 年终端能源消费量的 4%。近年来,中国一直在快速开发其庞大的生物质能资源。根据 IEA 数据,中国 2020 年生物质发电新增装机 7 GW,主要由垃圾发电项目组成,约占全球新增装机总量的 60%。中国国家可再生能源中心预测,到 2035 年,中国生物质发电的总装机容量可能会增至 55 GW。用于制氢的生物质原材料范围很广,包括秸秆、林业残余物、纸浆和纸张、生物精炼废物、城市固体废物和畜禽粪便。2020 年,中国以废弃物和残余物(玉米秸秆、稻草、麦秸、林业废弃物和动物粪便)形式收集的生物质资源量为 10～18 EJ。这相当于 2020 年中国一次能源消费总量的 7%～12%。上述生物质资源完全用于制氢,理论上可每年产生氢气 4000 万～7500 万 t。若考虑其他原材料,如城市固体废物、纸浆和造纸废料以及生物精炼,中国生物质制氢潜力可能会更大。

第二节　废弃生物质热化学法制氢工艺

废弃生物质热化学法制氢是通过热化学处理,将废弃生物质转化为富氢可燃气,再通过分离得到纯氢的方法。该方法可由生物质直接制氢,也可以由生物质解聚的中间产物(如甲醇、乙醇)进行制氢。热化学法又分为催化气化制氢、热解重整法制氢、超临界水转化法制氢以及其他化学转化制氢方法。

一、废弃生物质催化气化制氢工艺

废弃生物质催化气化是指在一定的热力学条件下,只提供有限氧的情况下,使废弃生物质发生不完全燃烧,生成 CO、H_2、低分子烃等可燃气体。

可燃气主要可燃成分为一氧化碳、氢气、乙烯、甲烷等,是一种干净、清洁的绿色能源。废弃生物质催化气化制氢技术的主要优点是可以利用废弃的有机物质,如农业废弃物、城市垃圾和工业废料等,作为原料来生产氢气。它不仅能够有效地解决这些废弃物的处理问题,还能够生产清洁能源,减少对传统化石燃料的依赖,降低碳排放量,对环境保护具有重要意义。

1.气化制氢技术及原理

废弃生物质催化气化制氢流程如图9.5所示。废弃生物质进入气化炉受热干燥,蒸发出水分(100~200 ℃)。随着温度升高,物料开始分解并产生烃类气体。随后,焦炭和热解产物与通入的气化剂发生氧化反应。随着温度进一步升高(800~1000 ℃),体系中氧气耗尽,产物开始被还原,主要包括鲍多尔德反应、水煤气反应、甲烷化反应等。生物质的气化剂主要有空气、水蒸气、氧气等。以氧气为气化剂时产氢量高,但制备纯氧能耗大;空气作为气化剂时虽然成本低,但存在大量难分离的氮气。表9.2为不同气化剂对生物质制氢性能的影响。

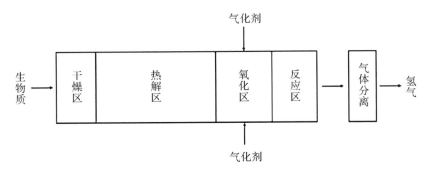

图9.5　生物质气化制氢流程图

表 9.2 不同气化剂下生物质制氢结果

气化剂	产气热值 /(MJ·m⁻³)	总气体得率 /(kg·m⁻³)	氢气含量 /%	成本等级
水蒸气	12.2～13.8	1.30～1.60	38.0～56.0	中
空气与水蒸气的混合气体	10.3～13.5	0.86～1.14	13.8～31.7	高
空气	3.7～8.4	1.25～2.45	5.0～16.3	低

废弃生物质催化气化的特点：①气化是将化学能的载体由固态转换为气态；②生物质催化气化时发生不完全反应，总体上是吸热反应；③生物质燃气组成可调控。

主要原料有废木材、玉米秆、柴薪、秸秆、果壳、稻壳、木屑等。一般都是挥发分高、灰分少、易裂解的生物质废弃物。

将废弃生物质原料如薪柴、锯末、麦秸、稻草等压制成型，在气化炉（或裂解炉）中进行气化或裂解反应可制得含氢燃料气。不同原料获得的气化气成分如表 9.3 所示。

表 9.3 下吸式空气气化炉的气化气成分

原料	气化气成分							低热值/ (KJ·m⁻³)
	CO_2	O_2	CO	H_2	CH_4	C_mH_n	N_2	
玉米芯	22	1.4	22.5	12.3	2.32	0.2	48.78	5.120
玉米秆	13	1.6	21.4	12.2	1.87	0.2	49.68	4.809
棉柴	11.6	1.5	22.7	11.5	1.92	0.2	50.58	4.916
稻草	13.5	1.7	15	12.0	2.10	0.1	55.60	4.002
麦秸	14	1.7	17.6	8.5	1.36	0.1	56.74	3.664

生物质催化气化技术类型，可按照是否需要气化介质，分为不需要使用气化介质的干馏气化和需要使用气化介质的气化技术（空气气化、氧气气化、水蒸气气化、水蒸气—氧气混合气化和氢气气化）。不同气化技术的产物及用途如表 9.4 所示。

表 9.4 不同催化气化技术的产物及用途

气化类型		主要生成物	降解温度	气化气热值 (KJ·m⁻³)	产物用途
干馏气化	慢速热解	炭(28%～30%) 木焦油(5%～10%)	低温(<600 ℃) 中温(600~900 ℃) 高温(>900 ℃)	中热值 10878～12552	燃气、发电 生产汽油与 酒精
	快速热解	木醋液(30%～35%) 气化气(25%～30%)		中热值 15000 左右	
空气气化 （空气获得容易）		H_2，CH_4，CO_2，N_2 (50%左右)	自供热,900~1100 ℃	低热值 4100～7500	锅炉，干燥 动力

续表

气化类型	主要生成物	降解温度	气化气热值 $(KJ \cdot m^{-3})$	产物用途
氧气气化(定量供应)	CO,H_2,CH_4	自供热,反应温度更高、容积减小	中热值 10878~18200	燃气,化工合成原料
水蒸气气化	$H_2(20\%\sim26\%)$, $CO(28\%\sim42\%)$, $CO_2(16\%\sim23\%)$, $CH_4(10\%\sim20\%)$, $C_2H_2(2\%\sim4\%)$, $C_2H_6(2\%\sim4\%)$	吸热反应,需外供热源	中热值 10120~18900	燃气,合成燃料
水蒸气-氧气	$H_2(32\%),CO(28\%)$, $CO_2(30\%),CH_4(7.5\%),C_nH_m(2.5\%)$	自供热 800 ℃	中热值 11500 左右	燃气,制氢
氢气气化	CH_4	高压、高温	高热值 22260~26040	工艺热源,管网

(1)干馏气化:指在缺氧或少量供氧的情况下对生物质进行干馏的过程。产物可燃气主要成分为 CO、H_2、CO_2 和 CH_4 等,另有液态有机物产生。

(2)空气气化:以空气为气化介质是气化技术中较简单的一种,一般在常压和 700~10000 ℃ 下进行。空气中氮气的存在,使产生的燃料气体热值较低。生物质气化反应器可以是上吸式气化炉、下吸式气化炉及流化床等不同形式。

(3)纯氧气化:该工艺比较成熟,用纯氧作生物质气化介质能产生中等热值的气体,但氧气气化成本较高。

(4)蒸汽-空气气化:比单独用空气或蒸汽作气化剂有优势,减少了空气的供给量,克服了空气气化产物热值低的缺点,可以生成更多的氢气和碳氢化合物,提高了燃气热值。

可见,生物质气化过程中常用的气化剂是空气、氧气、蒸汽或氧气与蒸汽的混合气,生物质气化一般得到的可燃气为混合气体。采用不同的气化剂,生成的可燃气体的成分及焦油含量不同。

总的来说,氧气气化技术能够生成质量更高、气化效率更高的气体,但成本更高。而空气气化技术则更简单和经济,但产生的气体质量和效率相对较低。

生物质气化制氧装置以流化床式生物质反应器最为常用,包括循环流化床和鼓泡流化床。生物质催化气化制氢在流化床反应器的气化段经催化气化反应生成含氢的燃气。燃气中的 CO、焦油及少量固态炭在流化床的另外一区段与水蒸气分别进行催化反应,来提高转化率和氢气产率。之后,产物气进入固体床焦油裂解器,在高活性催化剂上完成焦油裂解反应,再经变压吸附得到高纯度氢气。生物质气化催化制氢工艺的典型流程如图 9.6 所示。

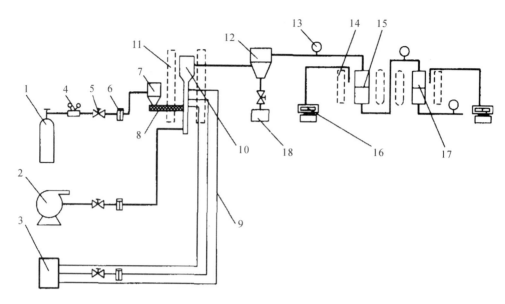

图 9.6 生物质催化气化机理示意图

1——氮气瓶;2——风机;3——蒸汽发生器;4——减压阀;5——闸阀;6——气体流量计;

7——给料斗;8——螺旋给料斗;9——热蒸汽管;10——流化床;11——电炉;

12——旋风分离器;13——取样口;14——电炉;15——接触反应固定床反应器;

16——温度控制器;17——接触反应固定床反应器;18——集灰器

2. 气化制氢研究进展

目前,生物质催化气化制氢技术的研究主要集中在催化剂的开发和优化上。一些新型的催化剂,如金属氧化物、碱金属和稀土金属等,已经被用于生物质气化反应中,并取得了良好的效果。

Zhang 等以钾盐为催化剂来提高生物质中碳的转化率,探讨了反应温度、催化剂类型对气化制氢的影响。研究表明,在 $600\sim700\ ℃$ 条件下,K_2CO_3 与 CH_3COOK 均对气化制氢产生促进作用。在 $700\ ℃$,K_2CO_3 用量为 20% 时,碳的转化率达到 88%,此时得到的气体中氢气含量为 73%。以 KCl 为催化剂,生物质气化过程中的碳转化率及氢气得率则呈现下降趋势,因而在生物质气化中应避免 KCl 的使用。

Yan 等以农业废弃物为原料在固定床中探讨了反应温度、蒸汽流量对气化制氢的影响。结果表明,较高的气化反应温度以及恰当的蒸汽流量可获得较高的气体得率。在 $850\ ℃$、蒸汽流量为 $0.165\ \text{g}\cdot\text{min}^{-1}\cdot\text{g}^{-1}$ 生物质时,气体得率达到了 $2.44\ \text{Nm}^3\cdot\text{kg}^{-1}$ 原料,此时碳转化率高达 95.78%。

Hamad 等以氧气为气化剂,探讨了氧气用量、气化停留时间、催化剂类型对氢气产量的影响。结果表明,在 $800\ ℃$、氧气与原料质量比为 0.25、气化停留 $90\ \text{min}$,并以焙烧水泥窑灰或熟石灰为催化剂时,生物质可以达到良好的气化效果。在以棉秆为研究对象,采用熟石灰为催化剂时,气化产物中氢气与一氧化碳的含量分别达到 45% 与 33%。

孙宁等人以松木屑为原料,水蒸气为气化剂,使用镍基复合催化剂 Ni-CaO,在固定床气化炉中进行气化反应。当催化剂/原料质量比值由 0 增加至 1.5 时,氢气体积分数由

45.58％ 增加至 60.23％,氢气得率由 38.80 g·kg⁻¹原料增加至 93.75 g·kg⁻¹原料;温度由 700 ℃升温至 750 ℃时,燃气中氢气的体积分数由 54.24％ 增加至 60.23％,二氧化碳含量由 21.09％ 降低至 13.18％,产气热值为 12.13 MJ·m⁻³。另外,一些研究也表明,在生物质催化气化制氢技术中加入少量的二氧化碳可以提高氢气的产率和纯度,这为该技术的进一步发展提供了新的思路。

总的来说,生物质催化气化制氢技术还存在一些技术难题,如反应条件的优化、催化剂的稳定性和寿命等问题。但随着相关技术的不断完善和发展,相信这项技术将会有更广泛的应用前景。

二、废弃生物质热裂解制氢工艺

生物质热裂解是在隔绝空气或供给少量空气的条件下使生物质受热而发生分解的过程。根据工艺的控制不同可得到不同的目标产物,一般生物质热解产物有气体、生物油和木炭。在生物质热裂解过程中有一系列复杂的化学反应,同时伴随着热量的传递。生物质热裂解制氢就是对生物质进行加热,使其分解为可燃气体和烃类,增加气体中的氢含量,再对热解产物进行催化裂解,使烃类物质继续裂解,然后经过变换将一氧化碳也转变为氢气,最后进行气体分离。

在上述步骤中,持续高温会促进焦油生成,焦油黏稠且不稳定。由于低温不易气化,高温容易积炭堵塞管道,影响反应进行,可通过调整反应温度和热解停留时间来提高制氢效果。但该工艺产氢量依然很低,因此需要将热解产生的烷烃、生物油进行重整,来提升制氢效果。不同废弃物热解制氢产物如表 9.5 所示。

表 9.5　几种废弃物热解制氢产物

实验样品	产物组成(质量分数)/％			气体组成中氢气的含量(体积分数)/％
	热解焦	水＋生物油	气体	
核桃壳	25.08	42.31	32.61	63.35
花生壳	28.69	40.48	30.83	56.32
瓜子壳	23.48	42.55	33.97	53.97
玉米秆	26	49	25	36.91
稻草	34	42	24	34.76
锯末	22.06	46.39	31.55	52.03

1.重整技术及原理

重整技术是先将热解后的生物质残炭移出系统,然后对热解产物进行二次高温处理,在催化剂和水蒸气的共同作用下将相对分子质量较大的重烃裂解为氢气、甲烷等,增加气体中的氢气含量。再对二次裂解的气体进行催化,将其中的一氧化碳和甲烷转换为氢气。最后,采用变压吸附或膜分离技术得到高纯度氢气。

水相重整是利用催化剂将热解产物在液相中转化为氢气、一氧化碳以及烷烃的过程。与蒸汽重整相比,水相重整具有以下优点:第一,反应温度和压力易达到,适合水煤气反应的进行,且可避免碳水化合物的分解及碳化;第二,产物中一氧化碳体积分数低,适合作燃料电池;第三,不需要气化水和碳水化合物,避免能量高消耗。

自热重整是在蒸汽重整的基础上向反应体系中通入适量氧气,用来氧化吸附在催化剂表面的半焦前驱物,避免积碳结焦。可通过调整氧气与物料的配比来调节系统热量,实现无外部热量供给的自热体系。自热重整实现了放热反应和吸热反应的耦合,与蒸汽重整相比降低了能耗。目前自热重整主要集中在甲醇、乙醇和甲烷制氢中,类似的还有蒸汽/二氧化碳混合重整、吸附增强重整等。

化学链重整是用金属氧化物作为氧载体代替传统过程所需的水蒸气或纯氧,将燃料直接转化为高纯度的合成气或者二氧化碳和水,被还原的金属氧化物则与水蒸气再生并直接产生氢气,实现了氢气的原位分离,是一种绿色高效的新型制氢过程。

光催化重整是利用催化剂和光照对生物质进行重整获得氢气的过程。无氧条件下光催化重整制取的氢气中,除混有少量惰性气体外无其他需要分离的气体,有望直接用作气体燃料。但该方法制氢效果欠佳,如何改进催化剂活性、提高氢气得率还有待进一步研究。

2. 生物质热解气化制氢影响因素

生物质在热解和气化过程中发生一系列物理化学反应,产生气、液、固三相产物。影响三相产物产率以及产物组分的因素有很多,除了工艺和反应器外,还包括物料特性、热源类型、反应条件、气化剂及催化剂等。

(1)物料特性

物料特性的影响主要体现在以下3方面:物料种类、含水率和粒径。不同的生物质类型对热解特性和 H_2 生成特性有重要影响。生物质样品通常含有 $70\%\sim90\%$ 的挥发分,挥发分越高焦炭的产率就越低。当物料中的 H/C 原子比较高时,挥发性产物主要以燃气的形式存在,其中 H_2 的量较大。植物类生物质主要为纤维素、半纤维素和木质素。一般而言,纤维素热解时挥发分析出较快,分解温度范围较窄,而木质素热解失重的速率则相对较慢。

(2)热源类型

热源的加热方式主要分为传统加热方式和微波加热方式。传统加热方式的特点是,能量从物料表面传入内部进行加热,气相产物则从内向外扩散,其传热与传质方向相反,易引起产物的二次裂解。

微波加热是在电磁场作用下,分子动能转变成热能,达到均匀加热的目的。与传统加热相比,微波加热热量从物质内部产生,与气体产品扩散方向相同;另外,微波加热具有选择性,不同物料由于其介电性质不同,在微波场中的受热特性差别很大。近年来,利用微波热源进行生物质热解气化方面的研究越来越多。DomInguez 等对咖啡壳进行了微波热解和电加热热解的实验研究,结果表明微波热解气体产物中 H_2 体积分数为 40%,H_2 和 CO 的体积分数为 72%,而对应的电加热热解气体产物中则分别为 30% 和 53%。

（3）反应条件

反应条件的影响主要指反应温度、升温速率和反应时间的作用。

反应温度对热解过程起着决定性作用，高温促进有机物的裂解，能大幅度提高富氢气体产量。

升温速率升高，可使物料在较短时间内达到设定温度，令挥发分在高温环境下的停留时间增加。热解反应时间也会对生物质热解产物分布产生影响，一般而言，生物质的高温热解的气体产量随着停留时间延长而增多。

（4）气化剂

气化剂组分对生物质气化产物的组分分布有显著影响。常见的气化剂有空气、水蒸气和氧气等。通常水蒸气气化有利于气体中 H_2 含量的提高。当以富氢气体为产品时，一般选水蒸气为气化剂。水蒸气气化过程的主要反应式见式（9.1）～式（9.10）。

$$C + CO_2 \longrightarrow 2CO \quad \Delta H_{298\,K} = 172.43 \text{ kJ} \cdot \text{mol}^{-1} \tag{9.1}$$

$$C + H_2O \longrightarrow CO + H_2 \quad \Delta H_{298\,K} = 131.72 \text{ kJ} \cdot \text{mol}^{-1} \tag{9.2}$$

$$C + 2H_2O \longrightarrow CO_2 + 2H_2 \quad \Delta H_{298\,K} = 90.17 \text{ kJ} \cdot \text{mol}^{-1} \tag{9.3}$$

$$C + 2H_2 \longrightarrow CH_4 \quad \Delta H_{298\,K} = -74.9 \text{ kJ} \cdot \text{mol}^{-1} \tag{9.4}$$

$$CO + H_2O \longrightarrow CO_2 + H_2 \quad \Delta H_{298\,K} = -41.13 \text{ kJ} \cdot \text{mol}^{-1} \tag{9.5}$$

$$CH_4 + H_2O \longrightarrow CO + 3H_2 \quad \Delta H_{298\,K} = 250.16 \text{ kJ} \cdot \text{mol}^{-1} \tag{9.6}$$

$$CH_4 + 2H_2O \longrightarrow CO_2 + 4H_2 \quad \Delta H_{298\,K} = 165 \text{ kJ} \cdot \text{mol}^{-1} \tag{9.7}$$

$$CH_4 + CO_2 \longrightarrow 2CO + 2H_2 \quad \Delta H_{298\,K} = -260 \text{ kJ} \cdot \text{mol}^{-1} \tag{9.8}$$

$$C_nH_m + nH_2O \longrightarrow nCO + (n+m/2)H_2 \tag{9.9}$$

$$C_nH_m + nCO_2 \longrightarrow 2nCO + (m/2)H_2 \tag{9.10}$$

其中，反应式（9.2）需要较高温度（>700 ℃），因此只有在高温条件下，水蒸气气化才能达到较好的效果。水蒸气与生物质的比有最佳值。辛善志等开展了水蒸气气氛下木屑热解的实验研究，发现产气率以及 H_2 和 CO 的产率都随着 S/B（水蒸气/生物质）值的增加先上升后降低，最佳的 S/B 值为 2～2.5。

（5）催化剂

用于生物质热解的催化剂需要满足的基本要求：①能有效脱除焦油；②实现 CH_4 重整；③有较强的抗腐蚀能力；④具有一定的抵抗因积炭或烧结而失活的能力；⑤较容易地再生；⑥具有足够的强度；⑦价格低廉，来源广泛；⑧本身对环境无毒性。

催化剂的使用方式一般分两种：①催化剂和物料预混后投入反应炉。预混方式包括湿法浸渍和干法混合两种，主要应用于固定床和流化床反应炉，目的是提高气体生成量，减少焦油量。②催化剂填装于第二级反应炉（一般为固定床）内，对来自一级反应炉的热解气进一步催化裂解和重整。

3. 热解重整法制氢研究进展

目前，废弃生物质热解重整技术的研究主要集中在反应机理的深入探究和反应条件的优化上。美国 NREL 实验室开发的生物质热裂解制氢工艺流程经过变压吸附（PSA）装置后，H_2 的回收率达 70%，H_2 产量为 10.19 kg $\cdot$ d^{-1}。Chittick 设计的生物质热裂解反应器由于安装了红外辐射防护层,可大大降低热裂解过程中的热量损失,使裂解在 800~1000 ℃进行,且产物中基本没有木炭和焦油存在。我国对生物质热解制氢也进行了积极的研究,并积累了一定的经验,开展了生物质制氢和催化裂解方法的研究、二次裂解制取富氢气体的研究,取得了较好的成果。

Hao 等人在粉粒流化床中对生物质进行催化热解。研究发现,挥发物的释放量和热解温度相关。此外,不添加催化剂时氢气得率仅为 13.8 g·kg^{-1} 生物质。在加入 NiMo/Al$_2$O$_3$ 催化剂后,热解产生的焦油与芳香化合物进一步分解,在 450 ℃时可燃气体体积分数达到了 91.25%,其中包含的氢气、一氧化碳体积分数分别为 49.73%、34.50%。优化后,氢气得率达到了 33.6 g·kg^{-1} 生物质。

Ansari 等人以蔗渣为原料,在常压下采用双床反应器制氢。蔗渣先在第一个反应床进行热解,生成的焦油等不挥发性物质进入第二个反应床进行裂解。实验中采用纳米双金属催化剂 NiFe/γ-Al$_2$O$_3$(Ni 质量分数 12%,Fe 质量分数 6%)来提高反应效率。最终氢气、一氧化碳的摩尔百分比分别达到 15.3% 与 45.7%。该制氢方法不但产量高,而且焦油含量低。

一些新型的催化剂和反应器结构也被用于该技术中,以提高氢气的产率和纯度。此外,一些研究还探索了与生物质热解重整技术相结合的其他技术,如生物质气化和燃料电池等,以进一步提高氢气的产率和能量利用效率。

三、废弃生物质超临界转换制氢工艺

1. 基本原理与工艺流程

当温度处于 374.2 ℃、压力在 22.1 MPa 以上时,水具备液态时的分子间距,又有气态分子的剧烈运动,成为兼具液体溶解力与气体扩散力的新状态,称为超临界水流体。生物质超临界转换制氢是以生物质和水为原料,按一定比例混合后,利用水在超临界状态下的高温高压作用,使生物质中的碳氢化合物转化为氢气和二氧化碳等物质。在近超临界条件下完成反应,得到氢含量较高的气体,该方法中生物质的转化率可达到 100%,气体产物中氢气的体积含量可超过 50%,且反应中不生成焦油等副产品。与传统方法相比,超临界水气化制氢技术具有独特的优势:①其可以使含水量高的湿生物直接气化,不需要高能耗的干燥过程,不会造成二次污染;②具有反应效率高、产物氢气含量高、产气压力高等特点,产物易于储存、便于运输;③其制得的高温高压氢气可直接在发动机或者涡轮机中燃烧,以获取电能。

废弃生物质超临界转换制氢技术主要包括以下几个步骤:

①废弃生物质预处理:生物质原料经过粉碎、干燥等预处理工序,以提高其反应效率。

②超临界转换反应:将预处理后的生物质原料放入超临界转换反应器中,通过高温高压的条件下,将生物质转化为氢气和其他化合物。

③分离纯化:将反应生成的氢气和其他化合物进行分离和纯化,以得到高纯度的氢气。

该技术相对于传统的生物质气化技术,在氢气产量和氢气质量方面有着明显的优势。另外,生物质超临界转换制氢技术的副产物还包括一些有机酸和醇类化合物,这些副产物可以用于生产其他化学品和燃料,具有很高的综合利用价值。

目前,生物质超临界转换制氢技术还处于研究和开发阶段,需要进一步的技术创新和工程实践来实现其商业化应用。

2.超临界转化法制氢研究进展

虽然超临界转化法制氢是一种很有前途的生物质燃料转化技术,德国 VERENA 试验工厂和日本广岛大学等研究机构已经取得一定研究进展。然而这种工艺在工业规模上的应用仍有一些局限性。一方面,目前只有少数研究人员有机会使用短停留时间的连续低管式反应器或连续搅拌槽式反应器进行超临界气化制氢实验,已完成的超临界气化制氢的大部分实验研究都使用了小型实验室反应器,即间歇式反应器。实验条件与工业化生产具有较大差距,实验过程中产生一系列与间歇式反应器相关的问题或限制。另一方面,关于超临界气化制氢技术,目前的研究热点主要关注不同生物质化合物模型对制氢产率的影响。然而,超临界转化法制氢体系是一个复杂的过程,根据反应的具体条件,在一定程度上存在一系列竞争反应,例如水解、水煤气变换、氧化和甲烷化等,当不同反应占据主导地位时,对应的制氢效率有巨大差异,因此制氢工艺过程的调控是高效制氢的关键。

超临界转化法制氢是最有前途的制氢技术之一,但对设备要求较高,会产生高昂的投资和运行维护费用。目前,超临界转化法制氢技术还处于研发阶段,世界范围内未见商业应用实例。

四、废弃生物质热化学制氢设备

1.气化技术

在实际生产中,根据不同制氢设备的气化方式和操作条件,废弃生物质气化技术可以分为以下几类。

①固定床气化技术:指将生物质原料装入气化炉的固定床中,通过加热和注入气化剂,使生物质产生气化反应,生成可燃性气体。固定床气化技术简单、操作稳定,但气化效率低,生产能力有限。

②流化床气化技术:指将生物质原料在气化剂的作用下,悬浮在气化反应器内,并通过不断加热和振动,使生物质在流化状态下气化,生成可燃性气体。流化床气化技术具有气化效率高、适用范围广等优点,但气化反应稳定性差,操作难度大。

③喷气床气化技术:指将生物质原料通过喷嘴高速喷射进入气化反应器内,在高温和缺氧的条件下,产生气化反应,生成可燃性气体。喷气床气化技术具有气化效率高、生产能力大等优点,但气化剂需求量大,能耗高。

④旋转窑气化技术:指将生物质原料通过旋转窑的转动,在高温和缺氧条件下进行气化反应,生成可燃性气体。旋转窑气化技术操作简单、反应效率高,但生产能力较低。

不同类型的气化技术及设备有着各自的优缺点,在实际应用中需要根据具体情况选择合适的技术。

固体生物质燃料气化时所应用的设备称为气化炉或气化器,它是生物质气化系统中的核心设备。

2.气化炉分类

在生物质热裂解过程中有一系列复杂的化学反应,同时伴随着热量的传递。生物质热裂解制氢就是对生物质进行加热使其分解为可燃气体和烃类,以增加气体中的氢含量,再对热解产物再进行催化裂解,使烃类物质继续裂解,然后经过变换将一氧化碳也转变为氢气,最后进行气体分离。生物质热裂解反应器结构示意图如图9.7所示。

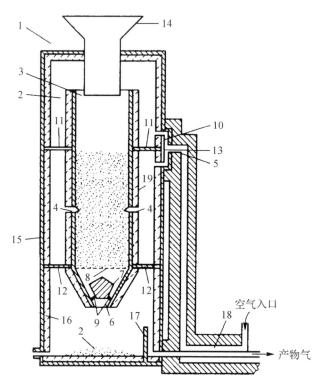

图9.7　生物质气化制取氢气实验装置

1——反应器;2——下吸式反应室;3,4,5——空气入口;6——气体出口;7——红外辐射收集器;

8——屏栅;9——载体;10——导管;11,12——隔板;13——空气分布阀门;14——布料器;

15——外套;16——红外辐射防护层;17——凸缘;18——热交换器;19——木炭床

目前,针对超临界生物质催化气化制氢,国内外不同课题组结合研究工作具体要求和条件,设计并研制成功了一系列超临界水生物质催化气化制氢的反应系统。现有的反应系统主要有间歇式、连续式两种。

(1)PNL的间歇式反应器实验系统

图9.8为太平洋西北实验室(PNL)间歇式反应器,其容积为1 L的英高镍(inconel)高压反应釜,最高可达450 ℃、41 MPa。其搅拌器带轮驱动,采用1.7 kW电加热器,大约60 min可将液态原料和催化剂加热到350 ℃。反应器用N_2进行清空和检漏。实验结束前,由冷却水实现快速冷却。高压釜上装有取样口,在实验过程中可随时在反应器内顶部或底部取样。日本再生能源与环境研究所(NIRE)的间歇式反应器实验系统中,反应在有磁力搅拌器的不锈钢(SUS-F316L)高压釜(146 cm³)中进行,其基本反应器形式与PNL相近。

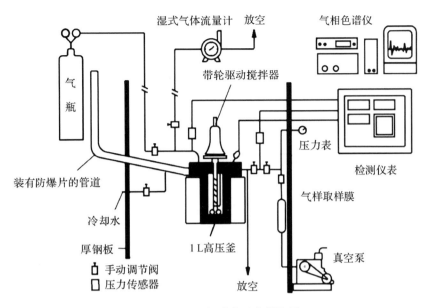

图 9.8　PNL 间歇式反应器简图

（2）FK 的间歇式反应器实验系统

德国卡尔斯鲁厄研究中心（Forschungszentrum Karlsruhe）的间歇式反应器有两台。一台为 100 mL 的镍基合金（nimonic）110 反应器，设计温度和压力分别为 700 ℃、100 MPa，磁力式搅拌混合装置。反应物料在高压釜内的水达到设定温度后，注射入反应器中。另一台为 1000 mL 的 Inconel 625 高压釜，设计温度和压力分别为 500 ℃、50 MPa，翻滚式混合装置。原料和水一起加热至所需的温度，需要 2～3 h。

间歇式反应装置构造比较简单，其优势在于不需要高压流体泵装置，且对于污泥等含有固体的体系有较强的适应性。但它不能实现连续生产，而且物料在反应器中不易混合均匀，体系往往不易同时达到所需的温度和压力；并且达到反应温度的时间太长，一般为几十分钟或 2～3 h。对于生物质超临界水催化气化反应，系统中原料和反应产物的加热和冷却都有一定的周期。

（3）HNET 的连续式反应器实验系统

夏威夷自然能源研究所（HNEI）的超临界水连续式反应器有螺旋管式和环管式两种，都是由哈氏合金（Hastelloy）C276 或 Inconel 625 制成的。其中，螺旋管式反应器（SCCFR）管长 6.1 m，外径 3.15 mm，内径 1.44 mm，采用浸没式加热器和沙浴加热，用于葡萄糖液的超临界水气化。

环管式反应器（SCAFR）（见图 9.9）外管为外径 9.53 mm、内径 6.22 mm、长 1.016 m 的圆管。在外管内可安装不同长度和直径的内管，大范围地改变反应器内物质的停留时间，内管可制成热电偶井。在一些情况下，反应器内的环形热电偶井可由电加热器（外径 3.18 mm、长 152 mm）代替。入口加热器下游反应器的温度由加热炉保持在等温条件下。这个加热炉的主要目的是防止热量的损失。内外管之间填充有不同数量的催化剂。通过入口的加热器（或与入口套管加热器联合作用）来加热并控制反应物流体的温度。反应器由加热炉和下游加热器维持等温，或由 Omega600l-K-DC-Al 温控器、远红外炉和出口警戒加热

213

器来保持等温条件。反应产物在反应器出口由冷却水夹套骤冷,通过格鲁夫微电子集成试验装置(Grove Mity-Mite)91型背压阀将系统的压力降至环境压力(从28 MPa到0.1 MPa)。这些反应器用于各种模型化合物及原始生物质燃料的气化。

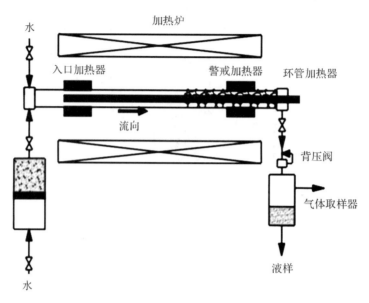

图9.9　HNEI连续式反应器简图

　　HNEI所采用的连续式反应系统在多次实验的基础上对原有反应系统进行了改进。原有系统运行过程中,在反应器加热区域易形成沉淀物进而产生堵塞,所以在环管式反应器上安装了水和空气管线,使在反应器发生堵塞时可进行清洗和清渣处理。该反应系统反应时间短,不易于得到中间产物,难以推断反应进行的路径。反应系统存在的主要问题是材料的腐蚀,在实验过程中哈氏合金反应器曾爆过一次管,而且哈氏合金管比英高镍管的催化作用更为明显。碳催化反应床上沉积有Ni等金属。对反应器进行电镜扫描分析,发现有明显的腐蚀现象。

　　(4)SKLMF连续反应式实验系统

　　西安交通大学动力工程多相流国家重点实验室吸收已有的成功经验,结合研究工作的具体要求和条件,设计并研制成功一套连续反应式超临界水生物质催化气化制氢的实验装置,见图9.10。该连续系统由两个并联的加料器组成,可以用一个加料器常压进料,而用另一个加料器维持超临界气化反应,实现总体上的连续反应。由于高压计量泵只能泵送清洁均一的流体,所以在加料器中装入了可移动活塞,将反应物料与泵送的水隔离。反应器最大操作压力可达35 MPa,温度650 ℃。反应器有三种尺寸,内径分别为3 mm、6 mm和9 mm,均采用电加热方式。在该装置上已成功地进行了不同压力、不同温度和保留时间下模型化合物葡萄糖液的气化实验,以及加入碱性物质后葡萄糖的气化实验,并对锯屑及CMC的混合液进行了气化实验。该实验系统可以实现总体的连续反应,操作简单,可达到较高的温度和压力,较大的流速范围。实验系统和方法可靠,可以取得有效的实验数据和结果。该系统目前存在的问题是防止反应器的阻塞和结渣。

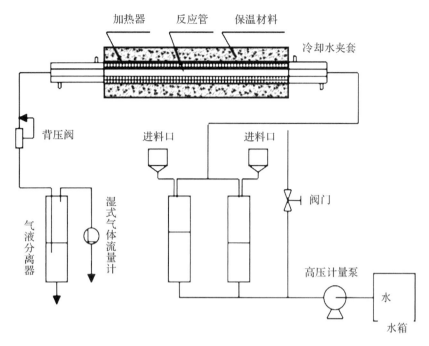

图 9.10 SKLMF 连续式反应器简图

第三节 废弃生物质微生物制氢工艺

废弃生物质微生物制氢法是利用微生物降解生物质得到 H_2 的一项技术。生物制氢法的工艺流程简单,具有清洁、节能和不消耗矿物资源等诸多优点,引起了越来越多的关注。与传统的化学方法相比,微生物制氢有节能、可再生和不消耗矿物资源等优点。微生物转化制氢法主要包括直接生物光解、间接生物光解、光发酵、光合异养细菌水汽转换反应合成氢气、暗发酵和微生物燃料电池技术。

一、光发酵制氢微生物与制氢工艺

光发酵制氢是一种利用微生物在光发酵过程中产生氢气的生物技术。制氢微生物通常是一些厌氧菌,例如产氢菌、乳酸菌和异养菌等,它们可以利用有机物质进行代谢,并在代谢过程中产生氢气。在生物质微生物制氢的过程中,微生物通过代谢有机废弃物来产生氢气。这些微生物被称为氢原生菌,分为光合菌和厌氧菌两类。

一类是光合菌,利用有机酸通过光产生 H_2 和 CO_2。利用光合菌从有机酸制氢的研究在七八十年代就相当成熟。但由于其原料为有机酸,限制了这种技术的工业化大规模使用。

另一类是厌氧菌,利用碳水化合物、蛋白质等,产生 H_2、CO_2 和有机酸。目前,利用厌氧进行微生物制氢的研究大体上可分为三种类型。一是采用纯菌种和固定技术进行微生物制氢,但因其发酵条件要求严格,目前还处于实验室研究阶段。二是利用厌氧活性污泥进行有机废水发酵法生物制氢。三是利用连续非固定化高效产氢细菌使含有碳水化合物、蛋白质等的物质分解产氢,其氢气转化率可达 30% 左右。

光合微生物制氢法是以太阳能为输出能源,厌氧光合细菌依靠从小分子有机物中提取的还原能力和光提供的能量将 H^+ 还原成 H_2 的过程。研究最多的光合微生物主要是光合细菌和藻类。有机废水中含有大量可被光合细菌利用的有机物成分。近年来,利用牛粪废水、精制糖废水、豆制品废水、乳制品废水、淀粉废水、酿酒废水等作底物进行光合细菌产氢的研究较多。该方法无法降解大分子有机物,太阳能转换利用率低,H_2 产率低,可控制能力差,运行成本高,难以实现工业化生产,还处于实验室研究阶段。

光发酵制氢可以在较宽泛的光谱范围内进行,制氢过程没有氧气的生成,且培养基质转化率较高,被看作是一种很有前景的制氢方法。

以葡萄糖作为光发酵培养基质时,制氢机理如方程式(9.11)所示。

$$C_6H_{12}O_6 + 6H_2O + 光能 \longrightarrow 12H_2 + 6CO_2 \tag{9.11}$$

目前已有利用碳水化合物发酵制氢的专利,并将所产生的氢气作为发电的能源。

中国科学院微生物所、浙江农业大学等单位曾进行"产氢紫色非硫光合细菌的分离与筛选研究"及"固定化光合细菌处理废水过程产氢研究"等研究,取得了一定结果。国外也设计了一种应用光合作用细菌产氢的优化生物反应器,其规模达日产氢 2800 m^3。该法以各种工业和生活有机废水及农副产品的废料为基质,进行光合细菌连续培养,在产氢的同时可净化废水并获单细胞蛋白。

利用光合细菌进行生物制氢,具有多方面的优点,如:①易培养,且可以多种废弃有机物为产氢原料,具有较高的理论转化率;②比蓝细菌和绿藻的吸收光谱范围更广泛,具有较高的光能转化潜力;③产氢需要克服的自由能较小(如利用乙酸产氢的自由能只有 8.5 $kJ \cdot mol^{-1} H_2$);④终产物氢气纯度可达 95% 以上;⑤产氢过程中不产生氧气;等等。然而,反应系统对光源的高度依赖性限制了光合细菌制氢技术的发展。为满足光合细菌产氢对光照强度和光照连续性的要求,一般采用消耗电能或其他化石能源的人工光源技术。光合细菌在生长过程中产生的大量色素以及反应溶液本身的色度和浊度,会影响光在反应系统内的传播和分布,降低了光能的利用效率。这些不利因素,不仅使光发酵制氢工艺变得复杂,光反应器的放大困难,而且提升了制氢成本,技术的经济性尚待提高。

光发酵制氢技术的研究历史,要比暗发酵生物制氢技术更长,且至今热度不减。但其存在的问题也比较突出,如:①蓝细菌和绿藻在产氢的同时伴随 O_2 的释放,易使氢酶失活,而采用物理的和化学的方法消除 O_2,需要消耗大量惰性气体和能源;②光合产氢微生物只对特定波长的光线有吸收作用,而提供充分的特定波长的光照又会消耗大量能源,光源的维护与管理也变得复杂,规模化生产的难度很大。

二、暗发酵制氢微生物与制氢工艺

暗发酵制氢是异养型厌氧细菌利用碳水化合物等有机物,通过暗发酵作用产生氢气。以造纸工业废水、发酵工业废水、农业废料、食品工业废液等为原料进行生物制氢,既可获得洁净的氢气,又不额外消耗大量能源。

异养微生物缺乏细胞色素和氧化磷酸化途径,使厌氧环境中的细胞面临着因产能氧化反应而造成的电子积累问题。因此需要特殊机制来调节新陈代谢中的电子流动,产生氢气来消耗多余的电子,就是调节机制中的一种。

能够发酵有机物制氢的细菌包括专性厌氧菌和兼性厌氧菌,如大肠埃希氏杆菌、褐球固氮菌、白色瘤胃球菌、根瘤菌等。发酵型细菌能够利用多种底物在固氮酶或氢酶的作用下将底物分解制取氢气,底物包括甲酸、乳酸、纤维素二糖、硫化物等。以葡萄糖为例,其反应方程见式(9.12)。

$$C_6H_{12}O_6 + 2H_2O \longrightarrow 4H_2 + 2CO_2 + 2CH_3COOH \qquad (12)$$

异养型厌氧发酵细菌的产氢,不依赖光照,纯菌种或混合菌群的培养都容易实现,其发酵工艺可以借鉴微生物发酵工业和有机废水厌氧生物处理的已有技术和经验,反应器的放大和控制更容易达到规模化生产的要求。而且,厌氧发酵细菌能以多种有机物质为制氢原料,可以取得清洁能源生产和污染防治的双重功效。所以,暗发酵制氢虽然起步较晚,但研究进展迅速。与光合法生物制氢相比,暗发酵生物制氢具有以下优势:①发酵产氢细菌的产氢能力要高于光合产氢细菌;②在实际培养中,发酵细菌的生长要快于光合细菌;③无需光照,反应装置的设计简单,操作管理方便;④反应器及工艺系统易于放大到规模化生产水平;⑤混合发酵菌群的驯化和反应系统的启动更容易;⑥原料分布广泛且易得,有利于降低制氢成本,具有更好的技术经济性。

暗发酵生物制氢技术由于具有可利用原料丰富、产氢速率高、系统运行稳定性好、较易实现规模化生产等优势,得到了广泛关注和研究,发展迅速。许多研究者在高效产氢菌种的选育、制氢反应器的设计与优化,以及采用分子生物学手段与基因工程技术改造产氢菌株的代谢途径等方面进行了研究,提高了产氢系统的产氢效能,取得了一系列的成果,推动了生物制氢技术的发展。

三、废弃生物质光-暗耦合制氢工艺

利用厌氧光发酵制氢细菌和暗发酵制氢细菌的各自优势及互补特性,将二者结合以提高制氢能力及底物转化效率的新型模式被称为光-暗耦合发酵制氢。暗发酵制氢细菌能够将大分子有机物分解成小分子有机酸,来获得维持自身生长所需的能量和还原力,并释放出氢气。由于产生的有机酸不能被暗发酵制氢细菌继续利用而大量积累,导致暗发酵制氢细菌制氢效率低下。光发酵制氢细菌能够利用暗发酵产生的小分子有机酸,从而消除有机酸对暗发酵制氢的抑制作用,同时进一步释放氢气。所以,将二者耦合到一起可以提高制氢效率,扩大底物利用范围。

以葡萄糖为例,耦合发酵反应如方程式(9.13)和方程式(9.14)所示。

暗发酵阶段：$\quad C_6H_{12}O_6 + 2H_2O \longrightarrow 4H_2 + 2CO_2 + 2CH_3COOH \qquad (9.13)$

光发酵阶段：$\quad 2CH_3COOH + 4H_2O + 光能 \longrightarrow 8H_2 + 4CO_2 \qquad (9.14)$

农业废弃物和食品工业废水纤维素淀粉生物光-暗耦合发酵制氢工艺如图9.11所示。

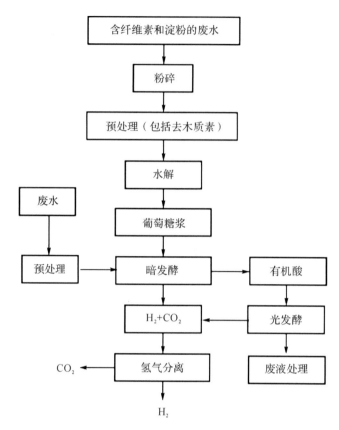

图 9.11　农业废弃物和食品工业废水纤维素淀粉生物光-暗耦合发酵制氢示意图

表 9.6 为不同基质条件下光-暗耦合发酵制氢情况。表 9.7 为多种纤维素类基质直接发酵制氢情况。

表 9.6　不同纤维素类基质光-暗耦合发酵制氢情况

基质类型	暗发酵细菌	光发酵细菌	氢气得率 /(mol·mol⁻¹糖)
葡萄糖	*Ethandigenenshabinense* B49	*Rhodopseudomonas faccalis* RLD-53	6.32
蔗糖	*Clostridium pasteurianum*	*Rhodopseudomonas palustris* WP3-5	7.10
蔗糖	*C. saccharolyticus*	*R. capsulatus*	13.7
木薯淀粉	*Microplora*	*Rhodobacters phaeroides* ZX-5	6.51
厨余垃圾	*Microplora*	*Rhodobacters phaeroides* ZX-5	5.40
芒草	*Thermotogane politana*	*Rhodobacterra psulatus* DSM155	4.50

表 9.7　纤维素类基质直接发酵制氢情况

纤维素类基质	微生物	温度/℃	氢气得率
纤维素 MN301	*Clostridium cellulolyticum*	37	1.7 mol · mol⁻¹ 葡萄糖
微晶纤维素	*Clostridium cellulolyticum*	37	1.6 mol · mol⁻¹ 葡萄糖
纤维素 MN301	*Clostridium populeti*	37	1.6 mol · mol⁻¹ 葡萄糖
微晶纤维素	*Clostridium populeti*	37	1.4 mol · mol⁻¹ 葡萄糖
脱木质素纤维素	*Clostridium thermocellum* ATCC 27405	60	1.6 mol · mol⁻¹ 葡萄糖
蔗渣	*Caldicellulosiruptorsacharolyticus*	70	19.21 ml · g⁻¹ 原料
麦秸	*Caldicellulosiruptorsacharolyticus*	70	44.89 ml · g⁻¹ 原料
玉米秆、叶	*Caldicellulosiruptorsacharolyticus*	70	38.14 ml · g⁻¹ 原料

四、生物法制氢研究进展

厌氧发酵有机物制氢的研究始于 20 世纪 60 年代。厌氧发酵法制氢主要研究氢气生产菌株和变异菌株的筛选和探索、使用氮气或氢气进行气体抽提以及提高氢气发酵生产速率的途径等。科学家在厌氧发酵生物质制氢的过程在菌种选育、驯化和反应器结构方面开展了很多的工作。Jehlee 等借助 *Chlorella* sp. 采用两步法适温固态厌氧发酵来制备氢气。采用新鲜的 *Chlorella* sp. 时,氢气与甲烷的产量可分别达到 124.9、230.1 mL · gVS⁻¹,此时基质的转化效率为 34%。当采用适宜温度对 *Chlorella* sp. 进行预处理后,可将固态发酵的氢气与甲烷产量分别提升至 190.0、319.8 mL · gVS⁻¹,此时基质的转化率为 47%。

研究表明,大多数厌氧细菌产氢来自各种有机物分解所产生的丙酮酸的厌氧代谢。丙酮酸分解有甲酸裂解酶催化和丙酮酸铁氧还蛋白(黄素氧还蛋白)氧化还原酶(PFOR)两种途径。厌氧发酵产氢可广泛使用多种有机原料,包括淀粉、纤维素、木质素以及各种有机废液,但是产氢量较低。研究发现 1 mol 丙酮酸可产生 1~2 mol 的 H_2,理论上只有将 1 mol 葡萄糖中 12 mol 的氢全部释放出来,厌氧发酵产氢才具有大规模应用的价值。厌氧产氢量低的原因主要有两个。一个是自然进化的结果,从细胞生存的角度看,丙酮酸酵解主要用以合成细胞自身物质,而不是用于形成氢气;另一个是所产氢气的一部分在吸氢酶的催化下被重新分解利用。通过新陈代谢工程以及控制工艺条件使电子流动尽可能用于产氢是提高发酵细菌产氢的主要途径。虽然厌氧细菌能够分解糖类产生氢气和有机酸,但对底物的分解不彻底,不能进一步分解所生成的有机酸而生产氢气,氢气产率较低。

光合生物制氢是在一定光照条件下,通过光合微生物分解底物产生氢气。主要的研究集中于光合细菌和藻类。Lu 等以农业生产中坏掉的苹果作为光合细菌 HAU-M1 的培养原料,来探讨这类生物制氢的可行性。实验探讨了培养液初始 pH 值、光照强度、培养温度、培养基质固液比等因素的影响,并采用响应面法对实验进行优化。结果表明,当培养液初始 pH 值为 7.14、光照强度为 3029.67 Lx、温度为 30.46 ℃、固液比为 0.21 时,氢气得率最大为

(111.85±1)mL·g⁻¹原料。Zagrodnik 等人以淀粉为原料采用光-暗耦合发酵,通过加流培养的方式来制取氢气。在暗发酵阶段 pH 值>6.5 会生成乙酸、乳酸,从而降低氢气得率。在适宜的培养条件下,设定进料量为 1.5 g 淀粉·L⁻¹·d⁻¹,经过 11 天的连续培养后,氢气得率为 3.23 L·L⁻¹基质,产量是单纯暗发酵条件下产量的两倍。在进料量为 0.375 g 淀粉·L⁻¹·d⁻¹ 时,淀粉转化率最高。

近几年,已有少数学者从提高光合细菌的光转化效率方面着手对光合生物制氢进行了实验研究。张全国等在以猪粪污水作为原料的高效产氢菌群的筛选与培养、产氢工艺条件、固定化方法、太阳能光合产氢细菌光谱耦合特性、微生物生长热动力学以及太阳能光合生物连续产氢工艺与装置等方面进行了较系统的深入研究,并取得了一些重要进展。

另外,以下是生物法制氢研究的一些其他途径。

①原位发酵制氢:将微生物直接应用于制氢的反应器中,实现原位发酵制氢。该方法的优点在于可以减少底物的处理成本,提高制氢效率。

②微生物种类优化:研究人员通过筛选和优化微生物的菌种,提高了制氢的产率和效率。例如,近年来一些新的微生物种类被发现具有高产氢的能力。

③遗传改良:通过遗传改良等手段,提高微生物的代谢能力和耐受性,以增加氢气的产量。

④聚合物材料的应用:以聚合物材料作为载体,将微生物固定在反应器中,可以提高微生物的生长率和稳定性,进而提高制氢效率。

总的来说,微生物法制氢在研究上还有许多待探索的领域,但是目前已经取得了不少的进展,有望成为未来清洁能源的重要组成部分。

❖ 生态之窗

氢能产业发展中长期规划(2021—2035 年)中关于氢能战略定位的论述(节选)

氢能是未来国家能源体系的重要组成部分。充分发挥氢能作为可再生能源规模化高效利用的重要载体作用及其大规模、长周期储能优势,促进异质能源跨地域和跨季节优化配置,推动氢能、电能和热能系统融合,促进形成多元互补融合的现代能源供应体系。

氢能是用能终端实现绿色低碳转型的重要载体。以绿色低碳为方针,加强氢能的绿色供应,营造形式多样的氢能消费生态,提升我国能源安全水平。发挥氢能对碳达峰、碳中和目标的支撑作用,深挖跨界应用潜力,因地制宜引导多元应用,推动交通、工业等用能终端的能源消费转型和高耗能、高排放行业绿色发展,减少温室气体排放。

氢能产业是战略性新兴产业和未来产业重点发展方向。以科技自立自强为引领,紧扣全球新一轮科技革命和产业变革发展趋势,加强氢能产业创新体系建设,加快突破氢能核心技术和关键材料瓶颈,加速产业升级壮大,实现产业链良性循环和创新发展。践行创新驱动,促进氢能技术装备取得突破,加快培育新产品、新业态、新模式,构建绿色低碳产业体系,打造产业转型升级的新增长点,为经济高质量发展注入新动能。

二维码 9.1　《氢能产业发展中长期
规划(2021—2035 年)》

❖ 复习思考题

(1)木质生物质制氢的原理是什么？如何进行实验验证？

(2)木质生物质制氢的优缺点是什么？

(3)如何将木质生物质制氢与其他能源转化技术相结合,以实现更高效、环保的能源利用？

(4)为什么木质生物质制氢成了一种热门的清洁能源技术？

(5)木质生物质制氢的关键步骤是什么？在制氢的过程中,如何提高氢气的产量？

(6)木质生物质制氢的实际应用中,可能会遇到哪些技术难题？如何克服这些难题？

(7)目前木质生物质制氢技术的发展状况如何？未来有哪些发展趋势？

(8)制氢过程中会产生哪些副产物？这些副产物如何处理？

(9)在木质生物质制氢的过程中,如何控制氢气的纯度？

(10)木质生物质制氢技术与传统燃料电池相比有哪些优势？

第十章　废弃木质生物质纸浆化利用与清洁生产

传统制浆造纸工业是生物炼制工艺的雏形。在生物炼制这一概念出现之前，制浆造纸产业早已经开展资源综合利用。其在生产植物纤维（纸）产品的同时还综合利用过程中产生的副产物，如将废液中的木质素作为燃料，制浆厂回收松节油和塔罗油生产木质素基表面活性剂及其他化学品，造纸污泥制备建筑砖材等，并实现能源回收与自给。

制浆造纸产业是典型的生产生物质产品的行业，具有发展生物炼制与研发生物质多元化产品的优势，是制造业中唯一大规模利用生物质原料的工业。制浆造纸产业在延伸的产业链中，应力求从纸浆及纸以外的生物质产品中获得更大的经济效益和社会效益，把传统造纸厂转化为能够同时生产纸浆、高分子材料、化学品和生物质能源的复合型生物质提炼厂，以充分合理高值化利用植物纤维原料中的纤维素、半纤维素和木质素三大组分，使制浆造纸过程低消耗、低排放并提高经济效益，让造纸行业真正步入循环发展和低碳发展之路。

第一节　生物炼制制浆造纸工艺概述

一、生物炼制概念

生物炼制是指将转换生物质的各种方法组合到一起，以生产出生物燃料、动能、热量和增值化学品的一系列技术。其主要特点有以下几个方面。

①资源高值化：生物炼制的最大优势在于充分利用了生物质的多种组成成分及其中间产品，在生产出多种产品的同时，从生物质原料中获得最大的附加值。例如，生物炼制可生产出多种小容量的化学品或功能食品，或大容量的交通运输用的燃料生物乙醇（酒精燃料）和生物柴油，并通过热电站技术，同时发电并供热。

②再生、清洁化：生物炼制技术可最大化地利用生物质资源，将其转化为各种生物质产品和能源等，同时减少对环境的污染；既满足人们当前对化学品、材料和能源等方面的需求，又符合可持续发展的要求。生物炼制技术可实现生物质能源、生物质材料、生物质化学品、生物质燃料与生物质之间的可持续循环，是一项高效率、低成本、绿色无污染的技术。

③产品多元化：生物炼制的产品主要包括三个方面：生物质化学品（如乙烯、丙烯酸、丙烯酰胺、1,3-丙二醇、1,4-丁二醇、琥珀酸等），生物质材料（如聚乳酸、聚对苯二甲酸丙二酯

等)、生物质能源(如沼气、生物乙醇、生物柴油等)。

二、生物炼制工艺类型

根据转化技术的类型,生物炼制可分为生物化学生物炼制和热化学生物炼制。目前,有四种主要的转化技术,包括热化学工艺、生物化学工艺、机械/物理工艺和化学工艺,通常又可概括为生物化学平台和热化学平台两大类。生物化学平台通常集中在糖的发酵方面,它首先对木质纤维素原料进行预处理,降低原料的尺寸,然后对原料进行三步转化:①将生物质原料转化成糖或其他可发酵产品;②利用生物催化剂对原料中间产品进行生物转化;③生产高附加值化学品、燃料乙醇和其他燃料、热/电力。对于热化学平台,生物炼制主要集中在气化(在有氧条件下加热生物质生产合成气)/热解(在无氧条件下加热生物质,生产热解油)。这些合成气或热解油被认为是比固体生物质更为清洁和有效的燃料。热化学平台工艺过程包括:①原料预处理(干燥、降低尺寸);②气化/热解,进行生物质转化;③清洁和调理后产品的交付。

根据技术的状态,生物炼制又可分为传统的生物炼制和先进的生物炼制,也可分为第一代、二代、三代生物炼制。第一代和第二代精炼技术的区别主要是原料的不同。第一代生物炼制技术以淀粉、糖和动植物油脂为原料,通过精炼来制备化学品和液体燃料。这种技术与人争粮、与粮争地,正在被逐步淘汰。第二代生物炼制技术开始使用非粮食原料,主要以纤维素类生物质为原料,用于制备柠檬酸、乙醇、醋酸、乳酸等单一化工产品。相比于第二代,第三代生物炼制技术的优势是可以同时生产出多种产品,走多元化产品发展道路,而不仅仅是一种产品。总之,生物炼制可最大化地利用生物质资源,生物炼制技术可实现生物质能源、生物质材料、生物质化学品、生物质燃料与生物质之间的可持续循环,是一项高效率、低成本、绿色无污染的技术。

1. 第一代生物炼制

第一代生物炼制仅利用单一的原材料,使用单一的生产工艺,获得单一的主要产品。该类型生物炼制目前仍在运行,并已被证明经济上可行。在欧洲,有许多该类型的生物炼制厂利用植物油(通常为菜籽油),通过酯基转移反应生产生物柴油和甘油,见图10.1。

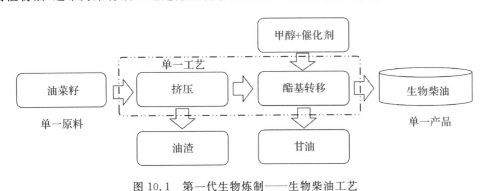

图10.1 第一代生物炼制——生物柴油工艺

2. 第二代生物炼制

与第一代生物炼制类似,第二代生物炼制也仅利用一种工艺和一种原料。不同之处在于,第二代生物炼制可生产多种最终产品(能源、化学品和材料)。典型的第二代生物炼制为现行的湿法粉碎技术：以谷物为原料,可生产淀粉、高果糖玉米浆、乙醇、玉米油、玉米皮饲料等。图 10.2 为法国 Roquette 公司第二代生物炼制工艺的示意图。

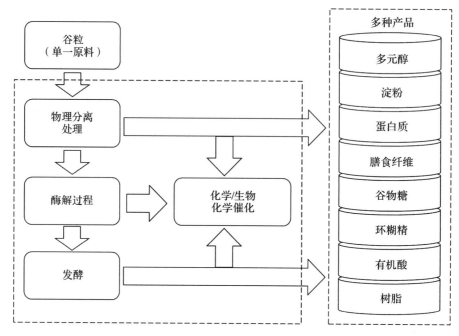

图 10.2　法国 Roquette 公司第二代生物炼制工艺示意图

3. 第三代生物炼制

第三代生物炼制是更为先进的生物炼制技术,不仅可以像第二代生物炼制一样生产各种能源和化学品,也可以利用各种原材料和技术生产多种我们需要的工业品。产品的多样性使得第三代生物炼制在满足市场需求方面具有较高的灵活性。此外,多种原料的适应性也确保了第三代生物炼制原料的供应和选择。尽管目前第三代生物炼制还未真正商业运行,但各个地区(如美国和欧盟等)都对第三代生物炼制进行了广泛的研究与企业的规划。现今第三代生物炼制主要有五种运行模式：绿色生物炼制、全谷物生物炼制、木质纤维素生物炼制、双平台生物炼制和海洋生物炼制。

其中木质纤维素生物炼制以木质纤维素生物质为原料,如木材、草类和玉米秸秆等。木质纤维素原料主要含有聚糖和木质素,经一系列工艺过程进行组分分离后,转化成一系列能源和化学品(图 10.3)。木质纤维素精炼尤其适宜于产品谱系的生产。该方法的最大优点在于：自然结构和结构单元能够保留下来,原料成本低廉,并且有可能生产出系列产品。因此,木质纤维素生物炼制最有可能成功工业运行。在现实中,现行浆纸企业的唯一产品就是纸浆和纸产品(属第一代生物炼制)。纸浆厂以大量的木质纤维素为原料,为发展先进的木质纤维素生物炼制奠定了理想的基础。在纸浆厂周围建立附加的生产流程,可构建纸浆生物炼制联合企业。

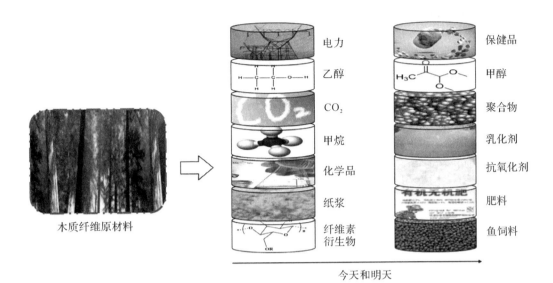

图 10.3 木质纤维素生物精炼

三、生物炼制制浆造纸工艺

木质纤维原料生物炼制的主要目的是从纤维素和半纤维素中获取发酵用的糖,同时生产大量的木质素,而生物炼制制浆工艺正是分离木质素最成熟的工艺。随着技术的发展,基于造纸产业的复合型生物炼制工业将生产出更多的纸浆和其他生物产品,是绿色、高效、高值化利用生物质资源的最理想的平台,将呈现良好的发展前景。制浆造纸工业是最早大规模利用可再生生物质的工业,也是唯一拥有大规模收集、处理、加工生物质的基础设施及实际经验的工业。在制浆造纸企业实行生物炼制,还解决了生物质原料收集、运输及产品消化的问题。制浆造纸企业是生物炼制最好、最容易实现产业化的平台,生物炼制是制浆造纸企业最好的延伸。发展生物炼制可以将传统的化学浆厂变成一个浆纸和生物炼制的联合加工厂,这样,除了生产浆料以外,还可以从废液或预处理液中提取半纤维素和木质素等生物质成分,通过生物转化进一步生产乙醇、碳纤维、聚合物、煤油和生物柴油等高附加值产品,而这些能源和化学品大部分又可以应用于企业内部。

传统的制浆造纸企业向新型的林产化工集成工业转型,除了保留生产本色纸浆或漂白木浆外,需要增加三条基本的技术路线。

(1)制浆前的半纤维素抽提

生物炼制中,传统的化学法制浆一般是直接蒸煮原料,这样,原料中的生物质尤其是半纤维素大部分进入制浆废液而被浪费掉,从而忽略了半纤维素作为生物质资源的潜在价值。而新型林产化工集成工业要求在削片和制浆工段之间采用条件比较温和的预抽提方法分离出生物质中的一部分半纤维素,再将这部分半纤维素进行生物炼制,提高其利用价值。对现有造纸工业的设备系统进行适当改造就可以做到半纤维素、木质素、纤维素和挥发性抽出物的分离。在木片进行硫酸盐制浆前,使用近中性或酸性的水基抽提技术,可以将大部分的半纤维素从木片中抽提出来。

（2）木质素的相关精炼

利用沉淀等方法可分离制浆废液中的木质素及其降解产物，再通过热裂解反应转化为能源（可燃气），或可通过化学转化的方式制取多种化工原料和聚合物材料。之后，木质素可以进一步转化为高附加值的产品，如胶黏剂、乳化剂和分散剂，以及表面活性分散剂甚至碳纤维等。

（3）加工废弃物的相关精炼

将木材加工废弃物中的纤维素、半纤维素和木质素进行转化，可生产燃料、化学品、聚合物产品等多种高附加值的化工产品。总体上，基本的技术路线如图 10.4 所示，图中实线箭头表示现在造纸工厂的工艺路线，其设备系统和工艺技术已经相当成熟；虚线表示综合生物炼制工厂新增的产品路线。

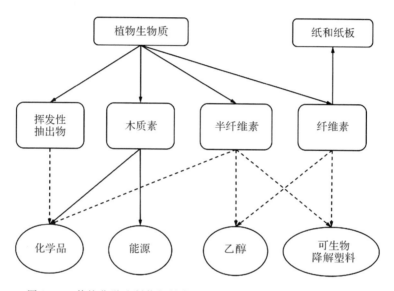

图 10.4　传统化学法制浆与林产品生物精炼结合的生物质转化路线

基于制浆造纸产业的生物炼制的基本产业链除传统的浆纸产品外，还可在生物质能源、生物基材料、生物质化学品（如乙酸、乙酰丙酸盐、丙二醇、聚亚甲基丁二酸等），以及制取可燃气体和电力等研究领域的基础上，通过产业升级和工艺改良生产出一些高附加值的生物产品。这些产品由制浆之前从木材中提取的半纤维素、溶于制浆废液中的木质素，以及木材加工处理的废弃物等转化而来。

第二节　生物炼制预处理工艺

一、物理法预处理工艺

在利用木质纤维素原料获取再生性能源和化学品的领域中，利用机械力降低原料的尺寸是极其重要的。木质纤维素生物质可通过切片、研磨和磨粉等进行机械粉碎，使生物质原料尺寸降低，从而暴露更多的可及表面积。根据原料尺寸不同，可选择不同的机械粉碎工艺:粉化(从 m 级到 cm 级)、粗磨(从 cm 级到 mm 级)、中级微粉化(从 cm 级到 $100\ \mu m$)及细磨(小于 $100\ \mu m$)和超细磨(小于 30 pm)等。除传统的机械处理外,高能辐射处理技术,如 γ 射线辐射、微波处理、电子束辐射和超声波处理等非传统的物理处理技术也可用于木质纤维素的预处理。

1.传统机械预处理类型

将木质生物质分离成纤维素、半纤维素和木质素,获得较高的得率又维持大分子组分的完整性是生物炼制的重要目标。机械处理是减小生物质尺寸的一种处理过程,可导致植物细胞壁的破裂和组织(外皮、薄壁组织和导管)的分离。

机械处理的形式多种多样,主要包括:①切碎,如切碎机;②磨解,如锤磨、球磨、离心磨、盘磨、振动磨和胶体磨等;③揉搓,如挤压机等。选择何种机械处理设备(图 10.5),取决于木质纤维原料的物化性质、最终尺寸和原料的水分含量。机械处理也可将农作物分离成不同的部分以作为不同的原材料。

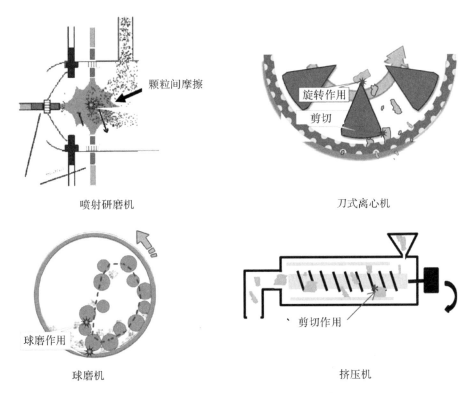

图 10.5　不同机械预处理降低木质纤维尺寸的原理

2.高能辐射处理

对木质纤维素进行辐射处理是一种非传统的物理预处理方法,主要包括 γ 射线辐射、超声波处理、微波处理和电子束辐射处理等。高能辐射的作用模式可使生物质结构发生变化,如比表面积增加、聚合度降低、结晶度降低、半纤维素水解或木质素的部分解聚等。

(1)γ 射线辐射

γ 射线是原子核能级跃迁蜕变时释放出的射线。波长短于 0.01 A 的电磁波利用 γ 射线对木质纤维素原料进行一定剂量和一定时间的辐射,可使纤维素聚合度下降,结构松散,反应可及度提高,纤维素酶水解效率提高。

γ射线辐射会导致少量木质纤维素发生降解。木质素暴露于γ射线中,可产生酚游离基,而导致木质纤维素分子降解。当纤维素分子暴露在γ射线中时,纤维素分子链也会产生游离基,然而这些自由基通过再化合反应而衰减,导致纤维素的交联。

(2)微波处理

微波指频率为300 MHz~300GHz的电磁波,是无线电波中一个有限频带的简称,即波长在1 mm~1 m的电磁波,是分米波、厘米波、毫米波的统称。微波频率比一般的无线电波频率高,通常也称为"超高频电磁波",可广泛应用于干燥、加热、合成、蒸解和抽提等,具有快速、均一和选择性加热的特点,且与被加热物质不直接接触。作为一种新型节能、无温度梯度的加热技术,微波处理能使纤维素的分子间氢键发生变化,能提高纤维素的比表面积可及度和纤维素酶水解效率。

(3)电子束辐射

电子束辐射是电离能的一种形式,是利用电子加速器产生的低能或高能电子束射线(10 MeV以下的电子束)。利用高能脉冲使小分子和水物质发生辐解,形成—OH、—H等活性自由基,发生交联反应。

电子束辐射比^{60}Co-γ射线辐射有许多自身的优势,这也是电子束辐射技术快速发展的重要原因。电子束辐射的优势大致为:①电子束辐射设备不需要辐射源,可实现连续在线作业,同时能够调节功率大小;②电子束辐射的利用率能够达到60%,^{60}Co的射线利用率最高也只有20%左右;③单台加速器的输出功率能达几千瓦,大者可达到200 kW;④电子辐射能可利用的能区宽,还可根据需要设计多能区之间转换,但γ射线辐射不能;⑤加速器产生的电子束剂量率高,方向一致,集中性好,能实现短时间内高剂量的辐射,而γ射线向周围发散辐射不均匀且剂量率低;⑥电子束辐射不会对工作人员和周围环境产生放射性危害,特别安全可靠;⑦相比于射线,电子束辐射无放射性核素衰变,无废旧辐射源处理等问题,设备装置较为简单,所需维护、运行费用也较低。

(4)超声波

超声波是一种频率高于20000 Hz的声波,常用于电子、航空、工业和安全领域。当超声波在液体中传播时,由于液体微粒的剧烈振动,会在液体内部产生小空洞(即空化作用)。这些小空洞迅速胀大和闭合,会使液体微粒之间发生猛烈的撞击作用,从而产生几千到上万个大气压的压强。微粒间这种剧烈的相互作用,会使液体的温度骤然升高,起到很好的搅拌作用,从而加速溶质的溶解,加速化学反应。

超声波已用于木质纤维素的预处理,可促进碳水化合物的溶解,从而有助于生物能源的生产。对藻类的超声波处理表明,不仅增加了碳水化合物的溶解度,还由于胞溶作用产生了内部细胞表面。液体内空化作用导致的气泡形成、生长、塌陷,会产生局部的高温和高压。巨大的加热和冷却速度有助于化学预处理。在非均相系统中(即固液体系),扩展面非对称气泡的塌陷会产生微喷射和冲击波,导致表面的变形和颗粒的碎解。超声波的这些物理和化学作用增加了原料的多孔性,从而提高了纤维素的可及度,有助于后续酶糖化时葡萄糖的分离。超声能量可用于两种工艺操作,即超声波预处理和生物质的超声波辅助水解。将生物质直接暴露在20 kHz的高能量超声波中既有助于预水解,也有利于后续的水解。

二、物理化学法预处理工艺

该预处理方法在预处理过程中兼有物理作用和化学作用,称为物理化学预处理技术。目前的物理化学预处理技术主要包括蒸汽爆破、CO_2爆破等。其中,蒸汽爆破是最为常用的物理化学预处理技术。

蒸汽爆破是木质纤维素生物质最广泛的物理化学预处理方式。将原料和水蒸气在高温高压下处理一定时间后,体系立即降至常温常压,纤维素原料的物理化学性质发生变化,促进组分分离和结构变化。高压蒸汽渗入纤维内部,爆破过程中以气流方式从孔隙中释放出来,使纤维发生机械断裂;同时高温高压加剧了纤维素内部氢键的破坏,游离出新的羟基,内部有序结构发生了变化,吸附能力有所提高。蒸汽爆破后,半纤维素中的乙酰基发生高温自水解,产生一些酸性物质(乙酸为主),使得半纤维素中的糖苷键被打破,部分水解为单糖和低聚糖。木质素中的 β-O-4 部分断裂,发生部分解聚和软化。木质素和半纤维素对纤维素的保护作用遭到破坏后,纤维间的黏结被削弱,剩下的固相纤维素变得疏松多孔,纤维素酶对纤维素的可及度大大增加。在蒸汽爆破过程中存在以下 4 方面作用。

(1)类酸性水解作用及热降解作用

在蒸汽爆破过程中,热蒸汽在高压下进入纤维原料,并渗入纤维内部的空隙。水蒸气和热的联合作用导致纤维原料发生类酸性降解及热降解,溶出低分子物质,并使纤维聚合度下降。

(2)类机械断裂作用

在高压蒸汽爆破时,渗入纤维内部的热蒸汽分子从较封闭的孔隙中高速瞬间释放出来,纤维内部及其周围热蒸汽的高速瞬间流动,导致纤维发生一定程度的机械断裂。这种断裂表现为纤维素大分子中化学键的断裂、还原末端基的增加和纤维素内部氢键的破坏,也表现为无定形区和部分结晶区的破坏。

(3)氢键破坏作用

水蒸气在爆破过程中,渗入纤维各孔隙中,并与纤维素分子链上的部分羟基形成氢键。此外,高温、高压和含水的条件又会加剧纤维素内部氢键的破坏,游离出新的羟基,增加纤维素的吸附能力。瞬间泄压爆破使纤维素内各孔隙间的水蒸气瞬间排出到空气中,破坏了纤维素内的氢键。在分子内氢键断裂的同时,纤维素被急速冷却至室温,导致纤维素超分子结构被"冻结",只有少部分的氢键重组。这样使溶剂分子容易进入片层间,而渗入的溶剂进一步与纤维素大分子链进行作用并引起残留分子内氢键的破坏,最后导致其他晶区的完全破坏,直至完全溶解。

(4)结构重排作用

高温、高压使得纤维素分子内氢键受到一定程度的破坏,纤维素分子链的可动性增加,有利于纤维素向有序结构变化。同时,纤维素分子链的断裂,使纤维素链更易重排。

三、生物法预处理工艺

近年来,人口、环境、资源等方面的问题使人们对于可再生的木质纤维素的利用更加重视。尤其是将纤维素水解为小分子单糖,单糖再通过微生物发酵生产生物燃料和生物化学品。木质纤维素炼制燃料乙醇的过程通常包括预处理、水解、发酵、蒸馏等。其中,纤维素水解为可发酵糖是纤维素乙醇炼制过程中至关重要的环节。目前,纤维素的降解主要有化学水解法和酶水解法。酸水解工艺分稀酸水解、浓酸水解和超临界水解。与化学水解法相比,酶水解工艺条件温和、设备简单、能耗低,同时具有副产物少、环境友好等特点,受到广泛重视并取得重大进展。

纤维素酶是一种蛋白质,不仅具有一般蛋白质的物理化学性质,还有蛋白质的一级、二级、三级甚至四级结构,是一种非常复杂的、立体结构的巨大分子。影响纤维素酶反应活力的因素很多,主要包括温度、pH 值、底物浓度、金属离子及表面活性剂等。除了通过预处理破除木质纤维素的顽抗性和脱毒处理提高对抑制剂的耐受性外,可在糖化段通过以下措施提高木质纤维素的糖化效率。

1.酶的复配

除了各种纤维素酶之间存在协同作用之外,纤维素酶与半纤维素酶、果胶酶等进行复配也能提高木质纤维素水解糖化效率。这是因为木质纤维素组成和结构极为复杂,半纤维素及少量果胶的存在将影响纤维素的酶解。因此,许多研究人员通过添加半纤维素酶和果胶酶来降解半纤维素和果胶,以减少对纤维素酶解的抑制作用,多酶复配也成为提高水解效率的重要途径之一。

2.纤维素酶重组

自然界木质纤维素类生物质,如玉米秸秆、麦秸、稻草、木屑等来源多样,其纤维素、半纤维素及木质素的含量各不相同,单独一种纤维素酶不能对不同来源的木质纤维素进行彻底降解。因此,对于不同来源的木质纤维素,通过纤维素酶酶系重组的方式,可提高不同原料的降解效率。

3.酶的固定化

纤维素酶固定化的原理是将酶固定于水不溶性载体,使其不溶于水。与游离的纤维素酶相比,酶的固定具有可重复操作、耐温性好等优势,并且较易分离回收、可重复利用、操作连续可控,更可以简化酶解工艺设备。

4.酶解助剂

酶解助剂,如表面活性剂、聚合物、蛋白质及金属离子等,它们通过竞争性吸附,阻止酶与木质素的结合,减少失活/无效吸附,从而提高纤维素酶的可及度及其酶活性,增加酶解过程中的单糖收率,减少酶用量。

5.外场辅助作用

超声波和微波作为物理能,对各种反应进程有多方面的催化效应。在木质纤维素酶解糖化的研究中,超声波和微波通常以外场的方式引入,作为一种辅助的手段作用于木质纤维素的预处理和酶解过程,对酶解效率的提高有重要作用。

(1)超声波

超声波在液体介质中的空化作用使其产生空化气泡。气泡的破裂在液相中产生较强的剪切力,可有效地破坏纤维素分子中的氢键和结晶结构,从而降低其聚合度。

(2)微波

微波是一种新的加热方式,能使木质纤维素中极性分子在高频交变电磁场中发生振动、相互碰撞、摩擦、极化而产生高热,可以破坏木质素的保护层,改变纤维素晶体结构。

（3）酶的回收

虽然通过酶的复配/重组、添加反应助剂、外场作用等方法可使得纤维素酶的使用成本大幅度降低,但仍旧无法满足生物燃料生产的经济性要求。以纤维素乙醇工业生产为例,如果生产过程中的纤维素酶是一次性使用的,那么酶的成本占纤维素乙醇生产成本的40%～50%,回收及重复利用纤维素酶对于提高木质纤维素酶解效率,降低纤维素乙醇的生产成本具有重要意义。

第三节　生物炼制制浆工艺

一、机械法制浆工艺

机械法制浆(mechanical pulping)是主要利用机械的旋转摩擦工作面对纤维原料(主要是木材,也有非木材)的摩擦撕裂作用,以及胞间层木质素的热软化作用,将原料磨解撕裂分离为单根纤维或纤维碎片。机械法制浆几乎不溶出原料中的木质素,故制浆得率很高,一般在95%以上。

目前机械法制浆所采用的方法主要是磨石磨木浆和盘磨机械浆。预热盘磨机械浆(TMP)是盘磨机械浆最具代表性的制浆系统。由于系统增加了预热处理,其浆的性能有了很大改进,与磨石磨木浆及普通盘磨机械浆相比,具有强度高、纤维束含量低的特点。TMP在纤维形态上,保留了较多的中长纤维组分,其碎片含量也远较磨石磨木浆及普通盘磨机械浆低,并在强度性能上较普通盘磨机械浆有了较大改善。但其纤维较挺硬,柔韧性较低,纤维表面强度不高,与磨石磨木浆相比,松厚度较大,因此产出的纸页纸面较粗糙。

1. TMP生产流程

图10.6为代表性的TMP生产系统,由木片洗涤、木片预热、磨浆、成浆精磨等部分组成。

（1）木片洗涤

木片自木片仓送至旋风分离器分离杂质后,落到分离器下部的皮带传输机上,经电子秤计重后送入木片洗涤器。在热式搅拌器的搅拌下,将木片强制浸入水中洗涤,分离其中所含的杂质。洗涤后的木片,落到斜式螺旋输送机中,多余的水由外壳的筛孔排出。木片洗涤用水采用封闭循环系统,螺旋输送器排出的水用泵送至除渣器分离杂质后,一部分送往原筛,把小木屑筛出,另一部分水送回洗涤器,木片洗涤时间1～2 min,洗涤水温度30～50 ℃。

（2）木片预热

木片经过洗涤后,送入振动式木片仓,通过仓下部变速螺旋进料器,可调节进入木片预热器的木片量,木片在螺旋进料器中被挤出多余水分及空气,形成密封料塞以保持预热器内压力。预热器为一直立锥形圆筒,内有搅拌器,经压缩的木片进入预热器后,立即吸热膨胀,很快被加热到相当于饱和蒸汽压力的温度。预热器内压力为147～196 kPa,温度为115～135 ℃,木片在预热器内停留2～5 min。

（3）磨浆

预热后木片经螺旋输送机,以与预热器内相同的压力喂入第一段压力盘磨机中磨浆,浆料在压力下喷放至浆气分离器。浆料经分离蒸气后送至第二段盘磨机常压磨浆。磨浆浓度为第一段位的20%～25%。

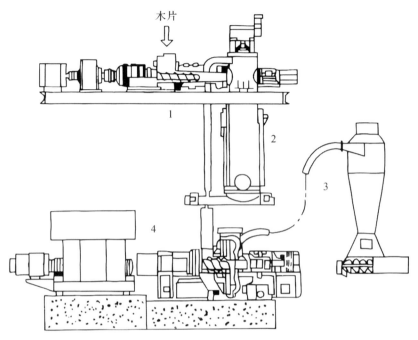

图 10.6　预热盘磨机械浆生产流程

1——螺旋进料器；2——预热器；3——蒸汽分离器；4——蒸汽压力磨浆机

（4）成浆精磨

成浆精磨是对精选、除渣和浓缩后的浆料，做最后一次磨解，目的在于降低浆中纤维素含量。

2．盘磨机

盘磨机是生产盘磨机械浆和化学机械浆的主体设备，主要结构由机壳及支架、盘磨螺旋进料器、调节磨盘间隙的油压循环系统和轴承、带有冷却水系统的密封箱等部分组成。机壳分上下两部分，下部为刚性支架，其上有 2 个轴承座，上部机壳起封闭磨盘作用，卸下机壳即可更换齿盘，机座底部开孔为磨碎浆料排出口。盘磨机主要有三种类型，即单盘磨（悬臂式结构和通轴式）、双盘磨、三盘磨，如图 10.7 所示。

①单盘磨：由一个定盘、一个动盘组成，由一台电动机带动转轴上的动盘旋转进行磨浆，浆料由定盘中心孔进磨，动盘转速 1500～1800 r·min^{-1}，磨盘间隙通过液压系统或齿轮电动机进行调节。单盘磨产量较低，但其设计与制造简单，成本较低，仍有一定市场。

②双盘磨：由两个转向相反的动盘组成，各由一台电动机带动，转速为 2400～3000 r·min^{-1}，通过双螺杆进料器强制进料，利用线速传感器准确控制磨盘间隙，两个磨盘都装在悬臂上，作反方向旋转。

③三盘磨：2 个定盘和中间 1 个动盘组成，分别与 2 个定盘组成 2 个磨浆室，磨浆过程中产生的蒸汽由 2 个进料口和 1 个出料口排出。轴向联动的 2 个定盘，通过液压系统，可调整间隙和对动盘施加负荷，这种构型的盘磨机不需使用大的推力轴承。

其中双盘磨在 20 世纪 70 年代发展较快。由于盘磨机所做的功是在磨盘的刀缘上完成的，则单位时间内刀缘与纤维接触次数越多，纤维经受处理的程度越大，浆的强度提高越大。

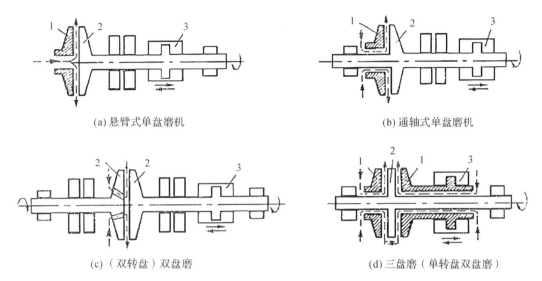

(a) 悬臂式单盘磨机　　　　　　　　(b) 通轴式单盘磨机

(c)（双转盘）双盘磨　　　　　　　(d) 三盘磨（单转盘双盘磨）

图 10.7　盘磨机主轴的几种形式

1——定盘;2——动(转)盘;3——盘磨间隙调整机构

（图中箭头和虚线表示浆料的流动方向）

因此盘磨机转速越高,运转中齿刀作用于纤维的频率越高;另一方面,提高转速与增大磨盘直径,均可提高盘磨机的单机生产能力。因此,不论单盘磨或双盘磨,都有向高速、大直径发展的趋势。但提高转速会使盘磨机产生很大离心力,影响盘磨间浆料的正常分布,并使设备产生稳定性问题。三盘磨的开发,从增加磨浆面积入手,在不提高转速及增大盘径的情况下,磨浆面积增加 2 倍,既有利于产量提高,也有利于改进磨浆质量,同时便于热能回收。

3. TMP 应用

自 TMP 工业化以来,发展很快,已逐渐取代了普通盘磨机机械浆,是现代机械浆的重要浆种之一。TMP 首先应用于新闻纸的生产,随着 TMP 的发展,其应用范围逐步扩大,用量日益增长。TMP 用于抄造其他印刷纸、低定量涂布纸、薄纸和吸收特性纸种越来越多。据 PPI 统计,TMP 总量中有 54% 用于新闻纸,20% 用于杂志纸和涂布原纸,15% 用于纸板,其余 11% 为商品浆。与磨石磨木浆相比,TMP 具有高的干、湿强度,可以降低化学浆的用量。

由于 TMP 含有较高的长纤维组分,较少的细小纤维,很适合新闻纸的配料。完全以 TMP 生产新闻纸,其加入量接近 100% 时,TMP 要磨浆至低游离度,以减少结合性差、长而未细纤维化的纤维,否则会不利于纸张平滑度及表面强度。

TMP 强度较高的优势,使之可较多地取代化学浆。目前已有可能使用 70% 的 TMP 生产低级涂布纸。

TMP 应用于纸板生产有利于提高纸板的两个重要指标,即松厚度与挺度。但 TMP 结合力差,不利于抄造多层纸板,虽可通过进一步磨浆改善其结合强度,但游离度的降低,会影响挺度与松厚度。

TMP 滤水性好,碎片含量低,用于薄型纸的抄造较多。高质量的 TMP 目前用于抄造面巾纸的百分比率达 50%~60%,经温和的化学预处理,可以制得滤水性好、吸水性优良、相当柔软的长纤维浆,降低原料成本。

二、化学法制浆工艺

化学法制浆(chemical pulping)指利用化学药剂在特定的条件下处理植物纤维原料,使其中的绝大部分木质素溶出,纤维彼此分离成纸浆的生产过程。化学法制浆的要求是尽可能多地脱除植物纤维原料中使纤维黏合在一起的胞间层木质素,使纤维细胞分离或易于分离;也必须使纤维细胞壁中的木质素含量适当降低;同时要求纤维素溶出最少,半纤维素有适当的保留(根据纸浆质量要求而定)。

常用的化学制浆方法有碱法制浆和亚硫酸盐法制浆两类。硫酸盐法作为碱法制浆的一种,具有以下优点:①蒸煮废液中的化学药品和热能的回收系统,即碱回收的技术完善,使工艺过程中产生的环境污染物能得到有效处理,并降低了物料及能源的消耗;②所得纸浆的机械强度优良;③适用于几乎各种植物纤维原料,因而在工业上得到了广泛的应用。

1.硫酸盐法制浆工艺流程

图 10.8 为硫酸盐法的工艺流程。

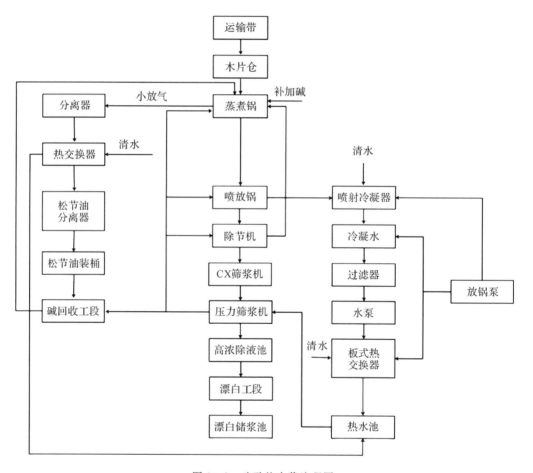

图 10.8　硫酸盐木浆流程图

2.硫酸盐法蒸煮液的组成和性质

硫酸盐法蒸煮液的组分主要是 NaOH 和 Na$_2$S,此外,还有来自碱回收系统的 Na$_2$CO$_3$、

Na_2SO_4、Na_2SO_3 和 $Na_2S_2O_3$，甚至还可能有少量 Na_2Sn(多硫化钠)。在硫酸盐法蒸煮液中，除了强碱 NaOH 起作用外，Na_2S 电离后的 S^{2-} 和水解后的产物 HS^- 也起着重要作用：

$$Na_2S + H_2O \Longrightarrow NaOH + NaHS$$

$$Na_2S + H_2O \Longrightarrow 2Na^+ + HS^- + OH^-$$

$$HS^- \Longrightarrow H^+ + S^{2-}$$

此外，Na_2CO_3 和 Na_2SO_3 甚至 Na_2Sn 等成分也起一定的作用。

因此，硫酸盐法蒸煮液的性质是比较复杂的，而且受蒸煮液 pH 值的影响很大。不同 pH 值时 Na_2S、Na_2CO_3 和 Na_2SO_3 的电离与水解后各组分的浓度关系见图 10.9。

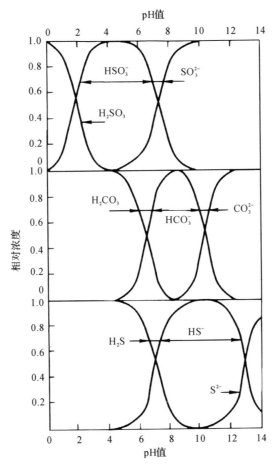

图 10.9　不同 pH 值条件下 Na_2S、Na_2CO_3 和 Na_2SO_3 的电离与水解后各组分的浓度关系

从图 10.9 可以看出：pH=14 时，硫化钠的水溶液中的硫是以 S^{2-} 为主；pH=13 时，则 S^{2-} 和 HS^- 各半；pH=12 时，将以 HS^- 为主；pH=10 时几乎全部是 HS^-。pH 继续下降，HS^- 浓度降低，而 H_2S 浓度增加。

$NaCO_3$ 的水溶液，pH>12 时，以 CO_3^{2-} 为主；pH=10.5 时，CO_3^{2-} 和 HCO_3^- 各半；pH <9 时，HCO_3^- 浓度将从最高点逐渐下降，而 H_2CO_3 浓度将逐渐增加。

Na_2SO_3 的水溶液，pH>10 时，以 SO_3^{2-} 为主；pH 接近 7 时，SO_3^{2-} 和 HSO_3^- 各半；pH=5 左右时，HSO_3^- 浓度到达最高点，pH 再下降，HSO_3^- 浓度跟着下降而 H_2SO_3 浓度将不断增加。

3.硫酸盐法蒸煮设备

我国大、中型硫酸盐法制浆厂较多地采用立式蒸煮锅蒸煮木片、竹子、荻、芦苇等原料。立式蒸煮锅的主要优点是:锅的体积大、产量和劳动生产率较高;与同体积的蒸球相比,占地面积小。立式蒸煮锅的缺点是:附属设备多,构造复杂,制造要求高,设备投资费用大。

硫酸盐法纸浆的蒸煮循环周期短,一般为 4~5 h,如采用自动锅盖、全压喷放和蒸煮过程的自动化控制,循环周期可缩短至 3~4 h,所以,要使锅内迅速升温,硫酸盐法蒸煮锅锅容不宜过大。硫酸盐法蒸煮锅是用 20G 锅炉钢板压力成型后焊接而成的薄壁压力容器,它主要由锅体、锅盖、装锅器、喷放阀、药液循环加热装置以及支座等组成。我国常用的锅容有 50 m³、70 m³ 和 110 m³ 三种规格,国外也有采用较大锅容的,如 125 m³、160 m³。如图 10.10 所示为 75 m³ 硫酸盐法蒸煮锅。

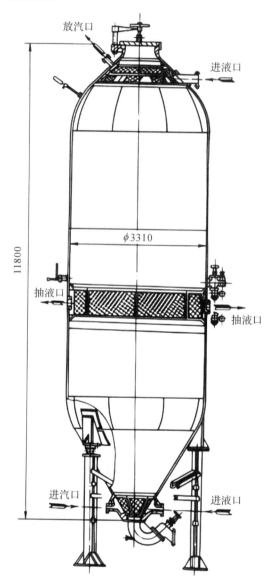

图 10.10　75 m³ 硫酸盐法蒸煮锅

三、化学机械法制浆工艺

化学机械浆又称 CMP，是冷碱法化学机械浆、磺化化学机械浆（SCMP）、碱性过氧化氢机械浆（APMP）、化学热磨机械浆（CTMP）等的统称，是一种兼有化学和机械两段处理的制浆方法。由于化学机械浆具有得率高、污染负荷轻、生产费用低和容易上马等优点，所以它的发展速度较快，尤其是 APMP 制浆技术已经有很大进步，适用性更加广泛。

1. APMP 生产流程

APMP 工艺将制浆与漂白结合在一起同时完成，标准生产流程如图 10.11 所示。整个流程最关键的是两段螺旋压榨机的作用，影响到浆的均匀性、强度和白度。螺旋压榨机主要对木片起到挤碾作用，关键参数在于螺旋压榨机的压缩比。一般作为密封用的进料螺旋压缩比在 2∶1 左右，但要将木片碾压均匀，压缩比必须在 4∶1 或更高。

APMP 是在漂白预热化学机械浆（即 BCTMP）基础上发展起来的。APMP 制浆工艺与其他化学机械浆（如 SCMP、BCTMP）相比，具有其他制浆方法所不能替代的优点。

①APMP 制浆采用了最新发展的木片预处理技术，使制浆和漂白合二为一，不需要单独的漂白车间，设备投资减少了 25% 以上。

②与 BCTMP 相比，木片预汽蒸和化学浸渍都是在常压下进行的，操作简单且能耗低。

③磨浆在常压下进行，无需建造热回收系统。

④采用高压缩比螺旋撕裂机将木片挤成疏松的木丝团，扩大了比表面积，药液渗透作用增强。

⑤浆的物理性能和光学性能有所改善，可实现较高强度和较高白度。

⑥APMP 制浆过程中不使用亚硫酸盐，只用碱和过氧化氢等化学药品，废水中不含硫的化合物，治理相对容易，减少了废水的污染负荷。

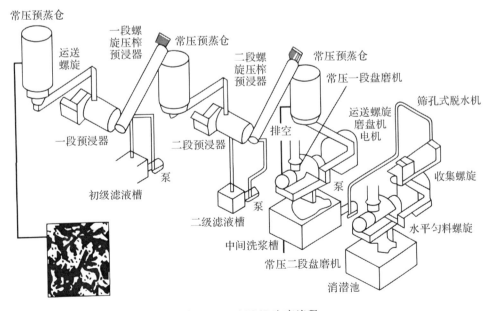

图 10.11　APMP 生产流程

2. APMP 制浆机理

APMP 制浆的最大特点就是将制浆和漂白合二为一,制浆的同时完成漂白的过程。APMP 的制浆是 NaOH 和 H_2O_2 共同作用的结果。化学反应主要发生在预处理过程中,反应机理上 Cisneros 等认为,碱与木片中的半纤维素发生反应,纤维从 S_1 层与 S_2 层之间分离,而亚硫酸盐与木片中的木质素发生反应,纤维从胞间层分离。分离部位的不同使两种浆在质量上有所差异。

大量的研究表明,在预浸渍过程中,NaOH 的作用有两个方面:①保证预处理药液有一定的碱度,促使 H_2O_2 离解出过氧氢离子 HOO^-,充分发挥 H_2O_2 的漂白效果;②润胀和软化纤维,溶出某些抽提物及木材中的短链的半纤维素,并溶出小分子量的木质素。

H_2O_2 的作用有三个:①在碱性条件下按式进行分解 $H_2O_2 + OH^- \longrightarrow H_2O + HOO^-$,分解出的过氧氢离子与木质素反应,改变木质素发色基团的结构,如木质素结构中的醌型、α-羰基结构,侧链上的共轭双键等,并把它们氧化为无色的木质素分子;②在漂白木质素分子的同时,使木质素大分子侧链断裂,变成小分子木质素溶出;③向木质素分子引入羧基,增加木质素亲水性,使木质素软化,其作用与向木质素中引入磺酸基类似。此外,为防止 H_2O_2 的无效分解需加入稳定剂、保护剂和螯合剂(如 DTPA、EDTA 等)。

3. APMP 制浆影响因素

(1)螯合剂的添加

由于预处理药液的主要成分是 H_2O_2 与 NaOH,需添加螯合剂对各种过渡金属离子进行掩蔽。效果较好的螯合剂有 EDTA 类有机螯合剂和磷酸盐类,包括三聚磷酸钠、多聚磷酸钠、三偏磷酸钠等。

(2)H_2O_2 预处理方法

H_2O_2 预处理是 APMP 生产中的关键环节。生产 APMP 一般需要经两段预浸渍处理,第一段用弱浸渍液,第二段用强浸渍液,主要目的在于保证预浸渍的均匀充分,以获得质量均一的纸浆。第一段以木片的润胀及皂化树脂为主,浸渍液中 NaOH 含量比 H_2O_2 高;第二段则以提高白度为主,因此浸渍液中 NaOH 含量应不高于 H_2O_2。

(3)预浸渍温度和时间

为了不使 H_2O_2 受热分解,温度一般在 100 ℃以下,根据原料种类不同而有所差别。预浸渍时间则应保证原料浸渍均匀充分,并有一定的反应时间,一般在 1 h 左右。

(4)磨浆控制

磨浆尽量在高浓度下进行,以减少纤维的切断,成浆的打浆度根据纸种不同而有所不同。

(5)后处理条件

磨浆后的纸浆,需要进行消潜处理。如纸浆白度不够,还可以加草酸进行后处理,提高白度,但这种处理对提高白度的幅度是有限的。

4. 盘磨化学预处理碱性过氧化性机械浆(P-RC APMP)

P-RC APMP 工艺是在对 APMP 制浆中过氧化物漂白反应、木质素纤维化学、磨浆机理和盘磨法漂白机理的深入探讨后,对传统 APMP 制浆工艺改进之后的一种制浆工艺。该工艺采用缓和的预处理(P,即用碱性过氧化氢药液浸渍)纤维原料,并用盘磨机进行化学处理

（RC），完成部分或大部分的漂白反应。P-RC APMP 工艺的重点是预处理、盘磨机化学处理以及化学反应在两者之间的分配。传统的 APMP 工艺是在磨浆之前完成整个漂白反应，而 P-RC APMP 工艺的漂白反应部分在盘磨机中进行。P-RC APMP 制浆工艺流程与传统 APMP 制浆工艺大体相似，但仍有不同之处。①P-RC APMP 工艺在浸渍后取消了汽蒸处理；②P-RC APMP 工艺在第一段磨浆后不进行段间洗涤，而是设置了一个高浓贮浆（漂白反应）塔。

国内许多造纸厂企业的 P-RC APMP 生产线已顺利运行。傅其君等人以桉木为原料，首次实现了国内纯桉木的 P-RC APMP 工业化生产，同时为提高桉木 P-RC APMP 强度指标进行生产实践。他们对关键设备（木片螺旋挤压撕裂机和高浓盘磨机）进行技术改造，获得了较好的化机浆撕裂和磨浆效果，有助于降低能耗和强化化学品漂白反应，如再通过调整 NaOH 用量、温度和料位控制，可进一步提高桉木 P-RC APMP 裂断长、抗张强度等关键质量指标。

P-RC APMP 工艺具有广阔的前景，多用于生产新闻纸、印刷纸、低定量涂布纸等纸种的生产。但实际生产中，该工艺仍存在金属离子去除率低、H_2O_2 在高温下分解过多及过渡金属元素无效分解漂白药剂、不同种类原料的使用范围有限等问题，需要进一步解决。

第四节　生物炼制过程中废弃物利用与清洁生产

一、半纤维素多糖预抽提工艺

1. 造纸产业半纤维素的来源

（1）酸法制浆

在酸性亚硫酸盐蒸煮过程中，半纤维素会发生酸性水解，(1,4)-β-苷键或其他苷键会发生断裂，产物主要是低聚木糖或单糖。酸浓度越大，温度越高，酸性水解反应就越强烈，半纤维素溶出就越多。此外，半纤维素的醛末端基还有可能被 HSO_3^- 氧化成磺酸末端基。

酸性亚硫酸盐蒸煮后的废液，也称红液，一般固形物浓度为 9%～12%。其中有机物 8%～11%，灰分 1%。而在酸性亚硫酸盐针叶木浆红液的总固形物中，木质素占 60%～63%，糖类占 22%～25%，有机酸等占 2%～3%，灰分占 10%，其中糖类中的绝大部分为半纤维素降解产物。

（2）碱法提取

传统的化学法制浆一般是直接蒸煮原料。这样，原料中的生物质尤其是半纤维素大部分进入制浆废液而被浪费掉，从而忽略了半纤维素作为生物质资源的潜在价值。结合制浆工艺过程，在削片和制浆工段采用条件比较温和的预抽提方法分离出生物质的一部分半纤维素，然后进行生物质炼制，可提高利用价值。半纤维素的抽出使木片的组织更疏松，为后续碱蒸煮过程药液的渗透打开了通道，从而加快了脱木质素速率，降低了残渣率，同时也减轻了黑液处理的压力。

阔叶木中半纤维素的主要组分为葡糖醛酸木聚糖（15％～30％，体积分数）。木聚糖又容易在酸性环境中降解，所以阔叶木中半纤维素的提取最好在碱性条件下进行。热水提取时的酸性环境可能会降解纤维素并降低纸浆的质量。阔叶木碱法提取的研究已经相当深入，有研究表明，在强碱条件下（0.04～2.08 mol·L^{-1} NaOH）对白杨木进行预提取，每吨木材在不影响纸浆得率的前提下可以得到 40～50 kg 的半纤维素。提取过程中降低用碱量、提高温度、在接近中性的环境下提取，有利于在保证纤维素完好无损，阻止寡糖降解为羟基酸，同样可以溶出大部分半纤维素。近中性的提取工艺其优点是用碱量低、纸浆得率高。另外，也有将 NaCO$_3$ 和 NaSO$_4$ 组成绿液近中性提取液，抽提木片中的半纤维素。为了保证成浆质量，蒽醌（AQ）也被加入碱法提取过程，在 160 ℃，添加 0.05％AQ 的近中性条件下对木片预提取 110 min，在大部分半纤维素溶出的条件下，后续用硫酸盐法蒸煮所得的纸浆强度和得率没有明显变化。

（3）热水抽提

热水抽提又称自水解，因为在高温条件下原料中乙酰基的多糖会释放出乙酸，由此形成的水合氢离子会使溶液的 pH 降低到 3～4，并作为半纤维素解聚反应的催化剂。针叶木中的半纤维素主要由乙酰基-半乳甘露聚糖（20％，体积分数）组成，而该成分容易在碱性条件下降解。为了保持半纤维素的可利用结构，并避免过度降解，针叶木更适合使用热水抽提工艺提取半纤维素。利用高压热水将火炬松加热到 170 ℃ 并保持 80 min，可以将木片中10.91％（对绝干原料质量）的半纤维素提取出来，超过 170 ℃ 将会导致半纤维素剧烈降解。热水预处理会影响后续硫酸盐法制浆的纸浆质量，但在弱碱性 Na$_2$SO$_4$ 溶液中添加 NaBH$_4$可以减轻对纸浆质量的影响。

也有人使用一种加速溶解的萃取器（ASE）对阔叶木中的半纤维素在 150 ℃ 的温和条件下进行热水抽提，结果表明 ASE 工艺可以改善半纤维素水解产物的选择性。

2. 制浆前预抽提半纤维素及利用

在传统硫酸盐化学法制浆前预提取半纤维素，并使其进一步转化为燃料及其他化学品的方法最初是由美国缅因大学教授提出的。该技术的主要优点是预先抽提的半纤维素不含硫，比较纯净，有利于后续的深加工和转化，提高了生产高附加值产品的可能性，减少了后续蒸煮过程的化学品消耗，并降低了黑液最终处理的负担。2016 年，加拿大某特种纤维工厂启动半纤维素项目，目的是从未充分利用的原料（如桦木）中提取半纤维素。该项目的核心技术是在特种纤维工厂安装一个新的贮存器以收集水解液，将水解产物与液流分离后，进一步加工成一系列生物质产品，包括木糖和糠醛。在此技术中，水解液不参与液体循环而进行单独处理，这会减轻蒸发器和回收锅炉的负荷，有望提高特种纤维工厂蒸煮器的产能。

倪永浩教授带领其团队对溶解浆工艺中的预水解液（PHL）及"基于制浆造纸平台的生物炼制"进行了广泛深入的研究，主要包括 PHL 的理化性质、分离工艺和高值化利用，取得了显著的经济效益。袁志润博士及其团队，以及天津科技大学的侯庆喜教授和刘苇副教授团队研究了半纤维素预提取和高得率制浆工艺的融合。该技术不仅可以获得半纤维素资源，提高纤维资源的有效利用，而且可以降低后续制浆过程中的磨浆能耗，降低废液污染负荷，这对于基于制浆工艺平台的复合型生物炼制具有重要的价值。

3.我国制浆造纸产业的生物炼制典型案例

山东某公司的生物精炼模式是以木片为原料,通过不加酸的自催化预水解及多段逆流脱木质素技术实现木片三大组分的连续深度分离,从而实现全组分的高效综合利用。

(1)主要工艺流程

该公司的木片生物炼制生产线是利用一条年产 15 万 t 硫酸盐漂白木浆生产线进行升级改造的,蒸煮前增加了预水解过程,产品也由原来的常规漂白硫酸盐木浆升级为高级溶解浆并副产功能性糖醇、高活性木质素等产品,具体技术路线图如图 10.12 所示。

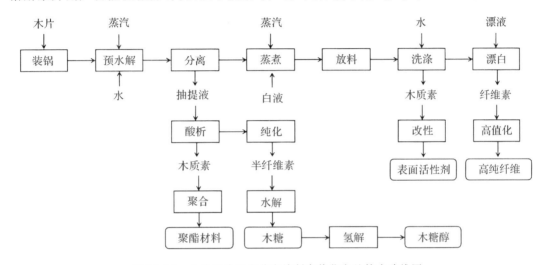

图 10.12　木片组分深度分离炼制高值化产品技术路线图

在制浆过程中,木片连续深度分离出了富含半纤维素的水解液,经过分离纯化制备木糖、阿拉伯糖等功能性糖醇。木糖甜度约为蔗糖的 70%,与葡萄糖甜度接近,风味也与葡萄糖相似。木糖醇是一种白色结晶散装物体,无气味,易溶于水,甜度与蔗糖一样,发热量是蔗糖的 50%,具有不经胰岛素可直接被人体吸收和预防龋齿的功能,被发达国家广泛采用。木糖醇是重要的化工产品和原料,既可作为甜味剂应用于功能性食品等的生产,满足糖尿病患者对糖的需求,也可作为化工原料用于制取表面活性剂、乳化剂、破乳剂、醇酸树脂及涂料,同时在医药工业还被作为制造各种药物的原料,被广泛应用于食品、保健品、医药、香精、轻工和化工等多个行业。

(2)主要设备

太阳纸业木片生物炼制模式的核心装备是实现木片中半纤维素溶出的独立连续水解塔,具体结构如图 10.13 所示。经过预蒸汽的木片,其木片和水的质量比为 1∶4,泵送至独立连续水解塔的顶部,在塔体内 170 ℃水解反应 2.5 h,反应完成后将水解液从水解塔下部的抽提口抽出,进入下一段的立式连续蒸煮锅,继续进行硫酸盐法蒸煮。

该独立连续水解塔的设置,不仅投资少、生产效率高,而且工艺简单、操作方便,在不需加酸的条件下实现了半纤维素的高效溶出,减少了无机酸对纤维素的降解和设备的腐蚀,且获得的溶解浆质量和性能稳定,α-纤维素的含量高达 96% 以上。

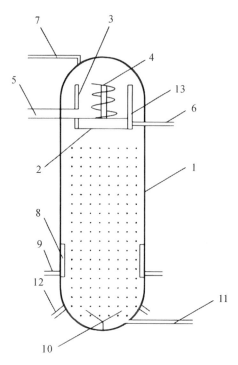

图 10.13　独立连续水解塔

1——塔体；2——底板；3——筛网；4——螺旋输送轴；5——进料口；6——循环水出口；7——蒸汽入口；
8——筛铝板；9——抽提口；10——搅拌器；11——出料口；12——稀释水口；13——挡料层

二、制浆中段水循环利用工艺

中段水一般指除了蒸煮和抄纸过程外的其他工艺用水，是一种混合水，可分为过程用水和非过程用水两类。过程用水包括备料水、污冷凝水、洗涤、筛选净化和漂白用水等直接与浆料接触的水，而非过程用水为冷却水、密封水、喷淋水等不与浆料直接接触的水。

1.备料过程回用

备料对水质要求不高，一般可采用后续工段的排出水。《中国节水技术政策大纲》提出了推广纤维原料洗涤水循环使用工艺的要求。木材原料湿法备料产生的废水含有一定量的抽出物，包括多糖类物质、植物碱、单宁和色素等。它们大多以溶解和胶体物质的形式存在，是备料废水污染物的重要来源。将热碱抽提水或抄纸白水作为调木作业剥皮用水，可以使污水排放量大为减少。

非木材原料备料用水回用的例子也较多。如蔗渣、竹子等的备料采用循环水会显著降低排污量。竹子备料废水污染负荷有限除去水中的沙石碎屑之后，就可以直接回用。草类原料通常为干法备料，其净化除尘用水可以用纸机多余白水代替。

2.污冷凝水循环回用

污冷凝水主要来自蒸煮器和蒸发器，主要成分是各种挥发性化合物，包括烯类物质、甲醇及糠醛，还有各种硫化物等。其中甲醇使得水质耗氧量升高，硫化物则有着难闻的气味。需要根据污染程度对各效蒸发器的冷凝水分别进行处理回用。如蒸发器第一效的冷凝水一

242

般由新蒸汽冷凝,可以直接用于锅炉水或供洗涤与苛化工段使用;第二、三效蒸发器冷凝水可以用于洗浆或苛化工段;后面各效废水或真空泵排水等一起经过气提处理后再进行回用。

3. 浆料洗涤、筛选和浓缩过程循环回用

这部分废水量较大,包括浆料洗涤浓缩后脱出的水、净化尾浆的水等。其中含有蒸煮过程中溶出的木质素衍生物、木材抽出物和纤维,若是废纸浆则可能带入各种胶黏剂、油墨等。采用开放的洗浆和筛浆系统时,每吨浆所用清水可达上百立方米,这是我国一些制浆厂耗水量特别高的症结所在。

多段逆流洗涤是一种半封闭的方法,洗涤水从最后一段加入,依次向前进行。这种过程可以使稀洗涤水与废液浓度较低的浆料接触,而浓洗涤水与浓度高的浆料接触,提高了洗涤效率。如果管理状况良好,可以做到基本无废水排出。

筛选系统有全封闭的热筛选方法,如图 10.14 的洗选循环模式,每吨排水量可降至几十立方米,国际上甚至可降至 $10 \ \mathrm{m^3 \cdot t^{-1}}$ 浆左右,并能大大减少泡沫。浓缩机出水量很大,一般不经过滤装置直接就可回用于流程之中,如筛选前的稀释过程或打浆过程。优化的浓缩过程在提高浆料浓度的同时,又能高效地回用水。

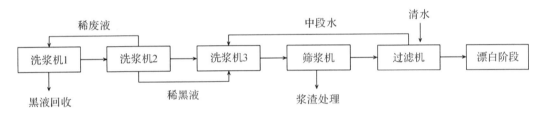

图 10.14 洗涤筛选用水循环系统示例

4. 漂白系统循环回用

以往漂白废水因使用含氯漂白剂而使得水中存在一些毒性物质。近几十年来,人们开发了各种 ECF 和 TCF 漂白技术,同时改进处理方法,大大降低了漂白废水的毒性,使漂白出水能部分或全部地回用于洗浆等工段。《中国节水技术政策大纲》提出了合理组织漂白洗浆滤液的逆流使用技术要求。有厂家通过逆流洗漂过程减少漂白废水,初段废水可用于未漂浆洗涤,其他废水进入蒸发冷凝水进行气提处理回用。李友明等人通过双塔氧碱脱木质素(OHMP)的生产实践得出 M 段(活化段)和 P 段(H_2O_2)废水可完全实现封闭循环。国外有人用电渗析法有效去除漂白过程中的无机非过程元素(NPE),如钾、钙、镁等,可以用于工厂回收漂白废水。

5. 非过程用水循环

除以上过程水的循环回用技术外,还需要有控制单元来控制冷却水、密封水、系统喷淋水等非过程用水。液压和润滑油系统冷却用水一般经冷却塔单独封闭循环。真空泵密封水用水量很大,且循环水温较高(50~60 ℃),会影响真空泵效率,因此要把密封水冷却后再循环回用。密封水循环至热交换式冷却塔回用,高温冷却水至温水槽再用,多余冷却水引至清水系统。真空泵还可安装水分离器,水分离后引入白水系统。

系统喷淋水可以使用处理过的水。如跳筛、圆筒筛可以用循环回用的水进行清洗;一部分毛布冲洗水和网笼高压水也可以用固体悬浮物含量较少的处理水冲洗,但要注意喷嘴的堵塞问题,水管口最好带有过滤器。

三、制浆黑液热化学转化工艺

黑液热转化技术是指利用热能把黑液转化为气、液、固三态高附加值产物的技术。热转化技术主要分为热裂解技术、黑液气化技术和水热转化技术。其中，黑液气化（BLG）技术被认为可替代传统的碱回收炉法。黑液气化技术可以在纸浆厂发电、生产化学品或燃料（如二甲醚），合成天然气、甲醇、氢气或柴油。黑液气化是在还原条件下加压，生成的气体通常被称为合成气，包括氢气、一氧化碳和甲烷等。

1. 黑液气化的一般方法

20 年来，BLG 技术一直在发展。BLG 主要分为低温气化和高温气化两种。低温气化操作温度为 $600\sim850\ ℃$，低于无机物融化温度，因此避免了熔融物-水的爆炸。高温气化操作温度为 $900\sim1000\ ℃$。

（1）低温气化过程

该系统的工作温度一般低于 $600\sim850\ ℃$。黑液是在流化床气化反应器中气化。反应器必须有较长的滞留时间，以便在较低的温度下达到一定的气化水平，所形成的灰几乎都是由纯 Na_2CO_3 组成的，在旋风分离器中分离，而后在反应器外的混合槽中溶解。这种方法可生产一部分无硫碱。气体在反应温度下离开气化器后，可用来加热水而产生高压蒸汽，低温气化在能量利用方面优于高温气化。

（2）高温气化过程

高温气化法是基于熔融相的气化，反应温度在 $900\ ℃$ 以上。以流化床作为气化反应器。液体在悬浮的状态下气化，且液体和灰分随着燃烧气体穿过反应器。灰的滞留时间较短，高温作用使得焦油进一步气化，所形成的熔融物落入反应器底部的冷却器中。在这里所生成的燃气被冷却。在冷却器中因冷却而获得的热量被用来生产热水和低压蒸汽。经过冷却器的硫化氢和灰在湿清洗器中清洗除去。

2. 黑液气化设备

（1）MTCI 流化床

MTCI 气化炉是一个低温系统，用间接加热的碳酸钠结晶流化床对黑液进行蒸汽气化，将黑液送到流化床中，覆盖到碳酸钠粒子上。此种方式加热和水蒸气转化率都很高。流化床的温度保持在 $600\sim620\ ℃$，在钾渣和钠渣的熔点以下，避免产生熔融物。黑液有机物成分在纯蒸汽环境下气化产生了富含氢气（约 73%）的中热值合成气。黑液中的亚硫酸钠与 CO 和氢气反应还原为硫化钠。合成气经碱液洗涤产生绿液。此技术具有如下优势：①高效热能转化，热流均衡；②较高的燃烧效率；③较低的 NO_x 排放；④无活动件；⑤加压使气体通过超级加热器和热回收蒸汽锅炉。MTCI 流化床气化技术的主要缺点是温度较低致使碳转化率较低，热效率约为 70%，仍高于常规碱回收炉（65% 或更少）。

（2）Chemrec 气流床

Chemerc 系统在 3.2 MPa 和 $950\sim1000\ ℃$ 下，利用高温加压吹氧气流床气化黑液，以氧气作为气化剂。气流床的成分为气化过程中产生的 Na_2CO_3 和 Na_2S 颗粒。高温使黑液中的无机成分熔化成熔融物，有机物则气化成了合成气，其中包括 CO、H_2 和 CH_4。表 10.1 列出了 Chemrec 黑液气化系统出口处合成气干/湿基组成成分。合成气和熔融物向下流至淬火溶解器并停留 5~10 s,两者同时分离。熔融物溶解在稀洗涤液中形成绿液,然后绿液再泵回至溶解器。绿液由 220 ℃的淬火温度冷却至大约 90 ℃。Na_2CO_3 和 Na_2S 分离,产生两股硫化度不同的白液流。图 10.15 为带有淬火器的 Chemrec 气化炉。

表 10.1　Chemrec 黑液气化炉出口处合成气成分

参数	合成气成分/%						
	CO	CO_2	H_2	H_2O	H_2S	CH_4	N_2
湿基组分	29.70	14.93	30.55	22.05	1.49	1.05	0.23
干基组分	38.10	19.15	39.19	0	1.91	1.35	0.30

注:温度 950 ℃,压力 3.2 MPa。

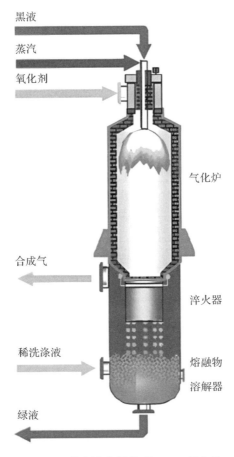

图 10.15　带有淬火器的 Chemrec 气化炉

Chemrec 气化系统利用耐火衬里和气流床回收黑液中的化学物质和能量。1996 年 12 月,美国某厂启动了首例工业用 Chemrec 大气升压器。工厂能处理 15% 的黑液(330 t(黑液固形物)·d^{-1})。2003 年 6 月,重新设计气化炉,采用全新的氧化铝衬里反应槽,此后气化炉在实用性、能源效率和维修等方面均得到了改进。Chemrec 气化技术的主要发展在于安装了吹氧装置,提高了黑液气化炉内部压力。2009 年,生产绿色合成气的 Chemrec 实验工厂运行达到 10000 h。产生的合成气将可用于生产第二代绿色汽车燃油。试验工厂日处理黑液固形物 20 t,工作压力 3 MPa。目前正利用试验工厂的各项结果开发日处理 500 t 黑液固形物的工业用气化炉。新设备具有较高的工业标准,并配备了现代生产线和数据控制系统。

四、苛化白泥资源化利用工艺

1.苛化白泥来源与性质

造纸苛化白泥是指化学制浆造纸碱回收苛化过程中产生的副产物。其主要成分为碳酸钙,此外还含有苛化过程中过量加入的石灰、硅酸钙、残余氢氧化钠,以及不等的硫化钠、铝、铁、镁化合物及尘埃杂质等,具有含硅量高、含水率大、高碱性和颗粒细度大等特点。苛化白泥产生的具体过程为:造纸厂化学制浆法产生的制浆黑液经提取、蒸发浓缩形成固态含量为 30%～70% 的碱和有机物,再将浓缩液放入碱回收锅炉中煅烧得到熔融物,其主要成分是碳酸钠。熔融物溶于水或稀碱中形成绿液,经苛化工艺,即将石灰加入绿液中使碳酸钠转化为氢氧化钠,再将经澄清、洗涤、过滤后的滤液循环用于制浆,同时可得到沉淀性碱性废渣——苛化白泥。苛化过程中发生了如下化学反应:

$$CaO + H_2O \Longrightarrow Ca(OH)_2$$
$$Ca(OH)_2 + Na_2CO_3 \Longrightarrow 2NaOH + CaCO_3(白泥)\downarrow$$

碱回收具体工艺流程见图 10.16:

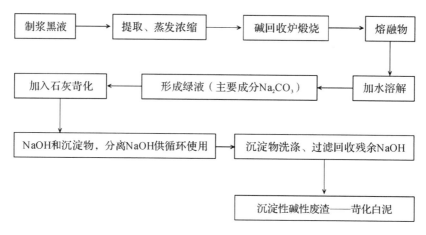

图 10.16 碱回收工艺流程图

2.苛化白泥的综合利用现状

根据我国对苛化白泥的资源化利用现状,可将其归纳为如下方面:

(1)在建筑材料方面的应用

①与普通石灰石比较,用白泥生产硅酸盐水泥可以减轻石灰石原料磨机的负荷,节约能源。且因白泥中 SiO_2 含量较高,在煅烧过程中会产生硅酸二钙和硅酸三钙等矿物质,是水泥中的有用成分,这对硅酸盐水泥生产来说,是十分有利的。

②将白泥制内墙、外墙涂料。以聚乙烯醇缩甲醛胶为基料,以白泥为填料,混以一定量的颜料,少量的表面活性剂,经研磨而成为水溶性涂料,用于建筑墙壁的粉刷装饰等,具有无毒、无味、不燃、物美价廉等特点,同时制备工艺简单,与墙面有较好的黏结力,耐水性好,使

用效果好。

③将白泥代替轻质碳酸钙用于生产固体建筑涂料。由于固体建筑涂料包装运输方便，根据需要可加入不同颜料，故已被广泛使用。

④用白泥制作建筑物板材防水涂料，工艺简单，白泥消耗量大，不需要像涂布填料等要求白度、杂质等指标那么高，不需要十分精细加工，且原料价格便宜，远低于轻质碳酸钙。

⑤还可以用白泥制作腻子。此时白泥白度显得不重要，因而使用范围比较广泛。

（2）在塑料行业中的应用

塑料制品如编织袋、织布袋、半硬质塑料地板革、钙塑型包装箱、管材、异型材以及汽车、家电等工业配套塑胶零部件的生产中都要用碳酸钙作为填充料。如人造革目前仍然是我国塑料行业中的重头产品，其加工工艺是先将树脂、增塑剂和填充料碳酸钙以及必要的助剂调成糊状，再涂布到棉布、化纤布等基材上塑化。以树脂投入量为 100 计，碳酸钙使用量可达到 30～50。因此，以白泥代替碳酸钙用作塑料填充剂使用，具有较好的社会效益和经济效益。

（3）在环保行业中的应用

研究表明，草类纤维制浆碱回收白泥中含有一定的锶化合物。含锶化合物的存在可以作为煤炭的脱硫催化剂，白泥可以和其他化学品共同配制成煤用脱硫助剂。白泥的主要成分是碳酸钙以及少量氢氧化钠，用它作脱硫剂脱除烟气中的 SO_2，不仅可以降低运行费用，还可以达到"以废治费"的目的。

（4）在其他方面的应用

20 世纪 90 年代，湖北汉阳造纸厂利用白泥经洗涤、干燥、干粉筛选、配料拌和等工序生产去污粉收到了一定效果。有人以白泥为主要原料，加入一定的硅质原料，采用烧结法低温合成硅灰石，作为低温快烧釉面制品材料。

第五节　废弃二次纤维的再生利用与污染控制

一、废弃二次纤维的再生制浆工艺

废纸原料也叫作二次纤维（second fiber）或再生纤维（recycled fiber）。根据废纸来源和使用要求不同，废纸制浆的生产过程大致分为两种：一种是利用废纸生产本色浆，即非脱墨浆，另一种是利用废纸生产漂白浆，即脱墨浆。

非脱墨制浆一般以箱板纸、瓦楞纸为原料，经碎浆、净化、洗涤、浓缩等过程制成。其工艺具体过程为：回收的废纸一般先通过人工或机器将掺杂在其中的大件废塑料、废金属等生活垃圾筛选出来，再由皮带输送机将其运送到水力碎浆机内，在碎浆机的剪切作用下将其疏解为高浓度纸浆纤维，然后由专用浆泵及高浓除渣器对杂料进行筛选，去除大而重的粗渣，如泥沙、塑料渣、金属杂质等。接着通过粗筛、精筛、除渣，去除部分树脂、细铁丝、订书钉、胶黏物、热融物和较短纤维等固体废物，部分无机填料、粉状纤维、印刷油墨也随废水排出。随后通过浓缩机降低纸浆含水率，在热分散机中通过高温软化胶黏物、热熔物，去除残存污染物，即可获得本色浆。典型生产工艺流程如图 10.17 所示。

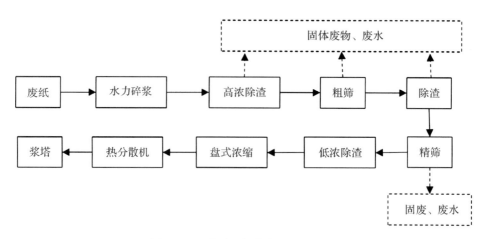

图 10.17 非脱墨制浆典型生产工艺

　　脱墨制浆工艺是以办公用纸、报纸、杂质等印刷品为原料,在非脱墨制浆工艺的基础上增加脱墨、漂白过程。与非脱墨制浆工艺不同的是,脱墨制浆工艺在粗筛后需进行脱墨处理,一般是在脱墨过程中加入脱墨剂、氢氧化钠、硅酸钠、EDTA 等,促使纤维膨胀,加快油墨与纤维的分离,并防止已经分离的油墨重新吸附在纤维上,并根据油墨的粒度、密度选择洗涤法、气浮法或离心法将油墨从纸浆中去除。脱墨后纸浆需进行漂白处理,脱除纸浆中的木质素及其他杂质,从而提高纸浆的白度以满足市场需求,完成漂白后用清水将纸浆中的化学药剂清洗干净即可获得漂白浆。典型生产工艺流程如图 10.18 所示。

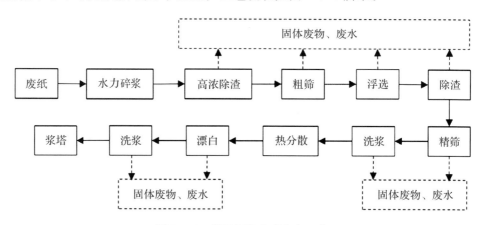

图 10.18 脱墨制浆典型生产工艺

二、废弃二次纤维污染物的特点与影响因素

1. 废纸污染物特点

　　废纸再生过程中产生的、最大量的污染物是废水,其物理化学特性与一般制浆车间排出的废水相比有很大的不同。废纸制浆废水因废纸的种类、来源、处理工艺、脱墨方法及废纸处理过程的技术装备情况的不同,所排放的废水特性差异很大。

　　废纸再生过程所产生的废水主要来自废纸的碎解、疏解,废纸浆的洗涤、筛选、净化,废纸的脱墨、漂白以及抄纸过程。这些废水中含有的污染物主要有以下五类：①总固体悬浮物（TSS），包括细小纤维、无机填料、涂料、油墨微粒及微量的胶体和塑料等。②腐败性有机物，主要是纤维素或半纤维素的降解产物，或是淀粉等碳水化合物以及蛋白质、胶黏剂等形成的废水中的 5 日生化耗氧量（BOD_5）。③还原性物质，包括木质素及衍生物和一些无机盐等形成的化学耗氧量（COD）。④色度，主要由油墨、燃料以及木质素等化学物形成。⑤毒性物质，通常废纸再生的废水不存在毒性问题，但在有些用次氯酸盐漂白的脱墨纸浆的废水中，往往含有有机氯化物；另外，有些时候废水中有可能含有重金属。

废纸再生过程产生的另一大污染物就是固体废物。固体废物主要来自废纸碎解时分离出的砂石、铁钉、聚氯乙烯等塑料废物，以及净化、筛选、脱墨过程分离出的矿物涂料、油墨微粒、胶黏剂、聚乙烯等塑料碎片。固体废物的另一主要来源是废水澄清及处理过程的初级污泥和二次污泥，一般的初级污泥以无机物为主，二次污泥多是生物处理时的剩余污泥，富含有机物，生物活性较高。

2. 废水污染物的影响因素

废纸不同，其废水各组成比例不同，废水中的有机物组成也随着废纸的种类而变化。其主要成分是碳水化合物，它们或者来自纤维素或半纤维素的降解，或者来自淀粉，主要构成废水的 BOD_5。另外，废水还含有木质素的衍生物，不仅会造成废水的 COD_{cr} 指标增加，而且会加深废水的色度。还有一些有机物组分包括蛋白质、胶黏剂、食物残渣等，也会产生 BOD_5、COD_{cr} 或色度。废纸再生过程排放的废水中的重金属，也是人们非常关注的问题，已被广泛而深入地研究。多项研究结果表明，在废纸再生的废水污泥中，会发现较少数量的重金属，往往比市政污泥中的重金属浓度要低。

3. 固体废物的影响因素

废纸再生过程固体废渣的产生量与所用废纸的种类、再生纸或纸板的种类有关。当所用的废纸比较干净，夹带物较少，例如旧报纸，则产生的固体废物就少。如采用高涂布书刊纸时，则夹带的书钉、塑料封皮、胶黏剂及无机涂料就较多。如果生产档次较低的瓦楞原纸或纸板时，则对洗涤、筛选、净化要求不高，去除的固体废物可相对少些；而生产档次较高的再生文化用纸时，则要适当强化筛选、净化操作，分离出的固体废渣数量就多些。固体废渣在碎浆、净化、筛选等过程中，随着流程的延伸，其几何尺寸从大变小。

三、废弃二次纤维质量控制

大量研究表明，与原生纤维相比，二次纤维的回用品质发生了衰变，所抄造纸张的各个强度性能如耐破度、抗张强度等普遍下降，成纸紧度减小，严重限制了二次纤维的重复利用。为了能更好地了解和利用二次纤维，研究人员尝试了很多改善二次纤维品质的途径，主要有化学预处理、添加助剂的增强处理、生物酶处理、机械预处理等，还有的采用化学和机械相结合的方法进行处理。

1. 化学预处理

化学预处理包括用 NaOH、臭氧、氧气和过氧化物等的处理。Gurnagul 研究了在 TMP 纸浆回用过程中加入 NaOH，增加纤维的润胀性能和纸张强度；但是对低得率未打浆硫酸盐浆（漂白或未漂白浆）而言，NaOH 预处理作用不明显。沈葵忠等也分别使用 NaOH、

Na_2CO_3、碱性氮磷盐三种方式对二次纤维进行预处理，1%～3%的 NaOH 预处理是提高二次纤维强度指标的有效方法，Na_2CO_3、碱性氮磷盐预处理具有相似的增强效果，且在提高二次纤维环压强度方面效果更好。Minor 等研究了用臭氧对回用纤维进行处理，其强度增加，并提出了臭氧增强纤维结合力的机理主要是脱木质素。

2. 添加助剂的增强处理

干强剂的增强机理主要是干强剂分子中具有一定的活性基团，可与纤维素分子中的羟基形成氢键，增加纤维间的强度，从而达到增加纸页干度的目的。与原生纤维相比，由于二次纤维的特殊性——含有的化学杂质多，这些留存在废纸浆中的化学杂质会对增强剂产生干扰。因此，二次纤维专用增强剂不仅要具有普通增强剂的性质，还应具有抗干扰的功能。实践表明，两性、多元和复配型的化学品的应用效果远优于单功能产品。

目前，常用的干强剂有改性淀粉（如阳离子淀粉、阴离子淀粉）、聚丙烯酰胺（PAM）和聚乙烯醇等。欧洲以阳离子淀粉和双变性淀粉为主；美国以阳离子淀粉为主，其次是 PAM；日本则以（PAM）为主。我国目前则以改性淀粉和阴离子聚丙烯酰胺（APAM）为主。普遍适用的湿增强剂有：三聚氰胺甲醛树脂（MF 树脂）、阳离子型脲醛树脂（UF 树脂）、聚酰亚胺树脂（PAE 树脂）、聚乙烯亚胺（PEI 树脂）和聚酰胺环氧氯丙烷树脂（PPE 树脂）等。但是关于二次纤维专用的干湿增强剂研究得还较少。因此，二次纤维专用湿部化学品的开发和利用有待加强。

3. 生物酶处理

许多学者用不同的生物酶对不同种类的二次纤维的作用做了大量的研究，在改善二次纤维回用性质方面，对纤维素酶和半纤维素酶的研究颇多。纤维素酶是水解纤维素的酶，一般由三种酶按不同比例混合形成，包括外切葡聚糖苷酶、内切葡聚糖苷酶和 β-葡萄糖苷酶。外切葡聚糖苷酶又称为 C_1 酶，来自真菌的简称 CBH，来自细菌的简称 Cex；内切葡聚糖苷酶又称为 C_x 酶，来自真菌的简称 EG，来自细菌的简称 Cen；β-葡萄糖苷酶简称 BG。C_1 酶作用于纤维素纤维，破坏纤维素纤维的结晶区结构，使纤维素纤维的微原纤开裂，从而使纤维素链易于水化，这种酶在处理二次纤维的过程中起积极的作用。半纤维素酶是水解半纤维素的酶，其中主要是木聚糖酶。用半纤维素酶对二次纤维进行处理，酶与纤维表面的木聚糖反应，打开半纤维素之间氢键的连接，促使纤维表面产生细纤维化，并增加纤维润胀，提高纤维的柔韧性，增强纤维之间的结合力。

国内颜家松等研究了生物酶对二次纤维的改性作用及机理，得出纤维素酶和半纤维素酶都对二次纤维的滤水性能有所改善，且两种酶的复合使用对废纸浆的强度性能也有所改善。卓宇等用两种纤维素/半纤维素复合商品酶对三种漂白蔗渣浆二次纤维进行处理，实验表明，在第一次循环时进行酶处理，纸浆的滤水能力有很大改善，纸浆的抗张和耐破强度也明显提高。

4. 机械预处理

改善回用纤维品质的机械处理方法有多种，如磨浆、限制干燥、压榨干燥、揉搓、纤维分级和超声波处理等。前面五种方法在实际生产中已有应用，取得了一定的效果，但是也存在一些缺陷，如磨浆可以改善回用纤维的造纸性能，但会增加细小组分，从而降低纸浆的游离度。日本学者采用超声波对浮选脱墨前的回用纸浆悬浮液进行处理，增加了纤维的柔软度，改善了处理纤维的保水值，与未处理前纸浆相比，超声波处理后成纸密度、抗张强度、白度等指标均有所提高。对不同的浆种,同样程度的机械预处理产生的效果不同,纤维长度、纤维的化学性质、预处理温度等都明显影响预处理的效果。这项技术与一般的机械处理如螺旋压榨、揉搓、分散等不同,它对纤维的作用是多次温和的机械处理,这对改善二次纤维的强度性质有明显的效果,纸厂可以用此项技术提高由二次纤维浆抄成的纸页的强度。

在实际生产中,常常把两种或两种以上的方法结合起来使用,以达到最佳的效果。此外,由于二次纤维原料本身的多样性和复杂性,其衰变的机理还不甚明了,研究者更应该从研究二次纤维衰变的机理寻找突破口,为积极探索改善二次纤维回用品质的途径提供理论上的支持,从而更充分地利用二次纤维。

❖ 生态之窗

制浆和造纸产业的绿色转变是必经之路

2021 年,国务院办公厅发布的《关于加快建立健全绿色低碳循环发展经济体系的指导意见》中提到:加快实施钢铁、石化、化工、有色、建材、纺织、造纸、皮革等行业绿色化改造。推行产品绿色设计,建设绿色制造体系。制浆和造纸产业的绿色改造、绿色转变、低碳循环经济发展,已成为中国当前处理相关产业和行业的资源环境与生态问题的根源之一。基于绿色改造理论,制浆和造纸产业的绿色转变是其经济重塑和蓬勃发展的必需途径,同时也是企业获得发展壮大的好机会。

在现代化的制浆造纸生产中,发达国家几乎全部使用木材制浆,而我国木材资源不足。中国科技人员结合我国的原料特点,因地制宜地开发了多种非木材原料用来制浆,如稻麦草、竹子、芦苇、蔗渣等,满足了社会需求与发展的需要。在此基础上,以木质纤维原料为资源的生物炼制理念,是生物质分离利用的一个重要发展方向。通过组分分离获得化学成分,可大规模生产能源、材料和化学品,进一步取代化石资源产品,有望成为人类文明的重要物质基础,这对建设资源节约型社会,发展低碳循环经济具有重要意义。

二维码 10.1　国务院关于加快建立健全绿色
低碳循环发展经济体系的指导意见

❖ 复习思考题

(1)生物炼制的定义及主要特点是什么?

(2)生物炼制的预处理工艺包括哪些?

(3)什么叫作机械浆?机械浆有哪些分类?

(4)磨石磨木浆的生产流程及特点如何?

(5)盘磨机械浆可分为哪几类?

(6)碱法和亚硫酸盐法制浆主要分为哪几种?各自的特点是什么?

(7)CTMP 是如何发展起来的?其特点是什么?

第十一章 废弃木质生物质组分高值化利用

第一节 纤维素组分高值化利用

一、纤维素的分类与性质

1. 纤维素的分类

纤维素是废弃生物质资源的重要组成部分之一,主要由植物通过光合作用合成,每年的纤维素产量约 1.5×10^{12} t。纤维素是由纤维素分子链通过氢键键合组成,其与木质素、半纤维素等共同组成植物纤维(图 11.1)。按原料来源不同,可将纤维素纤维分为棉纤维、木材纤维、禾草类纤维和细菌纤维素纤维等。按尺寸大小不同,纤维素纤维又可以分为纤维素微纤维(cellulose microfibers)、纤维素纳米纤维(nanocellulose fibers)和纤维素纳米晶(cellulose nanocrystals)。

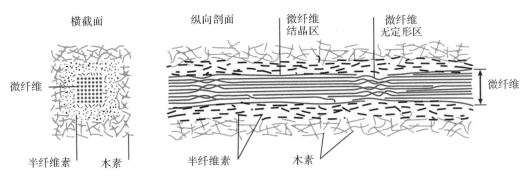

图 11.1 木材纤维横截面和纵向剖面的组成示意图

2. 纤维素的物理性质

(1)纤维素的结构特点

纤维素是由 β-D-葡萄糖基以 1,4-苷键连接而成的线性高分子。纤维素分子中的每个葡萄糖基环上均有 3 个羟基,分别位于第 2、3、6 位碳原子上,其中 C6 位上的羟基为伯醇羟基,而 C2、C3 上的羟基是仲醇羟基(图 11.2),其化学结构分子式为 $(C_6H_{10}O_5)_n$(n 为聚合度),由质量分数分别为 44.44%、6.17%、49.39%的碳、氢、氧三种元素组成。纤维素大分子的聚集态结构分为结晶区和无定形区,结晶区反应活性低,无定形区反应活性高。

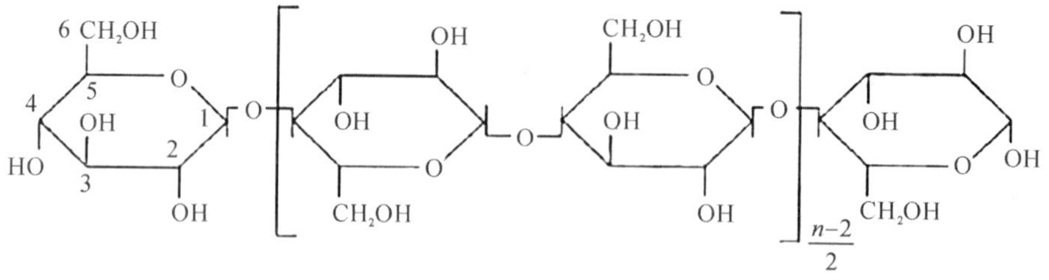

图 11.2　纤维素的化学结构式(Harworth 式)

注:n 为葡萄糖基的数目,即聚合度。

(2)纤维素的吸湿与解吸

纤维素可以从大气中吸取水或蒸汽,这种现象称为吸附(adsorption);因大气中蒸汽分压降低而自纤维素放出水或蒸汽称为解吸(desorption)。纤维素吸附水的内在原因是:在纤维素的无定形区,链分子中的部分羟基形成氢键,部分羟基是游离羟基。羟基是极性基团,易于吸附极性的水分子,并与吸附的水分子形成氢键。纤维素吸附水量的变化可以引起纤维润胀或收缩,纤维的强度性质和电学性质也会发生变化;纸的干燥过程伴随着纤维素对水的解吸。

纤维素纤维所吸附的水可分为两部分。一部分是进入纤维素无定形区与纤维素的羟基形成氢键而结合的水,称为结合水。结合水具有一个非常规的特性,即最初吸着力强烈,并伴有热量放出,使纤维素发生润胀。当纤维物料吸湿达到饱和点后,水分子继续进入纤维的细胞腔和各孔隙中,形成多层吸附水,这部分水称为游离水或毛细管水。结合水属于化学吸附性能,而游离水属于物理吸附范围。

(3)纤维素的润胀与溶解

纤维素物料吸收润胀剂(swelling agent)后,其体积变大,分子间的内聚力减小,但不失其表观均匀性。分子间的内聚力减少,固体变软,这种现象称为润胀。纤维素纤维的润胀可分为有限润胀和无限润胀。

纤维素吸收润胀剂的量有一定限度,其润胀的程度亦有限度,为有限润胀。有限润胀又可分为结晶区间的润胀和结晶区内的润胀两种。前者指润胀剂只到达无定形区和结晶区表面,纤维素的 X 射线图不发生变化。后者指润胀剂占领了整个无定形区和结晶区,并形成润胀化合物,产生新的结晶格子,多余的润胀剂不能进入新的结晶格子中,只能发生有限润胀。此时原 X 射线图消失,出现新的 X 射线图。润胀剂继续无限地进入纤维素的结晶区和无定形区,就达到无限润胀。纤维素的无限润胀就是溶解。由于纤维素上的羟基是有极性的,纤维素的润胀剂也多是有极性的。水是纤维素的润胀剂,各种碱溶液是纤维素的良好润胀剂,磷酸和甲醇、乙醇、苯胺、苯甲醛等极性液体也可导致纤维润胀。

纤维素的溶解是指溶质分子通过扩散,与溶剂分子均匀混合成分子分散的均匀体系。纤维的溶解性取决于溶剂和纤维的相互作用,即与分子间作用力的强度有关,所以溶解性受化学结构制约。由于纤维素的聚集态结构特点,分子间和分子内存在很多氢键和具有较高的结晶度,纤维素既不溶于水也不溶于普通溶剂。因此,研究纤维素的溶解和寻找新溶剂制备再生纤维素,具有重要的实际意义。有关纤维素溶剂和溶液的内容将在本章后续详细介绍。

3.纤维素的化学性质

(1)纤维素的酸水解

纤维素大分子中的 β-1,4-糖苷键是一种缩醛键,对酸极敏感,在适当的氢离子浓度、温度和时间作用下,糖苷键断裂,聚合度下降,还原能力提高,这类反应称为纤维素的酸水解,纤维素完全水解时则生成葡萄糖。根据所用酸浓度大小,纤维素的酸水解方法可分为浓酸水解和稀酸水解,而根据物料在反应过程中的相态变化又可分为均相水解和多相水解两种方式。

纤维素在浓酸(如 $41\%\sim42\%$ HCl,$65\%\sim70\%$ H_2SO_4 或 $80\%\sim85\%$ H_3PO_4)中的水解是均相水解。纤维素在酸中润胀和溶解后,先形成酸的复合物再水解成低聚糖和葡萄糖,其变化过程为:纤维素—酸复合物—低聚糖—葡萄糖。

纤维素稀酸水解属多相水解,水解发生于固相纤维素和稀酸溶液之间,纤维素仍保持纤维状结构。对于多相水解,酸首先攻击无定形区的糖苷键,水解迅速,黏度下降和质量损失较大,后续水解主要在微晶区表面进行,反应逐渐减慢。当无定形区消耗完后,聚合度维持在某一固定值,称为平均聚合度。一般多相水解过程用来生产水解纤维素和微晶纤维素。

(2)纤维素的碱性降解

在一般情况下,纤维素的配糖键对碱是比较稳定的。制浆过程中,随着蒸煮温度的升高和木质素的脱除,纤维素会发生碱性降解。纤维素的碱性降解主要为碱性水解和剥皮反应。

碱性水解是纤维素的配糖键在高温条件下,例如制浆过程中,尤其是大部分木质素已脱除的高温条件下发生的。碱性水解的机理与酸水解相同,是由于纤维素糖苷氧原子质子化,形成碳阳离子,导致键断裂。与酸性水解一样,碱性水解使纤维素的部分糖苷键断裂产生新的还原性末端基,聚合度降低,纤维强度下降。当温度较低时,碱性水解反应甚微,温度越高,水解越强烈。

剥皮反应是指在碱性条件下,纤维素具有的还原性末端基一个个掉下来使纤维素大分子逐步降解的过程。即使在很温和的条件下,纤维素也能发生剥皮反应。与碱性水解不同,纤维素剥皮反应的机理是:纤维素的还原性末端基在碱性条件下形成了 β-烷氧羰基结构,发生了 β-烷氧基消除反应,导致糖苷键断开,端基脱落。剥皮反应导致纤维素纤维聚合度和强度下降。

(3)纤维素的酶水解降解

纤维素酶能使木材、棉花和纸浆的纤维素水解降解。从原理上看,纤维素的酶解作用主要是导致纤维素大分子上的 1,4-β 糖苷键断裂,这制浆过程不希望的,但有时又是不可避免的。对于纤维素水解工业,纤维素酶可将纤维素水解成葡萄糖。酶的水解作用选择性强,且较化学水解的条件温和,是一种清洁的水解方法。

二、纳米纤维素制备与应用

1.纳米纤维素概述

植物纤维细胞壁的结构单元中的微纤丝、原纤丝以及基元纤维的直径均低于 100 nm,同时具有较高的结晶度和长径比(图 11.3)。通过化学、物理等方法制备出的、一维尺寸在 1～

100 nm 的纤维素称为纳米纤维素。由于在分离提取过程中所采用的方法不同,纳米纤维素的形貌尺寸以及性能也存在差异,可分为纤维素纳米晶(cellulose nanowhisker,CNCs)和纳米纤丝化纤维素(nanofibrillated cellulose,CNFs)等(图 11.4)。纳米纤维素具有高纯度、高聚合度、高结晶度、高亲水性、高杨氏模量、高强度、超精细结构和高透明性等特点;同时纳米纤维素巨大的比表面积、极高的硬度和强度、高的长宽比,在高级材料中有巨大的应用潜力。

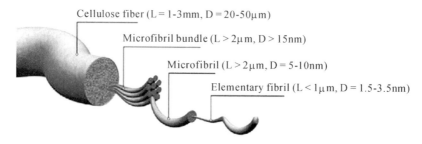

图 11.3　纤维素纤维的微观结构

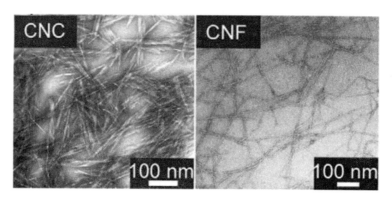

图 11.4　CNCs 和 CNFs 的透射电子显微镜照片

2.纳米纤维素的制备方法

纤维素纳米晶体的大小、尺寸和形状在一定程度上取决于纤维素的来源,纤维素的结晶度程度也随着植物种类的不同而不同。纤维素无定形区分子排列松散,而从天然纤维素中提取分离纳米纤维素的原理是在各种化学试剂或机械力等作用下,无定形区优先于结晶区发生反应,一定程度下降解无定形区,保留结晶区结构,得到具有较高结晶度的纳米尺度纤维素。目前纳米纤维素的制备主要分为机械法、化学法(如酸水解法)及生物法。

(1)机械法

机械法制备纳米纤维素是用高压均质或机械球磨处理纤维原料,获得纳米尺寸的纤维素。能耗较高是机械法制备纳米纤维素的重要问题,因此有多种方法被发展起来以降低能耗。例如采用物理、化学或者酶处理的方法对纤维原料进行预处理,或是将用于制备纳米纤维素的纤维原料进行羧甲基化预处理,在纤维表面引入电荷,然后再进行高压均质处理获得纳米纤维素,以降低能耗。随着纤维原料表面电荷密度的增加,电荷相互之间的排斥作用增强,使得纤维与纤维之间的摩擦力减小。因此纤维不易产生絮凝,降低了高压均质处理过程的能耗,而且可以减少对均质机的堵塞。

（2）酸水解法

酸水解法主要使用无机酸（如盐酸、硫酸、磷酸等）降解纤维素的非结晶区，得到具有高结晶度的纳米纤维素晶体悬浮液，再通过去杂等工序，获得纳米纤维素。但酸水解法会残留大量强酸，对环境有一定污染，且因其破坏和降解了大量的纤维素结构，所以产率较低。酸水解过程中，无机酸的种类不同，制备的纳米纤维素的表面性能也有差异。盐酸水解制备的纳米纤维素表面含有少量的负电荷，纳米纤维素颗粒之间容易发生团聚现象；硫酸水解制备的纳米纤维素表面带有大量负电荷，大约 1/10 的葡萄糖单元被硫酸酯化而带有硫酸酯基团，由于电荷间较强的相互排斥作用，纳米纤维素悬浮液具有较强的胶体稳定性。

3. 纳米纤维素的应用

纳米纤维素可应用于透光膜、阻隔膜、发声膜和聚合物增强等方面。制备纤维素纳米材料的方法分为两种：

一种是将纳米纤维素加入高分子材料中，作为增强填料。由于纳米纤维素具有尺度小、表面积大、针状（须状、棒状）形貌、低密度（$1.61\ \mathrm{g \cdot cm^{-3}}$）、可再生、可降解、生物相容性好、易表面改性以及力学强度好等特点，它已作为增强填料用于聚硅氧烷、聚己内酯、聚氧乙烯醚、醋酸纤维素、羟甲基纤维素、聚醋酸乙烯、蛋白质等数十种高分子复合材料中。

另一种是制备纯纳米纤维素膜以及对纳米纤维素进行改性或塑化。纯纳米纤维素膜通过溶液浇铸法制得，在成膜过程中，纳米纤维素通过氢键作用形成网络结构。复合材料的性能与纳米纤维素网络结构有很大关系。部分研究者希望尽可能地在聚合物基体中均匀分散纳米纤维素；另一部分则是研究在聚合物基体中形成纳米纤维素的网络结构，主要的复合方法包括溶液浇铸法、溶胶凝胶法等。

除了作为填充增强材料，硫酸水解制得的纤维素纳晶悬浮液在缓慢蒸发过程中会在垂直方向上发生螺旋排列，可用于螺旋模板制备具有手性向列结构以及介孔结构的无机材料。该材料在光学防伪及安全等领域具有应用潜力。

三、再生纤维素纤维制备工艺与特征

1. 再生纤维素纤维概述

再生纤维素纤维是将棉短绒浆、木浆、竹浆等纤维素原料经过物理和化学处理，得到纤维素或其衍生物浓溶液，再通过湿法纺丝生产的纤维产品。再生纤维素纤维具有独特的光泽，良好的吸湿性、透气性和抗静电性等优点，因而深受消费者青睐。20 世纪初期，为了应对棉花短缺的局面，采用 CS_2 处理纤维素纸浆而生产的黏胶纤维得以迅速发展。20 世纪 50～80 年代，高湿模量黏胶纤维实现工业化，其中最具代表性的是奥地利兰精（Lenzing）公司的莫代尔纤维（modal®）。在此期间，石油资源的大量开采以及合成纤维生产技术的迅速发展，极大地冲击了再生纤维素纤维的市场需求，导致再生纤维素纤维技术发展缓慢。铜氨纤维（bemberg®）因其在溶解、再生过程中未发生衍生化反应，属于物理溶解和再生过程，曾一度受到关注，但是铜氨纤维只是再生纤维素纤维中产量较小的品种。20 世纪 90 年代以来，石化资源的日益枯竭以及黏胶法生产带来的环境污染，使新型再生纤维素纤维工艺得以再次迅速发展，其中以莱塞尔纤维（lyocell®）最具代表性。此外，多种纤维素新溶剂的开发也在一定程度上促进了新型再生纤维素纤维的发展，主要包括碱/尿素水溶液、离子液体和纤维素氨基甲酸酯体系等。

2.再生纤维素纤维制备工艺

溶解-纺丝过程是再生纤维素纤维的主要制备工艺。再生纤维素纤维是在溶液状态瞬间通过纺丝孔挤出后形成纤维形态的。纺丝过程不仅塑造了纤维外部形貌,而且在不同的纺丝条件下,还可形成各种具有特殊超分子结构和形态结构的纤维。根据纤维素溶液以及纺丝条件的不同,再生纤维素纤维的纺丝方法主要分为湿法纺丝和干喷-湿纺两种。在湿法纺丝过程中,纺丝原液经喷丝孔喷出直接进入凝固浴后发生脱溶剂化,凝固成型。在干喷-湿纺过程中,纤维素纺丝原液从喷丝孔挤出后先经过一段空隙,然后进入凝固浴。空隙中的气体可以是空气、惰性气体或挥发性非凝固剂。纤维素纺丝原液在空隙中发生凝胶化,因此纺丝原液的流变性质对纺丝过程有很大的影响。采用干喷-湿纺时,凝胶化的纤维与气体间的摩擦力小,能在气隙中经受很大的拉伸。因此,干喷-湿纺可提高喷头拉伸倍数和纺丝速度,容易加工细纤维。此外,干喷-湿纺法还能有效地控制纤维的结构形成过程。

由于纤维凝胶中的分子链几乎没有取向,所以只有经过拉伸使分子链发生取向才能提高纤维的力学性能。在制备化学纤维的过程中,拉伸取向是继纺丝过程后的另一个必不可少的重要过程。湿法纺丝的纺丝速度较低,普遍采取纺丝过程与拉伸过程连续进行的方式。为了提高纤维素纤维的力学性能,通常采取多步拉伸的方式增加纤维的取向。严格来说,经过纺丝和拉伸取向过程的纤维,其结构并未完全形成。湿态下的纤维需要进一步热处理,除去水分后才能得到再生纤维素纤维。在拉伸取向和干燥过程中,纤维发生进一步的致密化,逐渐形成具有明显微孔洞的微结构纤维。在这一过程中,纤维的取向度、晶型、结晶度、晶粒大小等都会有一定程度的改变并影响最终形成的纤维结构。

3.不同再生纤维素纤维的特征

(1)黏胶纤维

棉花或木浆等纤维素原料经过 NaOH 处理后,再与 CS_2 反应得到的纤维素黄原酸酯,可溶于水或稀 NaOH 水溶液,并形成黄色的纤维素黏胶溶液。以这种溶液喷丝,并在 $(NH_4)_2SO_4$ 和稀硫酸水溶液中凝固、再生,经过水洗和干燥后得到白色的纤维素纤维,称为黏胶纤维。黏胶纤维是最早投入工业化生产的化学纤维之一。由于吸湿性好、穿着舒适、可纺性优良,常与棉、毛或各种合成纤维混纺、交织,用于各类服装及装饰用纺织品。高强力黏胶纤维还可用于轮胎帘子线、运输带等工业用品。黏胶纤维是一种应用较广泛的化学纤维。

黏胶法工艺繁杂、生产周期长,而且释放出有毒的 CS_2 和 H_2S 气体,给人类身体健康造成巨大伤害,且污染环境,破坏生态平衡。因此,我国黏胶工业的产品结构面临着从传统的技术含量低、品种单一向高附加值、差别化、多样化转变以及化学品的循环利用,减少"三废"排放等技术改造。

(2)铜氨纤维

1857 年,德国化学家首次发现棉花和亚麻纤维素能够在室温下溶解于铜氨溶液中。1890 年,法国化学家利用稀硫酸水溶液将纤维素从铜氨溶液中再生出来,经过干燥后成功制得铜氨纤维(bemberg)。

铜氨纤维的单丝十分纤细,横截面呈圆形,无皮芯结构。因此,由铜氨纤维织成的面料手感柔软、光泽柔和,比黏胶纤维更接近蚕丝。铜氨纤维的吸湿性与黏胶纤维接近。在相同的染色条件下,铜氨纤维的染色亲和力比黏胶纤维大,上色较深。铜氨纤维的干强与黏胶纤维接近,但湿强高于黏胶纤维,耐磨性也优于黏胶纤维。从环保角度考虑,铜氨纤维工艺需要对生产过程中产生的铜、废酸、废水进行处理并循环利用。

(3)莱塞尔纤维

莱塞尔纤维是将木浆直接溶解于 N-甲基吗啉-N-氧化物(NMMO)水溶液中,并经过干喷-湿纺法得到的新一代再生纤维素纤维(图 11.5)。20 世纪 80 年代,奥地利兰精(Lenzing)公司在溶剂法生产再生纤维素纤维的研究上获得成功,将其称为 Lyocell。1989 年,国际人造纤维和合成纤维委员会 BISFA 正式将其命名为 lyocell,在我国俗称"天丝"。

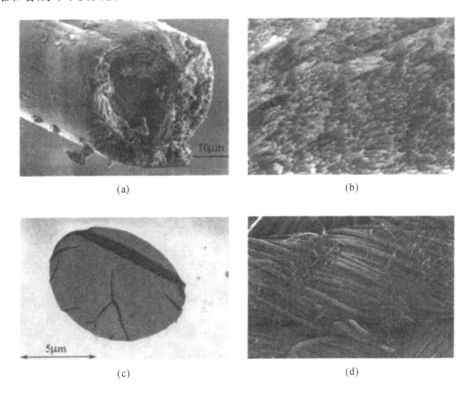

(a)　　　　　　　　　　　　(b)

(c)　　　　　　　　　　　　(d)

图 11.5　莱塞尔纤维截面的 SEM(a),(b)和 TEM(c)
图像以及原纤化的纤维丝束的 SEM 图像(d)

NMMO 工艺与黏胶工艺不同,它是一种不经化学反应来制备再生纤维素纤维的新工艺。首先将纤维素浆料置于稀 NMMO 水溶液中充分浸渍,再除去多余的水以制备出含有少量未溶解的纤维素和气泡的均匀溶液。由于加工过程中纤维素溶液的黏度很大,所以必须在类似于熔融高分子加工中所用到的高温、高压设备中进行加工。将纤维素溶液过滤和脱泡后得到黏度适宜的纺丝液,采用干喷-湿纺法纺丝并在低温水浴中凝固成型,经拉伸、漂洗、切断、上油、干燥、溶剂回收等工序制成 lyocell 纤维。莱塞尔纤维与黏胶纤维相比具有高强度、高湿模量和优良的尺寸稳定性,并且能与其他纤维如亚麻、羊绒和羊毛等混纺,因而被称为"21 世纪的绿色纤维"。但是,NMMO 溶剂价格昂贵,必须进行回收。大规模工业化生产中,NMMO 和水基本上可完全回收。

（4）NaOH-尿素体系溶解-再生纤维素纤维

武汉大学张俐娜院士首次发现 7％NaOH/12％尿素水溶液和 4.6％ LiOH/15％尿素水溶液在预冷到−12 ℃后可在 2 min 内迅速溶解纤维素,且 LiOH/尿素水溶液的溶解能力比NaOH/尿素水溶液更强。该方法的主要原理是,低温诱导溶剂小分子和纤维素大分子通过氢键自组装形成以尿素为壳,包围纤维素和 NaOH 复合物的、蠕虫状、半刚性链的氢键配体,从而导致纤维素的快速溶解。此外,纤维素在 NaOH/尿素水溶液中具有独特的热致和冷致凝胶化行为,这有赖于纤维素的分子量、浓度和溶液温度。这种纤维素浓溶液在 0～5 ℃可长时间保持稳定,适合用于再生纤维素纤维纺丝。经过湿法纺丝得到的再生纤维素纤维呈现出良好的光泽性,手感柔软,具有类似于铜氨纤维和莱塞尔纤维的圆形截面,明显不同于黏胶纤维的荷叶状褶皱。随着拉伸取向的进行,纤维直径减小,并且始终保持圆形截面。这种新型再生纤维素纤维的强度为 2.2cN/dtex,已接近工业化黏胶纤维,而且染色性高于黏胶纤维。

由于纤维素在 NaOH/尿素水溶液中数分钟内即可溶解,大大缩短了纺丝溶液的制备时间。而且,通过调控和优化湿法纺丝的生产工艺,直接在现有的黏胶设备上生产出与黏胶纤维力学性能相近的新型再生纤维素纤维也是可行的。该技术可直接利用现有的黏胶设备,故设备投入成本很低,且尿素不参与溶解反应,可回收循环使用;并且,碱/尿素水溶剂体系不产生有毒化学物质挥发,因此特别适合于工业化"清洁"生产。

（5）离子液体体系溶解-再生纤维素纤维

纤维素溶解在离子液体中的纺丝工艺与莱塞尔纤维类似,可以采用湿法纺丝或干喷-湿纺技术。研究发现纤维素在 1-丁基-3-甲基咪唑氯盐（[Bmim]Cl）、1-烯丙基-3-甲基咪唑氯盐（[Amim]Cl）、1-甲基-3-乙基咪唑氯盐（[Emim]Cl）1-丁基-3-甲基咪唑醋酸盐（[Bmim]Ac）和1-乙基-3-甲基咪唑醋酸盐（[Emim]Ac）五种离子液体中得到的再生纤维素纤维力学性能与莱塞尔纤维相近甚至略高,明显优于传统黏胶工艺生产的黏胶纤维。在上述离子液体中,[Bmim]Cl 和[Emim]Cl 的熔点较高、容易结晶,不利于纤维素溶液制备、输送和纺丝,[Amim]Cl、[Emim]Ac 和[Bmim]Ac 熔点较低、黏度低、溶解的纤维素浓度高适合纺丝。例如,[Emim]Ac 的熔点低于−20 ℃,在 80～90 ℃下就可溶解纤维素,所得的纺丝原液具有一定的稳定性。但是,纤维素在[Emim]Ac 中会发生降解,95 ℃下经过 8 h 后纤维素的聚合度降低 22％,150 ℃时聚合度降低 29％。纤维素离子液体可采取与莱塞尔纤维非常相似的纺丝工艺,是对该类纤维纺丝的补充。

由于现阶段离子液体合成成本较高、回收困难,考虑到莱塞尔纤维的产能正在逐步扩大,所以纤维素-离子液体纺丝的大规模工业化生产将面临极大挑战。

二维码 11.1　常见再生纤维的区别与鉴别

第二节　木质素组分高值化利用

一、木质素的基本特征及其应用

1.木质素的基本结构

木质素是一种广泛存在于植物细胞壁的芳香族高分子聚合物,具有产量丰富、可再生等优点。木质素在植物体中由松柏醇、芥子醇和对香豆醇这三种羟基肉桂醇经自由基反应和耦合反应而生成(图 11.6A),故木质素主要由愈创木基(guaiacyl;G)、紫丁香基(syringyl;S)和对羟基苯基(p-hydroxyphenyl;H)三种含苯丙烷结构的单元组成(图 11.6B)。

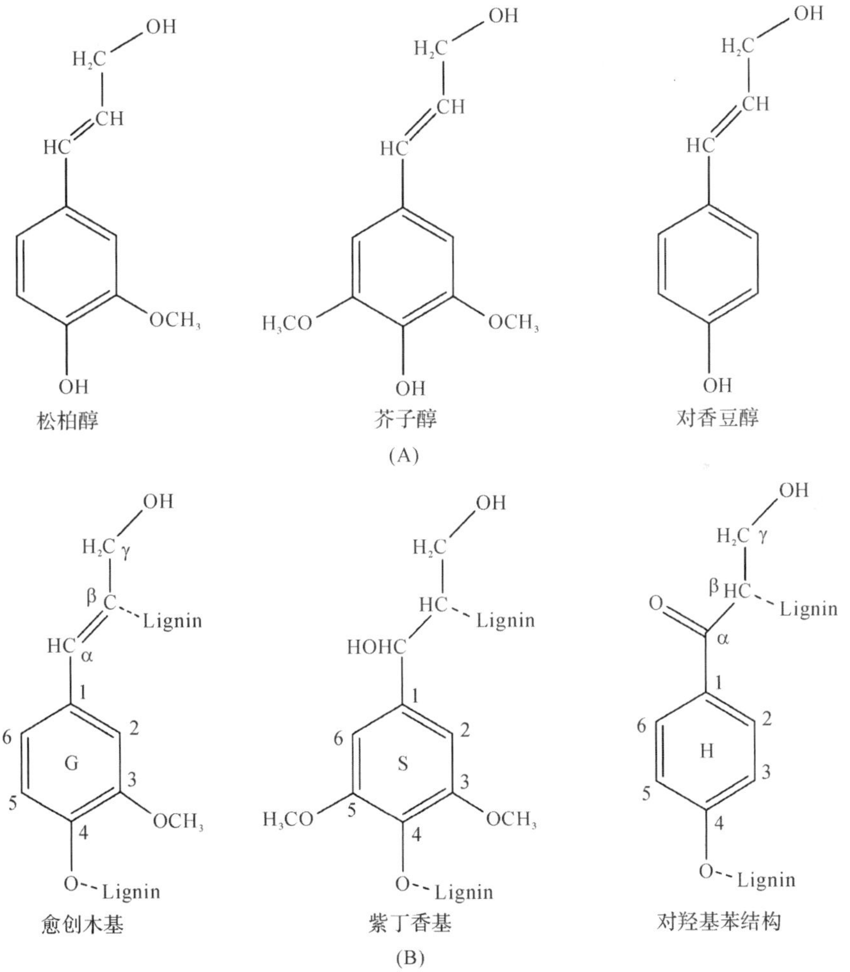

图 11.6　木质素前驱物(A)和结构单元(B)

不同植物的木质素含量存在一定差异,如针叶材木质素含量较高,在 27%~33%,阔叶材木质素含量次之,在 17%~30%,而禾本科植物木质素含量相对较低,在 15%~25%。值得注意的是,竹材(一般归为禾本科)木质素含量与针叶材接近。不同植物的木质素结构单元也有所不同,如针叶材木质素主要以 G 型和少量 H 型为主,阔叶材木质素以 G 和 S 型为主,而禾本科植物以 G、S 和 H 型为主。木质素具有丰富的官能团,如苯环 C_3 或 C_5 号位的甲氧基,苯环 C_4 号位的酚羟基,侧链 α、β 和 γ 位的醇羟基,侧链 α-β 位的不饱和双键,侧链的羰基和羧基等。木质素主要由 β-O-4、β-5、β-β、5-5、4-O-5、α-O-4、β-1、β-2、β-6 等多种连接方式组成三维网状的无定型结构(图 11.7 和表 11.1),这与纤维素由葡萄糖经单一的 β-1,4 糖苷键组成结晶区和非结晶区结构有所不同。

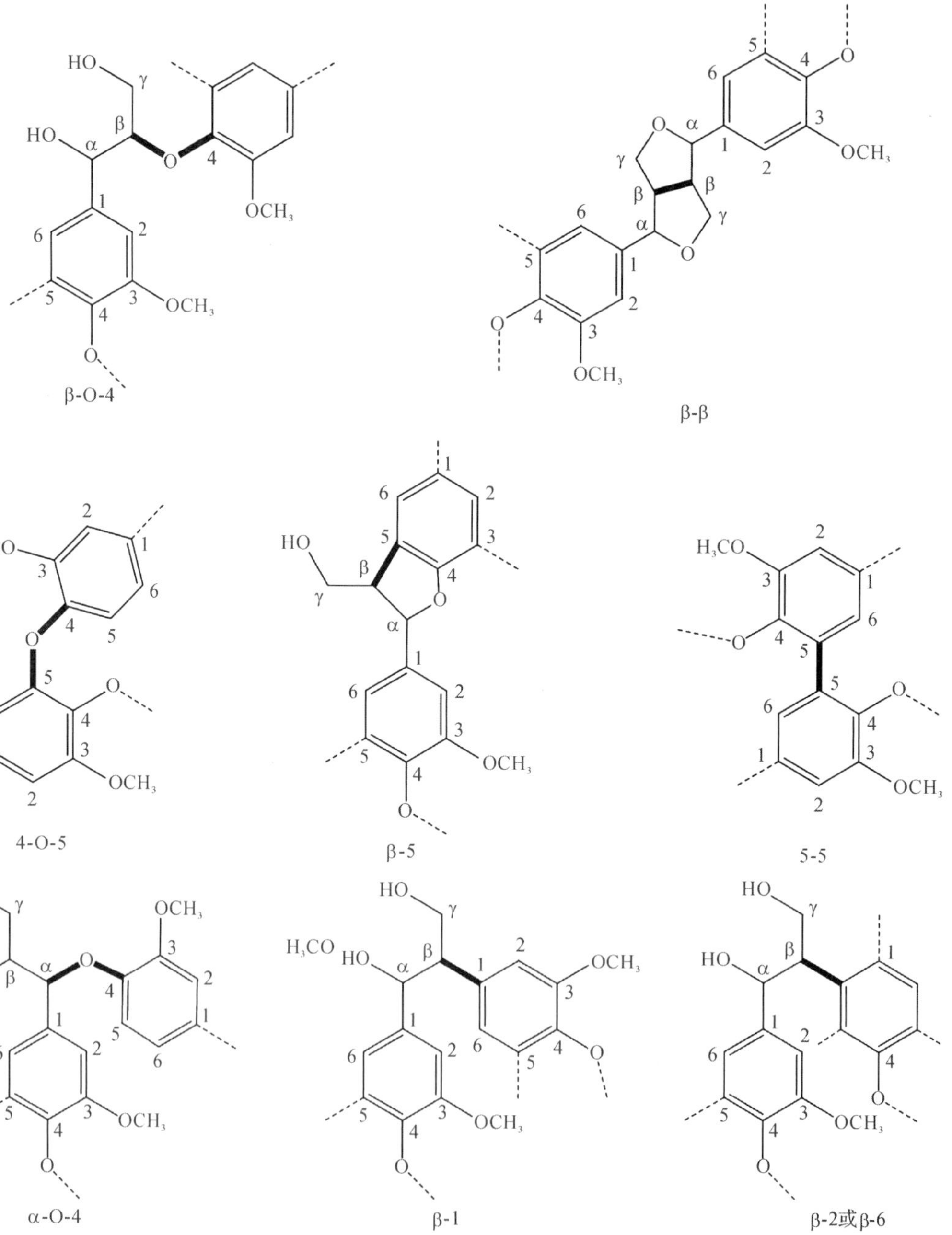

图 11.7　木质素主要连接方式图

表 11.1 针叶材和阔叶材原木木质素的连接键组成

连接键	连接键比例（%）	
	针叶材	阔叶材
β-O-4	45~50	60
5-5	18~25	5
β-5	9~12	6
β-1	7~10	7
α-O-4	6~8	7
4-O-5	4~8	7
β-β	3	3

2. 木质素的来源

木质素与纤维素和半纤维在植物细胞壁中相互连接、缠绕。其中木质素既具有胶黏剂的作用，同时又具有维持植物体的刚性和抗腐蚀的作用。在从植物体中分离木质素的过程中，不可避免地会较大程度地改变木质素结构，这些反应主要包括：①β-O-4 和 α-O-4 等非缩合型醚键的断裂；②β-5、β-β 和 5-5 等缩合型碳—碳键的生成；③分子量的改变；④侧链官能团的改变。根据分离方式的不同，木质素可分为三大类，即有机溶剂木质素、生物精炼木质素和制浆黑液木质素。木质素一般不溶于水，但是能溶于二氧六环、二甲基亚砜、乙醇和丙酮等有机溶剂，而且在温和的条件下有机溶剂不会对木质素产生破坏，因此有机溶剂木质素与原木木质素特性接近。如用二氧六环充分抽提球磨木粉所得木质素被称为磨木木质素（MWL）。MWL 被认为是与原木木质素最接近的木质素。但 MWL 提取工艺烦琐，得率一般在 40% 左右，因此不适合工业化应用。生物精炼木质素是指生物原料发酵生产乙醇后残渣中的木质素。这部分木质素得率高，降解和缩合程度较低，但是其纯度低，使用前需要进一步纯化处理。碱木质素（包括烧碱法木质素和硫酸盐木质素）主要来源于碱法制浆过程的副产物，是工业木质素的最主要来源。碱木质素不溶于水，其在制浆过程中发生了剧烈的醚键（β-O-4 和 α-O-4）断裂，形成了大量缩合结构，导致其反应活性较低。亚硫酸盐木质素或木质素磺酸盐来源于亚硫酸盐法制浆过程的副产物，是工业木质素的来源之一。

3. 木质素的应用现状

木质素因具有苯环结构及酚羟基、醇羟基、羰基、甲氧基和羧基等官能团而可用作橡胶补强剂、钻井液处理剂、驱油剂、混凝土减水剂、水泥助磨剂、沥青乳化剂、表面活性剂、木质素聚合物、絮凝剂、肥料缓释剂和农药分散剂，具有较广泛的应用途径。木质素磺酸盐因具有磺酸基而易溶于水，具有分散性、黏结性、螯合性，可用作水泥减水剂和农药悬浮剂等。但是由于木质素的结构复杂性、不均一性和疏水性，现阶段碱木质素主要以热能的方式被利用，其价值没有得到充分发挥。改性可以赋予木质素某种基团或提高某种基团的含量，大幅改变木质素的某个特性，从而提高其应用价值。木质素的改性方式主要包括磷化、羟甲基化、酚化、磺化、羧化、环氧化、酯化和醚化等。如对碱木质素进行磺化改性，以提高其溶解性能，从而用作分散剂或水泥减水剂。木质素分级是指将多分散性的木质素分级成多种分子量及特性接近的木质素级分，从而提高木质素的性能稳定性及利用价值。现有分级方法主要有酸析沉淀法、溶剂溶解法和膜法。

（1）酸析沉淀法

酸析沉淀法一般用于分离分级碱木质素。在碱性黑液中，木质素因羟基离子化生成离子盐而溶解，故当向黑液中加入硫酸、盐酸或其他酸时，黑液中碱被中和，木质素离子盐逐渐转化成羟基，从而达到逐步沉淀木质素的目的，且 pH 越低得到的木质素级分分子量越小。高 pH（10.0 左右）下小分子木质素会随着大分子木质素一起沉淀和低 pH（2.0 左右）下木质素不能完全沉淀是该方法的主要不足。

（2）溶剂溶解法

溶剂溶解法是根据木质素在不同有机溶剂中溶解度的差异，实现木质素分级的方法，有以下两种实现途径：①用溶解能力由小到大的溶液依次溶解木质素，获得多组木质素溶解液和最终的不溶木质素，实现木质素的分级；②用溶解能力较高的溶剂溶解木质素，获得木质素溶液和不溶木质素，然后向溶解液中逐步加入水或其他溶解能力较小的溶剂，使溶解液中木质素逐步沉淀，达到分级目的。但是现阶段尚无法通过溶剂溶解法实现木质素的可控分级。

（3）膜法

根据不同分子量木质素能否通过一定截留尺寸的膜也可以实现木质素的分级。膜法能够调节木质素级分的分子量，有些工厂已经实现了膜法分级的工业化。但是膜法分级效果在很大程度上取决于分离膜质量，想要提高分级效果就需要相应提高分离膜质量，所需的成本也会相应增加，而且膜容易堵塞，后期维护成本过高。

二、木质素多孔碳材料制备与应用

基于木质素在成分组成、结构单元和表面性能等方面特性，可将木质素用于多种材料的制备，如木质素多孔碳材料，木质素复合材料，将木质素裂解或降解成小分子平台化物质后生产丰富的化工产品以及木质素纳米颗粒。

木质素的碳含量高，故可用于制备多孔炭材料。以木质素为前驱体可以制备模板炭、碳纤维和活性炭等多种形式的炭材料。活性炭是一种高密度多孔材料，以微孔为主，比表面积在 $500 \sim 3000 \ m^2 \cdot g^{-1}$。木质素活性炭的制备方法以物理活化法和化学活化法为主。物理活化法或气体活化法包括两个连续步骤炭化及活化。炭化为在中等或高温下脱除挥发分，进行碳富集，产生富含碳的炭。随后活化以水蒸气、二氧化碳等氧化性气体与炭化后材料进行水煤气反应，与碳原子进行化学作用，生成小分子气体，进行开孔、扩孔、造孔，在炭化物表面及内部产生形状不同、大小不一的孔隙，最终制成活性炭。化学活化法是在惰性气体中，炭前驱体与活化剂进行复杂的热解反应产生孔隙，最终产生活性炭。传统微孔活性炭在小分子吸附与分离中性能优异，但存在以微孔为主，孔道结构错综复杂等问题。模板法作为一种借助模板剂反向复制介孔孔道制备炭材料的重要方法，其基本原理是将炭前驱体浸渍在模板剂孔道中，反向复制出模板剂介孔孔道，在碳源经高温炭化后，通过一定方法除去模板剂制得介孔发达的介孔炭。模板法分为硬模板法、软模板法及复合衍生出来的双模板法。模板法的关键是模板剂的选择，硬模板剂以二氧化硅、沸石分子筛等硅基模板剂为主。模板法在孔隙结构控制中优势突出，所制备出的介孔炭材料具有中孔发达、孔道结构可重复、可预测等特点,弥补了活性炭在高分子聚合物和蛋白质等大分子处理上的不足。

木质素基多孔炭材料既有普通炭材料的共性,又有其特性。其特性主要表现为:①木质素基多孔炭材料以活性炭为主,木质素活性炭造孔过程机理解释无法统一,需要建立木质素与活性炭性能的构效关系;②实验室环境未全面考虑生产成本,工业化实际生产能耗过高,难以大规模推广重复;③对孔结构表征分析单一化,大多采用 BET 氮气吸附分析孔结构,在复杂的工业炭环境应用中有时并不适用,开发新型孔结构模型及在工业环境研究应用将是活性炭重要的课题;④比起传统活性炭,以模板法制备的介孔炭具有更广阔的应用,针对木质素特点,需要对木质素进行专门设计模板剂,木质素专用模板剂,将降低工艺的烦琐性,更绿色环保。总之,将木质素应用于多孔炭材料的制备,不仅解决了木质素反应活性位点数量少、难以化学利用的难题,同时可以推动多孔炭材料行业的蓬勃发展。

三、木质素复合材料的制备与应用

1. 木质素聚氨酯

木质素可以与其他物质聚合,生成聚氨酯、聚酯、环氧树脂和酚醛树脂等聚合物,提高木质素利用价值。如聚氨酯是指二异氰酸酯(或多异氰酸酯)和聚醚或多元醇聚合形成的含聚乙烷基团的聚合物,具有优良性能和广泛用途,而木质素中含有丰富的酚羟基和醇羟基,故木质素可替代或部分替代多元醇生产聚氨酯。基于木质素生产的生物基聚氨酯比石油基聚氨酯具有更好的生物可降解性。除此之外,二异氰酸酯具有柔性而木质素具有刚性,因此可通过调节二异氰酸酯与羟基含量来调节聚氨酯的玻璃化转变温度。不同来源的木质素制备出的聚氨酯的性能有一定差异。聚酯是含有酯键的聚合物材料,可以用三种不同的方式合成:二羧酸与二醇或二卤化物通过缩合反应生成聚酯,羟基羧基的自聚反应,以及内酯(环酯)的开环聚合反应。木质素部分替代多元醇生产聚氨酯是一个较优技术,通常木质素作为单体发生缩合反应生成聚酯,而且同样可以通过控制木质素添加量来控制木质素基聚酯的玻璃化转变温度。尽管木质素基聚酯的制备方法和热性能技术相对成熟,但木质素的不均一性导致木质素基聚酯的性能稳定性有所下降,应用途径受到限制。环氧树脂是一种热固性聚合物,由含有至少一个环氧基团的单体组成,通常用于涂料、黏合剂、复合材料和电子材料等。环氧基团可以使用阴离子或阳离子聚合进行均聚,也可以与多官能胺、酸、酸酐、醇、硫醇和酚等共聚单体聚合。环氧化物和固化剂的选择在很大程度上影响最终产品的化学、机械和物理性能。虽然木质素本身不含环氧化合物,但用于合成聚氨酯和聚酯的酚醛结构也可作为硬化剂/交联剂用于合成环氧树脂。环氧树脂与木质素组分的反应通常需要用少量胺催化,或者用胺作为额外的交联剂定量地加入反应。木质素的掺入可提高环氧树脂的抗拉黏结强度的同时降低生产成本。

2. 木质素改性酚醛树脂胶黏剂

酚醛树脂是通过酸或碱催化苯酚和醛的聚合而产生的热固性树脂,这种经典的人工合成树脂,有近百年的使用历史。酚醛树脂的原料易得,价格低廉,生产工艺和设备简单,且酚醛树脂具有优异的机械性能、耐热性、耐寒性、电绝缘性、尺寸稳定性、成型加工性、阻燃性及低烟雾性,因此酚醛树脂成为工业部门不可缺少的材料,被广泛应用于固结磨具、涂附磨具、摩擦材料、耐火材料以及电木粉、烟花爆竹和铸造等领域。苯酚和甲醛合成的酚醛树脂是第一个合成的酚醛树脂,通常用作黏合剂,并被商业化。但是随着人们环保意识的提高,如何在酚醛树脂制备过程中少用或不用苯酚成为重要趋势。

解聚、活化、酚化和脱甲基化是释放木质素酚羟基的常见预处理过程,改性后的木质素含有丰富的酚羟基,是制备木质素-酚醛树脂胶黏剂的天然原料,但是木质素中存在的长链烃衍生物会影响木质素-苯酚-甲醛树脂的合成。不同种类木质素合成木质素酚醛树脂的方式也有所不同,如以过氧化氢和硫酸铜为催化剂的催化氧化解聚工艺,制得的木质素用于合成取代率为50%的木质素-酚醛树脂;碱催化的硫酸盐木质素解聚后用来释放木质素的酚羟基,以取代合成树脂中的苯酚;NaOH/尿素水溶液对碱木质素进行解聚,制备低分子量木质素衍生物,进而制备木质素-苯酚-甲醛树脂,解聚后的碱木质素酚醛树脂表现出固化速度快、甲醛释放量低、黏接强度高等优点。在木质素-苯酚-甲醛树脂的合成过程中,酚醛的比例决定了最终产品的交联程度,并据此确认是否必须加入交联剂来硬化树脂。当综合考虑固化速率、黏度和树脂的机械性能这些最重要的决定应用价值的指标时,可用木质素代替0~50%的苯酚生产酚醛树脂。木质素基酚醛树脂在不降低产品性能的情况下,降低了有毒物质苯酚的使用量和酚醛树脂的生产成本,故木质素基酚醛树脂具有明显优势。

3. 木质素改性无醛胶黏剂

以脲醛树脂、酚醛树脂、三聚氰胺-甲醛树脂为代表的"三醛树脂"作为人造板胶黏剂的工业化生产已有近百年历史,尽管人们通过不断的努力改良"三醛树脂",但其产生的甲醛含量超标问题仍然污染室内空气,危害人类健康。因此,寻找替代品生产人造板用无醛胶黏剂十分重要。木质素作为一种可再生生物质资源,具有储量丰富、绿色环保等优势,是替代石油基化学品制备环保型木材胶黏剂的最佳选择。以来源于生物炼制行业的副产品木质素为原料,并对其进行碱性液化和改性处理,获得具有良好活性的活化木质素,进一步将活化木质素、固化剂与助剂共混可制备出满足实用要求的无醛木质素基木材胶黏剂。在改性木质素的基础上可添加一定量的固化剂环氧氯丙烷制成人造板用木材无醛胶黏剂。随着环氧氯丙烷添加量的增大,胶合板的剪切强度呈现先增大后降低的趋势,在添加量为30%时,胶黏剂固化后样品的热稳定性显著提高,产品可达到国家Ⅰ类胶合板标准,且干胶合强度最高可达1.58 MPa。在胶黏剂中添加一定量丙烯酸酯乳液(AE)或水性聚氨酯乳液(PU)可以明显提升胶黏剂的黏接性能和耐水性能,干胶合强度最高可达2.73 MPa,湿胶合强度最高可达1.17 MPa;乳液的加入对胶黏剂在400 ℃以内的耐热性没有明显影响,随着温度继续升高,聚丙烯酸酯链段或聚氨酯段断裂,会导致整个固化体系加速降解。综上所述,在人造板胶黏剂的生产过程中,甲醛替代品木质素的加入将在不降低产品胶合性能的情况下可有效降低产品的甲醛含量。

四、木质素的降解与应用

木质素降解生成的小分子芳香族物质可作为平台物质生产丰富的芳香族化学品,这既是实现木质素高附加值利用途径之一,也是弥补现有芳香族化学品主要来自石油而炼制不足的重要方法。根据降解方式的不同,木质素降解可分为物理降解、生物降解、化学降解和高温裂解等。

（1）物理降解法

物理降解法包括超声辅助法、微波法和爆破法，一般作为辅助手段存在。超声法主要通过超声作用使溶液产生空化现象，局部产生高温高压从而使木质素发生降解。微波磁场产生的可使木质素化学键发生断裂，从而在温和条件下导致木质素降解。爆破法是瞬间将高温高压环境下的木质素释放到常温常压，从而降解木质素的方法。

（2）生物降解法

生物降解法主要指通过生物酶或微生物定向降解木质素的方法。木质素降解酶包括锰过氧化氢酶、过氧化氢酶和漆酶。微生物有白腐菌、软腐菌和褐腐菌。生物降解法具有专一、条件温和的优势，但是存在降解速率低、最终降解率低的不足。

（3）化学降解法

化学降解以氧化法为主，除此之外还有还原法、醇解和酸解等方法。氧化法包括硝基苯氧化、高锰酸钾氧化、氧的氧化、臭氧的氧化、过氧化氢氧化、二氧化氯和次氯酸等的氧化。氧化法常用于木质素结构研究（如硝基苯氧化、高锰酸钾氧化和臭氧等）和制浆漂白（如氧漂、臭氧漂、过氧化氢漂、二氧化氯和次氯酸漂）过程，也可为以木质素降解应用为目的的研究提供重要依据。

（4）高温裂解法

高温裂解是降解木质素的重要方法之一，其中包含复杂的物理和化学变化。在高温下，木质素化学键发生断裂降解成小分子物质，可作为液体燃料。使用催化剂可提高木质素的高温裂解速率。同时，改变木质素裂解氛围（空气、氮气和氢气）可获得不同的裂解产物。木质素结构复杂，根据来源和分离方式的不同，有必要对不同木质素设计不同的降解方法。

五、木质素基纳米颗粒的制备与应用

木质素是天然高分子聚合物，将木质素制备成纳米颗粒能够很大程度上改善其表面性能，提升其应用价值。木质素纳米颗粒的制备方法多种多样，其中反溶剂法最为常见和重要。反溶剂法一般步骤如下，首先将木质素溶解在良溶溶剂中，再将溶解液滴入反溶剂中，此时木质素以纳米颗粒的形式沉淀，最后通过分离即可得到木质素纳米颗粒。常见的木质素良溶溶剂有四氢呋喃、丙酮、乙二醇、乙醇、二甲基甲酰胺和二甲基亚砜等，常见的反溶剂有水、环己烷、盐酸和硝酸等。通过调节溶剂种类、溶解度、反溶剂种类、反溶剂用量及干燥方式，可以得到不同尺寸及形态的木质素纳米颗粒。木质素纳米颗粒同木质素一样具有可持续性、性能稳定和可降解的优势。木质素纳米颗粒具有多种作用或应用途径，如可用作胶黏剂、复合材料、乳液稳定剂、药物传递、生物催化过程的酶固定化剂、抗癌细胞增殖剂、防晒剂、微粒膜、抗氧化剂和涂料等。

第三节　半纤维素组分高值化利用

半纤维素几乎存在于所有植物的细胞壁中，是植物细胞壁的三大组分之一，也是自然界中最丰富的可再生资源之一。虽然有许多半纤维素高值化应用研究已相继开展，但距离其大规模工业化生产还有较大提升空间。

一、半纤维素的分类

组成半纤维素的基本结构单元很多,不同的植物来源及分离方式使所得半纤维素的结构特征及组分含量有较大差异。例如,双子叶植物细胞初生壁中主要的半纤维素是聚木糖葡萄糖,而禾本科植物细胞初生壁中聚木糖葡萄糖含量较少;碱液处理玉米秸秆原料后可得到主链为聚木糖、支链为阿拉伯糖基的半纤维素,而用碱液处理慈竹综纤维素后可得到结构为聚阿拉伯糖-4-O-甲基葡糖醛酸-(1→4)-β-D-木糖。本部分内容以结构组分特征为分类依据对半纤维素展开介绍。

1. 针叶木中的半纤维素

(1)聚半乳糖葡萄糖甘露糖类半纤维素

聚半乳糖葡萄糖甘露糖是云杉、樟子松等针叶木中含量最多的半纤维素,占比高达其干重的 10%~25%。此类半纤维素由 D-葡萄糖基和 D-甘露糖基以 β(1→4)苷键连接成主链,部分聚半乳糖葡萄糖甘露糖在甘露糖基或葡萄糖基的 C_2 或 C_3 位上带有乙酰基,平均聚合度在100~150。半乳糖基含量高的聚半乳糖葡萄糖甘露糖具有较高的水溶性,且半乳糖基占比越大,水溶性越高。聚半乳糖葡萄糖甘露糖的化学结构如图 11.8 所示,其中:Gβ=β-D-吡喃式葡萄糖基;Mβ=β-D-吡喃式甘露糖基;Gaα=α-D-吡喃式半乳糖基;Acetyl=乙酰基。

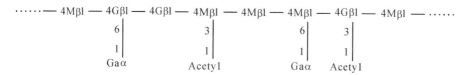

图 11.8　聚半乳糖葡萄糖甘露糖的化学结构

(2)聚木糖类半纤维素

针叶木中的聚木糖以聚阿拉伯糖-4-O-甲基葡糖醛酸木糖为主,其主链为 β(1→4)连接的聚木糖,4-O-甲基-D-葡糖醛酸基以支链的形式连接到主链木糖基的 C_2 上,L-呋喃式阿拉伯糖基以支链形式连接到主链木糖基的 C_3 上。此类半纤维素的结构见图 11.9,其中:Xβ=β-D-吡喃式木聚糖基;(MeO)$_4$GAα=4-O-甲基-α-吡喃式葡糖醛酸基;L-Afα=α-L-呋喃式阿拉伯糖基。

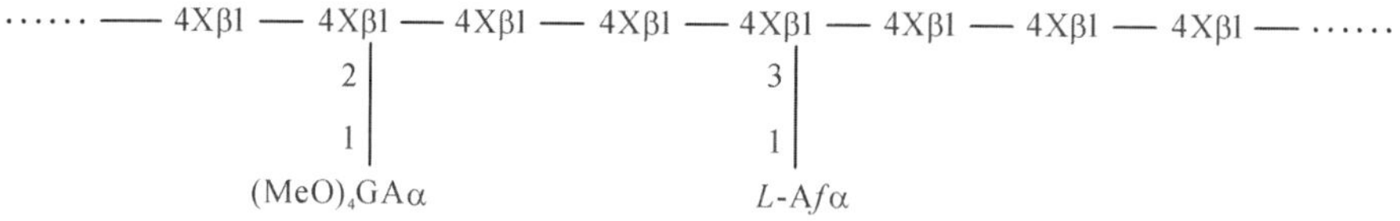

……　——　4Xβl　—　4Xβl　—　4Xβl　—　4Xβl　—　4Xβl　—　4Xβl　—　4Xβl　—　……
　　　　　　　　　　　　2　　　　　　　　　　　　3
　　　　　　　　　　　　1　　　　　　　　　　　　1
　　　　　　　　　(MeO)$_4$GAα　　　　　　　　L-Afα

图 11.9　聚阿拉伯糖-4-O-甲基葡糖醛酸木糖的化学结构

(3)聚阿拉伯糖半乳糖类半纤维素

在针叶木中,仅落叶松属植物中的聚阿拉伯糖半乳糖类半纤维素含量较高,为 5%~30%,其他针叶木中此类半纤维素的含量很少。在落叶松中,聚阿拉伯糖半乳糖的主链一般是以 β(1→3)连接的 D-半乳糖基和 L-阿拉伯糖基,在主链半乳糖基的 C_6 位上有一些半乳糖基或葡糖醛酸基支链。西方落叶松的聚阿拉伯糖半乳糖的化学结构式见图 11.10,其中:

Gaβ＝β-D-吡喃式半乳糖基；L-Afα＝α-L-呋喃式阿拉伯糖基；R＝β-D-吡喃式半乳糖基或 D-吡喃式葡糖醛酸基或 L-呋喃式阿拉伯糖基。

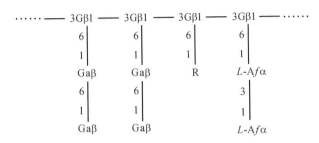

图 11.10 聚阿拉伯糖半乳糖类半纤维素的化学结构

2.阔叶木中的半纤维素

(1)聚木糖类半纤维素

阔叶木中最主要的半纤维素是聚-O-乙酰基-4-O-甲基葡糖醛酸木糖，一般占木材的 20%～25%。它的主链是由 D-木糖基以 β(1→4)苷键连接而成，支链有乙酰基和 4-O-甲基-α-D-葡糖醛酸基，也有少量支链为木糖基。聚木糖类半纤维素的化学结构式见图 11.11,其中：Xβ＝β-D-吡喃式木糖基；Acetyl＝乙酰基；(MeO)$_4$GAα＝4-O-甲基-α-吡喃式葡糖醛酸基。

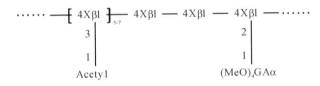

图 11.11 聚木糖类半纤维素的化学结构

(2)聚葡萄糖甘露糖类半纤维素

阔叶木中的聚葡萄糖甘露糖由 D-葡萄糖基和 D-甘露糖基以 β(1→4)苷键连接，在 D-甘露糖基的 C$_2$ 或 C$_3$ 位上有乙酰基，乙酰化程度接近 30%。聚葡萄糖甘露糖类半纤维素的化学结构式见图 11.12,其中：Mβ＝β-D-吡喃式甘露糖基；Gβ＝β-D-吡喃式葡萄糖基；Acetyl＝乙酰基。

……— 4M 1 — 4Gβ1 — 4Mβ1 — 4Mβ1 — 4Gβ1 — 4Mβ1 — ……
            2| 3|
            1| 1|
          Acetyl   Acetyl

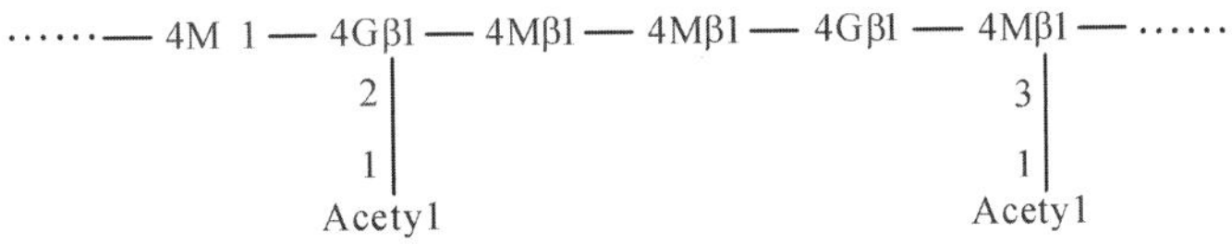

图 11.12 聚葡萄糖甘露糖类半纤维素的化学结构

(3)聚鼠李糖半乳糖醛酸木糖类半纤维素

桦木半纤维素中含有聚鼠李糖半乳糖醛酸木糖，鼠李糖基连接在两个相邻木糖基与半乳糖醛酸基之间，鼠李糖基与半乳糖醛酸基之间以 β(1→2)苷键连接、与木糖基之间以 β(1→3)苷键连接，半乳糖醛酸基与木糖基之间以 β(1→4)苷键连接，其化学结构式如图 11.13所示，其中：Xβ＝β-D-吡喃式木糖基；L-Rα＝α-L-吡喃式鼠李糖基；GaAα＝α-D-吡哌式半乳糖醛酸基。

$$\cdots\cdots — 4X\beta1 — 4X\beta1 — 3L — R\alpha1 — 2GaA\alpha1 — 4X\beta1 — \cdots\cdots$$

图 11.13 聚葡萄糖甘露糖类半纤维素的化学结构

(4)聚木糖葡萄糖类半纤维素

聚木糖葡萄糖中 D-葡萄糖基以 $\beta(1\rightarrow4)$ 苷键连接成主链,主链糖基的 C_6 位上连接有 α-D-木糖单元,有些木糖单元上连接有 β-D-半乳糖基或岩藻糖基。此外,在聚木糖葡萄糖中还含有 O-乙酰基,且超过 75% 的主链 β-D-葡萄糖基在 C_6 位上存在单糖、二糖或三糖的支链。聚木糖葡萄糖的化学结构有 XXXG、XXGG、XXFG、XLFG 等多种形式,如图 11.14 所示,其中:Xβ＝β-D-吡喃式木糖基;Gβ＝β-D-吡喃式葡萄糖基;Acetyl＝乙酰基,Gaβ＝β-D-吡喃式半乳糖基;α-D-Fucp＝α-D-吡喃式岩藻糖基。

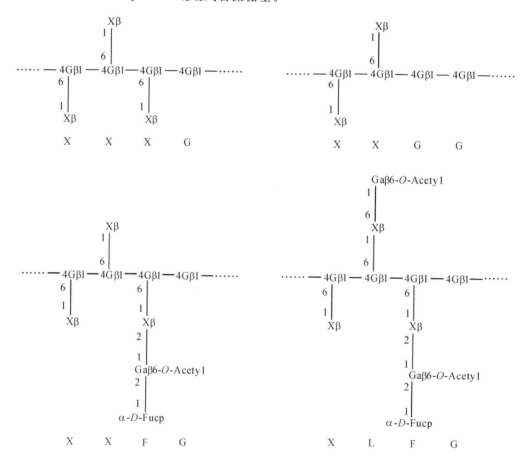

X: Xβ-(1→6)-Gβ; G: →4Gβ1→; L: Gaβ-(1→2)-Xβ-(1→6)-Gβ-1→; F:α-D-Fucp-(1→2)-Gaβ-(1→2)-Xβ-(1→6)-Gβ

图 11.14 聚木糖葡萄糖类半纤维素的化学结构

3.其他类植物中的半纤维素

与木材相比,禾本科植物的半纤维素在结构上具有更多的支链和连接单元类型。一年生植物的半纤维素含量可达 25%～50%,主要是聚木糖类半纤维素,其典型化学结构是木糖

基以 β(1→4)苷键连接成主链,在主链木糖基的 C_2 和 C_3 位上分别连接阿拉伯糖基和葡糖醛酸基支链,半乳糖基及木糖基连接于阿拉伯糖基上。麦草秆、稻草秆、芦苇、竹竿中的半纤维素主要是聚阿拉伯糖-4-O-甲基葡糖醛酸木糖,小麦、黑麦和玉米等谷类作物中主要的半纤维素组分是聚阿拉伯糖木糖。高粱、小麦、玉米和大米等谷物的麸皮非胚乳组织中,主要是聚-4-O-甲基葡糖醛酸-阿拉伯糖木糖类半纤维素。苎麻除了含有聚木糖类半纤维素外,还含有聚葡萄糖甘露糖。除针叶木、阔叶木和禾本科类植物外,在一些藻类植物中也发现了半纤维素。目前,仅在棕榈科海藻和海索面目海藻中发现了半纤维素,且这些藻类中的半纤维素通过 β(1→3)或 β(1→3,1→4)苷键连接均质木聚糖(图 11.15)。这些均质木聚糖主要起承担结构的功能。

…… —— 3Xβ1 —— 3Xβ1 —— 3Xβ1 —— 3Xβ1 —— 3Xβ1 —— 3Xβ1 —— 3Xβ1 —— 3Xβ1 —— ……

…… —— 3Xβ1 —— 4Xβ1 —— 3Xβ1 —— 4Xβ1 —— 3Xβ1 —— 4Xβ1 —— 3Xβ1 —— 4Xβ1 —— ……

图 11.15　均质木聚糖的化学结构

4. 半纤维素的性质

(1)分支度和聚集态

半纤维素的分子结构为线状,大多带有支链,故引入分支度的概念来表示半纤维素带有支链的情况。图 11.16 给出了三种半纤维素结构示意图,Ⅰ 为直链型,Ⅱ 和 Ⅲ 均带有支链,且Ⅲ带有的支链更多,故其分支度高于Ⅱ。分支度影响着半纤维素的性质,分支度高的半纤维素易被溶解,分支度低的直链型半纤维素内部有较多的结晶区,致使溶剂难以对其进行润胀、溶解。自然界中大部分半纤维素具有支链,故在植物纤维细胞壁中的聚集态结构一般是无定形的,仅少数天然半纤维素呈现结晶态。阔叶木综纤维素经过稀碱液处理后,用 X 射线衍射法可以看到聚木糖的结晶区。这表明阔叶木中的聚木糖经适当处理后具有高度的定向性,脱除乙酰基后形成部分结晶区。白桦的碱法浆及云杉的硫酸盐法浆的 X 射线衍射结果都显示了结晶聚木糖特征峰。而天然状态的聚甘露糖只有很少一部分是结晶的,其他部分是无定形或次晶的结构。

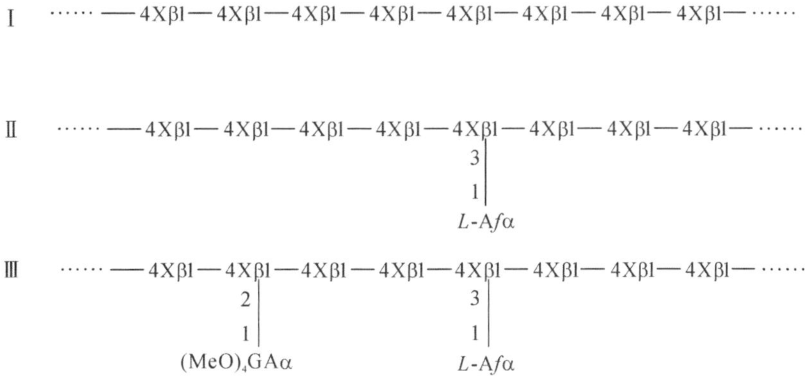

Ⅰ　…… —— 4Xβ1 —— 4Xβ1 —— 4Xβ1 —— 4Xβ1 —— 4Xβ1 —— 4Xβ1 —— 4Xβ1 —— ……

Ⅱ　…… —— 4Xβ1 —— 4Xβ1 —— 4Xβ1 —— 4Xβ1 —— 4Xβ1 —— 4Xβ1 —— 4Xβ1 —— ……
　　　　　　　　　　　　　　　　　　　　 3|
　　　　　　　　　　　　　　　　　　　　 1
　　　　　　　　　　　　　　　　　　　　L-Afα

Ⅲ　…… —— 4Xβ1 —— 4Xβ1 —— 4Xβ1 —— 4Xβ1 —— 4Xβ1 —— 4Xβ1 —— 4Xβ1 —— ……
　　　　　　　　 2|　　　　　　　　　　　 3|
　　　　　　　　 1　　　　　　　　　　　 1
　　　　　　$(MeO)_4GAα$　　　　　　　L-Afα

图 11.16　三种半纤维素结构示意图

（2）聚合度和溶解度

半纤维素的聚合度远小于纤维素的聚合度,天然半纤维素的数均聚合度一般为 $150\sim200$,针叶木半纤维素的数均聚合度约为 100,是阔叶木半纤维素的一半。半纤维素的低聚合度和分支结构使其在水中或碱液中有一定的溶解度,且不同半纤维素的溶解度存在差异性。针叶木中的聚阿拉伯糖葡糖醛酸木糖易溶于水,而阔叶木中的聚葡糖醛酸木糖在水中的溶解度较小。当用碱液分级抽提桦木综纤维素时,含较多葡糖醛酸基的聚木糖易被抽提。东部铁杉中有聚半乳糖葡萄糖甘露糖,其分子结构上的半乳糖基支链越多,其在水中的溶解度越高;若此支链较少,则只能溶于 $NaOH$ 溶液中。

（3）水解反应

和纤维素的水解反应相似,半纤维素在酸性或碱性的环境中也会发生水解反应。半纤维素的酸性水解反应情况比纤维素的酸性水解复杂很多。在碱性环境中,类似于纤维素的降解过程,半纤维素也会发生碱性水解和剥皮反应。在温和的碱性条件下,半纤维素的剥皮反应是从聚糖的还原性末端基开始,逐个糖基进行,其剥皮反应和终止反应分别见图 11.17 和图 11.18。图 11.17 中为半纤维素剥皮反应的第一步,即半纤维素大分子的还原性末端基（Ⅰ）异构化为酮糖（Ⅱ）,酮糖（Ⅱ）与相应的烯二醇结构存在某种平衡。在碱性环境中,这些结构不稳定从而发生 β 烷氧基消除反应,末端基与主链糖基之间的 β(1→4)苷键断裂,产生一个具有新还原性末端基的、链变短的半纤维素大分子和一个消除掉的末端基（Ⅲ）。掉下来的末端基互变异构成二羰基化合物（Ⅳ）,该化合物在碱性介质中进一步反应,主要转变为异变糖酸（Ⅴ）。在碱性介质中,半纤维素的剥皮反应要比纤维素的剥皮反应严重得多。但

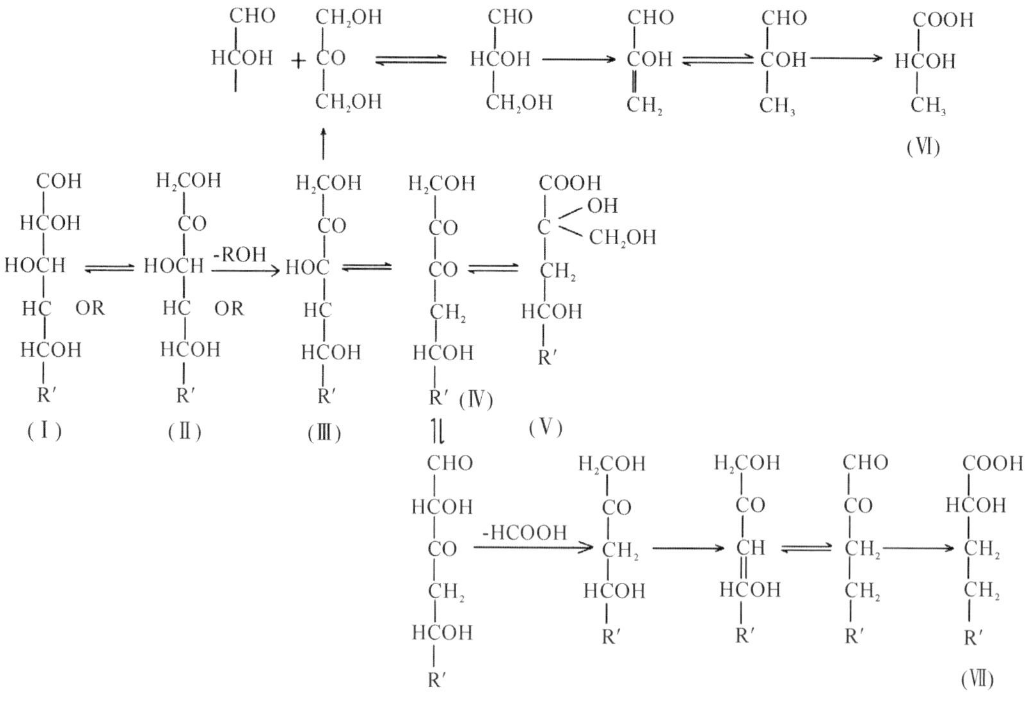

图 11.17 半纤维素的剥皮反应

如果半纤维素大分子的还原性末端基上连接有支链,则可以起到稳定和阻碍剥皮反应的作用。半纤维素的碱性剥皮反应进行到一定程度也会终止,其还原性末端基转化成偏变糖酸基,由于其末端基上不存在醛基,不能再发生剥皮反应。图 11.18 所示的半纤维素终止反应是由于半纤维素还原性末端基的 C_3 位发生羟基消除反应后形成互变异构中间体。该中间体可进一步转化成对碱稳定的偏变糖酸末端基(Ⅷ)。

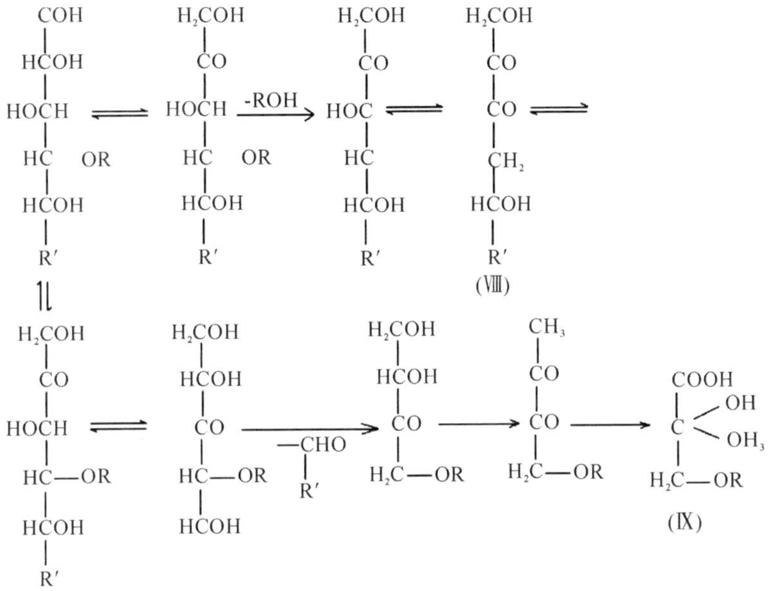

图 11.18　半纤维素的水解反应

二、半纤维素的分离提纯

从木质纤维原料中分离半纤维素的方法有水热法、微波辅助法和酶水解法等。利用制浆造纸过程的生物质类副产物生产高附加值产品是我国造纸产业生物质精炼的主要方式之一,这个过程也涉及从植物纤维原料中分离半纤维素组分。

1. 酸法提取

在酸性亚硫酸盐蒸煮过程中,半纤维素会发生酸性水解从而产生大量低聚糖或单糖。酸的浓度越大,温度越高,酸性水解反应就越剧烈,半纤维素溶出就越多。此外,半纤维素的醛末端基也可能被 HSO_3^- 氧化成糖酸末端基。在酸性亚硫酸盐针叶木浆红液的总固形物中糖类占 $22\%\sim25\%$,绝大部分为半纤维素降解产物。由于针叶木中最主要组分为乙酰化聚半乳糖甘露糖类半纤维素,在碱性条件下易降解,故针叶木更适合用热水抽提。在热水抽提中,半纤维素上的乙酰基断裂,生成的乙酸使水溶液 pH 降低呈酸性,这加速了对生物质结构的解离。为了提高降解效果、增强所得固形物的酶解性能,在水热预处理过程中会添加一定量的酸来提高 H^+ 浓度,即将酸法抽提与热水抽提法相结合,进一步提高半纤维素组分的提取效率。

273

2.碱法提取

碱法提取半纤维素是一种常用的半纤维素分离方法,但过高的碱液浓度会使半纤维素的结构受到破坏。为了节约成本、提升抽提效率及降低对分离组分结构的破坏,碱液和其他化学试剂协同抽提半纤维素的方法应运而生。碱性过氧化氢抽提法多用于麦草原料中半纤维素的分离,其中,过氧化氢既能增加半纤维素大分子的溶解性,又能起到脱木质素和漂白的作用。与单一碱液抽提法相比,过氧化氢的加入,使整个抽提过程对温度要求较低,大幅节约了用能成本,利于工业规模生产。浓碱溶解硼酸络合分级抽提法常用于针叶木综纤维素中半纤维素的分离,尤其是聚葡萄糖甘露糖和聚半乳糖葡萄糖甘露糖的抽提。在碱液中加入硼酸盐可增加半纤维素的溶解性并减少其降解,在应用中通常先进行 KOH 溶液抽提,再用含硼酸盐的碱溶液抽提。

除了在碱液和其他化学试剂协同作用下分离半纤维素,碱性条件下的物理作用也是有效分离半纤维素的方法。微波辅助抽提法利用高频电磁波产生热能从而提升细胞壁内压力,当压力足够高时,半纤维素可在较低的温度下溶出。微波不仅能使紧密的纤维结构破裂,而且能显著促进碱性溶液渗透到内部纤维结构中,这些都有利于半纤维素的分离。微波辅助的碱抽提法能数倍提高半纤维素的分离效率,且降低了分离温度,提高了得率。

利用超声波的机械效应、空化效应和热效应,增大介质分子的运动速度和穿透力,可以提升半纤维素的分离效率。超声波辅助的碱液抽提,还具有乳化、扩散、击碎等次级效应,可进一步促进半纤维素的分离。目前,超声波辅助的碱液抽提法已用于玉米芯、荞麦种皮、玉米壳、小麦秆以及蔗渣中半纤维素分离,所得组分的分支度较小,酸性基团较少,且缔合木质素含量低,相对分子质量和热稳定性较高。

3.蒸汽爆破法

通过蒸汽爆破让木质纤维素原料的结构变疏松,从而使半纤维素组分溶出是一种成本低、能耗少、无污染的分离方法。在高温高压下产生的水蒸气由于扩散作用渗透进入细胞壁后冷凝为液体,在瞬间减压产生巨大的剪切力后破坏细胞壁结构,使半纤维素降解为可溶性多糖,以实现有效分离。蒸汽爆破过程中,半纤维素的乙酰基脱落并产生以乙酸为主的有机酸,这种自催化作用也加速了半纤维素的降解和分离。

4.半纤维素的纯化

分离后的半纤维素需经过纯化才能投入后续的应用中。目前,主要用离子交换柱和凝胶色谱柱来纯化半纤维素多糖,但这些方法存在成本高昂、操作烦琐、耗时长和难于工业化应用等缺点。梯度浓度乙醇溶液是一种低成本、分离效果好且适合大规模应用的半纤维素纯化方法。对阔叶木沙柳的综纤维素采用 15%、30%、45%、60%、75% 和 90% 的梯度浓度乙醇溶液依次进行沉淀,可得到 8 种不同结构组成的半纤维素组分。随着所用乙醇浓度的增加,纯化后所得半纤维素组分的分支度也增加,即直链半纤维素可优先被低浓度的乙醇沉淀出来。硫酸铵溶液对结构上具有乙酰基和无乙酰基的半纤维素有明显的分离纯化效果,以 50% 和 80% 的硫酸铵溶液对芦竹综纤维素溶液逐级进行沉淀为例,50% 硫酸铵溶液可优先沉淀出分支度低、乙酰基含量少、相对分子质量高的半纤维素,80% 硫酸铵溶液沉淀出的半纤维素分支度高、乙酰基含量高、相对分子质量较低。此外,利用 I_2-KI 溶液也可将支链半纤维素和直链半纤维素有效分离纯化,该方法得到的半纤维素为几乎只含戊糖主链的聚木糖和富含己糖侧链的聚木糖。

三、半纤维素的资源化应用

在制浆造纸过程中,植物原料中的纤维素被制造成纸张,而木质素和半纤维素则成为副产物。目前,大部分木质素和半纤维素副产物被直接燃烧或随废液排放。例如,在传统的碱法制浆过程中,黑液里大约有原料质量 20% 的半纤维素和 30% 的木质素通过碱回收工序被直接燃烧掉,但二者的热值较低,燃烧的处理方式并不是一个好的选择。随着生物炼制概念的发展,全球范围内的学术研究、工业生产乃至政府机构已将生物质资源化开发应用作为重点对象,如图 11.19 所示。

图 11.19　半纤维素资源化开发应用示例

1. 半纤维素衍生化学品

直接蒸煮原料是传统的化学法制浆模式,植物中的半纤维素易进入制浆废液而被浪费掉。若在削片和制浆工段之间加入温和的预抽提步骤,先分离出一部分半纤维素进行生物炼制,可大大提升其利用价值。制浆蒸煮预抽提出来的半纤维素或木糖组分常用于制备生物乙醇,或通过木聚糖脱水的方式制备糠醛,再经过加氢、氧化脱氢、酯化、卤化、聚合、水解等处理获得多种化工产品。分离提取出的半纤维素也能够通过发酵生产衣康酸,再通过自由基均聚生成聚合衣康酸。聚合衣康酸是一个极易溶于水的高吸湿材料,可作为纸张的表面施胶剂,也可代替木材复合物中的不饱和树脂和涂布纸中的丁苯胶乳作为胶黏剂。

2. 半纤维素用于造纸助剂

木材原料中的半纤维素在碱液高温蒸煮下,发生剥皮反应和碱性水解反应而部分降解成为低聚糖或单糖,这些糖类在碱性溶液中会进一步分解成乙酸、甲酸等溶于蒸煮液中。在强碱、高温、高压条件下经过一系列变化而溶解出来的半纤维素,其结构、性质已不同于天然半纤维素。回收黑液中半纤维素的方法是将黑液浓缩至一定浓度后,先加入等体积的 90%甲醇溶液,过滤后得到半纤维素滤饼,再用 50%甲醇溶液洗涤、过滤、蒸发后即可得粗制半纤维素。提纯后的半纤维素可用作纸张表面施胶剂等助剂。从黑液中回收的半纤维素还可以用作煤团黏结剂、瓦楞纸板和纸箱的黏合剂,其改性后还可以生产其他化学品,例如,提纯的产物经过羧甲基化改性后生产羧甲基茯苓多糖等。

3. 半纤维素基功能材料

近年来,随着半纤维素分离纯化及改性技术的不断发展,其在造纸、食品、包装、能源、化工、环保和生物医药等领域都表现出了较大应用潜力。相比于纤维素,半纤维素的无定形结构使其更易在普通溶剂中溶解,便于后续的化学改性。目前,研究较多的有半纤维素基膜材料、水凝胶和吸附材料等。

木聚糖基膜材料具有理想的性质,适用于食品包装和医疗包装材料领域。将半纤维素及其衍生物和淀粉、壳聚糖、海藻酸钠、木质素等组分共混,可制备出既具有功能性又满足机械强度要求的膜材料。有研究表明,对溶解浆副产物中分离出的半纤维素进行羧甲基化改性,随后与聚乙烯醇共混并浇铸成膜,加入肉桂酸钾来提升膜材料的抗菌性和紫外阻隔性。该半纤维素基复合膜具有良好的氧气阻隔性能和柔韧性,适用于有抗菌需求的食品包装材料。聚阿拉伯糖木糖可与巯基乙酸发生硫醇化反应,将改性后的木聚糖衍生物浇铸成膜,制备出具有黏膜吸附性和载药性的膜材料,当加入丙三醇塑化剂后,该膜的溶解性和药物渗透性均增强。

凝胶材料是一种应用广泛的高分子聚合物材料,常见的凝胶有水凝胶和气凝胶两种。其中,水凝胶是一种不溶于水的三维网络结构材料。近些年出现了一些以半纤维素为原料,通过多种方法来制备功能型水凝胶的研究。与各种合成高分子水凝胶相比,半纤维素基水凝胶具有高渗透性、智能回弹性、生物兼容性和生物可降解性等优势。例如,用木材中的半乳葡萄糖甘露聚糖半纤维素与乙烯基单体通过自由基聚合的方式制备离子交换水凝胶,该凝胶材料具有 pH 响应的金属离子特异性吸附功能。有研究人员以羧甲基纤维素和木聚糖为原料,在碱性环境中以乙二醇二缩水甘油醚为交联剂对二者进行交联,得到具有强吸水性和稳定 VB_{12} 缓释功能的多孔水凝胶材料。

目前,商业化生物塑料的制备大多依赖聚羟基脂肪酸酯和聚丁二酸丁二醇酯的生物培养,或合成可再生聚羟基脂肪酸酯。这些方法的生产成本较高,得到的结晶生物塑料通常具有较低的玻璃化转变温度,难以替代许多石油基塑料纸品。有研究人员在植物组分分馏过程中获得的非食用性半纤维素组分合成三环双酯塑料前体,并分别与一系列脂肪族二元醇熔融缩聚得到无定形醛。该产物具有较高的玻璃态转化温度、坚韧的力学性能、极限的拉伸强度、优良的拉伸模量和断裂伸长率以及较强的气体阻隔性,且可通过注塑成型、热成型、双螺杆挤出和增材制造进行加工。在 64 ℃的环境下,这种材料能够在甲醇中发生降解并完成化学回收,最终在室温中解聚。

第四节　提取物组分高值化利用

一、提取物分类与性质

木质纤维素类生物质主要由纤维素、半纤维素和木质素 3 种高聚物相互嵌合而成，总质量约占木质纤维素类原料的 $80\%\sim95\%$，此外，还包括一些可溶于极性或弱极性溶剂的提取物。

生物质提取物被定义为浓缩的液体、固体或黏稠物质的制剂。它们通常是通过浸渍（使用水或乙醇提取到平衡状态）或渗滤（使用水或乙醇提取到耗尽状态）获得的。生产中的关键因素是选择提取剂。水溶性（亲水）成分可以用水来提取，而脂溶性（亲油）成分是用乙醇或其他溶剂从植物的特定部分提取的。

木质生物质是生物活性化合物的天然宝库，其产生的次生代谢产物超过 40 万种。其中，大多数化学物质（如萜烯类、生物碱、类黄酮、甾体、酚类、独特的氨基酸和多糖等）具有抗菌活性和防腐作用。木质生物质提取物通常具有非常复杂的组分，包含数千种化学物质，具体的混合物可能受多方面因素影响（包括所用提取工艺、植物的地理区域、所用植物的生长年限和使用部位、植物采摘的季节等）而大不相同。

在生物质材料的气化过程中产生的气体提取物经分离和冷凝后获得，主要包含酸、醇、酯、醛、酮、酚和其他化学成分。这些有机化合物本身具有生物活性，并且各种物质彼此配合，所以生物活性提取物具有促进作物生长、抑菌和杀菌特性的良好性能。实验表明，稻壳的活性提取物对白念珠菌和大肠埃希菌具有较强的抑菌作用，抑菌率在 90% 以上。它还对金黄色葡萄球菌和黑曲霉具有一定的抗菌作用。

具体提取工艺及提取物应用将在本节详细展开。

二、提取分离工艺

生物质存在天然的抗降解结构屏障，预处理是木质生物质组分提取的关键步骤。另外，有关天然产物的提取工艺很多，传统方法主要是溶剂萃取法、水蒸气蒸馏法等。近年来，又出现了超临界流体萃取法、生物酶解技术、超声提取技术、微波辅助技术等新方法。采用不同提取方法，得到的提取物化学成分不同。

木质生物质提取物的工业提取流程通常包括以下几个步骤：

①原料准备：选择合适的生物源并进行采集或培养。这可能涉及种植、养殖和发酵等过程。确保生物质原料的品质和纯度对于最终提取物的质量至关重要。

②粉碎/研磨：将生物质原料进行粉碎或研磨，以增加其表面积，便于后续的提取过程。

③提取：选择合适的提取方法进行活性成分的提取。常见的提取方法包括溶剂提取、超临界流体提取和水提取等。提取过程中需要控制温度、时间和提取剂的浓度，以获得最佳的提取效果。

④过滤/分离：将提取得到的混合物进行过滤和分离，去除固体颗粒、杂质和溶剂。

⑤浓缩：将提取液进行浓缩，以减少体积并增加活性成分的浓度。常用的浓缩方法包括

蒸发、减压浓缩等。

⑥除溶剂/溶剂回收:对于采用溶剂提取的方法,需要进行除溶剂的操作。这可以通过蒸发、蒸馏或其他技术来实现。在工业生产中,从经济和环境效益的角度考虑,溶剂回收是必要的。

⑦干燥:将浓缩得到的提取物进行干燥,以去除余留的水分,得到干燥的活性提取物。常用的干燥方法包括喷雾干燥、真空干燥和冷冻干燥等。

⑧精制/纯化:根据需求对提取物进行进一步的精制和纯化。这可能涉及色谱技术、结晶、过滤等步骤,以去除杂质并提高目标成分的纯度。

⑨测试/分析:对提取物进行质量控制和分析,确保其符合规定的质量标准。包括物化性质测试、活性成分含量测定、微生物检测等。

三、木质生物质提取物应用

近年来,人们围绕木质生物质主要化学成分的分析及其提取物开发利用开展了大量的研究工作。据报道,木质生物质提取物有效成分含有黄酮类及其苷类、活性多糖类、特种氨基酸及其衍生物等与人体生命活动有关的化合物;含有锰、锌、硒、锗、硅等多种能活化人体细胞的元素,以及以醛、醇为主的芳香成分等。本小节将从不同领域介绍生物质提取物的应用价值。

1. 防腐剂

木质生物质提取物一直以来是开发天然防腐剂的重点,已有很多的研究发现大量的植物提取物具有防腐抗菌的作用,不同的溶剂提取木质生物质对抑菌作用有影响,同一溶剂不同提取液抑菌效果有差别,说明不同木质生物质化学成分也存在差异。

木材天然耐腐力不仅与木材本身组织构造有关,还与木材中所含的抗菌性化学物质有关。红雪松、白雪松、黄雪松、紫杉、红杉、柚木等都是很好的天然耐久性树种,尤其是心材部分的耐腐能力更强。红雪松和白雪松卓越的防腐能力来源于自然生长过程中产生的一种被称为大叶崖柏素的醇类物质,另外从红雪松中可萃取出一种被称为"Thujic"的酸性物质,当其浓度为 $0.1\% \sim 0.3\%$ 时就能确保木材不被昆虫侵蚀,无需再做人工防腐和压力处理。

过去人们常把树皮作为燃料和肥料使用,直到今天,人们对其进行提取利用依然很少。树皮中的单宁、树脂和树蜡等成分含量很高,如将木材加工过程中的这部分剩余物加以利用,可产生一定的经济和社会效益。Daniel 等对香脂冷杉和白云杉混合树皮经热解产生的木醋液馏出物进行的木材防腐性能研究表明,以上 2 种混合树皮的木醋液馏出物能有效抑制木腐菌的生长,其中的酚类物质发挥主要的抑菌作用。

随着人们生活水平的提高,安全健康消费意识不断增强,防腐剂的使用要求更为严格,木质生物质提取物作为天然食品防腐剂也受到广大消费者的欢迎。日本大阪中岗食品技术研究所从竹叶中提取出一种高效、天然、可食用、无毒副作用的防霉防腐剂,实验结果表明:按千分之三的比例把这种防霉防腐剂添加到各类食品或饲料中,就能有效地抑制乳酸菌(lactic acid bacteria)、枯草芽孢杆菌(*Bacillus subtilis*)和霉菌的繁殖,从而防止食品或饲料的发霉变质。

2. 抗氧化剂

自由基氧化及其产生的中间产物会严重破坏生物膜、酶、维生素、蛋白质及活细胞功能，其中一些还是公认的致癌物。现已明确许多疾病都与自由基有关，而自由基在食品和化工产品氧化中的作用更是众所周知。所以有关抗氧化剂清除自由基的研究目前受到普遍关注，而抗氧化剂往往有毒副作用。为了减轻自由基的危害，寻找资源丰富、有效成分含量高、保健功能突出、价廉的抗氧化剂备受关注。木质生物质提取物中的抗氧化有效成分主要是水溶、醇溶性物质。研究表明，木质生物质提取物中的天然黄酮类化合物、多糖和氨基酸等具有显著的抗氧化活性，黄酮是竹叶提取物中抗氧化作用的有效成分，黄酮含量越高，抗氧化能力越强。

超氧化物歧化酶（SOD）广泛存在于需氧细胞中，是生物体抗氧化防御体系中最重要的酶。类 SOD 活性已成为抗衰老药物和抗衰老保健食品的一个重要指标。张英采用邻苯三酚（PR）自氧化法测定 SOD 活性，旁证了竹叶提取物优良的类 SOD 活性，并用昆明种小鼠作为试验对象，研究了毛金竹叶提取物抗衰老的生物学效应。结果表明，竹叶提取物能显著增强小鼠对非特异性刺激的抵抗能力，对一些氧化酶活性有显著的诱导作用。这说明竹叶提取物具有一定的抗衰老作用，可以作为一种抗衰老功能因子的新资源加以研究。

黄酮为木质生物质提取物中的主要活性成分之一，具有类似 SOD 和谷胱甘肽过氧化物酶（GSH-Px）的作用，能清除人体内活性氧自由基，防止生物膜脂质被超氧自由基和羟基自由基氧化，具有防止血管硬化，改善脑组织营养，改善心血管及脑神经系统功能，以及抗癌、抗衰老、预防老年性痴呆症等重要生理和药理作用。木质生物质中黄酮类化合物含量丰富，总黄酮含量在 2% 左右。竹叶抗氧化物是从竹叶当中提取的抗氧化性成分，有效成分包括黄酮类、内酯类和酚酸类化合物，是一组既复杂又相互协同增效作用的混合物。其中黄酮类化合物主要是碳苷黄酮，四种代表化合物为荭草苷、异荭草苷、牡荆苷和异牡荆苷。内酯类化合物主要是羟基香豆素及其糖苷。酚酸类化合物主要是肉桂酸的衍生物，包括绿原酸、咖啡酸、阿魏酸等。竹叶提取物抗氧化剂主要成分的化学结构式如图 11.20 所示。

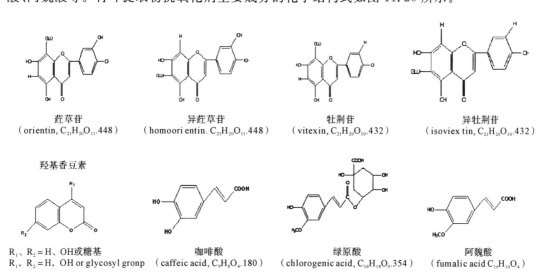

荭草苷
（orientin, $C_{21}H_{20}O_{11}\cdot448$）

异荭草苷
（homoori entin. $C_{21}H_{20}O_{11}\cdot448$）

牡荆苷
（vitexin, $C_{21}H_{20}O_{10}\cdot432$）

异牡荆苷
（isoviex tin, $C_{21}H_{20}O_{10}\cdot432$）

羟基香豆素

R_1、$R_2 = H$、OH或糖基
R_1、$R_2 = H$，OH or glycosyl gronp

咖啡酸
（caffeic acid, $C_9H_8O_4\cdot180$）

绿原酸
（chlorogenic acid, $C_{16}H_{18}O_9\cdot354$）

阿魏酸
（fumalic acid $C_{10}H_{10}O_4$）

图 11.20　竹叶提取物抗氧化剂主要成分的化学结构式

3. 杀菌剂

由于化学合成的农药会对人体产生或多或少、直接或间接的副作用,以生物质为原料进行植物源农药的研制与开发已成为世界各国农药研发的热点。植物源农药的研究与开发是当前农药学领域较为活跃的研究方向。一方面从植物中探寻新的活性先导化合物,通过类推合成进行新农药的开发;另一方面通过植物杀虫作用方式的研究,探寻新的杀虫作用靶标,合理设计开发新型环境友好农药。操海群等的研究表明,毛金竹、白纹短穗竹(*Brachystachyum densiflorum*)、苦竹、巨县苦竹乙醚提取物对萝卜蚜拒食活性较强,其中,白纹短穗竹和巨县苦竹提取物拒食作用较为稳定。供试竹提取物质量浓度为 10 g·L^{-1},对萝卜蚜均具有较强的触杀作用。

虎杖(*Reynoutria Japonica* Houtt.)为中国传统药用植物,主要分布于华东、中南及辽宁、陕西、甘肃、四川、贵州、云南等地。其提取物具有抗癌功能,对肿瘤细胞的增殖具有明显的抑制作用,能够大幅减缓肿瘤组织生长速度。

实验观察发现,0.4%虎杖根茎提取物在具有优良防治效果的同时,能够促进作物生长,缓解因施药对作物生长的影响。在推荐使用浓度下,其叶长平均增长 1.26 cm,其叶宽平均增长 2 cm(图 11.21)。

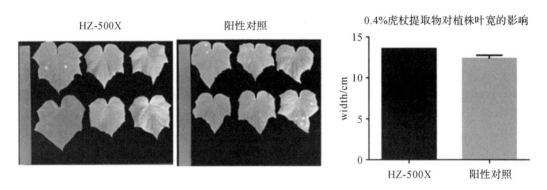

图 11.21　0.4%虎杖根茎提取物处理对作物生长的影响

4. 其他活性成分

多糖广泛存在于自然界的植物中,是多种中药的有效成分之一,具有多种生物活性,是理想的免疫增强剂,它能促进 T 细胞、B 细胞、NK 细胞等免疫细胞的功能,还能促进白介素、干扰素、肿瘤坏死因子等细胞因子的产生,从而引起了生物学家、药理学家和化学家的极大兴趣。多糖是木质生物质提取物中一种含量极其丰富的营养物质,对人体具有独特的保健功效,是一种具有多种生理功能和开发价值的植物活性多糖。日本从 20 世纪 60 年代起就对多糖进行了深入研究,证实木质生物质提取物中多糖具有明显的药用效果。

山东某公司的主导产品是糠醛和呋喃树脂,实现了木质生物质全组分综合利用。它们对木质生物质进行酸水解,分离后得到戊糖溶液和剩余固体,戊糖溶液可用于生产传统的糠醛,也可以生产其他高附加值产品。

另外,木质生物质提取物中含有很多微量元素,是人体正常发育必需的。现代医学观点认为,木质生物质提取物中所含有的矿物质元素,能活化人体细胞,具有一定的生理和药理作用。如竹叶中含有大量的硅元素,具有通便、改善人体血红蛋白和促使人体身心爽健的作用。钙能促进人体骨骼的生长。锗具有通过消除活性氧自由基及抑制脂质过氧化而达到消炎、抗癌和防衰老的功能。锌和硅既可增强生物体的免疫能力，也可与锗协同作用，从而增强竹叶的药理活性。

在木质生物质提取物中，挥发油是一种良好的天然香料，其香气具有典型的绿叶特征，接近瓜、果、茶的香型，并且具有很高的药用价值，在香料、医药、食品等方面有较大用途。从竹叶中共检出 144 种挥发性化合物，以醛、醇、呋喃、酮类为主，$C_5 \sim C_8$ 中等链长的含氧化合物占主导地位，是竹叶清香的物质基础，其中 C_6 化合物起了关键作用，重要的 C_6 成分有 (E)-2-己烯醛、(Z)-3-己烯醇、2-乙基-呋喃、己醛和己烯等。

华东理工大学研究学者在生物炼制加工链中提取 B 族维生素，可以提高产品附加值，实现木质纤维素生物质的高值化利用。充分利用秸秆水解液中的 B 族维生素，可促进纤维素底物的生物基化学品发酵，同时减少外源维生素的添加，大幅降低发酵成本，展现底物的优越性。在木质纤维素生物质中，B 族维生素利用为生物炼制工艺中发酵效率的提高提供了新的解决方案。

由于人工合成色素大多数对人体有害，在世界范围内其使用受到严格限制。而天然食用色素在安全性能上比合成色素大得多，长期使用是无害的，所以人们对天然色素越来越感兴趣，研制开发天然色素、食用色素是大势所趋。木质生物质提取物中的叶绿素无毒害、无气味。叶绿素铜钠盐呈蓝黑色粉末状，无臭或稍带有特殊气味。

❖ 生态之窗

生物质材料能为"双碳"做什么？

目前，生物质高效综合利用领域分布在能源、生态农业、环境修复、建材等。以能源领域应用为例，包括生物质制乙醇和生物质发电。前者是生物质高效综合利用最传统的途径，我国 2018 年生物质燃料乙醇产量约为 340 万 t，逐渐成为液体燃料的重要组成部分；后者在国家财政补贴的大力支持下，发电规模迅速增长，生物质发电量 2019 年已达 1111 亿 kWh。

生物质材料正向高值化利用方向拓展，如模块化建材、生物质碳纤维、生物质储能材料、生物质环境修复材料等。在模块化建材方面，秸秆复合墙板、重组木、新型纤维板、木塑复合材料和生物钢等涉及生物质建材的几大成型产业，将为建筑行业装配式被动房的模块化、环保化和节能化作出重要贡献。在生物质材料还田方面，一些新的应用技术正接近实用化，如生物质可降解地膜、生物炭直接还田等正获得小规模推广。在生物质碳纤维方面，优质的生物质基碳纤维前驱体是重要方向。木质素含碳量比纤维素高，采用干喷湿纺碳化和熔融纺丝的工艺制备木质素碳纤维，提高木质素的热熔性和可纺性是未来的研究趋势。在生物质储能方面，用生物质材料制备炭材料，作为电池中石墨的替代品，提升锂离子电池的储能性能。在生物质环境修复方面，生物炭材料的应用前景也较大。

开发利用生物质材料,能够同时实现环境治理、供应清洁能源和应对气候变化,具有多重环境效益和社会效益,符合我国生态文明建设思想,是实现生态环境保护、建设美丽中国等国家战略的重要途径。在"双碳"和"十四五"发展的双重背景下,生物质材料将以其绿色环保、量多价廉、可再生的优势,迎来更为广泛的发展。

二维码 11.2　生物质材料能为"双碳"做什么?

❖ 复习思考题

(1)纳米纤维素的制备方法有哪些?它们的优缺点是什么?

(2)纤维素在哪些领域有应用,并且如何改善其应用性能?

(3)纤维素的可持续生产和循环利用如何实现?

(4)木质素在植物中起到什么样的作用?它对植物的生长和生理过程有什么影响?

(5)木质素的化学结构是怎样的?它的结构特点对其性质和应用有何影响?

(6)木质素在哪些领域有应用?举例说明其应用领域及相应的产品或技术。

(7)木质素的提取方法有哪些?每种方法的优缺点是什么?

(8)不同种类的半纤维素在生物质转化中的差异有哪些?

(9)如何提高木质素和半纤维素的可溶性和可利用性?

(10)木质素提取物在哪些领域有应用?举例说明其应用领域及相应的产品或技术。

第十二章 废弃生物质好氧堆肥

第一节 废弃生物质好氧堆肥概述

一、好氧堆肥的概念

好氧堆肥是固体废弃生物质资源化的一项重要技术,指在有氧条件下,利用细菌、真菌、病毒、原生动物等微生物,促进废弃生物质中有机物降解,达到减量化、资源化、无害化目的。好氧堆肥技术常见的处理对象包括动物源(如畜禽粪便、养殖业动物残体)、植物源(如秸秆、木屑)、食品工业废渣、市政污泥和餐厨垃圾等。

废弃生物质堆肥化技术以"3R"和"三化"原则为重要策略,"3R"为减量化(reduce)、再利用(resue)和再循环(recycle),"三化"原则即减量化(waste minimisation)、资源化(reuse, recycling and recovery)、无害化(safe final disposal)。堆肥过程可实现以下目标:生物处理降解废弃生物质,减小体积;稳定或降低废弃生物质的有毒有害物质;高温可杀死有害病原菌;资源化利用废弃物,降低碳排放;堆肥化产品可提升土壤有机质、养分含量以及土壤微生物活性。

二、好氧堆肥的发展历史

1. 国外堆肥的发展历史

国外关于废弃物质堆肥的历史悠久。例如,南美、印度的早期居民以农作物、动物和人类排泄物作为原料,将残余物堆放在坑中一段时间,用于农田进行土壤培肥。据史料记载,罗马帝国时期,首都居民开发了垃圾处理系统。为了维护城市的卫生条件,城市垃圾粪便等由固定人员定期收集,并运出城镇,最后施用于农田。

国外的堆肥技术也在 20 世纪不断进步。最早有机残渣堆肥化管理中的应用研究之一始于 1933 年的印度。当时,霍华德(Howard)实现了现代堆肥历史上的第一个重大进步,他和工作人员的共同对堆肥过程进行了总结,并命名为"印多尔法"。最初,印多尔法只用于处理牲畜粪便,但不久便在其中加入各种易生物降解物质(稻草、树叶、城市垃圾等)与其交替堆层,并进行堆垛。随后,位于邦加罗尔的印度农业研究委员会改进了印多尔法,并命名为"邦加罗尔法"。

意大利的贝卡利(Beccari)法是利用一套封闭装置,使固体有机物进行厌氧发酵,再通气促进好氧发酵。随后,好氧分解在国外出现机械连续生产的转置。1932年,荷兰建立了大批堆肥厂,改良了印多尔法,建立了范曼奈尔(VanManne)工艺。1933年,在丹麦出现了好氧发酵周期较短的达诺(Dano)法,其运用回转窑发酵筒进行发酵反应。1939年,托马斯(Thomas)利用多段竖炉发酵仓,其原理为物料在发酵仓内从上至下逐层移动,这种装置增加了通风和搅拌强度,以致发酵温度更高。该法的出现促使高温堆肥迅速发展。

在20世纪50年代,日本开始城市垃圾的堆肥化研究。后来分选技术不完善,堆肥质量低劣,一些堆肥厂相继关闭、停产。1970—1980年,一些发达国家出现大量机械化的堆肥工厂,对城市垃圾、农林废弃物、人畜粪便等资源化开辟了一条高效的途径。同时,一些国家为规范堆肥产品,开始制定堆肥产品的技术标准。80年代后期,现代化堆肥技术遇到多重难题,严重影响堆肥产品质量,例如,城市生活垃圾成分更加复杂、不可生物降解物增多、有毒有害物质带入等。90年代,欧美发达国家,垃圾填埋场和焚烧处理不足以完成垃圾处理,这再次引起对废弃生物质堆肥处理技术的重视。

当前,发展中国家的堆肥场很少采用全机械化生产,多采用土法或半机械化方法。印度也一直积极推行垃圾堆肥技术并取得了较好效果,其主要采用简单的长条式堆肥技术。

2. 国内堆肥的发展历史

人类利用废弃生物质生产有机类肥料的历史,已有几千年历史。中国早已存在利用各种废弃生物质堆积,发酵制备有机肥的做法。公元前一世纪,古人就已用粪肥增加土壤肥力。公元630—640年,贾思勰著有《齐民要术》,其中记载我国最早的堆肥方法。公元1149年,我国宋代《陈敷农书》讲述了宋代已经开始用有机废弃物发热堆肥,这与现代的高温发酵原理类似。公元1313年,元代王祯做县令时著有《王祯农书》,开辟了将多种废弃生物质(如,腐草、谷壳、败叶、禽兽毛羽亲肤之物等)制作成沤肥。

20世纪初始阶段,在农村传统堆肥基础上进行了简单的改造,例如,用土覆盖保温、自然通风供氧、堆垛等,但工艺上主要为一次性发酵。这种初级阶段的工艺特点是简单,但发酵效果差、时间长。20世纪80年代开始,前期的一次发酵工艺逐渐发展为二次发酵工艺。同时,我国相关部门加大了相关技术推广,配套技术完善。但由于受到化肥工业的影响,我国有机肥施用技术逐渐被化肥替代,农民对化肥的依赖性也逐渐增大。21世纪以来,农民更倾向于施用操作简单、施用方便、养分释放快的化肥以提高作物产量。但是,随着化肥的过量施用,各种环境问题逐渐暴露出来,如土壤酸化、土壤盐渍化、水体富营养化等。在"绿水青山就是金山银山"和"中国特色社会主义生态文明建设"等目标背景下,我国开始提高了对有机肥行业的重视程度,提供了一系列的国家级项目和政策,以期提高当代农民对有机肥的了解和重视。在这些大背景下,废弃生物质的堆肥技术又被重视起来。

三、好氧堆肥的原理

在一定条件下,废弃生物质中的可降解有机物通过微生物的发酵和腐熟,形成稳定的产物,这一产物通常称为堆肥。堆肥的主要成分是腐殖质、氮、磷、钾和矿质离子。废弃生物质经过堆积,体积可降至原体积的50%～70%。在某些特定地域,堆肥过程特指好氧堆肥。

　　实际上,好氧堆肥是微生物发酵的过程,通过微生物将有机物转化成为二氧化碳、生物量、热量和腐殖质。微生物为了维持自身生命活动,不断分解和利用有机物质。有机废物中的可溶性小分子物质透过微生物的细胞壁和细胞膜,被微生物直接吸收利用。不溶性大分子有机物首先依附于微生物的表面或体外,再被微生物分泌的胞外酶分解为可溶性小分子物质,最终进入细胞内被微生物利用。通过微生物的生命活动,废弃物中有机物质一部分氧化为简单的无机物,并释放能量,另一部分合成转化为微生物细胞物质,并形成腐殖质(图 12.1)。

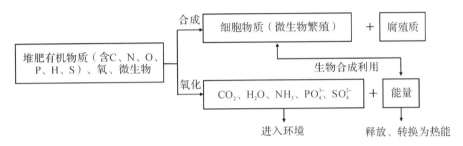

图 12.1　好氧堆肥中有机物分解过程

下列反应式反映了堆肥中有机物的氧化和合成过程:

$$[C,H,O,N,S,P]+O_2 \longrightarrow CO_2+NO_3^-+SO_4^{2-}+简单有机物+增殖的微生物+热量$$

(1)有机物的氧化

$$C_xH_yO_z+\left(x+\frac{y}{2}-\frac{z}{2}\right)O_2 \longrightarrow xCO_2+\frac{y}{2}H_2O+能量$$

(2)细胞物质的合成(包括有机物质的氧化,并以 NH_3 为氮源)

$$n(C_xH_yO_z)+NH_3+\left(nx+\frac{ny}{4}-\frac{nz}{2}-5\right)O_2 \longrightarrow$$

$$C_5H_7NO_2(细胞质)+(nx-5)CO_2+\frac{ny-4}{2}H_2O+能量$$

(3)细胞物质的氧化

$$C_5H_7NO_2+5O_2 \longrightarrow 5CO_2+2H_2O+NH_3+能量$$

根据温度变化特征,好氧堆肥过程可分为四个阶段(图 12.2):

(1)发热阶段

好氧堆肥初期,堆肥层温度为 $15\sim45\ ℃$。该阶段,中温好气性微生物为优势菌群(如无芽孢的细菌、芽孢杆菌和霉菌等),其以易分解的单糖类、淀粉、蛋白质、氨基酸等有机物质为利用底物,分解并释放出 NH_3、CO_2 和热量,这一阶段堆肥层温度快速上升(几天内可达 $40\sim50\ ℃$),故称为发热阶段。同时,中温性真菌产生子实体,并利用菌丝分解堆肥有机物原料。另外,一些病毒(如噬菌体)会通过改变微生物群落间接影响有机物的分解。

　　(2)高温阶段

微生物的持续繁殖和能量释放导致堆层温度上升至 $45\ ℃$,进入高温阶段。在这个阶段,复杂有机物质如半纤维素、纤维素和果胶开始强烈分解,腐殖质逐渐形成,同时出现了可溶于弱碱的黑色物质。高温阶段,中温好气性微生物活动受到抑制,而嗜热性微生物型(如

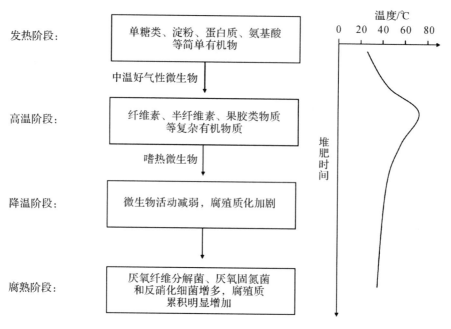

图 12.2　好氧堆肥的四个阶段

嗜热真菌和嗜热放线菌)逐渐占主导地位。但各类嗜热微生物最适温度也不尽相同,通常情况下,嗜热真菌和放线菌在约 50 ℃时表现出最高的活性;当温度升至 60 ℃时,真菌几乎完全受到抑制,只有嗜热放线菌和细菌继续生长活动;当温度超过 70 ℃时,大多数嗜热微生物也无法适应,进入死亡或休眠状态。现代化好氧堆肥生产通常将最佳温度设定在 55 ℃左右,因为在 45 ℃至 80 ℃,大多数微生物最为活跃,能够高效分解有机物质,同时高温能够杀灭绝大多数病原菌、寄生虫和杂草种子。

（3）降温阶段

高温阶段过后,堆肥中的剩余生物质主要包括难以降解的有机物和新形成的腐殖质。随着时间的推移,微生物的活性逐渐减弱,导致发热量减少,从而使堆肥温度逐渐降到 50 ℃以下,进入降温阶段。在这个阶段,中温微生物逐渐占据主导地位,进一步分解残留的、难以降解的有机物,同时腐殖质不断积累并变得更加稳定。

（4）腐熟阶段

堆肥进入腐熟阶段,需氧量显著减少,含水率也降低。堆肥物质的碳氮比逐渐减小,堆肥呈现黑褐色。在此阶段,厌氧纤维分解菌、厌氧固氮菌和反硝化细菌逐渐增多,导致新形成的腐殖质分解并释放氨气。为了实现腐熟和保肥的目标,本阶段需要适当调节水热条件,抑制放线菌和反硝化细菌的活动。

四、好氧堆肥的微生物及影响因素

1.好氧堆肥的微生物种类及特征

微生物在废弃生物质堆肥化过程中扮演着生化降解的角色。首先,废弃生物质本身携带大量微生物类群,如畜禽粪便中富含来自牲畜肠道的微生物,而每千克城市生活垃圾中细

菌数量可达 $10^6 \sim 10^{10}$ 个。其次,在堆肥过程中会添加特定的微生物菌种,以加快堆肥进程和腐熟程度。这些菌种经过人工筛选,不仅能强烈分解有机废物,还具备高繁殖力和高活性的特点。这些人工强化菌株能够加速堆肥反应,促进有机物料的彻底分解。

在堆肥过程中,随着有机物逐渐降解,堆肥微生物的种类和数量也会发生变化。细菌是堆肥中数量最多的微生物,它们具有体积小的特点,负责分解大部分有机物,同时产生热量。除了细菌,放线菌、真菌、原生动物和噬菌体等微生物也起着关键作用。

(1)细菌

细菌是单细胞生物,其形状可以是球状、杆状和螺旋状。在好氧堆肥系统中,细菌是数量最多、分布最广的生物,占据 80%~90%。细菌具有较大的比表面积,这使可溶性底物容易进入细胞内。在堆肥过程中,相对于体积较大的微生物(如真菌),细菌通常数量更丰富,且参与多种代谢途径的调控。例如,假单胞菌属(Pseudomonas)可参与脂肪的降解,而芽孢杆菌属(Bacillus)参与淀粉和蛋白质的降解。

堆肥发酵过程中,细菌种群数量和群落特征不断发生变化。堆肥初期温度较低(小于40 ℃),嗜温性细菌是主导的微生物,每克干物料中含有 $8.5 \times 10^8 \sim 5.8 \times 10^9$ 个;随着堆肥高温阶段,其种群数量逐渐降低;低温阶段,嗜温性细菌数量又重新升高。温度超过 40 ℃时,嗜热性细菌成为优势菌,其形态主要为杆状菌。当环境压力抑制细菌生长时,杆菌可形成孢子壁以增强生存能力。例如,芽孢杆菌可形成较厚的孢子壁,以抵御高温、辐射和化学腐蚀等压力。一旦环境压力较小,芽孢杆菌重新恢复活性。因此,堆肥高温阶段中常见的优势菌种主要隶属于芽孢杆菌属(Bacillus),例如地衣芽孢杆菌(B. licheniformis)、枯草芽孢杆菌(B. subtilis)和环状芽孢杆菌(B. circulans)。

(2)放线菌

放线菌是一种带有多细胞菌丝的细菌,在不利条件下,放线菌以孢子的形式存活。因此,放线菌对高温和 pH 的耐受能力更强,在分解复杂有机物(如纤维素、木质素、角质素),甚至树皮、报纸等坚硬有机物方面也具有重要优势。放线菌在降解纤维素、木质素等方面能力不如真菌,但在堆肥的高温阶段却成为分解木质纤维素的优势菌群。在堆肥过程中,一些嗜热性放线菌如诺卡氏菌属(Nocardia)、链霉菌(Streptomyces)、节杆菌属(Arthrobacter)和单孢子菌属(Monosporium)等占据优势地位,它们不仅在堆肥的高温阶段存在,也在降温和熟化阶段出现。放线菌产生的气味使成品堆肥具有泥土气息。

(3)真菌

在好氧堆肥过程中,真菌对废弃生物质的分解和稳定起着关键作用。真菌不仅能够通过分泌胞外酶分解有机物质,还可以通过菌丝的机械穿透能力物理破坏有机物质。木质纤维素的生物降解是生物技术处理有机固体废物的关键。嗜温性真菌地霉菌(Geotrichum sp.)和嗜热性真菌烟曲霉(Aspergillus fumigatus)是堆肥中的优势种群。其他一些真菌(如担子菌、子囊菌)分泌多种纤维素和半纤维素降解酶,如粗糙脉孢菌(Neurospora crassa)可以分泌纤维素降解酶和木聚糖降解酶,黄孢原毛平革菌(Phanerochaete chrysosporium)能够分泌纤维二糖水解酶、降解半纤维素的木聚糖酶和纤维素内切酶等酶类。

真菌生长受温度和碳源复杂程度等因素影响。大多数真菌属于嗜温性菌,其最适生长温度为 25~30 ℃,但在 5~37 ℃的环境中多数真菌也可存活。高温阶段温度超过 60 ℃,嗜热性真菌失活;而降温阶段,嗜温性真菌和嗜热性真菌又会重新复苏。不过,一些嗜热性真菌(如 *Mucor pusillus*)在降温期无法再次增殖,它们仅能利用简单的碳源。然而,嗜热毛壳菌(*Chaetomium thermophile*)是一类耐热真菌,经历高温堆肥阶段后仍可利用纤维素和半纤维素迅速生长。

(4)其他微生物

原生动物是一类以细菌或真菌为食的初级消费者,根据其生态功能可分为自养型、共生型、吞噬型和腐生型。腐生型原生动物在堆肥过程中负责分解有机物质。此外,原生动物会影响堆肥过程中的养分周转,例如原生动物倾向于捕食含氮量较高的细菌。

噬菌体是一类专性侵染细菌的病毒,在堆肥中广泛存在。根据"杀死胜利者"假说,堆肥中占主导地位的宿主菌更容易被裂解性噬菌体感染和裂解。因此,噬菌体会对堆肥细菌群落的演替产生影响。此外,噬菌体还能通过裂解细菌促进颗粒有机物向可溶性有机物的转化,形成病毒回路,影响物质循环。在高温条件下,噬菌体通过裂解作用调控嗜热菌的群落结构。而在中温条件下,噬菌体通过表达与碳代谢相关的辅助代谢基因(AMGs)介导有机物的降解和转化。

微型生物在堆肥过程中通过移动和吞食作用消纳有机物质,同时促进微生物的生命活动。堆肥中常见的微型动物包括轮虫、线虫、跳虫、潮虫、甲虫和蚯蚓等。

(5)病原微生物

堆肥是一种有效降低废弃生物质中病原菌数量的方法。病原菌在堆肥中可分为两类,即原来废物中携带的原生病原菌和堆肥过程中产生的次生病原菌,如真菌和放线菌。原生病原菌包括细菌、病毒、原生动物和蠕虫卵等,它们有可能引发健康人体的感染病。而次生病原菌则可能削弱免疫系统,导致呼吸系统疾病等问题。然而,高温堆肥处理(温度大于55 ℃)可以显著降低甚至消灭部分病原菌的存在(表12.1)。

表 12.1　有机肥料的病原菌特征

名称	死亡情况	名称	死亡情况
沙门伤寒菌	46 ℃以上不生长;55～60 ℃,30 min 内死亡	美洲钩虫	45 ℃,50 min 内死亡
沙门菌属	56 ℃,1 h 内死亡;60 ℃,15～20 min 内死亡	流感布鲁氏菌	61 ℃,3 min 内死亡
志贺杆菌	55 ℃,1 h 内死亡	化脓性细球菌	50 ℃,10 min 内死亡
大肠杆菌	55 ℃,1 h 内死亡;60 ℃,15～20 min 内死亡	酿浓链球菌	54 ℃,10 min 内死亡
阿米巴属	68 ℃死亡	结核分枝杆菌	66 ℃,15～20 min 内死亡,有时在 67 ℃死亡
无钩绦虫	71 ℃,5 min 内死亡	牛结核杆菌	55 ℃,45 min 内死亡

2. 堆肥过程的影响因素

废弃生物质堆肥过程主要由微生物驱动,并且微生物群落的组成受多种因素的调控。这些因素包括堆肥原料的特性、C/N 比例、水分含量、酸碱度以及温度等环境条件,还包括人为管理过程,如翻堆曝气和菌剂接种等措施。

(1)堆肥原料(废弃生物质)特性

废弃生物质的原料特性对堆肥发酵过程会产生影响。不同类型的废弃生物质具有不同的化学组成,如禽类粪便富含大量营养物质,秸秆等废弃物则含有丰富的碳源但氮含量较低,而餐厨垃圾中则含有较高的氮和磷。其中,畜禽粪便是堆肥的重要来源之一,其初始物料的特性在一定程度上受畜禽的食性影响。根据食性,畜禽可分为食草性和杂食性动物。食草动物以粗饲料和粗纤维为主要饲料,草食性动物粪便可能含有较高的碳,如牛和羊的粪便;杂食动物的饲料中含有更多的粗蛋白质,导致畜禽粪便中氮含量较高,例如猪和鸡。

(2)原料碳氮比(C/N)

微生物在生命活动中每利用 1 份氮会吸收 30 份碳。其中 20 份碳氧化成二氧化碳(ATP),其余 10 份用于合成原生质。很多细菌的 C/N 为 9～10。一般微生物分解有机质的适宜碳氮比是 25:1,而作物秸秆的碳氮比较大[多为(60～100):1]。在堆制时,应适当加入人畜粪尿或少量氮素化肥,调节碳氮比,加速分解,缩短堆肥时间。粪便类碳含量为 30%～40%,氮含量 1%～2%;秸秆类碳含量为 35%～45%,氮含量为 0.6%～1.5%。

如果 C/N 过高,微生物活动会降低。在堆肥过程中,适宜的 C/N 决定着堆肥的质量。诸如木质素、芳香烃和纤维素类物质需要在适宜 C/N 下才能被分解利用。如果 C/N 低于20,堆肥过程容易发生氨挥发,氮素损失。这种损失会在堆肥翻转过程中加重,尤其是高温阶段。氮损失引起臭味和气体环境污染,降低有机肥料氮含量。

(3)水分

水是维持微生物代谢的重要物质。水分蒸发也会调节堆肥温度。新鲜畜禽粪便或餐厨垃圾的含水量较高,容易导致堆肥过程中孔隙度低、氧气含量不足等问题,进而引起厌氧发酵。通常,堆肥起始含水量以 50%～60% 较好,即用手捏紧刚能溢出水为宜。堆制过程中水分逐渐消耗,要适时添加水分。

(4)酸碱度

微生物对酸碱度 pH 的耐受范围较广,为 5.5～8。其中,大部分微生物活动适宜的 pH 为 6～8。堆肥内有机质大量分解时会产生有机酸的累积,导致 pH 下降。针对 pH 较低的堆肥,可加入少量的石灰、草木灰等。

(5)温度

堆肥过程中的温度直接影响微生物群落的活动强度。为了有效分解有机物质,堆肥温度需要保持在 55～65 ℃,持续 1 周,这将刺激高温微生物的活性。随后,堆肥温度应维持在40～50 ℃,以促进纤维素的分解和养分的释放。在冬季或气温较低的北方地区,可以在堆肥材料中添加骡、马粪等,也可覆盖新型保温材料,以提高堆肥的温度。如果温度过高,可以通过翻堆或加水等方法进行降温处理。

(6)通气

在堆肥过程中,翻堆曝气是常用的控制温度、减少水分、提供微生物所需氧气的有效措施。在发热阶段和高温阶段,好氧微生物扮演着主导角色,通气是实现高温腐熟和无害化处理的重要保证。可通过调整原料的粗细比例,使堆体的堆积松紧适宜;还可以利用通气沟或通气塔来调节堆肥的通气状态。如果堆体缺乏氧气,好氧微生物的活动将受到抑制,从而导致堆肥过程减缓并且腐熟不完全。通常情况下,最佳的氧气浓度为15％～20％。

（7）菌剂接种

为了提高堆肥的腐殖化程度,加快有机物质的降解速率,通常向堆体添加特定的微生物菌剂。微生物菌剂不仅可以增加堆肥中微生物的活性,还可以改变微生物的菌群组成,加快腐熟程度和速度。接种有机肥起曝剂,能够加快堆肥过程中堆体的升温速率,提前进入高温期,提高堆肥的腐熟效率。

五、堆肥腐熟度评价指标

1. 腐熟度的概念

腐熟度可以判断堆肥产品是否达到稳定化和无害化的标准。堆肥的腐熟度反映了有机物降解和生物化学稳定的程度。腐熟度是指经过微生物作用后的堆肥产品达到的稳定化和无害化的程度。如果堆肥未完全腐熟,施入土壤后会引发微生物的剧烈活动,导致氧气缺乏,形成厌氧环境。此时会产生大量有害成分,如有机酸、氨气（NH_3）和硫化氢（H_2S）等物质。未腐熟的有机肥产品中含有大量的重金属、抗生素抗性基因等污染物,破坏土壤环境。此外,未腐熟的堆肥也会散发出难闻的臭味。

2. 堆肥腐熟评估方法

腐熟度是衡量堆肥反应进行程度的国际公认概念性参数。作为生产中用于指示反应进行程度的控制标准,理想的腐熟度参数应具备操作方便、直观、适应广泛等特点。目前没有统一的腐熟度标准,因此下面将从物理方法、化学方法、植物毒性分析和安全性测试等方面对堆肥的腐熟度、稳定性和安全性进行综述评价。

（1）物理方法

从腐熟温度变化、气味特征、颜色的指标可简单地判定产物是否腐熟,但该方法只能定性判断。

温度:温度变化可评判微生物活动强弱。当微生物活动减弱时,生成的热量减少,堆肥温度降低。通常,温度达到45～50 ℃,且一周内持续不变,可认为堆肥达到了稳定程度。

气味:常见的新鲜生活垃圾和畜禽粪便具有难闻的臭味,这种气体以低分子量挥发性脂肪酸为主。腐熟度程度较好的堆肥产品,无明显臭味,具有泥土气息。

色度:堆肥过程中堆肥物料的颜色变化,应是由开始的淡灰逐渐发黑,腐熟后的堆肥产品呈黑褐色或黑色。

（2）化学方法

化学方法的参数包括 pH、C/N、挥发性物质、氮化合物等。

pH 值:评价垃圾发酵产物腐熟度的一个指标。垃圾原料或发酵初期,pH 为弱酸性或中性,一般为6.5～7.5。腐熟的产物一般呈弱碱性,pH 值为8～9。但 pH 值亦受垃圾原料和条件的影响,只能作为腐熟的一个必要条件,而不是充分条件。

碳氮比（C/N）:碳、氮源是微生物所需的能源和营养物质。在高温好氧发酵过程中,碳源被吸收利用以及转化成二氧化碳和腐殖质;而氮源除作为营养物质被同化利用外,还有相当一部分以氨气的形式释放出来,或形成亚硝酸盐和硝酸盐。通常,堆肥的固相 C/N 比值从初始的（25～30）:1 降低到（15～20）:1 以下时,认为堆肥达到腐熟。

挥发性有机物质:挥发性有机物(在 600 ℃下灼烧后,失去的干物质百分比)作为物料中有机物含量的粗度量已被广泛应用。好氧微生物可降低挥发性物质的含量,因此在堆肥进行过程中常用该指标作为衡量堆肥腐熟的参数。

氮化合物:铵态氮和硝态氮含量的变化,也是评估堆肥腐熟的参数。堆肥初期铵态氮含量较高,随着堆肥进程,铵态氮降低,硝态氮增加。有机氮和无机氮含量的变化受温度、pH值、微生物代谢、通气条件和氮源的影响,这一类参数通常作为堆肥腐熟的参考,不能作为堆肥腐熟的绝对指标。

有机化合物:堆肥中的纤维素、半纤维素、有机碳、还原糖、氨基酸和脂肪酸等都曾被检测过,并试图作为堆肥腐熟的指标。纤维素、半纤维素、脂类等经过堆肥腐熟过程,可降解 50%～80%,蔗糖和淀粉的利用接近 100%。在堆肥过程中,最易降解的有机质可能被微生物利用而消失。一般情况下,易降解的有机质被分解的优先顺序为:糖类、淀粉、纤维素,所以常认为这三者是评判腐熟度的参数。

(3)植物毒性分析

发芽和植物生长试验可直观地展示堆肥的腐熟情况。

发芽指数:种子发芽试验是测定堆肥植物毒性一种直接而又快速的方法。可通过十字花科植物种子(如黄瓜、萝卜)的发芽试验,根据发芽率和根长计算发芽指数(GI)。发芽指数是衡量堆肥腐熟度的重要指标,《有机肥料》(NY/T 525—2021)标准规定发芽指数应大于 70%。未腐熟堆肥的植物毒性,主要来自乙酸等低分子量有机酸和大量 NH_3、多酚等物质。

植物生长:一些农作物包括黑麦草、黄瓜、大白菜、胡萝卜、向日葵和番茄等都曾被用来测试堆肥的腐熟性。植物生长评价只能作为堆肥腐熟度评价的一个辅助性指标,而不能作为唯一的指标。用多种植物的发芽和生长试验来确定堆肥的腐熟程度理论上是可靠的。

(4)安全性测试

污泥和城市垃圾中含有大量致病细菌、霉菌、病毒及寄生虫等,它们都会直接影响堆肥的安全性。根据生活垃圾的特点,我国明确了无害化堆肥的温度、蛔虫卵死亡率和大肠菌值的评价指标。《粪便无害化卫生要求》(GB 7959—2012)规定,堆肥温度应保持 50～60 ℃以上 5～10 d,蛔虫卵死亡率达 95%～100%;粪大肠菌值为 10^{-2}～10^{-1}。沙门氏菌、肠道链球菌等作为监测堆肥安全性的指标,腐熟堆肥应达到的卫生标准是:1 g 堆肥干样中小于 1 个沙门氏菌和 0.1～0.25 个病毒菌斑。不同国家和地区的卫生标准稍有差异。需注意的是,堆肥过程中的合理操作和管理,是保证堆肥安全使用的关键。另外,《有机肥料》(NY/T 525—2021)中规定了重金属的标准限量指标。

第二节 废弃生物质好氧堆肥工艺及设备

一、废弃生物质好氧堆肥类型

在好氧堆肥工艺中,根据温度可分为中温好氧堆肥和高温好氧堆肥。中温好氧堆肥所需温度为 15～45 ℃。因中温好氧堆肥无法彻底杀灭病原菌,目前中温好氧堆肥工艺应用较少。高温好氧堆肥温度一般在 50～65 ℃,极限可达 80～90 ℃,能有效地杀灭病菌,减少臭气产生。因此,高温好氧堆肥已被各国公认,应用也最为广泛。

按堆肥物料运动形式,好氧堆肥分为静态堆肥和动态(连续或间歇式)堆肥。静态好氧堆肥是把收集的新鲜有机废物分批堆制。堆肥物一旦堆积以后,就不再添加新的有机废物和翻倒,待其在微生物生化反应完成之后,成为腐殖土后运出。静态堆肥适合于中、小城市厨余垃圾、污泥的处理。动态好氧堆肥采用连续或间歇进、出料的动态机械堆肥装置,具有周期较短(3～7 d)、物料混合均匀、供氧均匀充足、机械化程度高、便于大规模机械化连续操作运行等特点,因此适用于大中城市废弃生物质的处理。但是动态好氧堆肥要求高度机械化,需要复杂的设计、施工技术和高度熟练的操作人员,并且动态好氧堆肥一次性投资和运转成本较高。

按堆肥堆制方式分类,好氧堆肥分为露天式堆肥和装置式堆肥。露天式好氧堆肥,其物料在开放的场地上堆成条垛或条堆进行发酵。通过自然通风、翻堆或强制通风的方式,供给有机物降解所需的氧气。这种堆肥所需设备简单,成本投资较低。其缺点是发酵周期长,占地面积大,有恶臭。因此,露天式好氧堆肥仅宜在农村或偏远的郊区应用。装置式好氧堆肥,是将堆肥的物料密闭在堆肥发酵设备中,通过风机强制通风,提供氧源。装置式好氧堆肥具有机械化程度高、堆肥时间短、占地面积小、堆肥质量可控可调等优点,适用于大规模工业化生产。

好氧堆肥工艺按发酵历程分类,包括一次发酵和二次发酵两种工艺。

①一次发酵:好氧堆肥的中温与高温两个阶段的微生物代谢过程称为一次发酵或主发酵。它是指从发酵初期开始,经中温、高温然后到达温度开始下降的整个过程,一般需10～12 d,以高温阶段持续时间较长。

②二次发酵:经过一次发酵后,堆肥物料中的大部分易降解的有机物质已经被微生物降解,但还有一部分易降解和大量难降解的有机物存在,需将其送到后发酵仓进行二次发酵,也称后发酵,使其腐熟。此阶段温度持续下降,当温度稳定在 40 ℃左右时,即达到腐熟,一般需 20～30 d。

此外,根据堆肥过程中所采用的机械设备的复杂程度,分为简易堆肥和机械堆肥。以上为堆肥工艺的基本类型,仅按其中某一种分类方式难以全面地描述实际采用的堆肥工艺。因此,常采用多种分类方式同时并用的堆肥工艺,如高温好氧静态堆肥、高温好氧连续式动态堆肥、高温好氧间歇式动态堆肥等。也可按照堆肥技术的复杂程度,将堆肥系统分为条垛式堆肥系统、静态通风垛系统和反应器系统(或发酵仓系统)等。实际上,条垛式和静态通风垛式堆肥属于露天式好氧堆肥,反应器式堆肥即为装置式堆肥。

二、废弃生物质堆肥工艺

目前一般采用好氧堆肥工艺。尽管堆肥系统多种多样,但其基本工序通常都由前处理主发酵(一次发酵)、后发酵(二次发酵)、后处理及贮存等工序组成(图 12.3)。

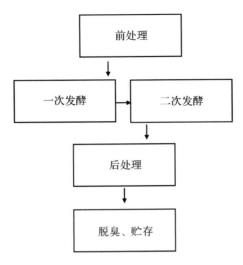

图 12.3 堆肥工艺流程示意图

1. 前处理

在以家畜粪便、污泥等为堆肥原料时,前处理的主要任务是调整水分和 C/N 值,或者添加菌种和酶制剂。但在以城市生活垃圾为堆肥原料时,由于垃圾中往往含有粗大垃圾和不能堆肥的物质,这些物质会影响垃圾处理机械的正常运行,且大量非堆肥物质的存在会占据堆肥发酵仓的容积,从而使堆肥产品的质量不能得到应有的保证。因此,前处理往往包括破碎、分选、筛分等工序。通过破碎、分选和筛分可去除粗大垃圾和不能堆肥的物质,并通过破碎可使堆肥原料和含水率达到均匀化。同时,破碎、筛分能使原料的表面积增大,便于微生物繁殖,从而提高发酵速度。从理论上讲,粒径越小越容易分解。但是,在增加物料表面积的同时,还必须保持其一定程度的空隙率,以便于通风而使物料能够获得充足的氧量供应。一般来说,适宜的粒径是 12~60 mm。其最佳粒径随垃圾物理特性变化而变化。如果堆肥物质结构坚固,不易挤压,则粒径应小些,否则粒径应大些。此外,决定垃圾粒径大小时,还应从经济方面考虑,因为破碎得越细小,动力消耗就越大,处理垃圾的费用就会增加。降低水分、增加透气性、调整 C/N 的主要方法是添加有机调理剂和膨胀剂。

2. 主发酵(一次发酵)

主发酵可在露天或发酵装置内进行,通过翻堆向堆积层或发酵装置内堆肥物料,通过强制通风供给氧气。物料在微生物的作用下开始发酵。易分解物质先分解,产生二氧化碳和水,同时产生热量,使堆温上升。这时微生物吸取有机物的碳、氮营养成分,在细菌自身繁殖的同时,将细胞中吸收的物质分解而产生热量。

发酵初期,物质的分解是在嗜温菌(30~40 ℃为最适宜生长温度)的作用下进行的,随着堆温上升,最适宜温度(45~65 ℃)的嗜热菌取代了嗜温菌。堆肥从中温阶段进入高温阶段。此时,应采取温度控制手段,以免温度过高,同时应确保供氧充足。一段时间后,大部分有机物已经降解,各种病原菌均被杀灭,堆层温度开始下降。以生活垃圾为主体的城市垃圾和家畜粪便好氧堆肥的主发酵期为 4~12 d。

3. 后发酵(二次发酵)

经过主发酵的半成品堆肥被送到后发酵工序,将主发酵工序尚未分解的易分解和较难分解的有机物进一步分解,变成腐殖酸、氨基酸等比较稳定的有机物,得到完全成熟的堆肥制品。通常,把物料堆积为1~2 m的堆层,通过自然通风和间歇性翻堆,进行后发酵,并应防止雨水流入。

这一阶段,反应速度降低,耗氧量下降,所需时间较长。后发酵时间的长短,取决于堆肥的使用情况。若堆肥用于温床(利用堆肥的分解热),可在主发酵后直接使用;对几个月不种作物的土地,大部分可以不进行后发酵而直接施用。后发酵时间通常在20~30 d。

4. 后处理

二次发酵后的物料中,几乎所有的有机物都已细碎和变形,数量也有所减少,已成为粗堆肥。然而,城市生活垃圾堆肥时,在预分选工序没有去除的塑料、玻璃、陶瓷金属、小石块等杂物依然存在,还要经过一道分选工序以去除这类杂物,并根据需要(如生产精制堆肥等)进行再破碎。

净化后的散装堆肥产品,既可以直接销售到用户,施于农田、果园、菜田,或作为土壤改良剂,也可以根据土壤的情况、用户的要求,在散装的堆肥中加入氮、磷、钾添加剂后生产复混肥,做成袋装产品,既便于运输,也便于贮存,而且肥效更佳。有时还需要固化造粒以利于贮存。

5. 脱臭

在堆肥过程中,由于堆肥物料局部或某段时间内的厌氧发酵会导致臭气产生,主要成分有氨、硫化氢、甲基硫醇、胺类等。所以必须进行堆肥排气的脱臭处理。去除臭气的方法主要有碱水和水溶液过滤、化学除臭剂除臭、活性炭或沸石等吸附剂过滤和生物除臭等。较常用的除臭装置是堆肥过滤器,当臭气通过该装置时,恶臭成分被熟化后的堆肥吸附,进而被其中好氧微生物分解而脱臭。也可用特种土壤代替熟堆肥使用,这种过滤器称为土壤生物脱臭过滤器。若条件许可,也可采用热力法,将堆肥排气(含氧量约为18%)作为焚烧炉或工业锅炉的助燃空气,用炉内高温的热力降解臭味分子,消除臭味。

6. 贮存

可直接堆存在二次发酵仓中或装入袋中贮存。这种贮存的要求是干燥而透气的室内环境。密闭和受潮的环境,会影响制品的质量。堆肥成品可以在室外堆放,但此时必须有不透雨的覆盖物。

三、废弃生物质堆肥设备

要生产出符合相应卫生学指标与环境学指标的堆肥产品,需要一个完整的堆肥系统,其中堆肥发酵设备是实现整个堆肥机械化生产的关键,而相应的辅助机械与设施也必不可少。现代化堆肥厂广泛采用的各种发酵装置和堆肥化系统都有着共同的特征,就是以工艺要求为出发点,使发酵设备具有改善和促进微生物新陈代谢的功能,同时在发酵的过程中解决物料自动进料、出料等难题,最终达到缩短发酵周期,提高发酵速率,提高堆肥生产效率,实现机械化生产的目的。堆肥化系统设备依据功能的不同通常可大致分为计量设备、进料供料设备、预处理设备发酵设备、后处理设备及其他辅助处理设备,基本流程如图 12.4 所示。由于计量设备和进料供料设备处于整个工作流程的最前端,通常也可并入预处理设备讨论。堆肥物料在经计量设备称重后,通过进料供料设备进入预处理装置,完成破碎、分选与混合等工艺;接着被送至一次发酵的设备,在将发酵过程控制在适当的温度和通气量等条件下,使物料达到基本无害化和资源化的要求;然后,一次熟化物料被送至二次发酵设备中进行完全发酵,并通过后处理设备对其进行更细致的筛分,以去除杂质;最后烘干、造粒并压实,形成最终堆肥产品后包装运出。在堆肥的整个过程中可能产生多种二次污染,如臭气、噪声和污水等,这些二次污染同样需要采用对应的辅助设备予以去除,以达到环境能够接受的水平。

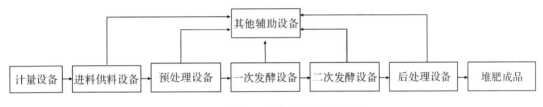

图 12.4　堆肥工作流程中涉及的设备

堆肥发酵设备是指堆肥物料进行生化反应的反应器装置,是整个堆肥系统的核心和主要组成部分。要堆置出好的肥料,必须把握好微生物、堆肥物质和发酵设备三者之间的关系,堆肥发酵设备也必须具有改善和促进微生物新陈代谢的功能。在发酵过程中要运用翻堆、供氧、搅拌、混合和协助通风等设备来控制温度和含水率,同时还要解决自动移动出料的问题,最终达到提高发酵速率,缩短发酵周期,完全实现机械化生产的目的。发酵设备的种类繁多,根据设备结构形式的不同大致可分为多层立式堆肥发酵塔、卧式堆肥发酵滚筒、筒仓式堆肥发酵仓和箱式堆肥发酵池等类型。美国目前常用的反应器堆肥设备是搅拌床反应器、水平推流反应器和垂直推流反应器;间歇隧道堆肥系统在欧洲的应用却越来越多,它在城市生活垃圾、污泥等的处理中得到了广泛应用。

1. 多层立式堆肥发酵塔

多层立式堆肥发酵塔通常由 5～8 层组成,内外层均由水泥或钢板制成。经分选后的可堆肥物料由塔顶进入塔内,在塔内堆肥物料通过不同形式的搅拌翻动,逐层由塔顶逐渐向塔底移动,最后由最底层出料。一般经过 5～8 d 的好氧发酵,堆肥物即由塔顶移动至塔底而完成一次发酵。塔内温度分布为从上层至下层逐渐升高,因此最高温度在最下层。为了保证每层内微生物各自的活性以进行高速堆肥,分别维持塔内各层处于相应微生物活动的最适温度和最适通气量。塔内装置的供氧通常以风机强制通风,通过安装在塔身一侧不同高度的通风口将空气定量地通入塔内以满足微生物对氧的需求。立式堆肥发酵塔通常为密闭结构,堆肥时产生的臭气能够进行收集处理,因此其环境条件比较好。此外,这种堆肥设备具有处理量大、占地面积小的优点,但其一次性投资较高。

多层立式堆肥发酵塔的种类通常包括:立式多层圆筒式、立式多层板闭合门式、立式多层浆叶刮板式、立式多层移动床式等(图 12.5)。

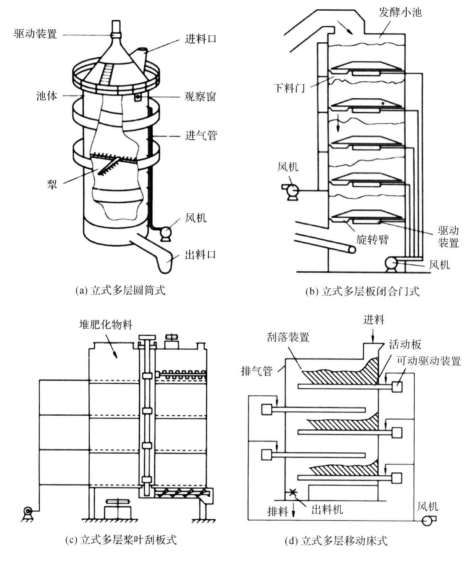

(a) 立式多层圆筒式

(b) 立式多层板闭合门式

(c) 立式多层桨叶刮板式

(d) 立式多层移动床式

图 12.5　立式堆肥发酵塔

2. 卧式堆肥发酵滚筒

卧式堆肥发酵滚筒又称达诺式发酵滚筒(图 12.6)。这种发酵设备结构简单,可以采用较大粒度的物料,从而使预处理设备简单化,因此具有相当强的生命力,在世界各国均广泛使用。在卧式堆肥发酵滚筒装置中,废物在筒体内表面的摩擦力作用下,沿旋转方向提升,同时借助自重落下,通过如此反复升高、跌落,可充分地调整物料的温度、水分,同时废物被均匀地翻倒而与供入的空气接触达到与曝气同样的效果。物料在翻转的同时在微生物的作用下发酵,而随着螺旋板的拨动以及筒体的倾斜,滚筒中的旋转物料又不断由入口端向出口端移动,物料随滚筒旋转而不断地塌落,导致新鲜空气不断进入,臭气不断被抽走,充分保证了微生物好氧分解的条件。最后经双层金属网筛的分选得到一次发酵的粗堆肥。所以,这种装置可以自动稳定地供料、传送,并且排出堆肥物。

该装置的工作条件大致如下：直径 2.5～3.5 m，长度 20～40 m，内搅拌的旋转速度应以 0.2～3.0 r·min^{-1}为宜；通风空气保持常温，对 24 h 连续操作的装置，通风量为 0.1 m^3·min^{-1}。空气从筒的出料口进入，并从进料口排出(图 12.6)。如果发酵全过程都在此装置中完成，停留时间应为 2～5 d。筒内废物量一般不能超过筒容量的 80%。当以该装置做全程发酵时，发酵过程中堆肥物的平均温度为 50～60 ℃，最高温度可达 70～80 ℃；当以该装置做一次发酵时，则平均温度为 35～45 ℃，最高温度可达 60 ℃左右。卧式堆肥发酵滚筒的生产效率相当高，发达国家常采用它与立式堆肥发酵塔组合应用，可高速完成发酵任务，实现自动化生产。其缺点在于堆肥过程中，原料滞留时间短发酵不充分，装置的密闭也是个问题。此外，在发酵过程中，筒体不断地旋转，对物料进行重复切断，物料易产生压实现象，不能对原料进行充分通气，导致产品不易均质化，能耗也较高。

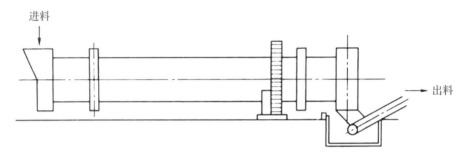

图 12.6 卧式堆肥发酵滚筒

3. 筒仓式堆肥发酵仓

筒仓式堆肥发酵仓的结构相对来说比较简单，为单层圆筒状(或矩形状)，发酵仓深度为 4～5 m，大多采用钢筋混凝土构筑(图 12.7)。其上部有进料口和散刮装置，下部有螺杆出料机。为了维持仓内良好的发酵条件，发酵仓内的供氧均采用高压离心风机强制鼓风。空气一般通过布置在仓底的蜂窝状散气管进入发酵仓。堆肥原料由仓顶进入。其好氧发酵的时间一般是 6～12 d，初步腐熟的堆肥由仓底通过出料机出料。根据堆肥在筒仓内的运动形式不同，筒仓式发酵仓可分为静态与动态两种。

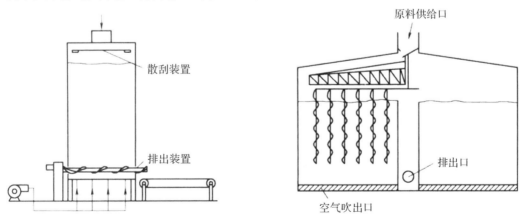

图 12.7 筒仓式堆肥发酵仓

筒仓式静态发酵仓呈单层圆筒形。堆肥物料由仓顶经布料机进入仓内,经过 10～12 d 的好氧发酵后,由仓底的螺杆出料机出料。该装置具有结构简单、占地面积小、发酵仓利用率高的优点,在我国得到了较广泛的应用。但由于仓内没有重复切断装置,原料呈压实块状,通气性能差,通风阻力大,动力消耗大,而且产品难以均质化。

筒仓式动态发酵仓则呈单层圆筒形。堆肥物料经过预处理工序分选破碎后,被输送机传送至池顶中央,再由布料机均匀地向池内布料。物料在其停留时间内受到位于旋转层的螺旋钻的搅拌,这样可以防止沟槽的形成,并且螺旋钻的形状和排列能经常保持空气的均匀分布。物料在被重复切断后被输送到槽的中心部位的排出口排出。筒仓式动态发酵工艺的特点在于发酵仓每天顶部进料一层,底部出料一层,顶部输入的为经过预处理的新物料,而底部排出的为已经发酵完全的熟化物料。根据间歇式动态发酵工艺要求,进料层和出料层均为一定高度的均匀等厚层,实现这一工艺的关键技术是发酵仓底部的等厚分层出料螺杆的设计。

利用筒仓式动态发酵仓进行一次发酵的周期为 5～7 d。相对于静态发酵仓,动态发酵仓具有发酵周期短、排出口的高度和原料的滞留时间均可调节等优点,因而可提高处理率、降低处理费用。但该装置具有易形成压实块状物料、滞留时间不均匀、产品均质性差、不易密闭等缺点。

4. 箱式堆肥发酵池

该类发酵池的种类很多,应用也很普遍,这里主要介绍以下几种。

(1)矩形固定式犁翻倒发酵池

该堆肥设备设置犁形翻倒搅拌装置,起到的是机械犁掘废物的作用。堆肥时,可定期地搅动并移动物料数次,这样能保持池内通气,使物料均匀发散,同时还有运输功能,可将物料从进料端移至出料端。物料在池内停留 5～10 d。空气通过池底布气板进行强制通风。发酵池采用的搅拌装置是输送式的,使用这种装置的好处是能提高物料的堆积高度。

(2)戽斗式翻倒式发酵池

戽斗式翻倒式发酵池内装备的翻倒机能对物料进行搅拌,同时使物料湿度均匀且与空气充分接触,从而促进易堆肥物迅速分解,阻止产生臭气(图 12.8)。物料的停留时间为 7～10 d,翻倒废物频率以 1 次·d^{-1} 为标准,也可根据物料实际性状不同而改变翻倒次数。该发酵装置的特点为:发酵池装有一台搅拌机及一架安置于车式输送机上的翻倒车,翻倒废物时,翻倒车在发酵池上运行,在完成翻倒操作后,翻倒车返回到活动车上;根据处理量,有时可以不安装具有行吊结构的车式输送机;在池内物料被翻倒完毕后,搅拌机由绳索牵引或机械活塞式倾斜装置提升,再次翻倒时,可放下搅拌机开始搅拌;为使翻倒车从一个发酵池移至另一个发酵池,可采用轨道传送式活动车和吊车刮板输送机、皮带输送机或摆动输送机;堆肥经搅拌机搅拌,被位于发酵池末端的车式输送机传送,最后由安置在活动车上的刮板输送机刮出池外;发酵过程的几个特定阶段由一台压缩机控制,所需空气从发酵池底部吹入。

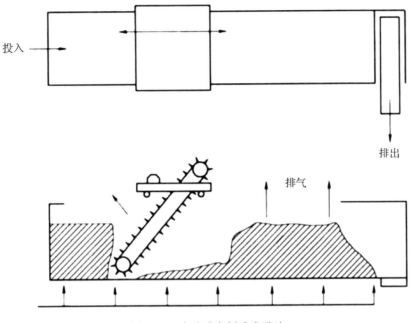

图 12.8　戽斗式翻倒式发酵池

（3）吊车翻倒式发酵池

该装置一般用来二次发酵。经预处理设备破碎、分选的堆肥化物料或已通过一次发酵的可堆肥物，由穿梭式输送设备送至发酵池内。堆积期间，空气从吸槽供给，带挖斗吊车翻倒物料兼接种。

（4）卧式桨叶发酵池

桨状搅拌装置依附于移动装置，故能随之移动。操作时，搅拌装置纵向反复移动搅拌物料并同时横向传送物料。由于搅拌装置能横走和移动，搅拌可遍及整个发酵池，故可将发酵池设计得很宽，这样发酵池就有较大的处理能力。

（5）卧式刮板发酵池

这种发酵池主要部件是一个成片状的刮板，由齿轮齿条驱动，刮板从左向右摆动搅排物料，从右向左空载返回，再从左向右摆动推入一定量的物料（图 12.9）。由刮板推入的物料量

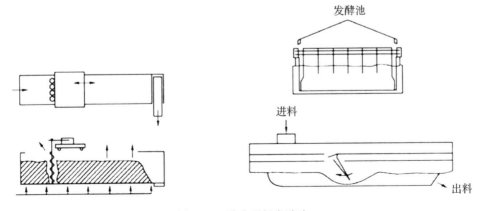

图 12.9　卧式刮板发酵池

299

可调节。例如,当 1 d 搅拌 1 次时,可调节推入量为 1 d 所需量。如果处理能力较大,可将发酵池设计成多级结构。池体为密封负压式结构,臭气不外逸。发酵池有许多通风孔以保持好氧状态。另外,还装配有洒水及排水设施以调节湿度。

5. 条垛式发酵设备

条垛式发酵就是将物料铺开排成行,在露天或棚架下堆放,每排物料堆宽 4～6 m,高 2 m 左右,堆下可配有供气通气管道,也可不设通风装置,根据实际情况,采用不同的翻堆发酵设备(图 12.10)。

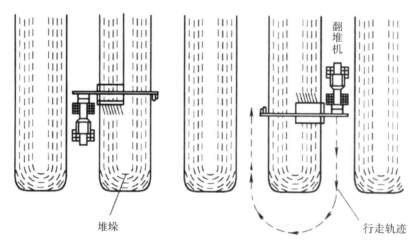

图 12.10　条垛式发酵设备

条垛式堆肥系统的翻堆设备分为三类:斗式装载机、垮式堆肥机和侧式翻堆机。翻堆设备可由拖拉机等牵引或自行推进。中、小规模的条垛宜采用斗式装载机或推土机;大规模的条垛宜采用垮式翻堆机或侧式翻堆机。垮式翻堆机不需要牵引机械,侧式翻堆机需要拖拉机牵引。美国常用的是垮式翻堆机,而侧式翻堆机在欧洲比较普遍。

(1)垮式翻堆机

这种翻堆机一般直接行走在堆肥物料之中,最大宽度可达 8～10 m,高度一般为 2.3～2.5 m。这种翻堆机不需要专门的行走道路,可以为堆肥厂节省大量占地面积。这种翻堆机的工作原理为翻堆机下方两侧各设有一个螺旋向内的螺杆,它们可以将两侧的物料通过螺杆的传输作用移向翻堆中间,而中间的物料则由于两侧物料的推力从螺杆上方的空间涌出并被带往翻堆机两侧,从而达到混合与通风的目的。目前常见的垮式翻堆机主要有芬兰的 ALLU 翻堆机,它的最大翻堆能力可以达到 6000 m^3/h。

(2)侧式翻堆机

这种机型的翻堆机常用在正规的大型条垛式堆肥厂中使用,堆肥物料宽 3~4 m,高 2 m,长条状堆放,下面设有通风装置,条垛之间为皮带型翻堆机的行走轨道。翻堆机行走时,翻堆机的右侧抓耙机扬起物料,通过皮带转向左侧,这样右侧条垛式物料就随着翻堆机的移动不断地移向左侧条垛的,物料在移动的同时被翻动、搅拌、曝气。

(3)斗式装载机

此类型的翻堆机在露天堆放场使用。物料可以根据地形位置任意堆放,一般物料仍然以条垛式铺排为多,堆下设置了通风装置。翻堆机的形状类似拖拉机,在机侧设有可移动的翻堆链板或类似农地耕作的旋耕机。当翻堆机工作时,利用可移动的翻堆链板或旋转的叶片将物料带起、落下,并随之移动一个位置,完成翻堆及破碎任务,加速垃圾有机物的降解过程。这种翻堆机以装载机提供行走动力,副发动机为垃圾翻动及破碎工作提供动力,行动灵活,翻堆能力强。

第三节 废弃生物质好氧堆肥应用案例

一、农作物秸秆好氧堆肥应用

秸秆中含有氮、磷、钾、镁、钙等元素,这些元素是农作物生长必需的营养元素,因此秸秆也是丰富的肥料资源。目前农作物秸秆除了可作为燃料燃烧外,还可以直接粉碎还田,或者经堆肥化处理后制备有机肥料或无土栽培有机基质。农作物秸秆经堆肥化处理后有以下优点:易分解的有机物大部分分解;施入土壤后不产生氮的生物固定;通过降解除去酚类等有害物质,消灭病原菌、害虫卵和杂草种子。

秸秆的主要成分是纤维素,其分子量大,由 1400~10000 个葡萄糖分子组成,呈直线排列,分子之间又以牢固的化学键彼此连接,性质比较稳定。但由于自然堆肥中腐解微生物如酵母菌、芽孢杆菌、放线菌等数量较少,不利于秸秆分解成有机质,延长成肥时间同时增大肥料中养分的耗损。为了加快降解速度,缩短堆肥时间,通常在堆肥中加入生物添加剂。目前国内常见的秸秆腐熟菌剂有酵素菌、速腐剂、白腐菌等,它们对各类秸秆和有机物都有一定的腐解能力。腐熟菌剂的作用原理是微生物产生多种酶,促进有机物水解,产生植物所需的速效养分。其特点一是升温快,成肥快,一般 2~3 d 堆内温度即可达 70 ℃,20 d 左右即可腐熟;二是堆肥产品养分均衡,含有多种有益微生物及化学养分;三是堆肥过程可高温杀死部分危害农作物的病原菌及虫卵和草籽。

秸秆因有机物含量高、空隙率大、含水率相对低等优点,也经常与城市垃圾、污泥混合堆肥,可增加垃圾中的有机质含量,降低污泥含水率增大其透气性。

1.农村简易秸秆堆肥生产方法

在广大农村,农业秸秆分布广泛,在机械化程度不是很高的情况下,简易秸秆堆肥方法具有很强的可操作性。

（1）配方

农作物秸秆 1000 kg，尿素 5 kg（或用 10％的稀尿液、鸡粪或 30％土杂肥代替），米糠或麦麸 30 kg（作 C/N 的调节剂），酵素菌接种剂（又称酵素菌扩大菌）5 kg，尿素 2 kg，水占原材料总质量的 55％～60％。

（2）生产方法及工艺

①原材料处理：把农作物秸秆铡碎，大约 2 cm 长。

②拌料：将铡碎的秸秆放在水泥地面或塑料布上，喷水搅拌，使原料吃透水。掌握好原料的持水量十分重要，经验表明，用手捏料，指缝间有水渗出而不下滴为基本合适。

③接菌：先把酵素菌接种剂与米（或麦）混合均匀，再与干鸡粪充分混匀，最后撒在含水量充足的碎秸秆上。将秸秆、鸡粪、酵素菌和米糠等混合物层层铺垫均匀，同时将尿素放于中间层。再把接菌拌好的配料堆成宽 15 m、高 1.5 m、长度适当（根据场地条件）的梯形堆或山形堆，自然堆制。堆好后用麻袋片或草帘盖严保温、保湿，防止阳光直射或雨淋。

④翻堆：在夏季生产时，3～5 d 翻堆一次，在最后一次翻堆时，有条件的地方可撒入钙镁磷肥和石灰各 10～20 kg。翻堆时要把配料抖松，把结块打碎。自然堆肥。

（3）发酵原理

原材料接菌堆制后，好氧细菌、霉菌吸收原材料间隙和材料中的氧气，进行生理活动并分解碳水化合物，释放 CO_2。产生的发酵热使堆制的材料进一步分解发酵。在酵母菌的作用下，糖化的碳水化合物形成了酒精。这些物质为放线菌提供了充足的养分，促进了其对纤维质的分解。在及时翻堆、供给充足氧气的条件下，好氧细菌、霉菌、酵母菌和放线菌快速繁殖，菌量增多，使配料不断分解、发酵及熟化，最终形成优质的堆肥。

2. 堆制后料堆的变化

堆制后第 2 天，料堆进入发热阶段，温度维持在 30～45 ℃，此时利于中温性微生物的活动。第 3 天料堆开始变色，伴有腐烂异味。堆制 6 d 后，堆温升至 50～62 ℃，进入高温腐解阶段，利于好热性微生物活动，堆秆颜色变深，秆质软化，汁液为黄棕色。堆制 3 周后，堆内温度降至 35 ℃以下，进入降温和后熟保温阶段，作物秸秆完全腐败，失去原形，堆料呈黑褐色，手捏易烂，汁液呈棕黑色，伴有腐臭味，此时，料堆已基本形成有机肥。

3. 优质堆肥的标准

①培养发酵温度必须升至 60～70 ℃。②堆肥变成黄褐色至棕褐色、有光泽。③腐熟好的堆肥无氨味、无酸臭味。④手握堆肥配料松软，有弹性感，纤维轻拉即断。

通过观察温度、颜色、气味及松软程度，就可判断出堆肥质量的优劣。

4. 注意事项

（1）湿度

水分是影响微生物活性和堆肥速度的重要因素。料堆吸水软化利于微生物的浸入和繁殖。适宜的水分条件还可使微生物在料堆内分布均匀，促进秸秆腐烂，因此料堆含水量应控制在 55％～70％，即手提成团，触之即散的状态。堆肥初期加入水量易达到标准，但由于水分下渗和高温散失，会造成料堆上、中层缺水。若出现缺水，如料堆内层出现大量白色菌丝体，即"白毛"，则表明该部位高温缺水，对腐解和保肥都不利，应及时加入清粪水或稀尿液，以调节料堆的湿度，创造微生物活动的有利条件。

（2）调温

不同的温度范围适宜不同微生物类群的繁殖。一般以高温阶段保持在 50～60 ℃，后熟保温阶段控制在 30～35 ℃为宜。如料堆温度达 65 ℃以上时，仅有少数高温纤维分解菌和放线菌发生作用；温度达 75 ℃时，堆内微生物的活动几乎全部受到抑制，同时造成水分、养分及新形成的腐殖物质损失较多。当温度超过 65 ℃时应揭开保温物降温。堆内温度在不同腐解时期控制在相应的温度范围之内，才能有效地提高堆腐速度和堆肥的质量。

（3）通气

堆肥初腐期，主要是好氧微生物的活动过程，需要良好的通气条件。一般好氧微生物在大气中氧含量 1%以上时可进行正常活动，因此料堆不能打实，应保持一定的疏松度。如通气不良，堆料腐解速率缓慢。堆制一定时间后翻堆，使料堆腐解均匀，并可调节堆内通气状况。

（4）养分

堆肥原料以富含碳的秸秆为主，因此堆肥初期不能满足微生物活动所需要的养分，应加入适量清粪水、稀尿液或禽畜粪便等，促进微生物的活性。

（5）pH 值

料堆内多数有益微生物都适合在中性或微碱性条件下进行活动。由于料堆在腐解过程中会产生酸性物质使 pH 值下降，微生物的生活环境呈酸性，抑制了大多数微生物的繁殖，从而影响堆腐，所以在堆制时适量加入石灰或草木灰等，不但可以中和其酸度，提高微生物的活性，还可软化物料，利于腐解。

二、畜禽粪污好氧堆肥应用

禽畜粪便含有丰富的有机质和氮、磷、钾等营养成分。若把未腐熟的禽畜粪施入农田，不仅会消耗作物根际土壤中的氧，产生高温灼伤作物根系，还会产生低分子量的有害物质和引入各种病原菌，因此有机肥应进行无害化和熟化处理。高温好氧堆肥成本低廉，可有效杀灭病原菌和除臭，是一种比较彻底的禽畜粪便资源化处理方式。

畜禽粪污类有机肥制作工艺如下：

①接菌：1 kg 菌剂可发酵约 4 t 粪便和污泥。加入 30%～50%的牛粪，用秸秆粉、蘑菇渣、花生壳粉、稻壳等以调节通透性，每千克菌剂与 5～10 kg 米糠配比均匀后撒入物料反应堆。

②建堆：备料后边加菌、边建堆，堆高 1.5～2 m，长度 2 m，宽度 2～4 m。

③拌匀通气：添加的菌剂为好氧发酵型，需要大量通氧。发酵过程需要勤翻。

④水分应控制在 60%～65%。水分判断：紧抓一把肥料，指缝见水印而不滴水，落地即散。水分少发酵慢，水分多则通气差。

⑤初始温度控制在 15 ℃以上，高温温度应控制在 70～75 ℃。

⑥第 2～3 天温度达到 65 ℃以上时需翻倒，一般一周内可发酵完成。腐熟的物料呈黑色。

可用于畜禽粪污好氧堆肥的系统主要有条式系统、静态通风垛系统、棚式发酵堆肥系统、搅动固定床式堆肥系统、旋转仓式堆肥系统。

1. 条垛式系统

条垛式堆肥是将原料堆积成窄长垛。垛的断面为梯形或三角形,用机械或人工进行定期翻堆,可实现堆体中的有氧状态。具体堆制方法是:先将畜禽粪便与微生物发酵菌剂(也可以不加微生物菌剂)、发酵用的各种辅料混合,把 C/N 调节为 25：1 左右,含水量在 55% 左右;然后在水泥地或铺垫塑料膜的泥地上,将禽畜粪便堆成长条状,高不超过 1.5～2.0 m,宽控制在 1.5～3.0 m,长度视场地规模和禽畜粪便的数量而定。

2. 静态通风垛系统

与条垛式堆肥不同,静态通风垛系统在堆肥过程中不进行翻堆,而是通过鼓风机和埋在地下通风管道向堆体内通风来保证堆体内的有氧状态。通风系统既决定了静态通风垛能否正常运行,也是温度控制的主要手段。通风不仅为微生物分解有机物提供氧,同时也排除了堆体内的 CO_2 和 NH_3 等气体,并蒸发水分使堆体散热,保持适宜的发酵温度。

静态通风垛系统能够很好地控制温度和通风情况,有效地杀灭病原菌和控制恶臭,但是这种方法的机械化程度较低,易受天气条件影响。

3. 棚式发酵堆肥系统

用手推车或拖拉机把鸡粪倒入发酵大棚,堆肥厚度为 40 cm 左右,拌入微生物发酵菌剂(也可以不加微生物菌剂)和各种发酵辅料,每天开动翻抛机一个往返,沿轨道连续翻动拌好菌剂的禽畜粪便,使其发酵、脱臭。鲜禽畜粪便从发酵车间一端进入,到另一端输出时即成为发酵完毕的有机肥料,直接进入干燥设备脱水,或晾晒后装袋销售。

4. 搅动固定床式堆肥系统

搅动固定床式反应器通常由多层平面构成。进料口在反应器的上部,新鲜的禽畜粪便接种微生物发酵菌剂和发酵所需的各种辅料,搅拌均匀后经传动输送带或料斗设备提升到塔式发酵仓内,从第一层逐层向下推移。物料在各层之间可以停留不同的时间,在塔反应器内经过翻板的翻动逐层下落和通风,快速发酵除臭、脱水、干燥。在整个过程中,进料和出料是连续的,通气管位于反应器下部,由许多支管组成,外接风机。在反应器上部设废气出口,产生的废气收集处理后排放。

5. 旋转仓式堆肥系统

旋转仓系统根据物料在反应器内的移动方式又分为推流式和分隔式。推流式发酵仓系统中,物料从仓体的进料口进入,沿仓体移动到反应器末端的出料口。分隔式发酵仓系统中,沿物料的移动方向,反应器被分为很多小室。在堆腐的不同阶段,物料从一个室移入另一个室,在不同的室内,物料可以进行不同时间、不同条件的堆腐,最后进入出料口。在仓体旋转的过程中,物料不断地被掀起跌落,与空气充分接触,所以利于通风干燥。

搅动固定床式和旋转仓式堆肥系统的优点是充分利用了发酵产生的生物热,发酵速度快,有利于水分蒸发,机械化程度高,发酵条件容易控制,占地面积小,能够对臭气进行收集统一处理,防止二次污染。缺点是投资大,设备维护麻烦,堆肥过程完全依靠专门的设备,一旦设备出现问题,堆肥过程就受到影响。

三、易腐垃圾好氧堆肥案例

易腐垃圾快腐熟技术是在好氧堆肥工艺的基础上,充分利用微生物菌群自身生长代谢产生的生物热,通过搅拌、曝气和水汽抽除等"水—气—热"联动效应,确保堆肥反应器维持在适宜的温度、湿度和良好的好氧发酵状态,使微生物始终保持旺盛的繁殖力和代谢活性,强化微生物对易腐垃圾中有机质的降解能力,缩短好氧堆肥周期,从而实现好氧微生物的快速生长和易腐垃圾中有机物的快速降解,最终转化为稳定腐殖质类堆肥产品、二氧化碳和水。

1.易腐垃圾腐熟处理技术路线

①物料预处理系统:对易腐垃圾进行破碎脱水及调质,预处理后物料粒径为 30～50 mm,含水率约为 65%,碳氮比为 25～30。

②生物强化快腐熟发酵系统:物料预处理后进入该系统,通过搅拌、翻堆、曝气和水汽抽除等"水—气—热"联动作用,实现好氧微生物菌群的快速增长和易腐垃圾中有机质的强化腐熟降解。

③出料振动筛分系统:腐熟完全的颗粒有机肥透过振动筛筛孔成为筛下物;塑料、布条和难降解纤维素等杂质成为筛上物,转运至其他垃圾压缩设备统一外运处置。

④有机肥高值化利用系统:将筛下物与成品肥料、发酵木屑、砻糠等辅料精制混配,转化为富含 N、P 和腐殖质等养分的优质有机肥料产品或土壤调理剂。

⑤废气净化系统:通过"负压收集＋酸碱喷淋＋纳米光催化"工艺进行除臭,经由排气烟囱排入大气,恶臭污染物浓度满足国家恶臭污染物排放标准。

⑥废水收集处理系统:渗滤液经收集后,通过非膜法渗滤液处理设备和人工湿地进行处理,出水水质达到《农田灌溉水质标准》(GB 5084—2021),用作周边茶树浇灌。

2.易腐垃圾腐熟技术特点

①物料适应性强:24 h 连续进料运行,可处理居民家庭垃圾分类产生的厨余垃圾、农贸市场生鲜垃圾和部分农业废弃物。

②智能化水平高,运行能耗低:配置智能控制系统,可一键式实现机械搅拌、通风曝气、水汽抽除等功能,操作简单,运行比能耗≤70 kWh · d^{-1} · t^{-1},仅为同类其他产品的 1/3～1/2。

③发酵产物腐熟与减量程度高:采用推流式发酵方式,避免新旧物料混合;在 10～15 d 内将易腐垃圾转化为有机肥料或土壤调理剂,产出物植物种子发芽指数＞85%、含水率＜30%,品质优于 NY/T 525—2021 有机肥料和浙江省 DB33/T 2091—2018 农村生活垃圾分类处理规范要求;易腐垃圾减量化率＞80%。

④无二次污染问题:废气经过负压收集和稳定达标处理后排入大气。渗滤液通过非膜法渗滤液处理设备和人工湿地达标处理后用作茶树浇灌,对周边环境不产生二次污染。

❖ 生态之窗

好氧堆肥技术助力乡村畜禽粪污资源化

畜禽废弃物资源化利用作为乡村生态文明建设的重要组成部分,迎来了巨大的机遇。《中共中央　国务院关于深入打好污染防治攻坚战的意见》明确提出"十四五"时期乃至2035年生态文明建设和生态环境保护主要目标、重点任务和关键举措。意见明确指出,加强种养结合,整县推进畜禽粪污资源化利用,到2025年,全国畜禽粪污综合利用率达到80%以上。为贯彻落实《畜禽规模养殖污染防治条例》《国务院办公厅关于加快推进畜禽养殖废弃物资源化利用的意见》《国务院办公厅关于促进畜牧业高质量发展的意见》等要求,农业农村部、生态环境部联合制定了《畜禽养殖场(户)粪污处理设施建设技术指南》,其中包括好氧堆肥工艺流程的指导意见,指导畜禽养殖场(户)科学建设粪污资源化利用设施,提高设施装备配套和整体建设水平,促进畜牧业绿色发展。因此,好氧堆肥技术对于生态环境的保护、固体废弃物的资源化具有至关重要的作用。

二维码 12.1　《中共中央　国务院关于深入打好污染防治攻坚战的意见》

二维码 12.2　生态环境部办公厅关于印发《畜禽养殖场(户)粪污处理设施建设技术指南》的通知

❖ 复习思考题

(1)详述废弃生物质好氧堆肥的特点、影响因素及应用场景。

(2)结合"碳中和、碳达峰"的背景,谈谈好氧堆肥的重要性与意义。

(3)试述好氧堆肥中微生物的作用及影响因素。

(4)试述堆肥化产品的腐熟度评价指标包括哪些?

(5)描述废弃生物质好氧堆肥的类型及不同类型的特点。

(6)详述好氧堆肥的工艺流程及其注意事项。

(7)请查阅资料,了解当前我国关于堆肥工艺流程的研究前沿。

(8)以易腐垃圾(或餐厨垃圾)为例,查询相关资料,探究当前的生物处理方法。

(9)查询资料和文献,从堆肥的工艺流程、控制因素、堆肥微生物等方面,选取一方面进行科学前沿报道或文献总结。

(10)以身边的废弃生物质为案例,以本章内容为基础,设计一条小型的废弃生物质好氧发酵工艺流程。

第十三章　废弃生物质饲料化利用

第一节　废弃生物质饲料化利用概况

一、废弃生物质饲料化利用概念

1.废弃生物质饲料化利用的必要性

一方面,随着我国经济和社会的发展,人们对营养的需求也在提升,对肉类的需求还处于上升阶段,我国还是养殖大国,畜禽水产等动物数量和肉类蛋白的产量逐年增多,因而对饲料的需求也逐年增长;另一方面,虽然我国耕地面积和粮食产量持续稳定增长,但对粮食的需求也逐年增多,其中就包括畜禽水产养殖中对能量和蛋白类饲料的需求,每年的缺口依然较大。合理地利用我国农业加工等过程中的废弃物,既十分必要,也是现实需求。特别是将废弃生物质转化为饲料,既可以减少处理废弃物,又能弥补饲料缺口,实现农业废弃物高值化应用。

修订后的《中华人民共和国固体废物污染环境防治法》,已于 2020 年 9 月 1 日起正式施行,其明确农业农村部门牵头指导农业固体废物回收利用、配合有关部门做好监督管理的职责。废弃物中含有大量的能量即糖类物质和蛋白质类物质,以及其他有机和无机元素,主要废弃物包括农作物秸秆、农作物加工下脚料、动物性加工废弃物、畜禽粪便和餐厨垃圾等。用合适的技术对以上废弃物进行高值化加工和饲料化开发,具有巨大的价值和效益。

2.废弃生物质饲料化概念及原理

废弃生物质饲料化是指将农作物秸秆、农林加工废弃物、禽畜粪便和餐厨垃圾等富含营养成分的废弃生物质通过多种物理、化学和生物等技术手段转化为营养价值高、适口性好、消化率高的优质饲料,以用于饲喂畜禽等。

根据废弃生物质的种类不同,可以通过物理加工、化学处理、生物发酵与转化,以及多种技术联合使用等方法进行处理,将废弃生物质转化为饲料类产品。其中的关键过程包括将废弃生物质中的大分子类物质降解为小分子物质,以提高动物的利用效率,如不同多糖类成分分解为单糖类成分,蛋白质分解为多肽和氨基酸等。

农作物秸秆主要由纤维素、半纤维素和木质素组成,结构稳定,可通过简单的机械或物理方法处理后,直接用作饲料;另外通过揉搓加工、热喷或压块进行加工,或酸碱等化学处理以提高秸秆的利用率。除物理和化学方法处理外,可以采用生物的方法进行发酵处理或基于酶的作用将大分子降解为小分子,进而提高秸秆的利用效率,包括青贮、微贮等生物技术处理过程。

禽畜粪便含有较高的蛋白质和多种必需氨基酸,以及多种微量元素和维生素等营养物质,通过高温灭菌、发酵等过程可以将畜禽粪便中的病原菌、寄生虫等杀灭后,并基于微生物的发酵技术制备经济价值较高的饲料类产品。

餐厨垃圾作为生物质的重要组成部分,主要含有淀粉、蛋白质、脂肪、矿物质类等成分,采用干燥、粉碎、发酵、生物转化、饲养昆虫等方案,可以得到不同的饲料类产品。有学者指出,餐厨垃圾最佳资源化层级原则是"优先生产饲料,其余生产肥料"。目前,国外餐厨垃圾饲料化技术比较成熟,主流技术是生化制蛋白,成功案例也较多。

综上,生物质具有以下适于饲料转化的特点:产量高、富含营养物质,具有可再生性。本身是废弃物,不处理会污染环境,为"放错位置"或者未被合理使用的资源。随着技术进步,其饲料化利用潜力巨大。

二、废弃生物质饲料化利用发展历程与现状

1. 生物质饲料转化技术发展历程与现状

秸秆作为我国天然粮食等植物资源的废弃物,一直以来被用于动物饲料。20 世纪 90 年代,曾鼓励普及秸秆青贮和氨化饲料。《农业生物质能产业发展规划(2007—2015 年)》明确秸秆管理政策以促进秸秆饲料化、肥料化、食用菌基料化、燃料化及工业原料化等多元化利用为主要目标,因地制宜,大力开发节约程度高、操作简便的新技术;2021 年 10 月农业农村部办公厅、国家发展改革委办公厅印发的《秸秆综合利用技术目录(2021)》明确,秸秆饲料化处理技术主要包括秸秆青(黄)贮技术、秸秆碱化/氨化技术、秸秆压块饲料加工技术、秸秆揉搓丝加工技术、秸秆挤压膨化技术等,并对进一步促进秸秆综合利用提供了技术说明。

目前农村地区秸秆饲喂牲畜以直接饲喂为主,具有采食率低和转化率低的问题。如能基于以上的技术方法对秸秆进行饲料化处理和加工,并结合动物营养学研究以及辅助添加饲用添加剂和其他成分,将大大提高秸秆类饲料化的效益,更好地促进动物养殖。

2. 动物加工废弃物饲料化历程与现状

动物屠宰后的废弃物经过适当加工可制成多种高价值产品,如鱼粉、肉骨粉、骨粉、血粉、羽毛粉等,它们作为优良的动物蛋白质饲料应用于配合饲料,具有十分重要的经济意义。我国 20 世纪 90 年代曾经年产数万吨制革废料,山东等部分省份建立了年产 300 t 规模皮革蛋白的生产装置,对缓和我国动物性蛋白饲料供应紧张问题起到了一定的作用。

《动物源性饲料产品安全卫生管理办法》明确,由农业农村部负责全国动物源性饲料产品的管理工作;县级以上地方人民政府饲料管理部门负责本行政区域内动物源性饲料产品的管理工作。动物源性饲料产品是指以动物或动物副产物为原料,经工业化加工、制作的单一饲料,对动物副产物来源的饲料产品进行了规范。目前在我国允许生产使用的动物源性废弃物原料可参见《饲料原料目录》第 9 部分"陆生动物产品及其副产品"和第 10 部分"鱼、其他水生生物及其副产品"中的废弃物内容(2022 年 11 月 3 日中华人民共和国农业农村部公告第 614 号)。

动物废弃物进行饲料化加工的技术方法主要包括干式粉碎、水解法和发酵等。水解法包括高压水解、常压水解和其他水解,将不溶性蛋白质水解为可溶性蛋白质,开发为蛋白含量高、易于消化吸收的饲料产品。近年来随着对环境保护力度的加大,以及养殖行业集中度提升等行业发展特点,动物废弃物的利用呈现更加规范化的趋势,生物技术方案也成为重要的发展方向。

二维码 13.1 　《饲料原料目录》

3. 畜禽粪便类废弃生物质饲料化历程与现状

畜禽粪便中含有大量未消化的营养成分,如粗蛋白、粗脂肪、B 族维生素、磷、钙、镁、钠、铁、铜、锰、锌等矿物质元素和一定数量的碳水化合物,经过适当的技术处理可作为饲料应用,以鸡粪的营养价值最高,猪粪次之。畜禽粪便的再利用及喂饲家畜最早源于 20 世纪 80 年代的鸡粪喂猪技术,研究者根据猪、牛有舔食鸡粪的自然现象,通过对鸡粪的理化性质、营养组成分析、消化和饲养试验,筛选出鸡粪处理的最佳技术方法。

对畜禽粪便进行除臭、灭菌、脱水等技术处理,可提高蛋白质的消化率和代谢效果,同时改善适口性,提高其利用价值和贮藏性,以充分利用畜禽粪便中的营养物质。目前,畜禽粪便的饲料化主要处理方式有直接喂养、青贮法、干燥法、发酵法和昆虫转化法等。

现在鸡粪已可以作为猪的饲料,并在生产中得到了一定的推广和利用;牛、兔粪的逐步应用也是在饲喂研究基础上进行饲料化的拓展。总体而言,因畜禽粪便本身的安全性等问题,其利用虽然存在一定的争议,但在技术方案革新和饲料化利用的潜在价值下,畜禽粪便的饲料化逐步得到重视与发展。

4. 餐厨废弃物饲料化历程与现状

我国餐厨废弃物主要来自家庭和各类食堂、饭店等集中供应餐食的地方。餐厨废弃物在我国曾经广泛用于饲喂畜禽,国家也出台了相关的文件进行指导,《餐厨废弃物饲料化利用安全性评价实施方案》对餐厨废弃物的饲料化利用提供了指导。后由于非洲猪瘟疫情等原因,2018 年农业农村部对餐厨废弃物饲喂生猪进行了规范禁止,2020 年农业农村部第 285 号公告指出,不得将餐厨废弃物直接用于饲喂生猪;《中华人民共和国固体废物污染环境防治法》于 2020 年 4 月 29 日第二次修订,第 57 条指出,"产生、收集厨余垃圾的单位和其他生产经营者,应当将厨余垃圾交由具备相应资质条件的单位进行无害化处理。禁止畜禽养殖场、养殖小区利用未经无害化处理的厨余垃圾饲喂畜禽"。2021 年中共中央办公厅、国务院办公厅印发了《粮食节约行动方案》,要求各地区各部门结合实际认真贯彻落实,该方案第 17 条明确提出,推进厨余垃圾资源化利用,支持厨余垃圾资源化利用和无害化处理,引导社会资本积极参与。做好厨余垃圾分类收集。探索推进餐桌剩余食物饲料化利用。以上相关政策为餐厨垃圾的饲料化利用提供了依据。

目前餐厨垃圾饲料化的方案中,可以将餐厨垃圾通过高温灭菌干燥和微生物发酵制成动物饲料,干燥程序简便、效率高,但耗能大,产品适口性差。微生物发酵则是通过微生物生长代谢,将餐厨垃圾中的纤维素、蛋白质降解成易吸收的小分子物质,生产的饲料营养丰富、吸收效率高,但周期长、成本高,技术仍需进一步开发。基于生物转化理论,通过蚯蚓、蝇类和虻类等昆虫对餐厨垃圾进行利用,获得的蚯蚓、蝇蛆、虻虫又可以作为新兴动物饲料,具有较高的经济价值。

三、废弃生物质饲料化利用产品分类

1. 根据常规动物饲料分类

根据动物营养需要,将多种饲料原料按饲料配方经工业化生产的饲料称为配合饲料。根据不同的营养价值,配合饲料可分为添加剂预混合饲料、浓缩饲料、全价配合饲料和精料补充饲料四类;根据饲料物理性状,配合饲料可分为粉状饲料、颗粒饲料、压扁饲料、块状饲料、液体饲料等;根据动物消化系统特点可分为单胃动物配合饲料(如猪、鸡、鸭用配合饲料等)、反刍动物配合饲料(如牛、羊用配合饲料等)、草食动物配合饲料(如马属动物、家兔用配合饲料等)、水产动物配合饲料(如鱼、虾、蟹用配合饲料等)。

2. 根据不同废弃生物质原料分类

针对不同的废弃物原料,采用不同的技术开发多种不同饲料类产品。主要包括四大类。

秸秆类饲料,是指以秸秆类废弃生物质为原料可以开发的饲料,包括干饲料、青贮饲料和微贮饲料等。

皮渣类饲料,是指以果类、豆类、薯类、糟类、皮渣以及茶渣和药渣等各类废弃渣类为原料进行发酵等处理后生产的饲料。

动物废弃物制备的蛋白类饲料,主要包括动物皮毛等废弃物提取或者生物技术处理的饲料,含有较高的蛋白质。

昆虫转化餐厨垃圾和动物粪便等制备的蛋白类饲料,主要是指将昆虫,如黑水虻,等进行培养后,以动物粪便、餐厨垃圾等为原料进行生物转化为昆虫蛋白类的饲料。

主要废弃生物质制备饲料的主要种类如下表 13.1 所示。

表 13.1　废弃生物质制备饲料的主要种类

废弃生物质种类	制备方法	饲料类产品
生物质—秸秆类	粉碎等	粉碎秸秆
	化学处理	加工秸秆类
	发酵	青贮、微贮
生物质—果渣等	发酵等	发酵皮渣类饲料
	培养微生物	饲料用菌剂等
动物废弃物(皮、毛、骨、血等)	提取	蛋白类
	发酵	蛋白类
	混合发酵与制备	制备菌体类

续表

废弃生物质种类	制备方法	饲料类产品
动物粪便类	直接饲喂	动物粪便饲料
	灭菌与发酵	发酵饲料
	生物转化	单细胞蛋白与昆虫
餐厨垃圾类（植物类）	切碎等物理处理	直接饲喂
餐厨垃圾类（淀粉、油脂、肉类等）	发酵与生物转化	单细胞蛋白与昆虫

第二节　废弃生物质饲料化工艺

一、物理加工工艺

1.常规饲料加工工艺

（1）粉碎工艺

粉碎即是将固体物料体积由大变为小颗粒的工艺。粉碎直接影响饲料质量、产量和成本。粉碎具有提高动物的消化率、改善和提高后续工序的加工质量和效率的功能。

粉碎工艺与配料工艺关系密切，按其组合形式可分为先配料后粉碎和先粉碎后配料。先配料后粉碎工艺的优点有：①对需粉碎原料品种变更的适应性强；②工艺便于实现自动化控制；③投资相对较低；④有效防止配料仓结拱等。

按原料粉碎次数又可分为一次粉碎工艺、二次粉碎工艺以及多级粉碎工艺。一次粉碎工艺是指对物料采用一次粉碎作业满足产品粒度要求的工艺。我国大多数企业采用一次粉碎工艺，具有工艺流程简单、所需设备少、投资较小的优点，但能耗较高，生产率较低，且产品粒度均一性差。二次粉碎工艺是指对物料采用两次粉碎作业满足产品粒度要求的工艺。与一次粉碎工艺相比，其粉碎效率提高，单产能耗降低，同时改善粉碎粒度的均一性。循环粉碎工艺指在采用一台粉碎机连续作业过程中，将出机物料中过大颗粒筛出并连线送回原粉碎机粉碎的工艺。根据粉碎工艺独立流程又可分为闭路粉碎工艺、预先分级开路粉碎工艺等。

（2）配料工艺

配料是根据饲料配方规定的配比，将 2 种及以上的饲料原料依次计量后，置于同一容器中。配料和混合均是配合饲料生产中的限制性工序，直接影响饲料厂的生产效率、制造成本和产品质量。

为提高饲料配料的准确度和精度，保证饲料产品的质量，必须对配料系统和配料秤性能做相应要求。配料系统应具有足够的配料准确度及精度；配料秤具有良好的稳定性与不变性；具有良好的适应性；可适应工艺的变化和不同环境的需要；便于实现生产过程的实时监控和生产管理自动化；在保证配料准确度和精度的前提下，配料系统应结构简单、价格低廉、耐用可靠、维护方便。

常见的配料工艺流程有一仓一秤、多仓一秤和多仓数秤等几种形式。合理的配料工艺流程在于选定正确的配料计量装置的规格、数量,并使其与配料给料设备、混合机等设备充分协调。优化的配料工艺流程可提高配料准确度和精密度,缩短配料周期,有利于实现配料生产过程的自动化和生产管理的科学化。

(3)混合工艺

混合是将2种或2种以上的饲料组分拌和在一起,使之达到特定的均匀度的过程。根据混合机的形式、操作条件以及粒子的物性等,混合机理主要有对流混合、扩散混合、剪切混合、冲击混合和粉碎混合等方法。

(4)制粒工艺

在饲料生产过程中,通过机械作用将单一的粉状原料或配合好的粉状饲料经压实并挤出模孔制成颗粒状饲料的过程,称之为饲料制粒,主要包括粉料调质、制粒、冷却(有时需要干燥)、分级等过程,有时还需增加制粒后产品的稳定熟化、液体后喷涂等流程。根据加工方法、加工设备和产品物理性状的不同,颗粒饲料分为硬颗粒饲料、软颗粒饲料、膨化颗粒饲料等种类。生产工艺由预处理、制粒及后处理3部分组成:饲料由喂料器控制喂入量,再进入调质器进行蒸汽调质,然后进入制粒室制粒,最后饲料颗粒经冷却器冷却。

在实际生产中,应根据饲料品种、加工要求进行不同的组合,设计出合理的制粒工艺并选用相应的设备,从而使颗粒饲料的感官品质、产品质量和产量达到相应的要求。

饲料制粒具有提高饲料消化利用率、有效减少动物挑食、运输储存更为经济、减少环境污染、有一定的灭菌效果等优点,以及制粒过程能耗高、所用设备投资大、需要蒸汽,设备易磨损等缺点。在加热、挤压过程中,热不稳定的营养成分也受到一定程度的破坏。

制粒工艺中,饲料调质是指通过水蒸气对混合粉状饲料进行热湿作用,使物料中的淀粉糊化、蛋白质变性,同时使物料软化,有利于制粒机提高颗粒产品质量和生产效率,并改善饲料的适口性、稳定性,提高动物对饲料中养分的消化吸收率。饲料调质具有提高制粒机的生产效率、促进淀粉糊化和蛋白质变性、提高饲料消化率、改善颗粒产品质量、杀灭有害病菌、利于液体添加等优点。

(5)挤压膨化

挤压膨化是借助挤压机螺杆的推动力,将物料向前挤压,物料受到混合、搅拌和摩擦以及高剪切力作用而积累能量达到高温高压,当物料由模孔挤出,压力骤降至常压,水分便发生急骤的蒸发,产生类似于"爆炸"的"闪蒸",并使物料膨化的过程。挤压膨化饲料是将粉状饲料放入膨化机内,经过连续的混合、调质、升温、增压、挤出模孔、骤然降压(闪蒸)、切断,再经干燥、稳定、冷却等工艺所制得的一种蓬松、多孔的颗粒饲料。早期用于宠物饲料加工,以改善饲料消化和适口性,目前在多种饲料中广泛应用。

根据膨化过程中添加蒸汽、水与否,膨化分为干法膨化与湿法膨化。其中干法膨化对原料进行加温、加压处理,不加蒸汽,但有时加水增加湿度;湿法膨化对原料加温、加压处理,加蒸汽调质。

(6)挤压膨胀

膨胀是饲料经调质、增压挤出及骤然降压,体积膨大,成为蓬松粉状料或不规则颗粒。不同于膨化加工生产颗粒饲料,膨胀加工主要用于原料预处理。饲料经膨胀加工也具有提高饲料消化率、改善饲料适口性、消灭抗营养因子、适合于水产动物摄食、杀灭病原微生物、提高液体吸收量等优点。膨胀粉状配合饲料是指原料进行膨胀加工,冷却后粉碎,经配料、混合后加工成粉状配合饲料。

2. 废弃生物质物理加工工艺

物理处理方法是利用机械、水、热力等作用,使废弃物破碎、软化、降解,便于动物咀嚼消化,同时还可消除混杂于废弃物中的泥土、沙石等有害物质。物理法分为干制、切短与粉碎、浸泡、蒸煮、热喷与膨化、蒸汽爆破、制粒与压块、照射等。

（1）农业废弃生物质类物理加工工艺

干制是最常用的物理加工方法之一,指利用热能使原料脱水,并使其中可溶性物质浓度提高到微生物难以利用的加工方法,使原料得以长期保存。切短与粉碎是加工废弃物最简单的方法,是其他加工的前处理过程。切短或粉碎的目的是利于咀嚼,减少浪费,便于拌料。浸泡可软化废弃物,提高适口性,适用于饼粕、豆类、谷物以及秸秆等,可粉碎后用水浸泡。蒸煮可降低纤维素的结晶度,软化秸秆,提高适口性,提高消化率,还能消灭霉菌、寄生虫等。热喷是将切碎的废弃物装入喷放罐中,而后通入饱和蒸汽,经高压处理后,从罐中喷出,喷出的饲料称为热喷饲料。蒸汽爆破将渗进植物组织内部的蒸汽分子瞬时释放,使蒸汽内能转化为机械能,并作用于生物质组织细胞层间,促进半纤维素、纤维素和木质素的降解,使废弃物更适合作为动物饲料。制粒与压块是将含水率为 15%～17% 的原料经粉碎后,按配方加入一定比例的原料和添加剂并充分混合,经调质处理,进入制粒机或压块机制成颗粒、块状饲料,经干燥、冷却处理成为成品。照射是指采用远红外线、激光照射使秸秆的粗纤维含量减少,无氮浸出物的含量增加的方法,该方法操作简便,但设备价格高,生产上推广应用具有一定的难度。

（2）动物废弃物物理加工工艺

羽毛类废弃物采用高温、高压水解法和膨化法等物理法处理,破坏角蛋白的二硫键并将其转化为可溶性蛋白质。该方法技术成熟、生产成本较低,但处理时间长,氨基酸组分受到破坏,饲料营养价值不高,同时会造成一定的环境污染。

废弃的鱼类原料经绞碎后,加一定量的酸或糖蜜,制成液体鱼蛋白饲料,含有丰富的氨基酸,是优良的动物性蛋白质饲料。生产该饲料工艺简便,投资少,成本低、无空气污染,产品保藏期长。

对肉联厂产生的废弃血液进行喷雾干燥处理生产血粉。该加工工艺能耗高,设备投资大,生产成本较高,血液综合利用率也较低,因此经济效益不佳。

用蒸煮分离法处理废弃畜体内脏、头蹄、尾爪、杂骨等,先提取蛋白质和脂肪,再作为饲料原料使用。通常采用高压蒸煮、分离脱脂的方法进行前处理,然后将肉汤加入胰酶进行消化、浓缩、干燥、制成蛋白胨,将油汤复炼制成工业脂肪。

国外处理的工艺一般原料不分类,经粗碎、精绞后进行蒸煮处理,然后固液分离,固态料经干燥、粉碎成粉,即为骨肉粉。液态料再进行油水分离,得到工业油。整个生产过程机械化自动化程度高,设备先进,能耗省,占地少。

（3）畜禽粪便物理加工工艺

畜禽粪便物理加工工艺包括干燥、热喷和膨化等处理方法。

干燥法处理粪便是利用热效应对畜禽粪便进行干燥,粪便经干燥后可制成高蛋白的饲料。干燥法分为生物干燥、自然干燥和机械干燥等。生物干燥法是利用微生物在堆肥过程中分解有机物的作用,使粪便中的水分减少;自然干燥法将畜禽粪便添加适量的麦麸搅拌均匀,摊平后利用太阳光照射和人为翻动干燥,机械破碎后加入饲料中;机械干燥法通过压滤机或离心机对畜禽粪便强制脱水,此方法可以达到防疫和生产商品饲料的要求。新型的微波处理畜禽粪便也是有效的畜禽粪便干燥处理技术,其在保留畜禽粪便有机质的前提下,利用高频电磁波辐射,达到快速干燥除臭的目的,可以采用连续进料的方式进行批量处理。此技术方法效率高,投资成本也高。

热喷处理是将畜禽粪便日晒,使水分含量降到30%后装入热喷机中,高温高压蒸汽处理后突然喷放,释放压力和温度后制成热喷畜禽粪便。该方法具有消毒、灭菌、除臭、膨松、味香、适口性好等特点。

膨化处理是基于膨化技术的处理,在膨化的基础上实现畜禽粪便熟化与杀菌,同时对产品质量具有较好的提升。

(4)餐厨废弃物物理加工工艺

餐厨废弃物物理加工工艺主要采用高温熟化和高温干燥等工艺过程。高温熟化包括高温高压熟化灭菌和高温常压煮熟预处理等过程,后续进行进一步的开发利用。

高温干燥生产微生物蛋白饲料为常用的物理工艺,一般包括以下步骤(图 13.1)。湿原料经过分选槽分拣后送入蒸煮机,在蒸煮机中对物料进行预热,便于油类分离;物料经蒸煮后送入压榨机脱水、脱油,制成半干料;油水混合物进入油水分离系统用于生产再生油脂或生产饲料用油;脱水后的半干料再送入干燥机中,通过高温高压蒸汽进行消毒灭菌和二次脱水,使物料中最终的水分降至10%左右,经过筛分、磁选、粉碎,将蛋白粉成品装袋入库。

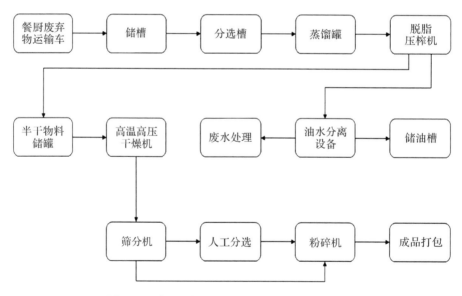

图 13.1 高温干燥餐厨废弃物蛋白饲料加工工艺

二、化学处理工艺

1. 秸秆等废弃生物质的化学处理工艺

化学处理工艺在秸秆上应用较为广泛,主要包括碱化处理(石灰液处理、氢氧化钠液处理)、氨化处理、酸化处理和氧化处理等。其中氨化处理多用液氨、氨水、尿素等进行处理。

2.其他废弃生物质的化学处理工艺

目前动物加工废弃物、畜禽粪便和餐厨有机质废弃物多采用物理和生物处理方法处理,少部分工艺步骤中涉及基质的酸碱平衡,为化学处理工艺,也是生物处理方法的预处理等步骤。

三、生物发酵与转化工艺

1.生物与转化工艺发酵处理技术

生物处理技术是指采用酶或产酶的微生物来降解废弃物中的大分子,或利用生物体改变废弃物中的成分,使动物或者昆虫可以利用废弃物中的营养物质。

微生物发酵技术通过微生物发酵过程中产生的酶类等降解废弃物中的粗纤维、抗营养因子等,并将蛋白质降解为多肽或氨基酸,最终将废弃物发酵成易消化吸收的饲料。微生物发酵降解剂主要由复合菌及其代谢产物,以及促进微生物发酵的制剂组成。发酵方式有厌氧发酵与好氧发酵两种,目前以固态发酵居多。固态发酵设备投资少,发酵产物富含酶类和菌体蛋白,过程简单,且无环境污染。

酶处理技术是指利用纤维素酶、木聚糖酶或其复合酶制剂,消除或降解废弃物中的粗纤维与抗营养因子以提高消化利用率。酶处理多采用复合酶处理,以增加不同种类酶之间的协同性;同时酶处理技术也多与其他技术配合使用。

单细胞蛋白(single cell protein,SCP)一般包括酵母、细菌、真菌或微藻,这些微生物可以各种废物为营养和能量来源,培养过程以液体发酵为主,生产富含蛋白质的菌体。多种农业废弃物可用于生产单细胞蛋白,如柠檬酸废料、菠萝罐头废水、山药皮、浓缩乳清、玉米秸秆和糖蜜等。

2.秸秆等废弃生物质生物发酵工艺

根据农业废弃物来源,可将农业废弃物发酵饲料分为秸秆类、蔬菜类、青草类、糠麸类、糟渣类、果渣类、中药渣类等。农业农村部规定的饲料级微生物饲料添加剂有 15 种,用于发酵饲料的菌种主要有乳酸菌、芽孢菌、酵母菌和霉菌等 4 类。

微生物发酵可将植物蛋白转化为单细胞菌体蛋白并提高饲料中蛋白含量,降解粗纤维、单宁等为小分子物质,提高饲料转化率,进而改善饲料品质。秸秆生物处理是在有益微生物作用下,分解秸秆中难于消化的纤维素和木质素的一种方法。常见的生物处理方法包括自然发酵法、微生物发酵法和酶解技术。

青贮是在厌氧条件下,乳酸菌发酵秸秆中的糖类成分产生乳酸,当 pH 值随着乳酸积累降低到 3.8～4.2 时,微生物处于被抑制或死亡状态,青贮料营养成分稳定,可以长期保存。青贮一般包括清理设施、收获原料、适度铡切、根据实际情况调节水分、压实填装以及密封等步骤。发酵阶段包括有氧呼吸期、厌氧发酵期和稳定发酵期,有氧呼吸期主要进行植物的细胞呼吸和好氧腐败菌的繁殖,一般持续 1—3 d。

3.动物加工废弃物生物发酵与转化工艺

动物废弃物的发酵需要多种营养物质,以发酵血粉为例,需要在底物中适当添加营养物质,改善蛋白质的含量,提高氨基酸水平。发酵前需要调整营养成分,并控制发酵工艺和参数。

常见的发酵血粉的工艺流程如图 13.2 所示。生产发酵血粉的主要原料为猪血,辅料为豆饼粉或者棉菜籽粉、麸皮和肉渣料等,各种原料和发酵菌种按照一定的比例配料,再充分混合均匀后,在温度 30～35 ℃,湿度 80% 以上的条件下发酵 48 h,之后将发酵料经干燥处理,粉碎成发酵血粉。复合蛋白饲料由发酵血粉、肉骨粉、油渣粉、蛋白平衡料和防腐剂等按照一定的比例制备。

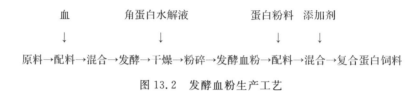

图 13.2　发酵血粉生产工艺

4. 畜禽粪便生物发酵与转化工艺

①蚯蚓对畜禽粪便的生物转化:在蚯蚓转化废弃物方面,发达国家一般采用纯牛粪养殖蚯蚓,但需要严格控制湿度,美国、日本、加拿大等国家养殖蚯蚓基本实现了"工厂化"、"规模化"和"商品化"生产。国内利用动物粪便养殖蚯蚓也较普遍,新鲜猪粪、鸡粪、牛粪、果渣等基料经过发酵和科学配比后作为蚯蚓饲料,并在合适控制饲料湿度(65%～75%)后可以达到预期养殖效果。

②黑水虻处理粪便:该方法是将畜禽粪便作为黑水虻的食物,经黑水虻转化粪便变成高质量的昆虫蛋白饲料,实现废弃物的无害化、减量化和资源化利用。黑水虻取食粪便有机物发生在其幼虫阶段,用黑水虻处理牛粪、猪粪和鸡粪,均转化获得高附加值产品。

③家蝇生物转化畜禽粪便:家蝇生命周期短、适应性和繁殖力强。蝇蛆为苍蝇的幼虫,嗜食畜禽粪便,生长快速,家蝇可将猪粪、鸡粪、牛粪、人粪、生活垃圾、酒糟、麦麸、谷糠、发酵的作物秸秆等快速转化为蝇蛆蛋白质,饲用营养价值极高。

5. 餐厨废弃物发酵与转化工艺

(1)微生物发酵工艺

餐厨废弃物经过除杂处理,与其他辅料混合匀浆后灭菌,再接种特定微生物进行发酵,发酵产物经干燥和粉碎后打包得到产品。常用的微生物包括酵母菌、芽孢杆菌和乳酸菌等。图 13.3 为常见的微生物发酵餐厨废弃物生产蛋白饲料的加工工艺。

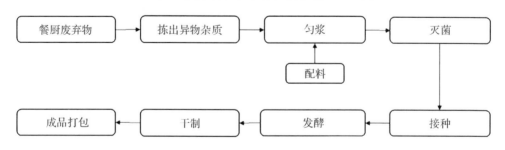

图 13.3　微生物发酵餐厨废弃物蛋白饲料加工工艺

(2)黄粉虫转化餐厨废弃物

黄粉虫俗名面包虫,被誉为"蛋白质饲料宝库",通过黄粉虫来处理废弃物,包括烂果尾菜、畜禽粪便、浮萍、黄顶菊、PE塑料膜等废弃物,不仅降低了黄粉虫的生产成本,得到昆虫蛋白,同时也为废弃物的处理提供了新的途径。

（3）黑水虻转化餐厨废弃物

黑水虻生命周期可分为卵、幼虫、蛹、成虫等4个阶段。在其孵化后至生长到蛹的过程中,可以大量食用餐厨废弃物,并转化营养物质为昆虫蛋白和其他副产品,具有资源化效果好等特点。目前在世界范围内,特别是发达国家广泛用于餐厨垃圾高值化利用。

（4）蟑螂处理餐厨废弃物

蟑螂,泛指属于"蜚蠊目"（学名）的昆虫,我国最常见且有饲养利用价值的有美洲大蠊、澳洲大蠊和德国小蠊,具有药用价值。利用蟑螂可高效、快速、无污染转化餐厨垃圾,实现餐厨垃圾高效循环利用。

四、综合处理工艺

1.秸秆综合处理工艺

秸秆在饲料化过程中,往往需要进行综合处理,即结合物理、化学与生物处理法进行饲料化。

①秸秆物理结合化学处理工艺:一种模式是秸秆经过初步粉碎或者切短后,再进行氨化处理,可以破坏原料纤维结构,提高其营养价值,主要过程包括物理粉碎、准备窖池、原料粉碎、选择氨源、装窖和密封处理。另一种模式是用收割机将秸秆粉碎后,通过施肥用的车辆将CaO粉末喷洒于秸秆之上,再使用洒水车喷洒一定量的水,调节秸秆的含水量,然后通过设备将秸秆收集并运输到牧场内压实密封处理。

②秸秆物理结合生物处理方案:粉碎后的饲草和秸秆等进行青贮的过程,是物理工艺结合生物发酵工艺的综合处理方案。青贮饲料是物理与生物工艺结合的典型工艺。

2.其他废弃物的综合处理工艺

动物加工废弃物、畜禽粪便和其他餐厨废弃物的利用过程中,通过物理粉碎、混合、干燥、高压处理以及基于生物的发酵、生物转化等工艺结合的物理-生物加工技术得到了较为广泛的应用。

第三节　废弃生物质饲料化加工方法与设备

一、农作物秸秆饲料加工方法与设备

1.农作物秸秆饲料加工方法与设备

物理加工法是利用人工、机械、热、水、压力等作用,改变秸秆的物理性状,使秸秆破碎、软化、降解,从而便于家畜咀嚼和消化的一种加工方法。加工主要设备包括切碎机、打浆机、青贮设备（塔、壕）、氨化或碱化设备;清理机械（去石、磁选器、去杂）、粉碎（碎饼）机、输送设备、料仓、计量器、混合机、包装机;颗粒饲料加工设备:制粒机、膨化机、分级筛等;饲料加工机组、中小型饲料加工厂全套设备,加工设备的单机与配合饲料加工机械单机相似。目前常用的物理加工方法主要有以下几种。

（1）秸秆切短与粉碎

切短与粉碎是处理秸秆饲料最简便和重要的方法之一。对反刍动物而言,切短和粉碎秸秆能增加饲料和瘤胃微生物接触的面积,便于瘤胃微生物的降解发酵,可提高采食量和消化率。

（2）秸秆揉搓处理

秸秆揉搓处理是利用能将秸秆揉搓成短丝条状的秸秆揉搓机,把作物秸秆切断,揉搓成丝状的一种方法。被揉搓处理后的秸秆呈星丝状,柔软、适口性好、吃净率高。

（3）秸秆软化处理

软化包括浸湿和蒸煮软化两种方法。浸湿软化是用清水或食盐水浸泡切碎的秸秆,使其软化,以提高适口性的一种方法,可以增加牛的采食量和采食速度。蒸煮软化是将切碎的秸秆通过蒸煮处理使其软化的一种方法,可以改善其适口性,因成本问题在农村使用不多。

（4）秸秆热喷处理

秸秆热喷处理是利用蒸汽的热效应,在高温下使木质素、纤维素分子断裂、降解;同时高压突然卸压产生内摩擦力,使细胞壁疏松,从而改变纤维结构和分子结构的一种处理方法。

（5）秸秆膨化处理

秸秆膨化处理,即是将含有一定水分的秸秆原料放在密闭的膨化设备中,经过高温、高压处理一定时间后,迅速降压,使秸秆膨胀的一种处理方法。常见的秸秆膨化加工流程如图13.4所示。秸秆膨化处理后可明显增加可溶性成分和可消化吸收的成分,提高其饲用价值。秸秆膨化需要专门的膨化设备,因设备投资较高,在生产实践中大范围应用受到限制。

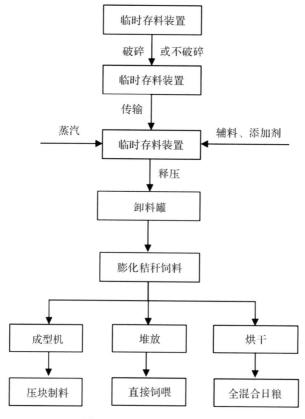

图 13.4   秸秆膨化加工流程

（6）秸秆饲料颗粒化

秸秆饲料颗粒化是将秸秆粉碎后制成颗料饲喂家畜的处理方法。秸秆制成颗粒,由于粉尘减少,体积压缩,质地硬脆,颗粒大小适中,利于咀嚼,改善了适口性,从而诱使家畜提高采食量和生产性能。

（7）其他方法

秸秆物理处理方法较多,还包括射线照射法,利用射线等照射秸秆,可以提高其饲用价值。但鉴于设备不能普及,在生产上较难推广应用。

（8）物理处理设备应用

秸秆热喷处理设备是一种间歇式气流膨化机(图 13.5)。物料在热喷处理时,利用蒸汽热效应,在高温下高压下使纤维素、木质素等降解。高压突然卸压后,产生内摩擦力发生喷爆,也会破坏物料的大分子结构。

图 13.5　秸秆热喷处理机

典型秸秆饲料膨化机如图 13.6 所示。秸秆饲料膨化机的主要功能是将机械能直接转化为热能,瞬间产生高温高压,出料口压力骤降使秸秆发生膨化喷放,破坏秸秆表面蜡质膜,使秸秆纤维细胞壁断裂,促进纤维素、半纤维素、木质素等复杂结构的崩解,产生熟化过程。该设备使秸秆细胞中可消化的养分充分释放出来,提高了秸秆的营养成分和利用价值,使秸秆从利用率低的废弃物转化成了易吸收、营养丰富、绿色生态的"秸秆膨化生物饲料"。

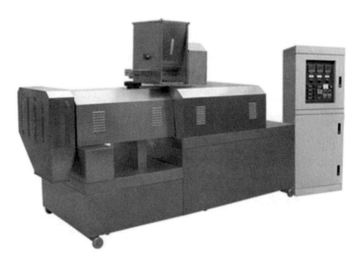

图 13.6　秸秆饲料膨化机

典型玉米秸秆饲料颗粒机如图 13.7 所示。该设备采用优质合金钢材料,可提供多种直径的模盘,压制出 2～10 mm 的颗粒,应用于牛、羊、猪等动物养殖中。秸秆颗粒加工机在压制颗粒前,要先经过秸秆饲料粉碎机粉碎,粉碎粒度小于 6 mm 即可,再将粉碎过的秸秆加入颗粒机中进行压制,可得到大小均匀、有一定硬度且表面光滑的颗粒。

图 13.7　玉米秸秆饲料颗粒机

2.秸秆饲料的化学处理方法与设备

秸秆化学处理不仅可以提高秸秆的消化率,而且能够改进饲料的适口性,增加采食量。常用的方法有以下几种。

(1)秸秆碱化处理

碱化处理是利用碱类物质使秸秆饲料纤维内部的氢键结合变弱,纤维素膨胀,溶解半纤维素和一部分木质素,从而提高消化率,改善其适口性的一种化学处理方法。碱化处理主要有氢氧化钠处理和石灰处理两种方法。

（2）秸秆氨化处理

秸秆氨化处理是在秸秆中加入一定比例的氨水或尿素等,使纤维素部分分解,细胞膨胀,从而提高秸秆的消化率、营养价值和适口性的一种化学处理方法。一般采用小型容器法、堆垛法、氨化炉法等处理。小型容器法处理过程为麦秸→切碎→氨化→密封存放→成品;堆垛法处理过程为麦秸→切碎→堆垛→密封氨化→存放成品;氨化炉法相对规模较大,采用电加热或煤加热的氨化炉处理,其过程为麦秸→切碎装箱→氨化→密封存放→成品→或切碎后喂饲,该过程中采用的氨化设备有切碎机(切段用)、氨化炉、加热装置、运氨车、液氨泵、液氨罐、氨枪等。

（3）秸秆酸化处理

秸秆酸化处理即是利用酸类物质(如硫酸、盐酸、磷酸和甲酸等)破坏秸秆纤维类成分的结构,进而提高动物的消化率的一种化学处理方法。硫酸、盐酸多用于秸秆和木材加工副产品,磷酸和甲酸则多用于保存青贮饲料。因为酸较碱的成本高,此法在生产中应用较少。

3. 秸秆饲料生物处理方法与设备

秸秆饲料生物处理是用有益的微生物在适宜的条件下,分解秸秆中难以被家畜消化的纤维素和木质素的一种方法。常见的生物处理方法包括自然发酵法、微生物发酵法和酶解技术。

大牲畜采食的粗饲料量最多,因此冬季会缺少青饲料,在夏秋收获季节需贮存大量的饲料以满足冬季需要。青贮设备目前用得较多的是青贮壕和青贮塔。图 13.8 所示的自走式青贮机也有一定的应用。

图 13.8　自走式青贮机

二、农林产品加工废弃物饲料的加工方法与设备

1. 农产品加工废弃物饲料的加工方法与设备

棉籽饼富含蛋白质、碳水化合物等营养成分,是一种良好的蛋白质资源,但因含有游离棉酚,需经脱毒才能在饲料中应用。采用微生物发酵可以去除游离棉酚,增加菌体蛋白。

玉米淀粉渣、豆渣、甘薯渣等农副产品中粗纤维含量较多,适口性较差,发酵后可以提高这些饲料的适口性和营养价值。

蔬菜废弃物中有机物和水分含量高,易腐烂变质,不宜贮存,采后损失在30%以上,蔬菜废弃物经发酵后,可以延长保存时间,改善原料营养价值。在日粮中添加番茄渣发酵饲料,围产后期试验组奶牛产奶量显著提高;番茄渣发酵饲料组的乳产量、饲料转化率、乳脂率、乳蛋白、乳糖、总固体固形物在数值上高于对照组。

表 13.2　用于饲料的植物种类

植物种类	饲料/产品	用量	结果
番茄	番茄渣	替代 15% 饲料喂猪	肉中多不饱和脂肪酸含量增加
番茄	番茄渣	40% 饲料饲喂经产期羊	产奶量和羊奶质量提高
番茄	干燥番茄渣	32.5% 比例加入饲料	动物生长、产奶和食量无影响
番茄、黄瓜	饲料块	35% 饲喂产乳山羊	产甲烷少,乳产量和质量提高
土豆	土豆原料	$15 \sim 20\ kg \cdot d^{-1}$ 喂奶牛、肉牛	对动物生长无不利影响
土豆	土豆皮	替代 25% 和 50% 饲料喂羊	干物质量下降、蛋白摄入减少
土豆	土豆渣	替代 20% 玉米饲喂牛	降低乳脂含量、增加瘤胃 pH 值
胡萝卜	鲜切胡萝卜	$20\ kg \cdot d^{-1}$ 饲喂小牛	没有不利影响
胡萝卜	干胡萝卜渣	$25\ kg \cdot d^{-1}$ 饲喂母牛	对生长、应用代谢、血液指标和经济效益没有不利影响
胡萝卜	干胡萝卜渣	50% 替代饲料喂食兔子	
花椰菜	干燥花椰菜	24% 替代干草添加	体外发酵效果提升
西瓜	西瓜藤	25% 替代干草青霉发酵	提高产奶量
葫芦	干燥葫芦渣	50% 添加饲喂反刍动物	对营养和动物生长无影响

糟渣是酿造业、制糖业、食品工业等在加工过程中形成的副产品,如酒糟、糖渣、酱糟、醋糟、食用菌菌糟、豆渣等。糟渣适口性差,粗纤维含量高,能量含量低,且含有抗营养因子,直接饲喂饲料消化率低。糟渣经发酵后可有效改善饲料适口性,减少抗营养因子含量,提高糟渣类饲料消化率。

2. 林产品加工废弃物饲料的加工方法与设备

(1)果渣饲料化利用技术

鲜果渣具有水果特有的香气,适口性好,但其蛋白质含量较低,酸度大,粗纤维含量高,经常用于配合其他饲料。常见的果渣主要包括苹果渣、柑橘渣、菠萝渣、葡萄渣、沙棘果渣等。果渣作为饲料一般可以直接饲喂、鲜渣青贮、利用微生物发酵技术生产菌体蛋白饲料。

果渣营养成分高,易腐败,需要进行干燥等处理,如直接烘干或者初步晾晒后再烘干。或对果渣进行青贮处理,采用乳酸菌进行厌氧发酵,具有提高营养成分、抑制有害微生物等多种作用,发酵一般在青贮塔中进行。另外,可将果渣作为底物,选择合适的微生物进行发酵,开发成适口性好、营养价值提升的果渣和单细胞蛋白类产品,提高果渣的价值。部分水果废弃物在动物喂养中的应用如表 13.3 所示。

表 13.3　水果废弃物在动物喂养中的应用

植物种类	饲料/产品	用量	结果
芒果	芒果全果产品(浸渍、晒干)、芒果酱	37.5% 添加喂羊	促进生长

续表

植物种类	饲料/产品	用量	结果
苹果	青贮苹果渣	15%添加量饲喂母牛	增加奶产量和成分
苹果	苹果渣	添加33%替代饲料	增加非脂乳固体含量
凤梨	青贮凤梨废弃物,添加蛋白和饲料(2.5 kg)	70%饲喂公牛	降低饲料成本,增加日增重(1 kg·d^{-1})
柑橘	青贮柑橘	50%喂公牛	能够替代50%玉米,同时不减少日增重、肉质量和重量
柑橘	与麦草和禽粪便青贮	15%~20%干物质喂绵羊	增加进食量
香蕉	副产物	50%绿香蕉+50%香蕉串+添加剂+10%糖蜜+7%甜菜浆	良好的风味和形态
香蕉	香蕉皮渣	40%青贮饲喂牛羊	增加体重和饲养效率
香蕉	青贮副产物	香蕉副产物+4%玉米	增加体重和饲养效率
香蕉	成熟香蕉皮	14~21 kg喂奶牛	产生更多的牛奶
香蕉	香蕉皮	15%~30%饲喂瘤牛	增加重量
番石榴	工农业废弃物	30%添加饲喂动物	降低胆固醇
菠萝蜜	废弃物用酵母等发酵	50%加入饲草喂羊	替代饲草,不影响消化
火龙果	果皮	9%添加饲喂兔子	增加重量、摄食量和饲料转化率

(2)中药渣

我国中药材种植面积大,年产量近7000万t,加工后剩余药渣一半以上,除富含纤维素、半纤维素、木质素、粗蛋白、粗脂肪、矿物质、氨基酸外,还含有维生素、微量元素和生物碱、多糖、萜类、黄酮类、甾体及苷类等生物活性物质。中药渣作为饲料原料进行微生物发酵,可改善中草药气味和营养成分等饲料品质、提高饲料转化率、促进动物生长。在畜禽养殖业应用与推广可有效减少药渣废弃物的排放,缓解环境污染压力,实现变废为宝。

3.畜禽产品加工废弃物饲料的加工方法与设备

(1)血粉的发酵及其应用

畜、禽血液中含有20%的固形物,干物质中粗蛋白质含量达80%以上。发酵血粉和发酵血粉饲料是近年来利用血粉生产的两种发酵饲料。发酵血粉是利用血粉自身带有的细菌或外源非病原菌在适宜条件下发酵生产的,氨基酸利用率取决于生产工艺和发酵菌种;发酵血粉饲料是在发酵前向血液中加入了50%以上的糠麸类吸附物,再经过发酵得到的,营养物质含量一般相当于发酵血粉的50%。

(2)畜禽加工废弃物生产饲料装备

动物体及其屠宰废弃物主要由脂肪、水合物和干物质组成,需要对三者进行分离。传统加工方法对原料破碎后进行加热处理,可使细胞分解并达到杀菌消毒的目的,主要设备包括预处理设备和发酵设备。预处理设备包括高压蒸煮锅、消化锅、复炼锅、真空浓缩锅、旋液分离器、喷雾干燥装备和水解装备等。下图 13.9 为一种预处理设备,该快速无害化处理系统可实现分切、绞碎、发酵、杀菌、干燥等多种功能;最快 4～36 h 即可完全分解成粉状,有效再生利用;处理过程所产生之水蒸气经过滤处理,无烟、除臭且无血水排放过程。

图 13.9　预处理设备

发酵设备主要包括破碎、配料机组、湿料混合机、通风发酵机、干燥机、配合饲料机组等,其中关键的设备为发酵机、湿料混合机和干燥机。图 13.10 为发酵机结构简图。

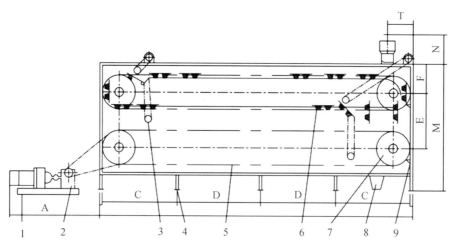

图 13.10　发酵机结构简图

1——针轮减速器;2——涡轮减速器;3——松料器;4——机器;5——牵引链;
6——支撑物板;7——索引链轮;8——出料口;9——清理

4. 水产品加工废弃物饲料的加工方法与设备

一些经济价值较低的鱼类、鱼类加工废弃物或部分甲壳类、头足类一般被加工成饲料用鱼粉。工业用鱼粉加工设备在 20 世纪早期已有出现，因加工工艺不同，可分为干制法加工设备和湿法加工设备两类，后者也包括离心式湿制法加工设备。

(1)干制法加工设备

该类设备主要由蒸干机、压榨机、粉碎机等组成。加工流程如下：原料→蒸煮→压榨/浸出→成品。原料在蒸干机内蒸煮，干燥除去水分后，经压榨机或者浸出除去油脂后，用粉碎机打成粉末。因高温导致鱼的氧化而影响品质，该法目前较少采用。

(2)湿制法加工设备

该类设备主要由切碎器、蒸煮器、压榨机、鱼油分离机、汁液浓缩器，干燥器和粉碎机等组成。原料先经切碎器切成小块，通过蒸煮器煮熟，由压榨机榨出大部分水分和鱼油，榨液经鱼油分离机分离出鱼油后，留下的汁水在蒸发器内浓缩并掺入榨饼一起送入干燥器烘干，再由粉碎机打成粉末。

主要流程如下：

$$水分 \leftarrow 分离（6）\rightarrow 浓缩（7）$$
$$\uparrow \qquad\qquad \downarrow$$
$$原料 \rightarrow 切碎（1）\rightarrow 蒸煮（2）\rightarrow 压榨（3）\rightarrow 干燥（4）\rightarrow 粉碎（5）\rightarrow 成品$$

各步骤中主要用到的设备：①切碎器；②蒸煮器；③压榨机；④干燥器；⑤粉碎机；⑥鱼油分离机；⑦蒸发器。

三、餐厨废弃物饲料加工方法与设备

1. 餐厨废弃物发酵饲料的加工方法与装备

餐厨废弃物富含营养成分，用发酵方法进行生产饲料即以餐厨废弃物为底物进行发酵，积累有用的菌体、酶和中间代谢产物制成饲料。微生物的发酵方法可以分为固体发酵法和液体发酵法两大类。生产的发酵饲料主要有以下 4 类：一是利用微生物在液态培养基中大量生长繁殖的菌体以生产单细胞蛋白，如饲料酵母等；二是固态发酵饲料，即利用微生物的发酵作用来改变饲料原料的理化性状，提高蛋白质饲料的利用率，如饼粕类发酵脱毒饲料；三是发酵积累微生物有益的中间代谢产物，如生产饲用氨基酸、酶制剂、寡肽以及某些抗生素等；四是培养繁殖可以直接饲用的有益微生物，制备活菌制剂，该类属于饲料添加剂。

2. 单细胞蛋白饲料

单细胞蛋白质饲料是单细胞或具有简单构造的多细胞生物的菌体蛋白质的统称。目前，在我国开发较好的主要是酵母类，主要包括产朊假丝酵母、热带假丝酵母、球拟酵母、酿酒酵母菌等。该技术以餐厨废弃物为底物类原料，经过发酵生产与处理后得到。

3.干燥蛋白生产方法

(1)干燥蛋白工艺

该方法是将餐厨垃圾分选后经过脱水、脱油、脱盐处理,再由干燥系统将物料直接干燥灭菌,并粉碎制成蛋白饲料的处理技术。脱水工艺产生的液体经油水分离,提取出油脂作为工业原料,废水则经处理后达标排放,实现餐厨垃圾处理的无害化、资源化。该工艺可大量、连续性地生产,日产25～200 t的蛋白饲料。主要设备包括自动分拣破碎系统、脱水系统、干燥系统、废气净化系统、油水分离系统等和控制系统等。

(2)湿式发酵工艺流程

湿式发酵工艺与干燥蛋白工艺大体相同。以搅拌发酵工序代替干燥工序,经过破碎、分拣、加热灭菌、脱水等处理后,加入调节水分、pH值、C/N值等的辅料与微生物菌种对餐厨垃圾进行湿式发酵;发酵后的物料经二次粉碎、分拣后包装、出库。湿式发酵工艺流程图如图13.11所示。

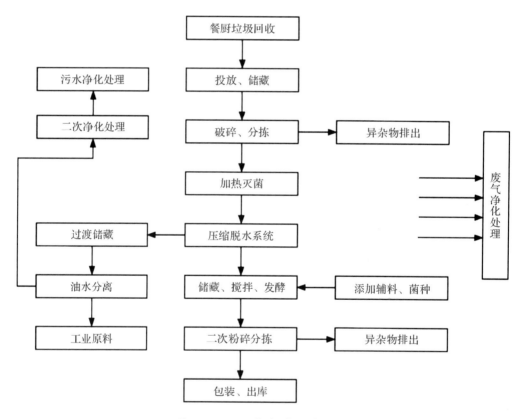

图13.11 湿式发酵工艺流程

四、畜禽粪便饲料加工方法与设备

1.干燥与干燥设备

机械干燥法通过压滤机或离心机对畜禽粪便强制脱水,达到干燥的目的。此方法可以达到防疫和生产商品饲料的要求。

(1)牛粪干燥机

牛粪干燥机以鲜畜粪为主要原料,经过脱水、去尘、高温烘干、浓缩粉碎、消毒灭菌、分解去臭等工序,可将70%～80%含水量的禽畜粪便一次性烘干至13%的安全贮藏水分,整个过程在封闭系统内进行,从而减少干燥过程中对环境的污染。如图13.12所示的干燥机适用于大、中型养殖场及养殖业比较集中地区的禽畜粪便处理。

图13.12　牛粪干燥机

(2)禽粪干燥机

又称桨式搅拌转鼓干燥机。该机保留了普通滚筒烘干机的优点,使材料表面积完全扩大,以最大限度地提高材料和干燥空气之间的热传递。单位面积的水蒸发能力是普通滚筒干燥机的1～2倍,具有占地面积小、效率高等优点。

2.发酵法与发酵设备

发酵法是在畜禽粪便中加入酶制剂或微生物菌剂以及其他辅料,在适宜的温度下进行发酵。发酵法处理具有节约资源、成本低、易于推广等优点,同时也具有灭菌除臭的功能。

EM菌是由光合细菌、放线菌、酵母菌、乳酸菌等多种有益微生物复合培育而成的多功能菌群,能利用畜禽粪便中未降解的物质合成大量的蛋白质、氨基酸、糖类等营养物质,分泌维生素、消化酶等多种生物活性物质,能抑制粪便中的病原菌,改善饲料卫生状况。

发酵设备通常采用固体发酵设备,包括卧式发酵设备和立式发酵设备等不同发酵方式,并对设备辅助设置加热、通风和自动控制等,以得到发酵完全的产品。

3.生物转化法

利用传统方式处理的畜禽粪便,其利用率较低,一般不超过60%。通过自然挥发、雨水冲刷或人为排放,全国每年流失的畜禽粪便高达 15 亿 t 左右。生物转化法通过蚯蚓、蜗牛和家蝇等昆虫对畜禽粪便进行利用,即以密闭的方式饲养蛆蝇,立体的模式套养蜗牛、蚯蚓,不仅提供动物蛋白质,而且能达到处理粪便的目的。该过程需要结合原料预处理等方法去除或者杀灭畜禽粪便中病原菌微生物、寄生虫及其虫卵等。

畜禽粪便及其污水通过固液分离技术、生物处理技术、厌氧技术以及好氧技术综合处理,可以获得饲料等产品,既能提高畜禽粪便处理的效果和综合利用效率,又能获得良好的经济效益和社会效益。

第四节 废弃生物质饲料化利用案例

一、农作物秸秆饲料化利用案例

农作物秸秆利用主要包括热喷等物理方法制备饲料、发酵制备饲料、培养食用菌并制备饲料,以及秸—饲—肥种养结合模式等。

1. 麦秸热喷处理利用

麦秸热喷处理是一种物理处理方法,对提高麦秸的饲料利用率有一定的效果。研究发现饲喂热喷麦秸的羊经营养补添后,其瘤胃微生态环境改善,采食量极大提高,日增重增高,羊毛生长速度加快。内蒙古畜牧科学院用热喷麦秸喂绵羊,日增重增加了 20 多克,瘤胃48 h 中性洗涤纤维的消化率提升了近 30%,由原始麦秸的近 38% 提高到 68% 以上。采用瘤胃液体外消化的方法测定几种粗饲料热喷处理前后有机物的消化率,结果表明热喷处理可以有效提高粗饲料的消化率。

2. 棉秆膨化发酵饲料综合利用

利用棉秆粉碎分离机与棉秆皮、棉秆芯分离机,分离出棉秆芯、棉秆皮、碎屑、杂质;再将棉秆皮、棉秆芯利用物理提纯,得到棉秆纤维,用于工业造纸;将把棉秆皮、棉秆芯未分离的细枝、棉桃、叶作为饲料原料置于秸秆膨化脱糖脱毒机中,物料在膨化脱糖脱毒机器中经受高温高压,使物料纤维细胞间木质素溶解,氢链断裂,纤维结晶度降低,制成饲料中的营养物更易于牛、羊吸收转化,提高家畜对秸秆饲料的采食量和吸收消化率。同时可以结合袋内厌氧发酵技术进行厌氧发酵,生产醇香、适口性好的饲草料。该模式产品主要客户为大中型养殖场,每条生产线可提供 60 个人的就业岗位,以年综合利用 2 万 t 棉花秸秆为例,以250 kg·亩$^{-1}$秸秆计算,相当于收购 8 万亩地的秸秆,可生产饲料 2.8 万 t,用于 1.2 万只羊全年的饲草料,为牧民增收提供保障。

3. 利用稻草与大白菜废料制备饲料

研究探讨大白菜废料和稻草混合青贮饲料对胡羊抗氧化性能、瘤胃微生物种群和发酵代谢的影响。结果表明,混合青贮饲料对胡羊生长性能无影响;瘤胃丁酸、总挥发性脂肪酸和氨氮在实验组浓度增加,pH 值降低;混合青贮组血液和瘤胃总抗氧化剂容量浓度较高,瘤胃、血清、肝脏和肾脏中的丙二醛含量低于对照组($p<0.05$);混合青贮饲料促进了产 Vc 的微生物生长以及丁酸产量的提升,提高了胡羊的抗氧化性能。

4.农作物秸秆培养食用菌并制备饲料

以农作物秸秆为原料,生产食用菌菌包,种植平菇等木腐菌;鲜菇采收后的废菌包,可再加工成菌糠饲料,饲喂猪、牛、羊、鸡、鸭、鱼等。禽畜排泄物收集后,添加其他原料制成有机肥,再用于大田生产。年利用秸秆原料 3500 t。

5.秸秆综合利用(农业农村部:秸—饲—肥种养结合模式)

秸—饲—肥种养结合模式指农作物秸秆通过物理、化学、生物等方法处理,添加辅料和营养元素,制作成营养齐全、适口性好的牲畜饲料。秸秆通过青(黄)贮、压块、膨化等方式加工成牲畜饲料,提高了秸秆饲料转化效率,拓展了饲料来源,节约了饲料用粮,能有效缓解粮食供需矛盾。秸秆饲料经禽畜消化吸收后排出的粪便再经过高温有氧堆肥、发酵等处理方式作为有机肥还田,从而实现种植业和养殖业的有机结合。该模式包含作物种植、秸秆收集、饲料加工、畜禽规模化养殖和有机肥生产等若干支撑环节。流程如图 13.13 所示。

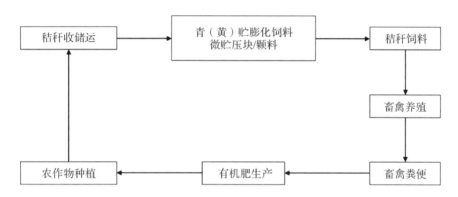

图 13.13　农产品及加工副产物综合利用及制备饲料流程图

二、农林产品加工废弃物饲料化利用案例

1.尾菜饲料化种养循环利用

该模式以“减量化、资源化、再循环”为原则,对蔬菜生产与流通环节所产生的尾菜进行乳酸菌的厌氧发酵,制作青贮饲料,再用制作的饲料饲喂畜禽。产生的畜禽粪便发酵后制成有机肥料还田,实现废弃物种养循环利用。该模式主要采用裹包式青贮技术和窖式青贮技术,核心是青贮乳酸发酵技术,具有机械化程度较高、工艺较为成熟、青贮饲料安全可靠、营养丰富、适口性好等特点。通过推广产生了显著的生态、经济和社会效益。

2.粮食及粮食类工业废物转化利用

河北某公司将小麦磨粉加工后在低温亚临界状态萃取小麦胚芽油,在脱脂胚芽粕中提取小麦胚芽肽,剩余肽渣经发酵生产有机饲料。年加工小麦胚芽 7.5 万 t,提取小麦胚芽油和小麦胚芽肽 3000 t。

甘肃某公司以淀粉加工产生的薯渣、废水为原料,添加秸秆粉,生产发酵饲料。年加工利用薯渣、薯液 5 万 t,玉米秸秆 2500 t,生产发酵饲料 4 万 t。

3. 果实残渣饲料化利用

菠萝果实残渣占加工水果的 50％以上，其水分和糖含量高容易变质，合理利用比较关键。将菠萝物理切碎后压实密封，间歇通气青贮 30 d，其能量和矿物质营养价值优于玉米绿色饲料。饲喂绵羊羔羊后中，总体表现与用玉米绿色饲料青贮饲料喂养的绵羊羔羊相似。因此，青贮饲料制作是一种有效和实用的利用菠萝果实的方法，制备好的青贮饲料，支持羔羊的预期生长速率，并且对养分利用和整体健康没有任何不利影响。

某公司以番茄加工产生的皮渣为原料，用于生产番茄红素、番茄籽油和番茄皮渣粕，番茄皮渣利用率达 98％。年加工番茄皮渣 2.1 万 t，生产番茄红素 2.1 t，番茄籽油 269 t，番茄皮渣粕（饲料）4674 t。

4. 畜禽屠宰与水产废弃物综合利用

常德某厂和商业部饲料工业技术开发中心协作攻关，研制出了一套新型工艺及设备利用肉类加工废弃物生产饲用蛋白，建成了单班年产 600 t 的复合动物蛋白饲料车间，能生产药用蛋白胨、工业用油、肉骨粉、复合动物蛋白饲料、发酵血粉和浓缩饲料，肉类加工废弃物的利用率达 96％以上。饲养试验表明，饲料产品适口性好，消化吸收率达 87％以上，饲养效果好，具有良好的效益。

江苏某公司以水产品加工副产物，如虾、蟹壳为原料，采用生物酶法提取甲壳素，进而加工几丁聚糖胶囊、硫酸氨基葡萄糖氯化钾等甲壳素生物制品，同时将甲壳素提取产生的蛋白质、无机盐和钙等副产物，加工成水产饲料添加剂和水产养殖水质改良剂。年综合利用虾、蟹壳 4 万 t。

三、餐厨废弃物饲料化利用案例

1. 青海餐厨垃圾制备饲料案例

西宁市某餐厨垃圾处理项目引进、消化、吸收国际领先的餐厨垃圾处理技术和设备，结合自主开发形成了适合国情的餐厨垃圾处理成套解决方案。项目研发了适应国内餐厨垃圾处理特点的异物分选技术、油脂高效分离技术、餐厨垃圾饲料原料微生物转化技术和臭气处理系统，将餐厨垃圾制备成饲料。其方案的工艺流程包括：餐厨垃圾→进入设备→前段分选、杂质异物剔除→蒸发→发酵→高蛋白生物饲料、生物柴油。

2. 某餐厨垃圾综合处理工艺

某企业采用的餐厨垃圾综合处理工艺主要包括：预处理→湿热灭菌处理→脱水处理→好氧发酵→干燥一体化处理→废气处理与后处理等（图 13.14）。其中，预处理系统包括分选、破碎和螺旋输送设备；湿热灭菌处理系统将预处理后的餐厨垃圾送入湿热反应釜中，进行高温蒸煮；脱水脱油系统对湿热处理后的物料进行固液分离；微生物好氧发酵和干燥一体化处理系统将动物源性蛋白转化为微生物菌体蛋白；饲料后处理系统对粗饲料进行进一步的筛分、粉碎、去除杂质、添加必要成分、调整饲料的营养比例，达到国家相关标准；臭气处理系统对生产过程中产生的有害气体进行控制。

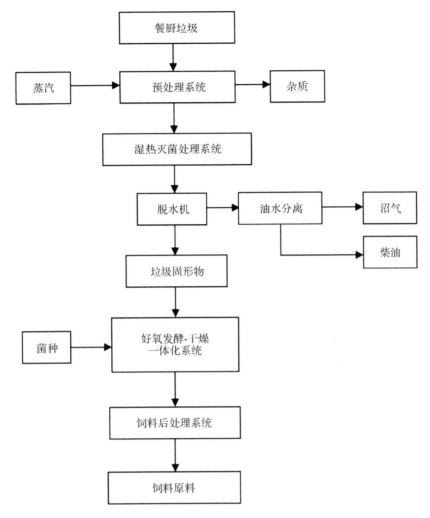

图 13.14　餐厨垃圾处理工艺流程图

3.将废弃食物开发为牛饲料

将超市丢弃的水果、蔬菜单独或与玉米作物残渣、蘑菇等废料等共同发酵,以果蔬中存在的天然微生物作为菌种,在发酵过程中,混合物酸度降低较快(乳酸占主导地位),所获得产品的关键营养参数与奶牛场常用的优质牧草相当。体外实验表明,产品可以替代某些常规饲料,同时保持日粮消化率。

四、畜禽粪便饲料化利用案例

1.鸡粪的饲料化利用案例

由于鸡的肠道短,其饲料中70%左右的营养物质未被消化吸收而排出体外。在排泄的鸡粪中,按干物质计算,粗蛋白含量为20%~30%,其中氨基酸含量不低于玉米等谷物饲料,可利用鸡粪代替部分精料来养牛、喂猪。

用烘干鸡粪作饲料可节约大量饲料用量,经济效益也比较显著。干燥法是常用的处理方法,在鸡粪处理中用得较多,目前有自然干燥、大棚自然干燥法、高温快速干燥法和烘干法等。自然干燥法适用于小规模鸡场,即在鸡粪中掺入少量的谷糠和木屑,用小型搅拌机拌匀后在空地上晒干或风干。自然干燥对杀灭病菌和寄生虫卵及除臭效果不理想。高温快速干燥法,多采用机械热烘干,通过高温、高压、热化、灭菌、脱臭等处理过程,将鲜鸡粪制成干粉状饲料添加剂。在牛的饲料中添加适量的烘干鸡粪,可以使牛的平均日增重 1 kg 以上;在猪的日粮配方中添加 15% 的烘干鸡粪,可使猪的平均日增重 500 g 以上,比不加鸡粪的对照组的日增重要高,且对肉质和风味无任何影响,成本较低。

2.热喷技术

利用热效应和喷射机械,使畜禽粪转化为鸡肮粉,生产高蛋白饲料,既能除臭又能彻底杀菌灭虫卵,达到卫生防疫和商品饲料的要求。

3.青贮法与生物转化法

青贮法是将粪便中碳水化合物和禾本科青饲料一起青贮,调整好饲料与粪的比例并掌握好含水量,防止粪便中粗蛋白损失过多。青贮法可将畜禽粪便中部分非蛋白氮转化为蛋白质,同时可杀死粪便中病原微生物、寄生虫等,饲料具有酸香味,提高了适口性。

生物转化法是利用蝇、蚯蚓和蜗牛等低等动物分解畜禽粪便,达到处理畜禽粪便和提供动物蛋白质的目的。蝇蛆和蚯蚓都是很好的动物性蛋白质饲料,品质也较高。鲜蚯蚓含 10%～14% 的蛋白质,可作为鸡鸭猪的饲料或水产养殖的活饵料;蚯蚓粪可作肥料。生物转化法比较经济、生态效益显著。

❖ 生态之窗

2021 年全国农业绿色发展典型案例：
加强秸秆饲料化利用 打造"四个一"生态循环模式

近年来,江苏省苏州市太仓市围绕以城厢镇东林农场为核心的现代水稻产业园区,着力打造"四个一"生态循环模式,示范带动全市秸秆综合利用,取得了积极成效。

太仓市的具体做法是:以秸秆饲料化增值利用为核心环节,将稻麦粮食生产确定为主导产业,根据主导产业确定秸秆饲料化、草饲家畜养殖、有机肥生产等关联产业规模,打造秸秆增值利用"四个一"现代农牧循环模式,即:"一株草",利用秸秆收集装备,将秸秆收集到饲料厂生产饲料。"一头羊",生态羊场养殖本地湖羊,每只羊每天可消耗秸秆饲料 3.5 斤。"一袋肥",羊粪被收集到肥料厂,与秸秆、菌渣等混合发酵生产有机肥,年可生产有机肥料 3000 t。"一片田",有机肥施用于稻麦田和生态果园,生产优质稻米和蔬果。

通过"四个一"生态循环模式,组建产业化联合体,提升产业链附加值,实现一、二、三产业融合发展。一是生态种养循环农业链条。创新实行"羊—肥—稻、果"生态循环农业模式,将发酵装置、羊舍、水稻果园、微水池有机整合,实现肉羊养殖和水稻蔬果种植的有机结合。二是秸秆利用产业化链条。建成高水平的秸秆饲料厂、肥料厂,稻麦秸秆发酵后制成高质量饲料,喂养生态湖羊,湖羊将秸秆饲料过腹消化,产生粪便、沼渣、沼液等制成有机肥料。三是优质农产品一体化产业链条。运用现代化工厂育苗与富硒苗培育结合等技术,将含硒秸秆等农作物副产品加工成饲料,饲喂畜禽,产出富硒农产品,形成"种植—饲料—养殖"产业链循环。

二维码 13.2　江苏省苏州市太仓市:
加强秸秆饲料化利用 打造
"四个一"生态循环模式

❖ 复习思考题

(1)饲料作为动物的食物,需要提供能量、蛋白质、矿物质等主要营养物质,请针对秸秆类、畜禽加工废弃物、畜禽粪便和餐厨废弃物进行说明,上述废弃物可以提供哪些营养物质?

(2)秸秆主要化学处理方法包括哪些?

(3)请说明秸秆青贮技术的原理和关键影响因素。

(4)废弃生物质的原料有哪些种类? 请说明以废弃生物质为原料可以生产的主要产品类型。

(5)请说明餐厨垃圾直接饲喂动物的可能风险。

(6)请分析说明餐厨垃圾用于基质培养昆虫(如黑水虻)的可行性及方案。

(7)请就如何采用发酵技术利用动物废弃物进行说明。

(8)请以餐厨垃圾为底物,举例说明如何利用微生物菌剂发酵制备饲料。

(9)请说明单细胞蛋白的含义,并说明如何利用餐厨有机质废弃物制备微生物单细胞蛋白。

(10)请从物质循环利用的角度,说明技术创新对农林有机质废弃物饲料化利用的促进作用。

第十四章　废弃生物质基质化利用

第一节　废弃生物质基质化利用概况

一、国内外基质产业的发展历程

随着园艺产业的发展,园艺工作者开始用容器种植植物,用轻质、均匀、肥沃的有机种植基材,代替部分无机土壤,不但能减轻容器的总重量,降低劳动强度,而且提供更优质的养分。19世纪末期,法国开始采用松针、枯枝落叶、泥炭等有机物料混配矿质土壤进行盆钵植物栽培。20世纪初期,欧洲泥炭生产商开始利用泥炭制备栽培基质,开发出了第一代无土栽培基质。1939年,英国某公司开发了第一个以堆肥、泥炭和沙为主要原料的栽培基质。1948年,德国某公司开发了泥炭、黏土栽培基质。与此同时,美国土壤科学家开发了用泥炭加蛭石,或泥炭加珍珠岩为原料的康奈尔基质,并实现了工业化生产。1950年,爱尔兰推出了全系混合基质和盆钵基质。基质中泥炭用量越高,使用效果越好,从此泥炭逐渐在基质中占据主导地位。1950—1960年,德国和芬兰教授先后研发了以泥炭为唯一原料的专业基质,从此开启了欧美专业基质工业化生产新时代。从研制开发基质,到基质成为现代园艺和家庭种植不可缺少的生产资料,专业基质制备技术已经经历了4个发展阶段,不同发展阶段有不同原料来源,不同技术突破,面临着不同市场需求,表现出不同的产业发展特征。基质制备技术的不断进步,带动和促进了现代园艺的发展和腾飞。欧美国家专业基质制备技术发展过程可以概况为4个基本阶段。第一阶段是1950年以前,主要开发生产第一代配合基质,基质是几种原料按比例混配制成的,因此也称为配合基质阶段;第二阶段发生在1950—1975年,基质制备技术达到了标准化阶段。基质生产原料按照一定工业标准处理,产品配方按专业配方配合,产品按统一标准方法检测,这一阶段也称为标准化阶段;第三阶段主要发生在1975—2000年,这一阶段在对基质制备原理深入研究的基础上,采用粒径分选、颗粒组配的工艺技术,根据用户对基质的水气构型需求而制备的定制基质,可以最大限度满足用户专业化、个性化需求,这一阶段也称为定制基质阶段;第四阶段起始于2000年,基质制备技术已经发展到第四代,新一代基质是在定制基质基础上,深入研究基质微生物学、物理学、化学性质相互作用,在全面满足种子萌发和植物生长对根际物理、化学环境需求的基础上,在定制基质中添加了适量的生物制剂和控病制剂,实现对病虫草害的有效控制,因此也称为功能基质。

中国基质产业起步较晚。20世纪90年代,云南省大理州农业科学研究所研制的中国第一个专业基质在烟草漂浮育苗中得到推广应用。20世纪90年代末期,东北师范大学泥炭研究所在国家"九五"科技攻关项目支持下,以国产草本泥炭为原料研制开发了固型基质,实现了产业化生产。2010年以来,基质市场需求不断扩大,国外基质产品不断引入,国产基质生产企业逐渐增多,中国基质产业已经到了蓬勃发展的有利时机。由于起步晚,资源原料受限,配方工艺落后,专业设备短缺,行业标准缺失,管理政策制约,与欧美国家基质制备技术相比,中国基质制备技术既没有达到按标准化处理原料、生产产品、检测产品的标准化基质阶段、定制基质生产阶段,更没有实现专业基质的营养、防病一体化的功能。所以,从总体来看,中国基质制备技术仍停留在欧美基质制备技术的初级阶段。基质产业是一个市场广阔的新兴产业,知识技术密集,资源绿色安全,资金物流横跨境内外,成长潜力大,综合效益好,对中国社会经济全局和长远发展具有重要的引领作用。作为基质产业后发国家,积极学习国外先进基质理念、技术装备和标准检测,加快推进中国基质产业技术进步,对中国现代农业、环境修复产业发展具有重要意义。

除了基质生产专业设备、基质配方与调制技术的限制(主要按重量计量和比例配合法)外,作为基质主要原辅料的泥炭资源不足、质量偏差且限采是抑制我国基质产业发展的主要因素。在传统的无土栽培固体基质中,基质原料多种多样,但使用较多、质量较好的当属泥炭和椰糠,配加少量的生物质发酵物以及蛭石、珍珠岩等无机物料。这些原料中,无机原料国内生产即可满足市场供应,而泥炭和椰糠则主要依靠进口。泥炭是迄今为止被世界各国普遍认为最好的栽培基质,然而泥炭是不可再生的自然资源,且国内泥炭资源比较少而且分布不均匀,价格昂贵,作为原料成本较高。因此,寻找价格低廉,对环境无污染并且来源广泛的基质材料是目前栽培基质生产中的热点。近些年,随着可持续性农林业发展的理念在世界范围内推广,各主要泥炭产地泥炭资源的逐渐枯竭,世界各国对于泥炭替代基质材料的研究逐年增加,各种农林生物质资源被广泛应用于泥炭替代研究及应用。作为农林业生产大国,我国拥有丰富的农林生物质废弃物资源,同时这些废弃物由于来源广泛、收集容易、总量巨大、种类丰富,具有良好的基质应用研究前景。

二、废弃生物质基质化利用的概念

(一)基质的相关概念

基质栽培是用固体基质(介质)固定植物根系,并通过基质吸收营养液和氧的一种无土栽培方式。基质种类繁多,常用的无机基质有蛭石、珍珠岩、岩棉、沙、聚氨酯等;有机基质有泥炭、稻壳炭、树皮等。基质栽培最初起源于无土栽培的概念,作物周围的土壤环境已恶化,严重影响了作物的产量和品质,人们转而寻找替代品,用固体基质(介质)固定植物根系,并通过基质吸收营养液和氧气。所以,栽培基质就是指代替土壤提供作物机械支持和物资供应的固体介质。基质是用多种有机、无机物料按一定工艺和配方调制出的,可为种子萌发和植物生长提供优良水、肥、气、热条件的人工土壤。基质产业是原辅料生产供应、机械设备制造安装、基质产品调制生产、产品标准编制检测、市场开发推广、行业政策管理等既相互联系又彼此分工的业态总称。

废弃生物质基质化利用是指将农林业生产过程中产生的有机废弃物(秸秆、枝条、粪便等)和农林产品深加工的副产物(如造纸厂下脚料、糟渣等有机废弃物料),通过无害化和稳定化处理(初级加工),经过适当的配方过程,产生用于作物栽培基质的过程。以有机废弃生物质为主的轻型育苗基质,具备质地松软、疏松透气、不积水、不板结、温度适宜的特点,能够为植物的根系生长提供良好的生长空间以及生长环境。以容易获得的农业有机废弃物经无害化和稳定化处理为主的栽培基质,因其本身富含大量的微量元素,可以简化营养液的配方,降低成本;有机材料大多具有保肥性能,可以直接干施固态肥料,可大幅降低施肥成本,又能生产出无污染的绿色食品。农林废弃物是农林业生产中无法利用的部分,但作为基质原料却有很多优势。其有机质和养分含量都很高,含有纤维素、木质素等生物有机高分子,含碳量在30%左右,是一种储量巨大的可循环的再生绿色资源,并且可以在环境中迅速降解,是经济环保的基质原料。中国作为农业大国,每年产生的农林有机废弃物数量庞大。因此,农林废弃物的基质化利用是一条变废为宝、消除污染、改善生态环境的有效途径。农林废弃物基质化利用,是极具开发前景的农业废弃物利用途径,将在很大程度上实现农林废弃物资源的规模化转化与应用。

三、栽培基质种类和特性

基质主要对植物起到支持固定、保水通气、稳定缓冲、提供营养等作用。不同植物以及同一植物不同生长阶段对基质的理化性状要求都各有不同。基质的分类方法很多,根据基质在植物栽培生产中用途划分,可分为育苗(育种)基质、栽培基质、土壤改良基质等;根据基质来源,可分为天然基质(沙、石砾等)和人工合成基质(岩棉、陶粒等);根据组成分类,可分为无机基质(蛭石、珍珠岩等),有机基质(泥炭、椰糠等),以及化学合成基质(岩棉、泡沫塑料);根据性质分类,可分为活性基质(阳离子交换能力较强或本身能为植物提供营养的基质,如泥炭、蛭石等)和惰性基质(阳离子交换能力低甚至几乎没有,或者本身不含植物所需养分的基质,如沙、石砾等);根据基质组分的不同,又可将基质划分为单一基质和复合基质两类。生产上一般会根据不同单一基质的理化性状,将多种基质材料进行合理的比例拼配,获得所需要的性质优良的复合基质。以下简要介绍经常使用的基质材料。

(1)泥炭又称草炭,是死亡植物在沼泽中转化形成的有机矿产资源,是最优良的作物培养基质,应用非常广泛。它富含有机质,纤维含量高,疏松多孔,通气透水性能良好;比表面积大,吸附能力强,以较好的平衡盐分和离子浓度,并且富含腐殖酸,其自由基是半蔽结构,生物活性高,在植物氧化还原过程中起重要作用。泥炭的有机质含量在30%以上(国外认为应超过50%),质地松软易于散碎,比重$0.7\sim1.05$,多呈棕色或黑色,具有可燃性和吸气性,pH值一般为$5.5\sim6.5$,呈层状分布,称为泥炭层。泥炭有机质含量高达90%~95%,含腐殖酸30%~60%。全球泥炭地总面积400万km^2,其中86%属于持续积累泥炭地,全球每年新生泥炭总量为约40亿m^3,而每年全球泥炭开采量不到1亿m^3,泥炭新生量为泥炭开采量 40 倍。我国已探明泥炭储量 129 亿 m³,虽储量巨大,但近 60％的储量分布在西南、西北高原。这些地区的泥炭不仅开采运输成本高,而且地处生态敏感区,属于严格保护对象,基本没有开发的可能性。目前我国泥炭主要开采区集中在东北、内蒙古和云南等地,可供开发储量约 50 亿 m³。我国 99％的泥炭属于经济价值低位的草本泥炭,而高位藓类泥炭、木本泥炭储量极小。草本泥炭腐殖酸含量高,有利于植物根系生长,吸附吸收能力强,有利于一次性添加多元营养,节省育苗期间补充肥料用工。因此,草本泥炭虽然结构稳定性不好,但适用于种苗生产,所以国产泥炭在种苗生产领域与进口藓类泥炭不相上下。而进口藓类泥炭因为分解度小、纤维含量高、结构稳定,更适于制备栽培基质、屋顶绿化、家庭园艺等使用时间较长的高档基质。我国对泥炭实行严格限制的开采措施,泥炭品质也不高,造成我国基质产业必须从全球配置资源,在科学开发本国草本泥炭资源的同时,大量引进国外的藓类泥炭资源和椰糠资源,以弥补国内优质泥炭资源的不足。

(2)水苔(也称白藓、苔藓类植物)常生长于林中岩石峭壁或溪边泉的水旁,一般呈绿色,除杂、清洗、晾晒后可用于花卉栽培,是兰花等珍贵肉质根类花木理想的栽培基质。水苔的容重为 0.9～1.6 g·cm⁻³,总孔隙度 70％～99％,饱和持水率 260％～380％;pH 值为 4.3～4.7,EC0.35～0.45 mS·cm⁻¹。水苔具有清洁、纯净无杂质、无菌,保温保湿,通气性能良好;营养丰富,使用简单方便,适用植物种类广泛等特点。

(3)椰糠是椰子外壳的纤维粉末,是在椰子外壳纤维加工过程中脱落下的一种纯天然的有机基质原料。椰壳纤维或简单椰壳都泛称为椰糠。椰糠在许多热带和亚热带国家如印度、斯里兰卡、马来西亚、菲律宾等都有生产。我国海南省、浙江省也有少量椰糠生产。椰糠纤维丰富,结构稳定,有利于建造良好的基质结构。椰糠作为基质原料的突出问题是含盐量较高,容易造成植株生长受到抑制,需要采取适当手段给予有效控制。

(4)木纤维是采用机械热提取的方式从木材和木材废料中提取的木质纤维。为了防止氮通过木纤维固定导致园艺作物栽培困难,木纤维在投入挤压机前,可加入氮肥进行"浸渍"处理。缓释氮肥能抵消微生物吸收同化而发生的氮固定。木纤维具有结构多孔,疏松有弹性,低容重、大空气容量和低水容量的特点。由于其收缩值很低,可以减少盆钵基质的收缩。此外,木纤维有很好的再湿润性,没有杂草种子和病原体,pH 值为 4.5～6.0,是近年来广泛应用的新型基质原料。

(5)以农业废弃生物质为基础的基质原料

由于泥炭资源有限、再生速度慢,过度开采会破坏生态环境,所以寻找泥炭替代基质是基质栽培的关键。农业废弃生物质是人类在组织农业生产过程中所丢弃的有机类物质的总称,根据其来源不同可分为:①植物类废弃物,具体为农作物秸秆等物料(腐殖土、玉米秸秆、小麦秸秆、花生秸秆、水稻秸秆、林木、枯枝落叶、松塔、种皮、果树剪下的纸条、树皮、木屑、竹屑等);②动物类废弃物(牛粪、猪粪、鸡粪、羊粪),即在牧、渔业生产过程中产生的残余物;③农副产品加工产生的废弃物,即在农林牧渔业加工过程中产生的残余物;④农村城镇生活垃圾。其养分含量可参考表 14.1。根据其性质,农业废弃生物质可分为植物性纤维废弃物和动物性纤维废弃物;随着现代农业等的发展,农业废弃生物质的产生源头从农村地区扩展到城市,其内涵也逐步扩展到包括种植废弃物、养殖废弃物、园林废弃物、餐厨垃圾、生活垃圾等在内的各种有机废弃生物质。

表 14.1　我国农业废弃生物质数量及其养分总量

项目	秸秆	畜禽粪便	蔬菜残体	农村生活垃圾	加工废弃物	林业废弃物	其他农业废弃生物质
年产量（×10⁴ t）	7.0	26.1	1.0	2.5	1.5	0.5	0.5
氮（×10⁴ t）	430.0	2063.0	69.0	120.0	84.8	34.0	56.6
磷（×10⁴ t）	57.0	413.0	7.3	72.0	17.3	55.5	11.5
钾（×10⁴ t）	651.0	1566.0	37.0	249.0	101.8	500.0	67.9

大量研究表明,许多农业废弃生物质如花生壳、锯末、秸秆以及醋糟、木薯渣等,经微生物发酵腐熟后,均可作为无土栽培基质。在木材工业较发达的欧洲国家,如德国和法国,大多用木材工厂产生的下脚料堆肥腐熟后代替草炭基质;在澳大利亚、美国等植物覆盖率高、地广人稀的国家,多以树皮堆腐后作为基质使用;在热带一些椰壳原产地的国家,多以椰糠代替草炭使用。番茄和黄瓜等蔬菜生产中,用发酵玉米秸秆替代草炭与珍珠岩、浮岩混配;食用菌菇渣发酵料可以代替一定比例的草炭;用石楠、桤木和猫尾草生物质堆制发酵可以作为花卉苗木生产的草炭替代品;园林废弃物发酵料用于红掌等花卉植物栽培,其替代60%以上草炭时仍具有较好的栽培效果;以10%木炭、25%磷矿石、65%园林废弃物发酵料混合基质作为玉簪栽培基质,可以显著增加玉簪生物量。果树修剪枝条、木材下脚料、竹条等制备的生物炭可以全部或部分替代草炭用来生产蔬菜等作物。

四、栽培基质选用原则

(一)基质理化性状要求

固体育苗基质要给植株提供三方面的支持:一是固定附着作用,使植株可以在基质上挺直生长,不会出现倒伏等情况;二是有合适的孔隙度,可以保证植株根系有良好的通气和水环境;三是提供足够的养分,但又不能有太多的盐分而导致渗透势过低,造成根系无法吸水。农林生物质废弃物基质化处理常见分析指标主要有物理指标、化学指标、生物指标三类。物理指标包括容重、比重、总孔隙度、气水比、粒径、含水率、饱和含水量;化学指标包括化学组成、酸碱度、可溶性盐含量、阳离子交换量、腐殖酸;生物指标包括微生物好氧速率、发芽指数。不同植物、不同栽培用途、基质栽培的不同阶段等决定了对基质的要求也有很大的不同,不能一概而言。一般来说,物理性状方面要求基质的容重在 $0.1 \sim 0.8$ g·cm⁻³,总孔隙度在54%~96%,大小孔隙比在 1:(2~4),基质颗粒大小适中,表面粗糙但不带尖锐棱角,孔隙多且比例适当。同时,化学性状要求基质有酸碱和盐分的缓冲能力,化学稳定性强,酸碱度接近中性(以6.5~7.0为宜),EC值在 $0.5 \sim 2.75$ mS·cm⁻¹,C/N在15~20,没有有毒物质的存在。

(二)优良基质材料的标准

优良的栽培基质材料应具有以下特点:
①来源广泛、获得容易、总量充足;

②破碎容易且具有一定的机械强度,处理后可保持合适的粒径,同时可经破碎减小体积以便运输;易于发酵腐熟、高温惰化处理,且处理时不会产生有毒有害挥发性物质;

③容重适宜、总孔隙度大、吸水性强、持水性优良;

④具有一定的韧性,不易粉碎;不会因施加高温、熏蒸、冷冻而发生变形变质,便于重复使用时进行灭菌灭害;

⑤本身不携带病虫草害,外来病虫害也不易在其中滋生;

⑥本身含有一定的营养物质,但又不会与化肥、农药发生化学作用,不会对营养液配制和有干扰,也不会改变自身固有理化性质;

⑦没有难闻的气味,不易招引昆虫;

⑧一定时间内可循环回收再利用,可自然降解且不会造成环境污染;

⑨可与土壤混配使用,且可在一定程度上改善土壤性状;

⑩使用简单,便于日常管理;

⑪价格合理,便于工厂化批量生产和运输。

五、常见废弃生物质基质化处理技术

(一)预处理

选定的基质材料在进行进一步处理之前,还应经过筛分、除杂、粉碎(破碎)等预处理过程。农林生物质废弃物在收集过程中常会混杂如玻璃碴、塑料、金属碎片的杂质,需经过筛分去除。目前农林生物质废弃物筛分设备主要有滚筒筛式、筛盘式、风筛式等类型,利用风选、磁选等方法实现废弃物中杂质的分离,从而保证后续处理过程的顺利进行。农林生物质废弃物根据材料组成及终产物用途的不同,其粉碎或破碎的设备和粉碎后的材料粒径也有很大区别。对于木质化程度较低的嫩叶、花败、草屑等,一般经堆腐发酵后用于土壤改良及有机肥生产,生产上经常使用锤片式粉碎机将废弃物材料粉碎成的颗粒。而对于木质化程度较高的树枝、树干等材料,其破碎过程则对设备要求较高,经常需要二次破碎,常用设备一般分为削切式和角切式两种。木质化程度较高的废弃物堆腐发酵处理较困难,一般可采用高温惰化处理方式进行稳定化处理。

(二)好氧堆肥技术

堆肥技术是把农业废弃生物质与添加剂按比例混合,调节物料含水率,在通气条件下利用微生物代谢降解有机质、分解酚类等有毒物质,同时杀死堆肥中病原菌、草籽,最终产生稳定有机质的过程。根据堆肥过程中微生物的需氧情况不同,微生物发酵技术还可以分为好氧堆肥技术和厌氧发酵技术。好氧堆肥过程中微生物代谢活动会大量放热,促使堆体温度升高到 50～65 ℃,最大限度地杀灭病原菌,同时提高降解速率,因此高温好氧堆肥成了应用最广泛的农业废弃生物质基质化处理技术。静态、半静态、动态堆肥是好氧堆肥技术的三种形式。静态好氧堆肥缺少翻堆这一环节,因此发酵装置较简单,投资成本较低。但是由于静态堆肥堆体内部容易接触不到氧气,缺氧环境下导致物料易板结,微生物繁衍也受限,发酵速率低,堆肥品质差。且静态好氧堆肥堆体面积较大,为使堆体充分通风,使用的设备内需含有比动态堆肥设施更多的供风和引风机,设施占地面积大于动态堆肥设施,更适合场地不受限的地区。相比静态堆肥,动态好氧堆肥物料通过粉碎和充分搅拌后,可以均匀地接触氧气,促进微生物代谢繁殖,堆肥周期大大缩短,农业废弃生物质降解速度更快,因此动态好氧堆肥技术的使用率更高,处理能力强。有些垃圾处理厂的桶式发酵装置每天废弃物处理量可高达 2000 t,发酵周期仅需要 2 d;而半静态机械翻堆条形堆肥的发酵周期需要 21 d,二级静态堆肥周期需要 70~90 d。在具备同样容纳量的处理设施中,动态堆肥的耗时远少于静态和半静态,所以耗电量差异显著。动态堆肥设施占地面积相对小,可实现全自动化,劳动力成本也较少,但动态好氧堆肥机械成本高,所以更适合于土地稀缺的发达地区。

(三)炭化处理

炭化处理是指在无氧或限氧的环境下,通过热裂解(<700 ℃)有机物产生生物质炭的技术方法。其农业废弃生物质原料经炭化后,体积变小,自身所带的病原菌等有害物质也被杀死。其热解炭化产物——生物炭具有质量轻、表面多孔隙、有较大的比表面等特点,既可储存充足的水分和养分,也可为植物根系呼吸作用提供充足的氧气和吸收养分的空间,为微生物代谢提供一个好的场所,且其阳离子交换能力较强,可最大程度地减少养分淋失,是可代替草炭进行植物育苗和栽培的高品质基质。

根据炭化原理,农业废弃生物质炭化技术可分为热裂解法、水热炭化法和微波炭化法。其中热裂解法是最常用的一种方法。水热炭化技术是荷兰在 20 世纪 80 年代发明的一种热转化技术,该技术能使具有固定含水率的生物质在反应器特定温度和压力下,生成固体和液体并产生气体产物。与热裂解炭化法相比,水热炭化少了原料预处理阶段的干燥原料步骤,因此当农业废弃生物质含水量较高时,采用水热炭化法进行生物炭的制备就无需干燥环节,节约了大量的劳动力,降低了炭化设备的成本,但水热生产效率不高。无论是热解炭化还是水热炭化,都需要保持对加热炉的持续加热和保温,而微波炭化法是利用频率为300 MHz～300GHz 的电磁波在完全无氧或少量氧气的条件下作用于农业废弃生物质,使其分子内外产生剧烈振动发热从而制备生物质炭的过程,不需要对反应炉进行加热。相比较传统炭化方法,微波炭化法受热均匀,没有额外的热量损失,所以加热速度快,能源消耗少。

第二节　废弃生物质食用菌栽培基质开发利用

食用菌大部分为木腐菌或草腐菌,可生长在死亡的植物体或有机质上,菌丝体可分解利用其中的纤维素、木质素、木质纤维等有机物,其中大部分为其他生物难以降解的物质。我国是农业大国,有丰富的农业生产过程中的副产品,如作物的秸秆(玉米秸、高粱秸、棉花秸、豆秸、麦秸、花生藤、稻草、谷草等)、皮壳(棉籽壳、菜籽壳、花生壳、麦麸等)、豆饼、米糠、甘蔗渣等,以及林木的残枝、落叶、木屑以及畜、禽的粪便等。

利用农业废弃生物质生产食用菌延长农业生产链,不仅能解决林果剪枝、秸秆、农产品下脚料(玉米芯、高粱壳、麦麸等)、畜禽粪便等废料的循环利用问题,同时能生产各种营养丰富的食用菌,实现农业经济循环发展。食用菌在生态系统中属于分解者,通过分解农林牧废弃物中的有机物质,形成营养丰富、肉质脆嫩的食用菌子实体,以此提高整个系统的生态效益和经济效益。食用菌产业的发展是在不破坏生态环境的基础上发展食用菌产业，实现资源的高效利用，达到发展经济和保护生态环境和谐统一的目标。食用菌能够促进农业有机废物的循环利用，并且提高废物利用效率。不同的食用菌针对废物在处理能力上有一定差异性。

一、食用菌栽培基质废弃生物质原料

(一)食用菌栽培基质主料

食用菌栽培基质主料包括除桉树、樟树、苦楝等含有害物质树种外的阔叶树木屑。新木屑需在堆场堆料2个月以上并至少翻堆1次，无结块、无异味；主料质量要求应符合《无公害食品食用菌栽培基质安全技术要求》(NY 5099—2002)的规定。原则上凡不含有毒有害物质和特殊异味的农林副产品都可以作为食用菌栽培的培养料，一些富含木质纤维素的野生材料也可作为培养料。农副产品如稻草、麦秸、玉米芯、玉米秸、高粱秸、棉籽壳、废棉、棉秸、豆秸、花生秸、花生壳、甘蔗渣、麦麸、稻糠、高粱壳、果园剪枝枝条、玉米皮、豆饼、花生饼、油菜饼、芝麻饼、棉仁饼等；林业副产品如树枝、树杈、树墩、树根、刨花、木屑等；野生材料如类芦、象草、皇竹草等。另外，轻工业生产的副产品也可以作为食用菌栽培的培养料，如糠醛渣、酒糟、醋糟、废纸浆等。

①木质类：这类主料的碳源中木质素所占比例较大，纤维素和半纤维素所占比例较小，如椴木、树枝、木屑等，其质地紧密，适于各种木腐菌的栽培。

②草本类：这类主料的碳源中纤维素和半纤维素较多，质地较松软，常见的有各类农作物秸秆皮壳，如麦秸、稻草、玉米芯等，适于多种食用菌的栽培。

③粪便类：各种草食动物的粪便，常用的有牛粪和马粪，既含有大量的纤维素和半纤维素，又含有较多的蛋白质，较动物消化前更利于食用菌的分解吸收，常用来栽培双孢蘑菇、大肥菇、姬松茸等。

④纤维类：这类材料食用菌可吸收的碳源主要是纤维素类。有的材料中其他成分所占比例较大，如棉籽壳的种皮食用菌几乎完全不能利用，能利用的只是其上附着的纤维，如棉籽壳、废棉等。

二维码 14.1　《无公害食品　食用菌栽培基质
安全技术要求》(NY 5099—2002)

(二)辅料

食用菌培养基的组成除主料外，还要添加一些必需的辅料，占培养基的5％～10％。辅料要求新鲜、洁净、干燥、无虫、无霉、无异味，应符合《无公害食品食用菌栽培基质安全技术要求》(NY 5099—2002)规定的质量要求。其主要作用是补足培养料中的营养成分，调节碳氮比例和酸碱度,改善培养基的理化性状,促进堆料中微生物的活动和繁殖,提高堆料发酵质量等。

①有机氮源辅料:这类辅料主要有麦麸、米糠、棉仁饼、菜籽饼、花生饼、豆饼、芝麻饼及大豆粉等。此类辅料以提供氮源为主,也含有能促进菌丝蔓延所必需的大量维生素等营养物质。

②磷钾肥:常用的有过磷酸钙、磷酸二氢钾等。可弥补培养料中磷、钾素的不足,同时能促进微生物的分解活动,促进菌丝健壮生长,也利于培养料的发酵腐熟。它是一种缓冲物质,可提高堆料的酸碱缓冲性能,改善培养料理化性状。其用量一般为1%。

③无机盐类:常用的有硫酸钙(石膏)、碳酸钙、硫酸镁等,有加快主料软化、促进主料分解、调节酸碱度、补充钙元素、降解培养料中农药残留等功能。生产中其添加量一般为培养料干重的1%~2%。

④糖:在培养料中添加糖分,主要是作为培养初期碳源的补充,便于菌丝直接利用,并诱导纤维素酶的产生。

二、废弃生物质开发食用菌栽培基质的工艺流程

(一)食用菌栽培废弃生物质原料处理

栽培食用菌,原料有生料、发酵料、熟料三种。从生料到发酵料再到熟料,培养料的腐熟程度是由浅到深,营养成分的分解程度是由轻到重,杂菌基数是由多到少。优质食用菌栽培基质应具备腐熟均匀、呈咖啡色、无粪臭味、富有弹性、手捏能捏拢、松手即散、有草香味的特点。

(1)生料栽培

生料栽培即拌料完毕后不经任何处理而直接装袋接种的栽培方式。培养料是未经腐熟或灭菌的生料。这种栽培方式简单易行,省工省时,但接种后发菌慢,接种量应大,而且在发菌过程中会造成后发酵,导致高温烧菌。在炎热的夏季,高温多雨,若栽培方法不当,易造成生料酸化腐烂以致栽培失败。因此,生料栽培仅限于菌丝生长力强的平菇、草菇等。

(2)发酵料栽培

发酵料栽培即是将原料拌匀后,按一定规格要求建堆,进入发酵工艺。当堆温达一定要求后,进行翻堆,一般要翻3~5次。通过发酵处理,可杀死培养料中的有害微生物和害虫,但操作麻烦,成本较高。平菇、草菇、双孢菇、鸡腿菇等都很适合发酵料栽培。

(3)熟料栽培

熟料栽培即要对装袋(瓶)后的培养料进行常压或高压灭菌,一方面有利于菌丝体的分解利用,另一方面可杀死培养料中的有害微生物及害虫。这种栽培方式适用于绝大多数食用菌的栽培,但需要投入大量资金购置灭菌设备和接种设备,而且对栽培技术要求较高。熟料栽培较发酵料更为省时,且在时间上较为主动,便于根据人力物力适时进行规模生产,且可大大减少接种量。香菇、杏鲍菇、金针菇、木耳、银耳等都必须用熟料栽培。

总之,生料、发酵料、熟料栽培,培养基的腐熟程度是从浅到深,高分子化合物等营养成分的分解程度从轻到重,内存的杂菌基数由多到少,但受外界杂菌的入侵程度由难到易,操作由简单到烦琐,从保险程度及产量上看由低到高,生产者应根据自己的生产情况,合理选

择,提高综合效益。

食用菌种类繁多,在生产过程中,要根据本地区的特点和不同种类的食用菌,合理利用农业废弃生物质。目前已形成多种利用农业废弃生物质生产食用菌的模式。

①果木剪枝生产香菇、滑子菇等木腐菌模式:香菇、滑子菇、黑木耳等都属于木腐菌,可以利用果木剪枝废料进行生产,具体工艺流程为:原料粉碎→预湿→拌料→装袋→灭菌→接种→发菌→出菇(耳)管理。

②玉米芯、高粱壳生产平菇模式:玉米芯、高粱壳都属于农产品下脚料,可用于平菇生产,具体工艺流程为:原料发酵→拌料→装袋→灭菌→接种→发菌→出菇管理。

③玉米秸秆生产大球盖菇模式:大球盖菇属于草腐菌,可利用玉米秸秆进行生产,具体工艺流程为:秸秆粉碎→发酵→铺床接种→发菌→出菇管理。

④畜禽粪便生产双孢菇模式:双孢蘑菇属于粪生菌,可利用畜禽粪便进行生产,具体工艺流程为:粪便发酵→铺床接种→发菌→出菇管理。

⑤菌棒再次利用模式:不同菌棒的再利用方式不同,如杏鲍菇废料可生产平菇和鸡腿菇,香菇、滑子菇污染菌棒可生产平菇。具体工艺流程为:废菌棒回收→粉碎→拌料→装袋→灭菌→接种→发菌→出菇管理。

⑥利用草腐菌处理畜牧粪便及农作物秸秆:目前我国的草腐菌主要包括松茸菌、草菇、棕色蘑菇以及双孢蘑菇等。草腐菌拥有非常强的纤维吸收能力,可以利用自身菌体对蛋白进行有效的分解,在农业秸秆处理过程中,可以使秸秆中的有效物质转换能力得到提升。

⑦通过木腐菌对玉米芯、林木脚料等的处理:木腐菌主要指在立木或是枯木的死亡部分生长的一种全新菌种。该菌种可以吸收木材中的营养成分,并且对木材的生理结构进行破坏,造成原有木材出现腐蚀、腐朽的状态。木腐菌的原料包括棉籽壳、玉米芯等物质。常见的木腐菌包括杏鲍菇、金针菇、黑木耳、香菇等。

三、废弃生物质开发食用菌栽培基质的设备

食用菌栽培基质原料处理流程包括粉碎、配置、搅拌混匀、装袋、灭菌。食用菌用到的树木枝条较多,因此粉碎机多为木制粉碎机(图14.1左)。栽培基质需要发酵应用链板发酵槽翻堆机进行发酵混合(图14.1中),生料变熟料后应用菌棒包装生产线进行装袋(图14.1右)。因食用菌熟料栽培的容器、培养料等物品都要经过高温灭菌,灭菌设备一般为高压灭菌锅或常压灭菌锅,栽培规模较大时需要大容积的高压灭菌锅或常压灭菌锅(图14.2)。

图 14.1　木制粉碎机(左)、链板发酵槽翻堆机(中)、菌棒包装生产线(右)

图 14.2　常压灭菌锅(左)和高压灭菌锅(右)

四、废弃生物质开发食用菌栽培基质案例

桑枝栽培工厂化杏鲍菇

我国是蚕桑生产大国,2020 年桑园面积达 1146 万亩。桑枝是杏鲍菇栽培的优质原料。用桑枝基质栽培的杏鲍菇产量和子实体大小都优于杂木屑基质栽培。桑枝韧皮部约占 27%、木质部约占 72%、髓心部约占 1%。桑枝含纤维素 25.3%、半纤维素 19.1%、木质素 24.3%、粗蛋白 4.56%、碳氮比(C∶N)为 66.2,适合各种木腐型食用菌的生长。因为养蚕需要,桑树不施农药,用桑枝屑栽培食用菌可降低农药残留的风险。在蚕桑产区,以修剪桑枝为原料栽培杏鲍菇,栽培杏鲍菇后的菌糠可作为桑园基肥,达到"桑—菌"双赢模式,增收效益明显。杏鲍菇出菇的最适温度为 13～18 ℃,温度过高或过低都难以形成子实体,在可控条件下工厂化生产,一年四季均可栽培。从制包到采收结束,全生产周期约 58 天,其中,发菌完成的菌包从进冷库到出菇完成约 20 d。一间标准出菇房年可出菇 15～18 批次。此模式在浙江淳安、缙云、磐安等地得到较好的规模化生产应用。

(1)桑枝原料要求及粉碎前预湿处理

桑枝原料要求新鲜,无红、黄、青、绿、黑等色泽霉变情况。桑枝皮韧性强,宜应用大功率桑枝专用削片粉碎机。对桑枝条进行淋洗预处理可有效降低桑枝粉碎时产生的粉尘,并提高粉碎颗粒碎度。

(2)桑枝屑使用前堆制发酵,直接装袋会使带料不紧实、菌包过轻。先将桑枝屑堆制发酵 15 d 以上,让其部分降解、充分吸水。

(3)培养基质配方

桑枝屑 25%、棉籽壳 20%、玉米芯 25%、麸皮 20%,其他如豆粕、玉米粉、碳酸钙、石灰等占 10%。桑枝屑和棉籽壳提前一天预湿,培养料含水量控制在 65% 左右。制包,采用培养料冲压装袋机,每袋装料 1.1～1.2 kg。装袋后,进行灭菌、冷却、接种培养,以及后续的杏鲍菇出菇管理等。

第三节　废弃生物质园艺栽培基质开发利用

一、园艺栽培基质

用蔬菜穴盘育苗,幼苗根系发育空间小,基质含水量、透气性、酸碱度(pH)、电导率(EC)值很容易在短期内发生较大的变化,基质配制不好常常导致烂种、出苗率降低、幼苗营养缺乏、烂根、徒长等。我国各地充分利用本地的丰富资源,研发了木薯渣、麦秆、菇渣、醋糟、草炭、蛭石等不同比例的混合基质,替代传统以泥炭为主的育苗基质。

(一)基质理化性质及对作物育苗的影响

决定基质优劣的主要物理性质包括基质的容重、孔隙度和持水量。

①容重($g \cdot cm^{-3}$)指单位体积固体基质的重量。容重与基质粒径、孔隙度有关,与相对密度正相关,与总孔隙度负相关。容重大,基质的运输和操作不便,透气性差;容重过小,基质过轻,影响作物根系生长,易出现倒苗。

②总孔隙度指基质的持水孔隙度和基质的通气孔隙度,用相当于基质体积的百分数(%)表示。总孔隙度大的基质疏松,有利于幼苗根系发育,但对于幼苗的支撑固定性的较差,所以育苗基质需要合适的孔隙度。

③基质的持水量也称保水量,是指基质能够保持水的能力。持水量取决于颗粒的大小和孔隙度。颗粒越小,表面积和孔隙度越大,持水量越大。持水力越强,基质的养分保存和缓冲能力越强。

决定基质优劣的化学性质主要包括酸碱度(pH)、阳离子交换量(CEC)和电导率(EC)等。

①蔬菜幼苗对基质 pH 的敏感度高,不同种类蔬菜幼苗的最适 pH 不同。基质 pH 的调节剂多使用石灰(碱性)和硫黄粉(酸性)。pH 会影响基质养分的形态和有效含量,大多数养分在 pH6.0 时有效量最大。

②阳离子交换量(CEC)是基质能够吸附阳离子的总量,单位为 $mol \cdot kg^{-1}$。阳离子交换量大的能够保存基质养分,较少流失。由于基质环境的变化如水分的吸收、蒸发,营养液浇灌等,基质的 pH 也会发生改变,因此基质的缓冲性显得尤为重要。

③电导率(EC)是指基质中可溶性盐的含量,电导率过高,会对植株根系造成伤害,电导率过低,则基质养分含量不足。一般 EC 值在 $0.5 \sim 1.25 \ ms \cdot cm^{-1}$ 较合适。

(二)育苗基质的质量标准要求

育苗基质的性能可以从物理与化学两方面进行评价。一般认为优质育苗基质的特征有:容重在 $0.2 \sim 0.8 \ g \cdot cm^{-3}$,总孔隙度在 54% 以上,pH 为 $5.8 \sim 7.0$。因此,对基质是否优良的评价包括容重、总孔隙度、通气孔隙、持水孔隙等物理性质,同时也要兼顾 pH、EC、阳离子交换量等化学性质。根据农业行业标准《蔬菜育苗基质》(NY/T 2118)要求,育苗基质要求透气、保水、保肥性良好,充分腐熟,无土传病菌,各种物料混合均匀,手感松软,具体理化性状和成分含量等相关指标见表14.2、表14.3。

表 14.2　蔬菜育苗基质物理性状指标

项目	指标
容重/(g·cm^{-3})	0.20～0.60
总空隙度/%	＞60
通气孔隙度/%	＞15
持水孔隙度/%	＞45
气水比	1:(2～4)
相对含水量/%	＜35.0
阳离子交换量(以 NH$_4^+$ 计)/(cmol·kg^{-1})	＞15.0
粒径大小/mm	＜20

表 14.3　育苗基质理化指标表

项目	指标	测定方法
容重(g/cm^3)	0.02—0.05	环刀法
总空隙度(%)	＞60	LY/T 1213
通气孔隙度(%)	＞15	LY/T 1213
持水孔隙度(%)	＞45	LY/T 1213
气水比	1:(2—4)	
粒径大小(mm)	≤20	
商品育苗基质出厂含水量(%)	≤40	
PH 值	5.5—7.5	LY/T 1239
电导率(mS/cm)	≤1.5	NY/T 2118—2012
阳离子交换量(cmol/kg)(NH$_4^+$ 计)	＞15.0	LY/T 1243
碱解氮(mg/kg)	50—100	LY/T 1229
有效磷(mg/kg)	10—30	LY/T 1233
速效磷(mg/kg)	50—100	LY/T 1236
硝态氮/铵态氮	4:1—6:1	
交换性钙(mg/kg)	50—100	LY/T 1245
交换性镁(mg/kg)	25—50	

二、废弃生物质开发园艺栽培基质的工艺流程及设备

经充分腐熟或半炭化处理后的农林有机废弃物可用于幼苗培育,但各种幼苗的生活生长习性不同,单一的基质无法满足各类幼苗的生长所需。因此,在实际育苗过程中,需要根幼苗的生长习性,用几种不同的轻型基质依据一定的配比配制成不同组分的育苗基质。农林有机废弃物一般经过发酵或半炭化处理后,制备育苗基质,常见流程如图14.3所示。

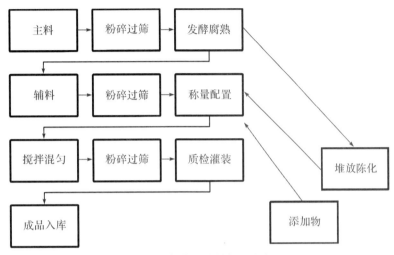

图 14.3　育苗基质制备工艺流程

欧美国家的育苗基质产业已经发展多年,在 20 世纪 50 年代就已经根据材料的不同理化性质混合配制复合基质;进入 80 年代,可以按照特定的配方制备标准基质;90 年代可根据环境需要和用户需求定制基质;到 21 世纪,可加入特定成分来针对病、虫、旱等影响作物生长的因素制备功能基质。目前基质生产制备主要以草炭、椰糠等为原料,按照用户需求和出厂要求生产专业化、标准化的商品基质。欧美国家的基质生产设备可根据作物的不同需求,将不同成分、不同粒径的原料按照一定比例配置成专业育苗基质,从原料进厂到成品出厂可完全实现机械化和自动化。据报道,一条仅由 5～7 人操控的基质生产线,年产可达 40 万 m^3。图 14.4 为目前欧洲的一种基质生产线,配有对不同基质原料破碎的设备,通

图 14.4　欧洲基质生产线

过计算机控制可将不同种类基质破碎分级，再根据基质对水、空气和养分的需求，将各粒级原料和养分附加成分进行混合，随后包装出厂。生产工艺先进、实现了高效自动化生产，但结构比较复杂。

我国基质产业发展较晚，大多研究方向为基质配方的筛选，对基质配制工艺及设备研究报道较少。国内研究人员在20世纪80年代引进了工厂化育苗技术及其配套设备，随后开始研究适应我国发展模式的基质生产设备。北京市农机研究所于1985年，研制出了ZSYG-1900型蔬菜工厂化育苗成套设备，其中基质处理设备由IHT-Ⅰ型混土机、7PC-300皮带输送机、ISHT-Ⅰ型碎土筛土机组成。此设备是我国早期研制的工厂化育苗基质处理设备，结构简单、使用方便、适应性广，实现了一定的流水作业，为以后的研究打下了基础，现有基质设备研制也多借鉴于此。我国研发的2RJB-080型育苗基质搅拌机，是一种工厂化育苗基质生产辅助配套设备，主要有动力系统、螺旋环带转子、主机体和液体添加装置构成。该机采用卧式螺旋环带带动内部基质进行翻动，形成循环、对流、剪切等复杂运动的掺混，并且设置了液体添加装置，调整基质湿度。该机虽然配比精确、算法科学，工作效率高，但只能进行搅拌，功能单一，大量生产需和其他设备配合。2014年我国某公司开发了一种育苗基质标准化生产线，该系统主要由原料输送系统、计量混合系统、打包系统和控制系统组成。该系统使用定量输料完成对原料的运输，混合系统采用上下螺旋促使物料流动来混合，配制了加水系统，可满足基质对水分的要求，采用PLC自动控制系统，可控制配料混合系统、监控设备运行状态，最多可对4种原料的基质进行混合生产。该系统加工工艺先进、操作简单、运行可靠，但造价较高，且自身没有配备基质粉碎及筛分设备，对基质原料要求较高。

为提高播种效率，满足大规模生产的需求和降低劳动力成本，在蔬菜育苗生产中广泛采用生产效率较高的自动化生产线(图14.5)。标准的生产线一般包含穴盘基质填充、填充穴盘堆叠上线、穴盘解垛、基质喷淋、精量播种、种子覆土、穴盘垛叠、解垛下线等流程。其优点是简化了各作业环节间生产物料搬运作业，降低了作业劳动强度，大大提高了总体作业生产率。目前，国外的穴盘育苗播种机主要来自荷兰、美国、澳大利亚和韩国等，这些穴盘育苗播种机作业效率比较高，智能化程度较高；但价格昂贵，多功能适应性较低，缺乏适应不同种子形态的播种机。

图14.5 基质配制流水线(左)和轻型基质纸钵机(右)

三、废弃生物质开发园艺栽培基质案例

山核桃蒲壳的蔬菜育苗基质应用

图 14.6 所示蔬菜育苗基质是杭州某公司研发的商品化蔬菜育苗基质产品,理化性状稳定、水气比合理、养分供应均衡。它是以山核桃外壳蒲、树皮、牛粪、木屑等为主要原料的植生基盘材,基质配方为植生基盘材：泥炭：蛭石：珍珠岩：其他＝35：35：20：5：5。泥炭用量下降到基质总量的 35%,就地取材的农林畜业残余有机材料与泥炭用量达到了 1：1。其中植生基盘材原料质量百分比组成：山核桃蒲壳 80%,豆粕 5%～10%,碳化稻壳 10%～15%；将山核桃蒲壳与豆粕和碳化稻壳混合后进行堆置发酵,所得的发酵物再采用螺杆挤压法进行固液分离,使生物碱随液体从发酵物中脱除,此技术创建了"发酵＋挤压膨化"的山核桃外壳蒲"两步法"生物碱脱除技术工艺,山核桃外壳蒲成功转化为蔬菜育苗基质的主要原料,再与其他材料配比可形成蔬菜育苗基质,适于大规模生产。采用生物(发酵)和物理(挤压膨化)相结合的独创工艺技术,有效突破了山核桃外壳的生物碱脱除的技术难关,使浙西资源丰富的废弃生物质资源转化为蔬菜育苗基质的主要原料,既为商品化蔬菜育苗基质提供了就地取材、资源丰富的原料来源,又有效保护了生态环境。

图 14.6　蔬菜育苗基质

该育苗基质生产设备引进了美国先进农用基质生产技术,建成了年产 10 万 m^3 生产能力的全电脑控制农用基质自动生产流水线。此套设备的进料装置由 5 个主料罐和 6 个辅料罐组成,采用电脑自动控制配方；原料混合机采用了美国进口的 ROSS 精密混合机,原料混合精度可达 2‰；"原料配制—混合—计量装袋"全程输送带连接,是目前国内较先进的农用基质自动生产流水线。

第四节　废弃生物质水稻育秧基质开发利用

一、水稻育秧基质的性质

20 世纪 70 年代,温床育苗技术的引入促进了育秧基质的发展,80 年代中后期我国育秧

基质处于引进与吸收阶段,90年代后我国进入自主研发阶段。2004年开始,我国对农机进行补贴,全国插秧机数量快速增多,对机插秧苗素质要求日益提高,盘育秧苗市场迅速壮大,水稻无土育秧基质逐渐成为研究热点。目前,水稻无土育秧基质一般是泥炭、作物秸秆、农家肥、沼渣、造纸废浆等添加化学肥料与高分子化学物质配制而成的。国内外常规播种育秧流水线主要依靠重力作用完成基质铺盘与覆盖工序,因此育秧基质对容重有更高的要求。以作物秸秆等轻型原料为主制备的水稻育秧基质,育秧素质高,根系发育好,但可能存在容重过低的局限性,给机插秧的大面积推广造成一定困难。也有一些研究表明,基质中混合一定比例的土壤或细沙,可解决轻型基质育秧的局限性,提高基质育秧与播种流水线的兼容性。但有土混合基质不能从根本上解决常规土育秧取土的难题。因此,以农业废弃物为主原料研制水稻无土育秧基质,同时满足基质所育秧苗素质好、机插质量高与容重、孔隙度适宜的特点,将是水稻无土基质育秧的主要发展趋势。

水稻机插育秧基质的基本要求如下(具体指标参考表14.4和表14.5):

①保持良好的物理性状:要求配比出良好的容重和总孔隙度关系,通常理想的容重应控制在$0.3\sim0.8$ g·cm^{-3},总孔隙度应控制在$65\%\sim75\%$,并保持供给约25%的水分和20%的空气。在生产上,为了解决单一基质孔隙度过小或过大的问题,常将几种不同颗粒大小的基质混在一起。

②合理配比化学成分:要求是合理配比养分成分,并调节pH值、EC值及阳离子交换量(CEC值)。通常情况,pH值控制在$4.5\sim5.5$,EC值控制在$1.0\sim2.0$ mS·cm^{-1}。

③控制合理的生物状态:要确保有机物基质充分腐熟,避免基质原料对水稻幼芽或秧苗产生毒害作用,避免基质中含有虫害、病害或重金属物质,确保育秧无公害。

表14.4　水稻育秧基质物理性状指标

项目	指标
容重/(g·cm^{-3})	$\geqslant0.55$
粒径/mm	$\leqslant8$
总孔隙度/%	$\geqslant50$
通气孔隙度/%	$\geqslant13$
持水孔隙度/%	$\geqslant30$
气水比	$1:(1\sim2)$
相对含水量/%	$\leqslant30$

表 14.5　水稻育秧基质化学性状指标

项目	指标
pH	早稻 4.5～5.5 单季稻、晚稻 5.5～7.5
EC/(mS·cm^{-1}),(1∶2体积法)	≤2
有机质含量(以烘干基计)/%	≥10
氮的质量分数(以烘干基计)/%	0.1～3
五氧化二磷的质量分数(以烘干基计)/%	0.1～2
氧化钾的质量分数(以烘干基计)/%	0.5～5

二、废弃生物质开发水稻育秧基质的流程与设备

育秧基质生产包括原料处理、原料配方配置、混合、包装过程。将秸秆或废弃菌包、畜禽粪便等农林废弃生物质粉碎按一定比例混合进行快速发酵、过筛。过筛后与稻壳、营养土、调酸剂、营养药剂按照一定比例调配,形成水稻育秧基质,制成粉末状炭基育秧基质。工艺流程可参考图 14.7。水稻育秧基质配料机组包括地面行走式翻堆机、槽式翻堆机、粉碎机、搅拌机、造粒机、烘干机、冷却机、筛分机、包装机等(图 14.8)。

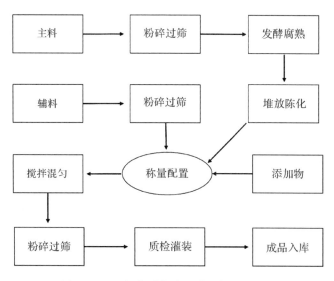

图 14.7　机插水稻育秧基质制备工艺流程

发酵设备　　　　　　粉碎机　　　　　　搅拌机

冷却机　　　　　　烘干机　　　　　　造粒机

滚筒筛分机

自动计量包装机

图 14.8　育秧基质配套机组

三、废弃生物质开发水稻机插育秧基质案例

山核桃蒲壳制备的水稻机插育秧基质应用

　　山核桃蒲壳制备水稻机插育秧基质是由我国水稻研究所与杭州某公司合作研制,由杭州公司生产制造的。它实现了水稻机插育秧基质自动化流水线产业化,每年可为 100 万亩以上水稻种植基地提供机插育秧基质产品配套服务,可消化山核桃蒲壳鲜蒲 0.75 万 t,占原料产地——临安每年可收集山核桃蒲壳的 50% 以上,每年可消耗养殖畜粪鲜粪 1.2 万 t。该基质直接用于水稻育秧,使用方便,大大减少了人工取土加工成本,提高了机械化播种效率,育成的水稻机插秧苗素质好、抗逆性较强,秧苗矮壮、根系发达、盘根力强、机插植伤轻、返青发苗快。育秧基质分早稻育秧基质、单季籼稻育秧基质、单季粳稻育秧基质和晚稻育秧基质四种,都为工厂化生产的水稻育秧基质产品。产品中已配合水稻育秧所需的主要成分要素,包括肥料和生长调节剂等。

　　水稻机插育秧基质有母剂和全基质两种。育秧全基质可直接装盘,浇透水后即可播种。

育秧基质母剂需要将母剂和当地育秧土按1：2(体积比)均匀混合后装盘。基质装盘要求如表14.6所示。完成基质装盘、播种、盖土和浇水后的秧盘,秧盘摞盘叠放,待谷芽出土见青后,再放入秧田。这样有利于秧苗出苗的一致性,节省人工,还可以避免春夏交替时突然的气候变化产生的暴雨影响,同时方便出苗时的温度调控。

表 14.6　基质装盘要求

基质装盘厚度	9 寸机插秧盘 30 mm×280 mm×580 mm	9 寸泥浆盘 20 mm×280 mm×580 mm
底土厚度	20 mm	15 mm
盖土厚度	5 mm	5 mm
基质总厚度	25 mm	20 mm
基质总用量	4 L	3.25 L

❖ 生态之窗

推进农作物秸秆综合利用是加快农业绿色低碳发展的重要举措

　　推进农作物秸秆(以下简称"秸秆")综合利用,是提升耕地质量、改善农业农村生态环境、加快农业绿色低碳发展的重要举措。为贯彻落实中央一号文件"支持秸秆综合利用"等部署要求,2022 年 4 月 25 日农业农村部发布了《农业农村部办公厅关于做好 2022 年农作物秸秆综合利用工作的通知》,要求做好秸秆综合利用工作。

　　通知的总体目标要求在 2022 年,建设 300 个秸秆利用重点县、600 个秸秆综合利用展示基地,全国秸秆综合利用率保持在 86％以上。秸秆收储运体系不断健全,秸秆利用市场主体进一步壮大,市场运行机制不断完善,秸秆产业化利用结构更加优化,秸秆饲用转化和清洁能源利用规模不断扩大,秸秆基料化、原料化利用途径不断拓宽。

　　完善秸秆综合利用方式是首要任务。要求结合资源禀赋和农业农村发展需求等,推进适用的秸秆利用方式,促进秸秆利用产业结构优化和提质增效。其中推进秸秆变基质原料,培育富民产业是重要方面。通知中要求推动以秸秆为原料生产食用菌基质、育苗基质、栽培基质等,用于菌菇生产、集约化育苗、无土栽培、改良土壤等。鼓励以秸秆为原料,生产非木浆纸、人造板材、复合材料等产品,延伸农业产业链。

二维码 14.2　《农业农村部办公厅关于做好
2022 年农作物秸秆综合利用工作的通知》

❖ 复习思考题

(1)废弃生物质基质化利用的定义和作用有哪些？

(2)目前基质产业发展到哪个阶段？基质生产标准是怎么样的？

(3)简述我国基质产业发展存在的主要问题。

(4)影响基质作用的物理性质有哪些？适宜的范围是什么？

(5)影响基质作用的化学性质有哪些？适宜的范围是什么？

(6)蔬菜育苗基质的物理和化学指标有哪些？适宜的范围是什么？

(7)水稻机插育秧基质的物理和化学指标有哪些，适宜的范围是多少？

(8)废弃生物质基质化利用前处理技术有哪些？对应的设备类型有哪些？

(9)生产菌棒的常用废弃生物质有哪些？

(10)废弃生物质基质化利用存在的问题有哪些？

参考文献

ABBAS T, RIZWAN M, ALI S, et al. Effect of biochar on cadmium bioavailability and uptake in wheat (Triticum aestivum L.) grown in a soil with aged contamination[J]. Ecotoxicology and Environmental Safety,2017,140:37-47.

ABUELNUOR A A A,WAHID M A,HOSSEINI S E,et al. Characteristics of biomass in flameless combustion:A review[J]. Renewable and Sustainable Energy Reviews,2014, 33:363-370.

ADEGBOYE M F, OJUEDERIE O B, TALIA P M, et al. Bioprospecting of microbial strains for biofuel production:metabolic engineering, applications, and challenges[J]. Biotechnol Biofuels,2021,14(1):5.

AHMAD W A, YUSOF N Z, ZAKARIA Z A, et al. Production and characterization of violacein by locally isolated chromobacterium violaceum grown in agricultural wastes [J]. Applied Biochemistry and Biotechnology,2012,167(5):1220-1234.

Alavi-Borazjani S A, Tarelho L A C, Capela I. A Brief Overview on the Utilization of Biomass Ash in Biogas Production and Purification[J]. Waste and Biomass Valorization,2021, 12(12):6375-6388.

ANSARI M H, JAFARIAN S, TAVASOLI A, et al. Hydrogen rich gas production via nano-catalytic pyrolysis of bagasse in a dual bed reactor[J]. Journal of Natural Gas Science and Engineering,2014,19:279.

ANTAL JR M J,ALLEN S G,SCHULMAN D,et al. Biomass gasification in supercritical water[J]. Industrial & Engineering Chemistry Research,2000,39:4040-4053.

AZZI E, ERIK K, SUNDBERG C. Small-scale biochar production on Swedish farms:A model for estimating potential,variability,and environmental performance[J]. Journal of Cleaner Production,2021,280:124873.

BABU S, RATHORE S S, SINGH R, et al. Exploring agricultural waste biomass for energy,food and feed production and pollution mitigation:A review[J]. 2022,360: 127566.

BANITALEBI G, MOSADDEGHI M R, SHARIATMADARI H, et al. Feasibility of agricultural residues and their biochars for plant growing media:Physical and hydraulic properties[J]. Waste Management,2019,87:577-589.

BARAKAT A,DE VRIES H,ROUAU X. Dry fractionation process as an important step in current andfuture lignocellulose biorefineries: A review[J]. Bioresource Technology, 2013,134:362-373.

BARRETT G E,ALEXANDER P D, ROBINSON J S,et al. Achieving environmentally sustainable growing media for soilless plant cultivation systems—A review[J]. Scientia Horticulturae,2016,212:220-234.

BIAN R J,JOSEPH S,CUI L Q,et al. A three-year experiment confirms continuous immobilization of cadmium and lead in contaminated paddy field with biochar amendment[J]. Journal of Hazardous Materials,2014,272:121-128.

BIAN R J,SHI W X,LUO J J,et al. Copyrolysis of food waste and rice husk to biochar to create a sustainable resource for soil amendment: A pilot-scale case study in Jinhua, China[J]. Journal of Cleaner Production,2022,347:131269.

BOUSDRA T,PAPADIMOU S,GOLIA E. The Use of biochar in the Remediation of Pb, Cd, and Cu-Contaminated Soils. The Impact of biochar Feedstock and Preparation Conditions on Its Remediation Capacity[J]. Land,2023,12(2):383.

BUAN N R. Methanogens:pushing the boundaries of biology[J]. Emerging T-opics inLife Sciences,2018,2:629-646.

CADILLO-BENALCAZAR J J,BUKKENS S,RIPA M,et al. Why does the European Union produce biofuels? Examining consistency and plausibility in prevailing narratives with quantitative storytelling[J]. Energy Research & Social Science,2021(71),101810.

CARMONA E,MORENO M T,AVILÉS GUERRERO M,et al. Use of grape marc compost as substrate for vegetable seedlings[J]. Scientia Horticulturae, 2012, 137: 69-74.

CHEN D J,JIANG L N,HUANG H,et al. Nitrogen dynamics of anaerobically digested slurry used to fertilize paddy fields[J]. Biology and Fertility of Soils,2013,49:647-659.

CHEN S Y,FENG H,ZHENG J,et al. Life Cycle Assessment and Economic Analysis of Biomass Energy Technology in China:A Brief Review[J]. Processes,2020,8(9):1112.

CHENG J B,CHEN Y C,HE T B,et al. Soil nitrogen leaching decreases as biogas slurry DOC/N ratio increases[J]. Applied Soil Ecology,2016,111:105-113.

DENG W Y,TAO C,COBB K,et al. Catalytic oxidation of NO at ambient temperature over the chars from pyrolysis of sewage sludge[J]. Chemosphere,2020,251:126429.

DOUGLAS E,SEALOCK JR J,BAKER E. Chemical processing in high-pressure aqueous environments. 1. Development of catalysts for gasification[J]. Industrial & Engineering Chemistry Research,1993,32:1542-1548.

FANG J,LI W C,TIAN Y Y,et al. Pyrolysis temperature affects the inhibitory mechanism of biochars on the mobility of extracellular antibiotic resistance genes in saturated porous media[J]. Journal of Hazardous Materials,2022,439:129668.

FARGHLY K A,GOMAH H H,AHMED M M M,et al. Corn wastes and peanut shell as growing media for production of red radish plants in soilless system[J]. Communications In

Soil Science And Plant Analysis,2020,51(13):1799-1810.

GAVILANES-TERÁN I,JARA-SAMANIEGO J,IDROVO-NOVILLO J,et al. Agroindustrial compost as a peat alternative in the horticultural industry of Ecuador[J]. Journal of Environmental Management,2017,186:79-87.

GIL J,CORELLA J,AZNA M P,et al. Biomass gasification in atmospheric and bubbling fluidized bed:effect of the type of gasifying agent on the product distribution[J]. Biomass and Bioenergy,1999,17(5):389.

GOMAH H H,AHMED M M M,ABDALLA R M,et al. Utilization of some organic wastes as growing media for lettuce (Lactuca sativa. L.) plants[J]. Journal of Plant Nutrition,2020,43(14):2092-2105.

HAMAD M A,RADWAN A M,HEGGO D A,et al. Hydrogen rich gas production from catalytic gasification of biomass[J]. Renewable Energy,2016,85:1290.

HAO Q L,WANG C,LU D Q,et al. Production of hydrogen-rich gas from plant biomass by catalytic pyrolysis at low temperature[J]. International Journal of Hydrogen Energy,2010, 35(17):8884.

HARKIN J M. Bark and its possible uses[R]. Madison:Forest Products Laboratory,1971.

HERRADOR M,DE JONG W,NASU K,et al. Circular economy and zero-carbon strategies between Japan and South Korea:A comparative study[J]. Science of The Total Environment, 2022(820):153274.

HUAN G F,WONG J W C,WU Q T,et al. Effect of C/N on composting of pig manure with sawdust[J]. Waste management,2004,24(8):805-813.

HURTADO C,CAÑAMERAS N,DOMÍNGUEZ C,et al. Effect of soil biochar concentration on the mitigation of emerging organic contaminant uptake in lettuce[J]. Journal of Hazardous Materials,2017,323:386-393.

JAHEDI A,AHMADIFAR S,MOHAMMADIGOLTAPEH E. Revival of wild edible-medicinal mushroom (Hericium erinaceus) based on organic agro-industrial waste-achieving a commercial protocol with the highest yield:optimum reuse of organic waste [J]. Scientia Horticulturae,2024,323.

JEHLEE A,KHONGKLIANG P,SUKSONG W,et al. Biohythane production from Chlorella sp. biomass by two-stage thermophilic solid-state anaerobic digestion[J]. International Journal of Hydrogen Energy,2017,42(45):27792.

KANG K,AZARGOHAR R,DALAI A K,et al. Hydrogen production from lignin,cellulose and waste biomass via supercritical water gasification:Catalyst activity and process optimization study[J]. Energy Conversion and Management,2016,117:528.

KOPCZYŃSKI M,LASEK J,ILUK A,et al. The co-combustion of hard coal with raw and torrefied biomasses (willow (Salix viminalis),olive oil residue and waste wood from furniture manufacturing)[J]. Energy,2017,140:1316-1325.

KUMAR G,SIVAGURUNATHAN P,SEN B,et al. Mesophilic continuous fermentative hydrogen production from acid pretreated de-oiled jatropha waste hydrolysate using immobilized microorganisms[J]. Bioresource Technology,2017,240:137.

LAURICHESSE S, AVÉROUS L. Chemical modification of lignins: Towards biobased polymers[J]. Progress in Polymer Science,2014,39(7):1266-1290.

LI B, LIU C, YU G, et al. Recent progress on the pretreatment and fractionation of lignocelluloses for biorefinery at QIBEBT[J]. 2018.

LI J, PAUL M, YOUNGER P, et al. Prediction of high-temperature rapid combustion behaviour of woody biomass particles[J]. Fuel,2016,165:205-214.

LIANG C, DAS K C, MCCLENDON R W. The influence of temperature and moisture contents regimes on the aerobic microbial activity of a biosolids composting blend[J]. Bioresource technology,2003,86(2):131-137.

LIAO X J, ZHANG S H, WANG X C, et al. Co-combustion of wheat straw and camphor wood with coal slime: Thermal behaviour, kinetics, and gaseous pollutant emission characteristics[J]. Energy,2021,234:121292.

LIN Z X, LIU L, LI R X, et al. Screw extrusion pretreatments to enhance the hydrolysis of lignocellulosic biomass[J]. Journal of Microbial and Biochemical Technology,2013,5 (S12):5.

LIU L, WANG B D, YAO X J, et al. Highly efficient MnOx/biochar catalysts obtained by air oxidation for low-temperature NH3-SCR of NO[J]. Fuel,2021,283:119336.

LIU T Z, ZHAO M X, WANG Y Y. A survey of biomass from Aspergillusniger S13 treatment of APMP pulping effluent in the applications of animal feed[J]. Biomass Convers Bior,2022,12:3029-3035.

LIU X Y, QU J J, LI L Q, et al. Can biochar amendment be an ecological engineering technology to depress N2O emission in rice paddies? —A cross site field experiment from South China[J]. Ecological Engineering,2012,42:168-173.

LIU Z G, ZHANG F S. Removal of lead from water using biochars prepared from hydrothermal liquefaction of biomass[J]. Journal of Hazardous Materials,2009,167(1-3):933-939.

LOPES M L, PAULILLO S C L, GODOY A, et al. Ethanol production in Brazil: a bridge between science and industry[J]. Brazilian Journal of Microbiology,2016,47:64-76.

LU C Y, ZHANG Z P, GE X M, et al. Bio-hydrogen production from apple waste by photosynthetic bacteria HAU-M1[J]. International Journal of Hydrogen Energy,2016, 41(31):13399.

LU F, GULDBERG LISE B, HANSEN MICHAEL J, et al. Impact of slurry removal frequency on CH4 emission and subsequent biogas production: a one-year case study [J]. Waste Management,2022,149:199-206.

LU H L, ZHANG W H, YANG Y X, et al. Relative distribution of Pb^{2+} sorption mechanisms by sludge-derived biochar[J]. Water Research,2012,46(3):854-862.

LU J Y, DENG X C. Physicochemical Properties and Slagging Characteristics of Biomass/ Coal Co-Firing Ash[J]. Journal of Biobased Materials and Bioenergy, 2015, 9(6): 580-587.

LU L C, CHIU S Y, CHIU Y H, et al. Three-stage circular efficiency evaluation of agricultural food production, food consumption, and food waste recycling in EU countries [J]. Journal of Cleaner Production, 2022(343), 130870.

LU Y, LI J M, MENG J, et al. Long-term biogas slurry application increased antibiotics accumulation and antibiotic resistance genes (ARGs) spread in agricultural soils with different properties[J]. Science Total Environment, 2021, 759: 143473.

LU Y, SUN R H, ZHANG C A, et al. In situ analysis of antibiotic resistance genes in anaerobically digested dairy manure and its subsequent disposal facilities [J]. Bioresource Technology, 2021, 333: 124988.

LUO S Y, FU J, ZHOU Y M, et al. The production of hydrogen-rich gas by catalytic pyrolysis of biomass using waste heat from blast-furnace slag[J]. Renewable Energy, 2017, 101: 1030.

MA X C, YANG Y H, WU Q D, et al. Underlying mechanism of CO_2 uptake onto biomass-based porous carbons: Do adsorbents capture CO_2 chiefly through narrow micropores? [J]. Fuel, 2020, 282: 118727.

MARX J L. Oxygen Free Radicals Linked to Many Diseases[J]. Science, 1987, 235(4788): 529-531.

MCCARTY P L, SMITH D P. Anaerobic wastewater treatment[J]. Environmentai Sci-ence & Technology, 1986, 20(12): 200-206.

MIEDEMA J, BENDERS R, MOLL H, et al. Renew, reduce or become more efficient? The climate contribution of biomass co-combustion in a coal-fired power plant[J]. Applied Energy, 2017, 187: 873-885.

MINOWA T, OGI T, YOKOYAMA S. Hydrogen production from lignocellulosic matericals by steam gasification using a reduced nickel catalyst[J]. Developments in Thermochemical Biomass Conversion, 1996, 2: 932-941.

MÖLLER K. Effects of anaerobic digestion on soil carbon and nitrogen turnover, N emissions, and soil biological activity[J]. A review. Agronomy for Sustainable Development, 2015, 35: 1021-1041.

MONTE M C, FUENTE E, BLANCO A, et al. Waste management from pulp and paper production in the European Union[J]. Waste Management, 2009(29): 293-308.

MORENO B, GARCÍA-ÁLVAREZ T. Measuring the progress towards a resource-efficient European Union under the Europe 2020 strategy[J]. Journal of Cleaner Production, 2018(170): 991-1005.

MORENO-JIMÉNEZ E, FERNÁNDEZ J, PUSCHENREITER M, et al. Availability and transfer to grain of As, Cd, Cu, Ni, Pb and Zn in a barley agri-system: Impact of biochar, organic and mineral fertilizers[J]. Agriculture, Ecosystems and Environment, 2016, 219: 171-178.

MOURANT D, YANG D Q, LU X, et al. Anti-fungal properties of the pyroligneous liquors from the pyrolysis of softwood bark [J]. Wood and Fiber Science, 2005, 37(3): 542-548.

MUKHERJEE C,DENNEY J,GENTIL MBONIMPA E,et al. A review on municipalsolid waste-to-energy trends in the USA[J]. Renewable and Sustainable Energy Reviews, 2020(119),109512.

NANDA S,REDDY S N,DALAI A K,et al. Subcritical and supercritical water gasification of lignocellulosic biomass impregnated with nickel nanocatalyst for hydrogen production [J]. International Journal of Hydrogen Energy,2016,41(9):4907.

NEMATIAN M, KESKE C, NG´OMBE J N. A techno-economic analysis of biochar production and the bioeconomy for orchard biomass[J]. Waste Management,2021,135: 467-477.

NI N, LI X N, YAO S, et al. Biochar applications combined with paddy-upland rotation cropping systems benefit the safe use of PAH-contaminated soils:From risk assessment to microbial ecology[J]. Journal of Hazardous Materials,2021,404:124123.

Nielsen H B, MLADENOVSKA Z, AHRING B K. Bioaugmentation of a two-stage t-hermophilic(68 ℃/55 ℃)anaerobic digestionconcept for improvement of the methane yield from cattle manure[J]. Biotechnology Bioengineering,2007,97(6):1638-1643.

NZEDIEGWU C, PRASHER S, ELSAYED E, et al. Effect of biochar on heavy metal accumulation in potatoes from wastewater irrigation[J]. Journal of Environmental Management,2019,232:153-164.

OLIVEIRA F, PATEL A, JAISI D, et al. Environmental application of biochar:Current status and perspectives[J]. Bioresource technology,2017,246:110-122.

ÖSTERBERG M, SIPPONEN M H, MATTOS B D, et al. Spherical lignin particles:a review on their sustainability and applications[J]. Green Chemistry, 2020, 22 (9): 2712-2733.

PAMPURO N, BAGAGIOLO G, CAVALLO E. Energy requirements for wood chip compaction and transportation[J]. Fuel,2020,262:116618.

PASSOTH V, SANDGREN M. Biofuel production from straw hydrolysates:current achievements and perspectives[J]. Applied microbiology and biotechnology,2019,103 (13):5105-5116.

PENG X W, ARAGÃO BÖRNER R A, NGES I A, et al. Impact of bioaugmentationon biochemical methane potential for wheat straw with addition of Clostridium cellulolyticum[J]. Bioresource Technology,2014,152:567-571.

PRADHAN P,MAHAJANI S, ARORA A. Production and utilization of fuel pellets from biomass:A review[J]. Fuel Processing Technology,2018,181:215-232.

PRASAD S, SINGH A, JOSHI H C. Ethanol as an alternative fuel from agricultural, industrial and urban residues[J]. Resources,Conservation & Recycling, 2007,50(1): 1-39.

PROMDEJ C,MATSUMURA Y. Temperature effect on hydrothermal decomposition of glucose in sub-and supercritical water[J]. Industrial & Engineering Chemistry Research, 2011,50(14):8492.

PUIG-ARNAVAT M,BRUNO J C,CORONAS A. Review and analysis of biomass gasification models[J]. Renewable and Sustainable Energy Reviews,2010,14(9):2841.

RALPH J,LAPIERRE C,BOERJAN W. Lignin structure and its engineering[J]. Current Opinion in Biotechnology,2019,56:240-249.

RAO J, LV Z W, CHEN G G. Hemicellulose: Structure, Chemical Modification, and Application[J]. Progress in Polymer Science,2023:101675.

RASHEED T,ANWAR M T,AHMAD N,et al. Valorisation and emerging perspective of biomass based waste-to-energy technologies and their socio-environmental impact: A review[J]. Journal of Environmental Management,2021,287:112257.

REIS C E R,JUNIOR N L,BENTO H B S,et al. Process strategies to reduce cellulase enzyme loading for renewable sugar production in biorefineries[J]. Chemical Engineering Journal,2023,451(2):138690.

REN T T,YU X Y,LIAO J H,et al. Application of biogas slurry rather than biochar increases soil microbial functional gene signal intensity and diversity in a poplar plantation[J]. Soil Biology and Biochemistry,2020,146:107825.

RYCKEBOER J,MERGAERT J,VAES K,et al. A survey of bacteria and fungi occurring during composting and self-heating processes[J]. Annals of microbiology,2003,53(4):349-410.

SALDARRIAGA-HERNANDEZ S, HERNANDEZ-VARGAS G, IQBAL H, et al. Bioremediation potential of Sargassum sp. biomass to tackle pollution in coastal ecosystems:Circular economy approach[J]. Science of the Total Environment,2020,715:136978.

SATTAR A, ARSLAN C,JI C Y, et al. Quantification of temperature effect on batch production of bio-hydrogen from rice crop wastes in an anaerobic bio reactor[J]. International Journal of Hydrogen Energy,2016,41(26):11050.

SAUMEN P, KAMRUZZAMAN M, ASADUZZAMAN S, et al. Effect of compression pressure on lignocellulosic biomass pellet to improve fuel properties: Higher heating value[J]. Fuel,2014,131:43-48.

Schmidt H,Kammann C. European biochar certificate-guidelines for a sustainable production of biochar[J]. European Biochar Fondation (EBC):Arbaz,Switzerland,2012.

SCHMIEDER H,ABELN J,BOUKIS N,et al. Hydrothermal gasification of biomass and organic wastes[J]. Journal of Supercritical Fluids,2000,17:145-153.

SCHMILEWSKI G. Growing media-they all have an environmental footprint[J]. Peatland International,2013,1(2013):8-11.

SCHWARZ W. The cellulosome and cellulose degradation by anaerobic bacteria[J]. Applied Microbiology Biotechnology,2001,56(5-6):634-649.

SETHUPATHY S,MORALES GABRIEL M,GAO L,et al. Lignin valorization:Status, challenges and opportunities[J]. Bioresource Technol,2022,347:126696.

SHAH JAMAL M,SHAHINUZZAMAN M,ASADUZZAMAN S,et al. Effect of Compression

Pressure and Coal Binding on the Fuel Properties of Biomass Pellet[J]. Solid fuel chemistry,2021,55(6):429-438.

SHARMA M,SHARMA N R,KANWAR R S. Assessment of agriwaste derived substrates to grow ornamental plants for constructed wetland[J]. Environmental Science and Pollution Research,2023,30(35):84645-84662.

SHI J H,WU R N,LI Y N,et al. Antimicrobial food packaging composite films prepared from hemicellulose/polyvinyl alcohol/potassium cinnamate blends[J]. International Journal of Biological Macromolecules,2022,222:395-402.

SHIMIZU K,SUDO K,ONO H,et al. Integrated process for total utilization of wood components by steam-explosion pretreatment[J]. Biomass and Bioenergy,1998,14(3):195-203.

SOWDER A M. Toxicity of water-soluble extractives and relative durability of water-treated wood flour of western red cedar[J]. Industrial and Engineering Chemistry,1929,21(10):981-984.

STIRLING R,DANIELS C R,CLARK J E,et al. Methods for determining the role of extracts in the natural durability of western red cedar heart wood[C]. USA:The International Research Group on Wood Preservation,Wyoming,2007.

SUN R B,GUO X S,WANG D Z,et al. Effects of long-term application of chemical and organic fertilizers on the abundance of microbial communities involved in the nitrogen cycle[J]. Applied Soil Ecology,2015,95:171-178.

SUN R C,TOMKINSON J. Characterization of hemicelluloses obtained by classical and ultrasonically assisted extractions from wheat straw[J]. Carbohydrate Polymers,2002,50(3):263-271.

SUN Y,ABBASI K R,HUSSAIN K,et al. Environmental concerns in the United States:Can renewable energy,fossil fuel energy,and natural resources depletion help? [J]. Gondwana Research,2023(117):41-55.

SUO L N,SUN X Y,LI S Y. Use of organic agricultural wastes as growing media for the production of Anthurium andraeanum pink lady[J]. Journal of Horticultural Science & Biotechnology,2011,86(4):366-370.

SWAIN T. Secondary compouds of protective agents[J]. Annual Review of Plant Physiology,1997(28):479-501.

THEPSILVISUT Q,SUKREE N,CHUTIMANUKUL P,et al. Efficacy of agricultural and food wastes as the growing media for sunflower and water apinach microgreens production[J]. Horticulturae,2023,9(8):876.

TIAN S,ZHOU G X,YAN F,et al. Yeast strains for ethanol producti-on from lignocellulosic hydrolysates during in situ detoxification[J]. Biotechnology Advances,2009,27(5):656-660.

TONG H,HU M,LI F B,et al. Biochar enhances the microbial and chemical transformation of pentachlorophenol in paddy soil[J]. Soil Biology and Biochemistry,2014,70:142-150.

ULLAH S F, SOUZA A A, HAMANN P R V, et al. Structural and functional characterisation of xylanase purified from penicillium chrysogenum produced in response to raw agricultural waste [J]. International Journal of Biological Macromolecules, 2019, 127: 385-395.

UNAL M. Effect of organic media on growen of vegetable seedlings[J]. Pakistan Journal of Agricultural Research, 2013, 50: 517-522.

UPTON B M, KASKO A M. Strategies for the conversion of lignin to high-value polymeric materials: review and perspective[J]. Chemical reviews, 2016, 116(4): 2275-2306.

VOHRA M, MANWAR J, MANMODE R, et al. Bioethanol production: Feedstock and current technologies[J]. Journal of Environmental Chemical Engineering, 2014, 2(1): 573-584.

WANG Z H, TAMMELA P, STRÖMME M, et al. Cellulose-based supercapacitors: material and performance considerations[J]. Advanced Energy Materials, 2017, 7(18): 1700130.

WANG Z, XU Z X, CHEN S T, et al. Effects of storage temperature and time on enzymatic digestibility and fermentability of densifying lignocellulosic biomass with chemicals pretreated corn stover[J]. Bioresource Technology, 2022, 347: 126359.

WEIB S, TAUBER M, SOMITSCH W, et al. Enhancement of biogas production by addition of hemicellulolytic bacteria immobilised on activated zeolite[J]. Water Resea-rch, 2010, 44(6): 1970-1980.

WESTER-LARSEN L, MÜLLER-STÖVER D, SALO T, et al. Potential ammonia volatilization from 39 different novel biobased fertilizers on the European market—A laboratory study using 5 European soils[J]. Journal of Envi-ronmental Management, 2022, 323: 116249.

WIN K T, NONAKA R, TOYOTA K, et al. Effects of option mitigating ammonia volatilization on CH4 and N2O emissions from a paddy field fertilized with anaerobically digested cattle slurry[J]. Biology and Fertility of Soils, 2010, 46: 589-595.

YAN F, LUO S Y, HU Z Q, et al. Hydrogen-rich gas production by steam gasification of from biomass fast pyrolysis in a fixed-bed reactor: Influence of temperature and steam on hydrogen yield and syngas composition [J]. Bioresource Technology, 2010, 101(14): 5633.

YAN L B, CAO Y, HE B S. On the kinetic modeling of biomass/coal char co-gasification with steam[J]. Chemical engineering journal, 2018, 331: 435-42.

YEE K, RODRIGUEZ M, THOMPSON O, et al. Consolidated bioprocessing of transgenic switchgrass by an engineered and evolved Clostridium thermocellum strain [J]. Biotechnol Biofuels, 2014, 7(1): 1-6.

YI B J, CHEN M J, GAO Y, et al. Investigation on the co-combustion characteristics of multiple biomass and coal under O_2/CO_2 condition and the interaction between different biomass[J]. Journal of Environmental Management, 2023, 325: 116498.

YIN G F, WANG X F, DU H Y, et al. N_2O and CO_2 emissions, nitrogen use efficiency under biogas slurry irrigation: A field study of two consecutive wheat-maize rotation cycles in the North China Plain[J]. Agricultural Water Management, 2019, 212: 232-240.

YOUNIS M, ALNOURI S, ABU TARBOUSH B, et al. Renewable biofuel production from biomass: a review for biomass pelletization, characterization, and thermal conversion techniques[J]. International Journal of Green Energy, 2018, 15(11-15): 1-27.

YU Q, WANG Y C, VAN LE Q, et al. An Overview on the Conversion of Forest Biomass into Bioenergy[J]. Frontiers in Energy Research, 2021, 9: 684234.

ZABED H, SAHU J N, SUELY A, et al. Bioethanol production from renewable sources: Current perspectives and technological progress[J]. Renewable and Sustainable Energy Reviews, 2017, 71: 475-501.

ZAGRODNIK R, LANIECKI M. Hydrogen production from starch by coculture of Clostridium acetobutylicum and Rhodobactersphaeroides in one step hybrid dark-and photofermentation in repeated fedbatch reactor[J]. Bioresource Technology, 2017, 224: 298.

ZENG W S, QIU J R, WANG D H, et al. Ultrafiltration concentrated biogas slurry can reduce the organic pollution of groundwater in fertigation[J]. The Science of the Total Environment, 2022, 810: 151294.

ZHANG A F, BIAN R J, PAN G X, et al. Effects of biochar amendment on soil quality, crop yield and greenhouse gas emission in a Chinese rice paddy: a field study of 2 consecutive rice growing cycles[J]. Field Crops Research, 2012, 127: 153-160.

ZHANG Q G, WANG Y, ZHANG Z P, et al. Photo-fermentative hydrogen production from crop residue: a mini review[J]. Bioresource Technology, 2017, 229: 222.

ZHANG X Y, GAO B, ZHAO S N, et al. Optimization of a "coal-like" pelletization technique based on the sustainable biomass fuel of hydrothermal carbonization of wheat straw[J]. Journal of Cleaner Production, 2020, 242: 118426-118426.

ZHANG X, KHALID M, WANG R Y, et al. Enhancing lettuce growth and rhizosphere microbial community with Bacillus safensis YM1 compost in soilless cultivation: An agricultural approach for kitchen waste utilization[J]. Scientia Horticulturae, 2023, 321: 112345.

ZHANG Y, GONG X, ZHANG B, et al. Potassium catalytic hydrogen production in sorption enhanced gasification of biomass with steam [J]. International Journal of Hydrogen Energy, 2014, 39(9): 4234.

ZHAO L, XIAO D L, LIU Y, et al. Biochar as simultaneous shelter, adsorbent, pH buffer, and substrate of Pseudomonas citronellolis to promote biodegradation of high concentrations of phenol in wastewater[J]. Water Research, 2020, 172: 115494.

ZHU N W. Effect of low initial C/N ratio on aerobic composting of swine manure with rice straw[J]. Bioresource Technology, 2007, 98(1): 9-13.

ZHU X F, LABIANCA C, HE M J, et al. Life-cycle assessment of pyrolysis processes for sustainable production of biochar from agro-residues[J]. Bioresource Technology, 2022, 360: 127601.

边静. 农林生物质半纤维素分离及降解制备低聚木糖研究[D]. 北京:北京林业大学, 2013.

蔡杰. 纤维素科学与材料[M]. 北京:化学工业出版社, 2015.

蔡鑫磊,黄益平,胡猛,等.固定化技术在燃料乙醇发酵生产中的应用与研究进展[J].发酵科技通讯,2022,51(2):116-120.

操海群,岳永德,花日茂,等.植物源农药研究进展[J].安徽农业大学学报,2000,27(1):40-44.

操海群,岳永德,彭镇华,等.竹提取物对蚜虫生物活性的研究[J].植物保护,2003,29(2):33-36.

曾亮,巩金龙.化学链重整直接制氢技术进展[J].化工学报,2015,66(8):2854.

柴彦君,黄利民,董越勇,等.沼液施用量对毛竹林地土壤理化性质及碳储量的影响[J].农业工程学报,2019,35(8):214-220.

陈东.木质纤维超高压爆破预处理及乙醇发酵研究[D].南宁:广西大学,2015.

陈冠益,孔鑫,徐莹,等.生物质化学制氢技术研究进展[J].浙江大学学报(工学版),2014(7):1318.

陈克复.制浆造纸产业生物质简练发展研究[M].北京:中国轻工业出版社,2018.

陈起朋.生物质固体燃料成型及其气化性能的研究[D].江门:五邑大学,2011.

陈青.食用菌循环生产实例剖析[M].北京:中国农业出版社,2013.

陈温福,张伟明,孟军,等.生物质炭应用技术研究[J].中国工程科学,2011,13(2):83-89.

陈祥明,赖忠民.绿色能源与低碳生活[M].合肥:安徽人民出版社,2011.

陈晓倩,陈勇.欧盟林业生物经济政策与借鉴[J].世界林业研究,2022,35(3):74-79.

陈秀丽,陈泽世,朱大鹏,等.微生物降解羽毛废弃物及其在畜禽生产中的应用[J].饲料研究,2002,8:143-146.

陈卓,李学琴,王志伟,等.国外生物质燃料土地利用变化的发展现状及经验借鉴[J].林产工业,2022,59(11):61-68.

崔艺燕,田志梅,刘志昌,等.农业及农产品加工废弃物饲料化利用技术[J].东畜牧兽医科技,2020,45(6):1-5,10.

单胜道,潘根兴.生物质炭科技与工程[M].北京:科学出版社,2021.

丁兆军.生物质制氢技术综合评价研究[D].北京:中国矿业大学,2010.

董福品.可再生能源概论[M].北京:中国环境出版社,2013.

董颐玮,梁栋,李丹阳,等.沼液主要养分含量特征分析[J].江苏农业学报,2021,37(5):1206-1214.

董长青,陆强,胡笑颖.生物质热化学转化技术[M].北京:科学出版社,2017.

段丰富,马立君.畜禽粪便再生饲料的加工与利用[J].中国猪业,2008,1:50-51.

方婧,金亮,程磊磊,等.环境中生物质炭稳定性研究进展.土壤学报,2019,56:1034-1047.

付菁菁,吴爱兵,马标,等.农业固体废弃物堆肥技术及翻抛设备研究现状[J].中国农机化学报,2019,40(4):25-30.

付尹宣,贾斐文,鄢海蓝,等.黑液热转化技术及其热动力学模型[J].能源研究与管理,2019(4):5.

傅庚福.成型生物质炭化及成型炭特性研究[D].南京:南京林业大学,2009.

高宁博,李爱民,全翠.生物质高温气化重整制氢实验研究[J].太阳能学报,2014,35(5):911.

宫秀杰,钱春荣,于洋,等.近年纤维素降解菌株筛选研究进展[J].纤维素科学与技术,2021,29(2):10.

郭世荣,孙锦.无土栽培学[M].3版.北京:中国农业出版社,2018:11-13.

郭世荣.固体栽培基质研究、开发现状及发展趋势[J].农业工程学报,2005,21(S):1-4.

郭振坤.生物质与煤共成型燃烧传热传质与污染物释放机制研究[D].徐州:中国矿业大学,2022.

郭振强,张勇,曹运齐,等.燃料乙醇发酵技术研究进展[J].生物技术通报,2020,36(1):238-244.

杭柏林,郑子勤,黄威.EM发酵畜禽粪便再生饲料技术[J].科学种养,2009,2:41.

郝小红,郭烈锦.超临界水生物质催化气化制氢实验系统与方法研究[J].工程热物理学报,2002,23(2):143-146.

何炼,陈智远.中粮集团江苏金东台大型猪粪沼气工程运行分析[J].安徽农业科学,2014,42(16):5332-5333.

何玉凤,钱文珍,王建凤,等.废弃生物质材料的高附加值再利用途径综述[J].农业工程学报,2016,32:1-8.

何元斌.生物质压缩成型燃料及成型技术(一)[J].农村能源,1995(5):12-14.

贺行,张美云,李金宝.木质纤维素酸水解利用现状[J].黑龙江造纸,2013,41(3):29-31.

侯兴隆,许伟,刘军利.木质素基多孔炭材料的制备及应用研究进展[J].林产化学与工业,2022,42(1):131-138.

胡江如.野油菜黄单胞菌EMP途径相关基因的突变分析[D].南宁:广西大学,2007.

胡谢利,云斯宁,尚建丽.生物质燃料压缩成型技术研究进展[J].化工新料,2016,44(9):42-44.

黄彪,卢麒麟,唐丽荣.纳米纤维素的制备及应用研究进展[J].林业工程学报,2016,1(5):9.

黄慧.进口废纸再生过程污染特征模拟研究[D].桂林:桂林理工大学,2020.

黄琦琦,黄智娴,张健,等.蔗渣纤维素预处理及纤维素酶混合发酵研究[J].饲料研究,2022,45(14):69-73.

黄文,王益.竹叶的化学成分及应用进展[J].中国林副特产,2002(3):65-66.

贾吉秀.连续式生物质热解炭化设备的研制[D].泰安:山东农业大学,2017.

江思羽.碳中和目标下的欧盟能源气候政策与中欧合作[J].国际经济评论,2022(1):134-154,7-8.

蒋挺大.木质素[M].2版.北京:化学工业出版社,2009.

蒋卫杰,邓杰,余宏军.设施园艺发展概况、存在问题与产业发展建议[J].中国农业科学,2015,48:3515-3523.

金安,李建华,高明,等.生物质发电技术研究与应用进展[J].能源研究与利用,2022(5):19-24.

金亮.农林生物质气化炉开发及试验研究[D].杭州:浙江大学,2011.

金旭东,陈庆宏,康平利,等.竹叶挥发油的提取及成分分析[J].天然产物研究与开发,1999,11(4):71-73.

靳红梅,常志州,叶小梅,等.江苏省大型沼气工程沼液理化特性分析[J].农业工程学报,

2011,27(1):291-296.

荆丹丹,陈一良,戴成,等.沼液养鱼的研究现状及发展趋势[J].湖北农业科学,2016,55(22):5586-5090,6.

李大中.生物质发电技术与系统[M].北京:中国电力出版社,2014.

李国雷,廖敏,吕婷,等.浓缩沼液浸种对水稻甬优12种子萌发及幼苗质量的影响[J].浙江农业科学,2018,59(11):1976-1979.

李佳莹,刘聪,郭晶,等.基于有机物料高效利用的非草炭型果菜育苗基质配方比较试验[J].北方园艺,2017:7-12.

李建安,陈乐,左然然,等.生物强化技术在生物质沼气制备过程中的应用及研究进展[J].微生物学通报,2018,45(7):9.

李俊,刘李峰,张晴.餐厨废弃物用作动物饲料国内外经验及科研进展[J].饲料工业,2009,30(21):54-57.

李莉,杨昕涧,何家俊,等.我国畜禽粪便资源化利用的现状及展望[J].中国奶牛,2020,11:55-60.

李莉.木质纤维素生物质中B族维生素的微生物提取及其发酵应用[D].上海:华东理工大学,2019.

李美华,俞国胜.生物质燃料成型技术研究现状[J].木材加工机械,2005(2):36-40.

李梦婷,孙迪,牟美睿,等.天津规模化奶牛场粪水运移中氮磷含量变化特征[J].农业工程学报,2020,36(20):27-33.

李思琦,臧昆鹏,宋伦.湿地甲烷代谢微生物产甲烷菌和甲烷氧化菌的研究进展[J].海洋环境科学,2020,39(3):9.

李伟,刘守新,李坚.纳米纤维素的制备与功能化应用基础[M].科学出版社,2016.

李向辉,金福兰,刘玲.基于专利数据的世界农林废弃物循环利用能源技术分析[J].生物质化学工程,2015,49:32-38.

李晓娜,宋洋,贾明云,等.生物质炭对有机污染物的吸附及机理研究进展[J].土壤学报,2017,54(6):1313-1325.

李新.农作物秸秆连续回转式炭化技术研究[D].长春:长春理工大学,2021.

李源,张小辉,朗威,等.生物质压缩成型技术的研究进展[J].沈阳工程学院学报:自然科学版,2009,5(4):301-304.

李至,闵山山,胡敏.我国生物质气化发电现状简述[J].电站系统工程,2020,36(6):11-13,16.

李忠正,孙润仓,金永灿.植物纤维资源化学[M].北京:中国轻工业出版社,2012.

廖威.燃料乙醇生产技术[M].北京:北京工业出版社,2014.

林珊.纤维素抗菌膜的制备及其深度水处理研究[D].福州:福建农林大学.

刘秉钺,韩颖.再生纤维与废纸脱墨技术[M].北京:化学工业出版社,2005.

刘灿.生物质能源[M].北京:电子工业出版社,2016.

刘超杰,郭世荣,王长义等.混配醋糟复合基质对辣椒幼苗生长的影响[J].园艺学报,2010,37:559-566.

刘景坤,吴松展,程汉亭,等.食用菌菌渣基质化利用研究进展[J].热带作物学报,2019,40:

191-198

刘荣厚.生物质能工程[M].北京:化学工业出版社,2009.

刘石彩,蒋剑春.生物质能源转化技术与应用(Ⅱ)——生物质压缩成型燃料生产技术和设备[J].生物质化学工程,2007(4):59-63.

刘向东,常同立,王述洋.北方秸秆燃料高效应用分析及固化成型技术[J].能源研究与信息,2010,26(1):21-28.

刘晓雨,卞荣军,陆海飞,等.生物质炭与土壤可持续管理:从土壤问题到生物质产业[J].中国科学院院刊,2018,33(2):184-190.

刘晓雨,潘根兴.生物质炭农业应用与碳中和[J].科学,2021,73(06):27-29.

刘延春,张英楠,刘明,等.生物质固化成型技术研究进展[J].世界林业研究,2008,21(4):41-47.

毛燕,刘志坤.毛竹叶挥发性成分的提取与GC—MS分析[J].福建林学院学报,2001,21(3):265-267.

孟宪民.专业基质的概念及其在我国设施农业中的意义[J].山西农业大学学报(自然科学版),2016,36:155-159.

缪宏,江城,梅庆,等.废气自循环利用生物质炭化装备设计与性能研究[J].2017,33(21):222-230.

牟明仁,姜莉,李昕颖,等.车用乙醇汽油调合组分油的质量分析[J].石油商技,2020,38(3):26-30.

穆献中,余漱石,徐鹏.北京市生物质废弃物资源化利用潜力评估[J].可再生能源,2017,35:323-328.

倪天驰,周长芳,朱洪光,等.沼液浸种对水稻种子萌发及幼苗生长的影响[J].生态与农村环境学报,2015,31(4):594-599.

牛淼淼.可燃固体废弃物两段式富氧高温气化特性研究[D].南京:东南大学,2015.

潘根兴,李恋卿,刘晓雨,等.热裂解生物质炭产业化:秸秆禁烧与绿色农业新途径.科技导报,2015,33(13):92-101.

庞声海,郝波.饲料加工设备与技术[M].北京:科学技术文献出版社,2001.

裴继诚,平清伟,唐爱民,等.植物纤维化学[M],北京:中国轻工业出版社,2014.

齐乃萍.黄粉虫对四种有机餐厨废物的转化利用效果评价[D].泰安:山东农业大学,2019.

秦翠兰,王磊元,刘飞,等.畜禽粪便生物质资源利用的现状与展望[J].农机化研究,2015,6:234-238.

秦梦华.木质纤维素生物炼制[M].北京:科学出版社,2018.

全国畜牧总站.青贮饲料技术百问百答[M].北京:中国农业出版社,2012.

任南琪,郭婉茜,刘冰峰.生物制氢技术的发展及应用前景[J].哈尔滨工业大学学报,2010(6):855.

任南琪,李建政.发酵法生物制氢原理与技术[M],北京:科学出版社,2017.

任南琪,王爱杰.厌氧生物技术原理与应用[M].北京:化学工业出版社,2004.

任学勇,张扬,贺亮.生物质材料与能源加工技术[M].北京:中国水利水电出版社,2016.

容庭,张洁,刘志昌,等.经济昆虫和蚯蚓处理农业废弃物研究进展[J].广东畜牧兽医科技,

2020,45(6):11-15.

沈其荣.土壤肥料学通论[M].北京:高等教育出版社,2001.

沈其荣,等.中国有机(类)肥料[M].北京:中国农业出版社,2021.

盛奎川,蒋成球,钟建立.生物质压缩成型燃料技术研究综述[J].能源工程,1996(3):4.

石海波,孙姣,陈文义,等.生物质热解炭化反应设备研究进展[J].化工进展,2012,31(10):2130-2136.

史艳财.猪粪、沼液农用重金属和抗生素的生态风险及生物调控研究[D].广州:华南农业大学,2016.

宋蝶,何忠虎,董永华,等.沼液施用条件下添加浮萍对稻田氮素流失和Cu、Pb变化的影响[J].中国生态农业学报(中英文),2020,28(4):608-618.

宋雯琪,Brunnhofer M,Gabriella N,等.欧洲造纸行业向生物质精炼领域转型的影响因素及未来潜力[J].中华纸业,2020,41(5):24-27.

宋雯琪.生物质精炼:欧洲造纸行业发展生物经济的试金石——欧洲制浆造纸行业生物质精炼领域应用专题[J].中华纸业,2020,41(5):22-23,5.

宋雯琪.图说欧洲生物质精炼行业[J].中华纸业,2020,41(5):38-39.

宋孝周,吴清林,傅峰,等.农作物与其剩余物制备纳米纤维素研究进展[J].农业机械学报,2011,42(11):106-112.

孙红霞,张花菊,徐亚铂,等.猪饲料、粪便、沼渣和沼液中重金属元素含量的测定分析[J].黑龙江畜牧兽医,2017:286.

孙金世,李此峰,白顺果.生物质资源厌氧消化系统工程规划设计与厌氧消化物综合利用[M].北京:中国农业出版社,2016.

孙立,张晓东.生物质发电产业化技术[M].北京:化学工业出版社,2011.

孙立红,陶康春.生物制氢方法综述[J].中国农学通报,2014,30(36):161.

孙宁,应浩,徐卫,等.松木屑催化气化制取富氢燃气[J].化工进展,2017,36(6):2158.

孙清.燃料乙醇技术讲座(四)乙醇的蒸馏与脱水[J].可再生能源,2010,28(4):154-156.

孙庆国.浅议燃料乙醇生产工艺及乙醇汽油现状[J].广州化工,2021,49(12):21-22,49.

谭旖宁.野油菜黄单胞菌ED途径相关基因研究[D].南宁:广西大学,2006.

王爱杰,曹广丽,徐诚蛟,等.木质纤维素生物转化产氢技术现状与发展趋势[J].生物工程学报,2010,26(7):931.

王保玉,刘建民,韩作颖,等.产甲烷菌的分类及研究进展[J].基因组学与应用生物学,2014,33(2):8.

王辉,董元华,张绪美,等.江苏省集约化养殖畜禽粪便盐分含量及分布特征分析[J].农业工程学报,2007,23(11):229-233.

王建祥,蔡红珍.二次能源生物质压缩成型燃料的物理品质及成型技术[J].农机化研究,2008,1:203-205.

王凯军.厌氧生物技术(I)——理论与应用[M].北京:化学工业出版社,2014.

王强,刘姗姗,吉兴香,等.《制浆原理与工程》课程思政的建设与实践[J].纸和造纸,2022,41(3):28-31.

王强,刘银秀,边武英,等.浙江省规模养猪场沼渣液养分特征和农田利用适宜性分析[J].农业环境科学学报,2019,38(5):1158-1164.

王森.无醛玉米秸秆木质素基木材胶黏剂的制备与性能[D].哈尔滨:东北林业大学,2018.

王小彬,闫湘,李秀英.畜禽粪污厌氧发酵沼液农用之环境安全风险[J].中国农业科学,2021,54(1):110-139.

王孝芳,万金鑫,韦中,等.畜禽粪便堆肥过程中微生物群落演替[J].生物技术通报,2022,38(5):13-21.

王颖,蔡耀辉.黏胶纤维在高透气度滤棒成型纸上的应用研究[J].中国造纸,2013,32(6):3.

王忠厚.制浆造纸工艺[M].2版.北京:中国轻工业出版社,2006.

温博婷.木质纤维素原料的酶解糖化及厌氧发酵转化机理研究[D].北京:中国农业大学,2015.

吴传茂,吴周和,曾莹,等.从植物中提取天然防腐剂的研究[J].食品科学,2000,21(9):24-27.

吴永明,邓利智,余郭龙,等.多级 A/O-SBBR 生化工艺耦合生态净化系统处理猪场沼液的工程应用[J].水处理技术,2022,48(7):153-156.

夏思瑶,王冲,刘萌丽.基于农林有机废弃物处理的育苗基质应用效果 Meta 分析[J].中国农学通报,2021,37:31-38.

肖弘建.SQC 新型高效户用沼气池设计特点与推广应用[J].福建农业科技,2007(3):2.

谢光辉,方艳茹,李嵩博,等.废弃生物质的定义、分类及资源量研究述评[J].中国农业大学学报,2019,24(8):1-9.

谢杰,邵敬森,孙宁,等.日本秸秆利用的政策、法律和法规及其经验启示[J].中国农业大学学报,2023,28(1):294-306.

谢科生.肉类加工废弃物制饲用蛋白综合开发研究报告[J].粮食与饲料工业,1991,3:28-36.

徐建明,孟俊,刘杏梅,等.我国农田土壤重金属污染防治与粮食安全保障[J].中国科学院院刊,2018,33:153-159.

徐明,曹春昱.造纸过程中水的循环回用[J].黑龙江造纸,2008(1):35-37.

杨华,刘石彩,赵佳平,等.生物质棒状成型燃料的物理特性研究[J].中南林业科技大学学报,2015,35(2):114-118.

杨琦,苏伟,姚兰,等.生物质制氢技术研究进展[J].化工新型材料,2018,46(10):247-250.

杨润,孙钦平,赵海燕,等.沼液在稻田的精确施用及其环境效应研究[J].农业环境科学学报,2017,36(8):1566-1572.

杨淑蕙.植物纤维化学[M].北京:中国轻工业出版社,2001.

杨天杰,张令昕,顾少华,等.好氧堆肥高温期灭活病原菌的效果和影响因素研究[J].生物技术通报,2021,37(11):237-247.

杨尉,刘立国,武书彬.木质纤维素燃料乙醇生物转化预处理技术[J].广州化工,2011,39(13):8-12.

杨勇平,董长青,张俊姣.生物质发电技术[M].北京:中国水利水电出版社,2007.

叶代勇,黄洪,傅和青,等.纤维素化学研究进展[J].化工学报,2006,57(8):1782-1791.

尹鹏,张辉文,刘宏达,等.4 省市沼渣沼液养分含量和重金属分析[J].中国沼气,2021,39

(5):43-50.

尤洋洋.农林生物质发电的历史、现状与未来[J].中国电力企业管理,2022(25):74-75.

于永合.生物质能技术在电厂开发中的应用[M].武汉:武汉大学出版社,2015.

宇鹏,赵树青,黄魁.固体废物处理与处置[M].北京:北京大学出版社,2016

袁永乐.造纸苛化白泥资源化利用研究[D].南京:南京理工大学,2008.

袁振宏,吴创之,马隆龙.生物质能利用原理与技术[M].北京:化学工业出版社,2016.

袁振宏,吴创之,马隆龙.生物质能源技术与理论[M].北京:化学工业出版社,2016.

云娜,宗双玲,何北海.改善二次纤维回用品质的研究[J].广东化工,2010,37(10):86-87.

詹怀宇.制浆原理与工程[M].3版.北京:中国轻工业出版社,2010.

张东旺,范浩东,赵冰,等.国内外生物质能源发电技术应用进展[J].华电技术,2021,43(3):
70-75.

张晖,刘昕昕,付时雨.生物质制氢技术及其研究进展[J].中国造纸,2019,38(7).

张俊玲.植物营养学[M].北京:中国农业大学出版社,2021

张蕾欣,管世辉,侯家萍,等.全球能源新技术领域产业政策与研究态势[J].煤炭经济研究,
2020,40(12):70-75.

张盼.木质素降解方法的研究进展[J].广东化工,2015,42(6):100-102.

张树清,张夫道,刘秀梅,等.规模化养殖畜禽粪主要有害成分测定分析研究[J].植物营养与
肥料学报,2005,11(6):822-829.

张秀秀,侯梅芳,宋丽莉,等.农林固体有机废弃物压缩成型研究进展[J].上海应用技术学院
学报:自然科学版,2015,15(1):67-85.

张毅,张宏,刘云云,等.纤维素燃料乙醇预处理技术研究进展[J].可再生能源,2021,39(2):
148-155.

张英.竹叶提取物类SOD活性的邻苯三酚法测定[J].食品科学,1997,18(5):47-49.

赵程乐,孟贵,吴水荣,等.我国林业生物质能源产业发展与政策演进分析[J].林业资源管
理,2022(1):1-7.

赵天涛,梅娟,赵由才.固体废物堆肥原理与技术[M].北京:化学工业出版社,2016.

赵婷婷,张宪忠,陈旸,等.国内外车用乙醇汽油标准规范对比分析[J].中国标准化,2021
(6):139-143.

赵晓婵,赵博玮,汪素芳,等.黑曲霉改性沼渣对水中Pb(Ⅱ)的生物吸附[J].科学技术与工
程,2019,19(9):293-298.

甄广印,陆雪琴,苏良湖,等.农村生物质综合处理与资源化利用技术[M].北京:冶金工业出
版社,2019.

郑德勇,安鑫南.植物抗氧化剂研究展望[J].福建林学院学报,2004,24(1):88-91.

郑平,冯孝善.废物生物处理[M].北京:高等教育出版社,2006.

郑平.环境微生物学[M].2版.杭州:浙江大学出版社,2012.

中国国家统计局.中国统计年鉴[M].北京:中国统计出版社,2016.

周建斌.生物质能源工程与技术[M].北京:中国林业出版社,2011.

周静.近年来国内植物多糖生物活性研究进展[J].中草药,1994,25(1):40-44.